西安石油大学优秀学术著作出版基金资助

电动钻机自动化技术

张奇志　张志伟　著

中国石化出版社

图书在版编目（CIP）数据

电动钻机自动化技术 / 张奇志，张志伟著 . —北京：
中国石化出版社，2022. 10
ISBN 978-7-5114-6881-9

Ⅰ. ①电… Ⅱ. ①张… ②张… Ⅲ. ①钻机-电气控
制系统 Ⅳ. ①TE922

中国版本图书馆 CIP 数据核字（2022）第 172746 号

中国石化出版社出版发行

地址：北京市东城区安定门外大街 58 号
邮编：100011　电话：（010）57512500
发行部电话：（010）57512575
http://www.sinopec-press.com
E-mail：press@sinopec.com
北京科信印刷有限公司印刷
全国各地新华书店经销

*

787×1092 毫米 16 开本 23 印张 585 千字
2023 年 2 月第 1 版　2023 年 2 月第 1 次印刷
定价：86.00 元

随着世界经济的快速发展，常规能源短缺的问题越来越严重，不断勘探开发出更多的油气资源成为油气行业的现实压力。国际上，尤其在中国，易开发的油气资源的枯竭，使得油气资源的勘探技术面临着更大的压力。随着我国陆地、沙漠及海上油田的不断开发，国际钻井工程项目的增多，以及油田勘探、开发技术的不断提高，定向井、超深井、丛式井等与日俱增，这些都对钻机的工作性能、技术水平、控制策略和适应性提出了更高的要求。

石油钻机是油、气田开发的钻井关键装备。石油钻机已完成机械式向电动式过渡，目前提到的石油钻机就是指电驱动石油钻机(简称电动钻机)。钻井技术水平的高低很大程度上取决于钻机设备的装备水平。钻机设备的设计、制造水平，在一定程度上反映了整个国家的石油工业生产水平和装备制造能力。目前我国钻机制造业已经形成了完整的产业体系，钻机的年产量已经处于世界领先地位，成为国内油气工业发展的重要支柱之一。

现代石油钻机正逐步朝着智能钻机方向发展，是一个综合了信息采集、处理和分析的系统，将人工智能、控制论、系统论和信息论等多学科理论与技术进行融合，具有智能化、网络化、自动化等特点，是交叉性前沿学科的综合与集成。它能够实现钻井过程中，沙漠腹地、海上平台等远程钻井现场和指挥部管理层之间的实时数据传输和通信，以及远程故障诊断。借助智能控制理论和人工智能专家系统进行钻井设备优化及安全监控运行的评价、诊断、识别、预防和处理。

西安石油大学的"陕西省油气井测控技术重点实验室"专门组建了"电动钻机控制技术"研究室，借鉴国内外电动钻机模拟控制技术和数字控制技术，针对电动钻机不同的驱动方式，根据现场的实际工况，通过现场总线，以主从式PLC的分布式控制结构，建成了系统、先进、开放的电动钻机电气系统模拟运行和测控平台。平台可模拟电动钻机的运行状况和控制方法，实现电动钻机控制单元的研究、开发、测试，实现控制方法模拟、远程通信方面的研究。

电动钻机自动化技术是一门综合性技术，目前国内外系统论述电动钻机自动化技术的书籍较少。编者从事电动钻机自动化技术近20年，在技术的研究和开发、相关资料的翻译和整理基础上，结合现场的实践，编著了《电动钻机自动化技术》一书。本书在介绍相关的理论基础知识和分析方法的基础上，力求技术的先进与实用，内容的系统与全面。希望本书的出版对提高我国装备制造业的核心创新能力，对加快石油钻机自动化、智能化、网络化发展步伐有所贡献。

全书共18章。第1章由张奇志、张志伟编写；第2章由张奇志编写；第3章~第7章由闫宏亮编写；第8章~第12章由沙林秀编写；第13章~第15章由刘光星编写；第16章~第18章由刘海龙编写。全书由张奇志和张志伟起草大纲并进行全书统稿。

本书得到了西安石油大学优秀学术专著出版基金的资助和宝鸡石油机械有限责任公司的技术支持，也得到了陕西省教育厅重点实验室科研计划项目（17JS107）的资助，在此表示衷心的感谢。

电动钻机自动化技术涉及的内容较多，由于作者学识有限，书中一定有许多疏漏及错误，诚恳希望得到读者的批评指正。

CONTENTS 目录

第1章 钻机概述

石油钻机是油、气田开发的钻井设备，随着钻井方法、钻井工艺的发展，钻机装备和技术不断提高。当今，国内外广泛采用的钻井方法是旋转钻井法，相应的钻井设备为转盘旋转钻机。陆用转盘钻机是钻井设备的基本形式，通常所说的钻机指的就是这种钻机，也可称为常规钻机。随着海洋石油勘探、开发事业的兴起，陆用钻井设备和造船技术相结合，产生了各种类型的海洋钻井设备。

为适应各种地理环境和地质条件、加快钻井速度、降低钻井成本、提高钻井经济效益，近年来研制了多种具有特殊用途的新型钻机，如沙漠钻机、丛式井钻机、斜井钻机、直升机吊运的钻机等，可称为特种钻机。

本章简要介绍常规钻机的组成、分类、驱动类型及电动钻机的发展。

第1节 钻机的组成及分类

一、钻机的组成

石油钻机是由多种机器设备组成，具有多种功能的成套性联合工作机组，如图1-1所示。它主要包括旋转钻进系统、钻井液循环系统、钻具起升系统、动力机组、传动和控制系统、底座和其他辅助设备等。钻井工艺对石油钻机的基本要求是：

起下钻具能力：为了起下钻具及处理井下事故等，具有一定的起重能力和起升速度。

旋转钻进能力：为了带动钻具、钻头旋转钻进等，要有一定的转矩和转速。

循环洗井能力：为了保证正常钻进、冲洗井底及携带岩屑等，循环钻井液要有一定的压力和排量。

为了满足钻井工艺要求，整套钻机必须具备下列各系统和设备：

(1) 起升系统。

起升系统在钻井过程中主要作用是起下钻具、下套管、悬持钻具和钻头送进等。这套设备由钻井绞车、辅助刹车、游动系统(钢丝绳、天车、游动滑车及大钩)和井架组成。这实质上就是一台重型起重机。另外，还有用于起下钻操作的井口工具及机械化设备(吊卡、卡瓦、动力大钳、立根移运机构等)。

井架的作用是安放天车，悬挂游车、大钩及专用工具(如吊钳等)。在钻井过程中进行起下钻具操作、下套管。在起下钻过程中，用以存放立根，能容纳立根的总长度称立根容量。

游动系统(钢丝绳、天车、游动滑车及大钩)可以大大降低快绳拉力，从而大为减轻钻机绞车在钻井各个作业(起下钻、下套管、钻进、悬持钻具)中的负荷和起升机组发动机应配备的功率。

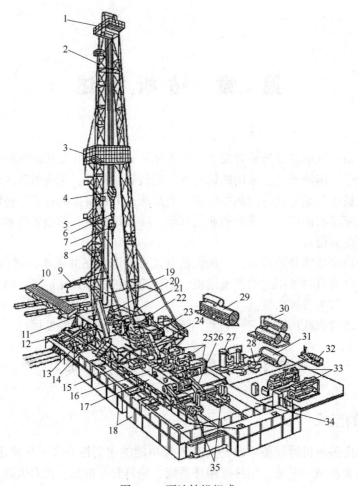

图 1-1　石油钻机组成

1—天车；2—井架；3—二层台；4—游车；5—立管与水龙带；6—大钩；7—水龙头；
8—梯子；9—吊杆；10—钻杆台；11—钻台；12—振动筛；13—旋流器；14—钻台底
座；15—后台底座；16—并车传动箱；17—后台；18—钻井液池；19—快绳稳定器；
20—转盘；21—控制台；22—绞车；23—变速箱；24—爬坡链；25—柴油机组成；
26—泵传动；27—空气清洁系统；28—空压机；29—燃料油罐；30—润滑油罐；31—压气
罐；32—离心泵；33—发电站；34—泵房平台；35—泥浆泵组

钻井绞车的作用是：起下钻具、下套管；钻井过程中控制钻压，送进钻具；借助猫头上、卸钻具丝扣，起吊重物及进行其他辅助工作；整体起放井架。

（2）旋转系统。

旋转系统在钻井中的主要作用是带动井中钻具旋转，并带动钻头破碎岩石，主要设备包括转盘和水龙头。为实现钻头自动给进，现代钻机配备有钻具自动送进装置。

在钻井过程中，转盘主要完成的工作是转动井中钻具，传递足够大的扭矩和必要的转速；下套管或起下钻时，承托井中全部套管柱或钻杆柱重量；完成卸钻头、卸扣，处理事故时倒扣、进扣等辅助工作。

水龙头是提升、旋转、循环三大工作机组相汇交的"关节"部件，它的主要作用是悬持旋转着的钻杆柱，承受大部分甚至全部钻具重量；向转动着的钻杆柱内输入高压钻井液。

现今使用较多的顶部驱动钻井装置，是通过把钻井动力部分由传统的转盘移动到钻机上部的水龙头处，在井架内部空间上部直接驱动钻柱旋转钻进，并沿着固定在井架内部的专用导轨向下送钻，完成以立根为单元的旋转钻进、循环钻井液、倒划眼、上卸扣、下套管和井控作业等各种钻井操作。

（3）循环系统。

循环系统在钻井中的主要作用是循环钻井液，使其及时清洗井底，携带走被钻头破碎的岩屑，保护井壁并冷却钻头，主要设备包括泥浆泵、地面高压管汇、钻井液净化及调配设备等。

泥浆泵是一种往复泵，主要用于向井下提供钻井液。在钻井过程中，钻井液通过钻杆柱流下冲刷岩层，钻井液又通过钻具与岩壁之间的间隙涌入泥浆槽将破碎的岩屑从井中带出。从井底返回的钻井液中含有大量的岩屑和沙粒，经过泥浆池和沉淀池的自然沉降，其中的固相颗粒只有少部分沉淀下来，若继续使用这种钻井液，必然会有相当一部分岩屑和沙粒随钻井液进入泥浆泵，并被再次送入井底，造成泥浆泵易损件和钻头寿命大大缩短，钻速显著下降，甚至会造成钻进过程中钻杆遇卡事故。因此必须采用固控设备（净化设备）除去钻井液中的固相颗粒。钻井液固控设备主要包括振动筛、旋流除砂器、旋流除泥器及离心分离机等。

上述三大系统设备是直接服务于钻井生产的，是钻机的三大工作机组。

（4）动力系统。

目前，石油钻机装备在公共电网覆盖的区域作业时，从公共电网取电，为钻井装备提供动力；在公共电网未覆盖的区域作业时，主要由多台柴油发电机组并网发电，为钻井装备提供动力源。柴油发电机组发电相比公共电网取电的运行成本要高。

（5）驱动传动系统。

为了供应三大工作机组及其他辅助机组（如空气压缩机）的动力，钻机必须配备动力驱动设备及其辅助装置，主要是交流电动机、直流电动机及其保护、控制设备等。

传动系统的作用是连接发动机和工作机组，实现从驱动设备到工作机组的能量传递、分配及运动方式的转换。

传动系统应包括减速、并车、转向、倒转及变速机构等。

（6）控制系统和监测显示仪表。

控制系统是钻机自动化程度高低的一个重要标志，它的主要作用是指挥各系统的协调工作。常用的有机械控制、气控制、电控制、液控制和电、气、液联合控制。

监测显示仪表的主要作用是：记录和显示地面设备及井下设备的工况，为控制系统提供控制依据，常用的仪表有指重表、转盘扭矩表等。

（7）钻机底座。

钻机底座一般是由钢管焊接成的牢固几何体，包括钻台底座和机房底座，用以安装钻井设备，方便钻井设备的移运。

钻台底座用于安装井架、转盘，放置立根盒及必要的井口工具，多数还要安装绞车，下方应能容纳必要的井口装备，因此必须具有足够高度、面积和刚性。机房底座主要用以安装动力机组及传动系统设备，也要有足够的面积和刚性，以保证机房设备能迅速安装找正、工作平稳且移运方便。

（8）辅助设备。

为保证钻井工作的顺利运行，钻井设备一般都配有供气设备（压缩机、储气罐）、辅助发电设备、井控设备(防喷器、地面防喷器控制装置及节流管汇、压井管汇等)、钻鼠洞设备与辅助起重设备,在寒冷地带钻井时还必须配备保温设备。

二、钻机分类

按钻井深度分为:

(1)浅井钻机:钻井深度≤1500m。

(2)中深井钻机:钻井深度为1500～3200m。

(3)深井钻机:钻井深度为3200～5000m。

(4)超深井钻机:钻井深度>5000m。

按采用的主传动副类型分为:

(1)胶带并车传动-皮带钻机。

(2)链条并车传动-链条钻机。

(3)锥齿轮-万向轴并车传动-齿轮钻机。

按驱动设备类型分为:

机械驱动钻机(MD)和电驱动钻机(ED)。

按使用地区和用途分为:

陆地常规钻机、海洋钻机、丛式井钻机、沙漠钻机、斜井钻机等。

三、石油钻机驱动形式

目前,石油钻机驱动形式主要有机械驱动、液压驱动、电驱动和混合驱动4种形式。

1. 机械驱动形式

1)柴油机直接驱动石油钻机

柴油机直接驱动就是利用柴油机产生动力,用机械传动来传递功率。它的主要优点是:不受地区限制,具有自持能力;产品系列化后,不同级别钻机,可用增加相同机组数目的办法增加总装功率,这样可减少柴油机品种;在性能上,转速可平稳调节,能防止工作机过载,避免发生设备事故;结构紧凑,体积小,重量轻,便于搬迁移运,适于野外流动作业。但作为钻机动力机,它也有不足之处,例如:扭矩曲线较平坦,适应性系数小,过载能力有限;转速调节范围窄;噪声大,影响工人健康;与电驱动相比,驱动传动效率低,燃料成本贵,维护使用费用比电动机驱动高。

2)柴油机-液力耦合器驱动石油钻机

液力传动的工作原理是:主动轴经离心泵将能量传给工作液,工作液又经涡轮将能量传给从动轴。因此,液体是一种工作介质,通过它在离心泵和涡轮机中的循环流动实现运动的连续传递和能量的连续转换。

柴油机-液力耦合器驱动的主要优点是:传动柔和,可吸收震动与冲击;涡轮轴可随外载变化而自动变速,可防止工作机过载,即使外载增加导致涡轮制动,动力机仍可以某一转速工作而不灭火。但耦合器只能在高转速比工况下工作,否则效率过低,功率损失大;只能传递扭矩,不能变矩。

3)柴油机-液力变矩器驱动石油钻机

柴油机-液力变矩器驱动的主要优点是:随外载变化能自动无级地变速变矩,驱动绞车时,可明显提高钻机起升工效;使柴油机始终维持在经济合理的工况运行,即使外载增大导致涡轮轴处于制动状态，柴油机也不会被憋灭火；机组适应外载变化能力大大加强，调速范围变宽；传动平稳柔和，吸收冲击振动，延长了机械设备寿命；减少并车损失。

柴油机-液力变矩器驱动的主要不足是：效率偏低，最高效率一般为85%~90%，且效率随涡轮轴转速在很大范围内变化；纯钻进驱动泵时，工效明显低于机械传动；此外，结构比较复杂，还需要一套补偿和散热冷却系统。

目前，世界各国生产和在用的机械驱动石油钻机以柴油机-液力变矩器驱动石油钻机为最多。

2. 液压驱动形式

早在20世纪50年代，石油钻机中就采用了液压驱动转盘。随后发展到采用液压驱动绞车进行钻井作业和起下钻作业。美国研制了全液压驱动石油钻机，采用了液压驱动的顶部驱动钻井系统，其绞车是一组多级同心液缸，取消了常规石油钻机结构形式的绞车和提升系统。自动化石油钻机中也采用了液压驱动形式，如顶部驱动采用液压驱动形式。

3. 电驱动形式

电驱动就是利用交流电动机或直流电动机来驱动工作机组，以电力为动力源，以绞车、转盘/顶驱、泥浆泵等的电动机为控制对象，通过微电子元件和电力电子器件构成控制系统，依据自动控制理论，控制这些电动机的转速，以满足钻井工况的最佳要求，降低能耗、提高效率。电驱动钻机初期投资比机械驱动钻机略高，但是传动效率高，比机械驱动约提高16%；具有无级调速的钻井特性，可提高钻井效率；柴油发电机组的柴油机可始终处在最佳状态下运转，能降低油耗18%~20%，可延长大修期80%；简化了传动、控制系统，易安装调整，易控制调节，易实现高钻台；有完善的保护系统，可保证安全生产。

电驱动形式主要有 AC-AC 电驱动形式、DC-DC 电驱动形式、AC-SCR-DC 电驱动形式及 AC 变频驱动。电驱动钻机是目前的主流装备，在钻深井或超深井中已经完全取代机械驱动钻机。

4. 混合驱动形式

混合驱动钻机是指钻机有两种驱动形式，例如机电、液电等混合驱动形式。

机电混合驱动钻机采用柴油机链条并车驱动绞车，胶带驱动泥浆泵。柴油机另一输出轴驱动直流发电机，发出直流电，用于钻台上面的猫头绞车和转盘电机。另外一种机电混合驱动钻机，采用柴油机变矩器链条并车驱动绞车、泥浆泵，直流电驱动转盘。

液电混合驱动钻机，其绞车和泥浆泵采用 SCR 电驱动，顶驱钻井系统采用液压驱动。

第2节　钻井工作原理

石油埋藏在地下几百米乃至上万米的岩层中，为了勘探和开采石油、天然气，就需要进行钻井作业，即破碎岩石，取出岩屑，形成一个从地面到油气层的牢固通道。一口井从开钻到完钻，需要经过3个过程：一是破碎岩石；二是取出岩屑，保护井壁；三是固井和完井，形成油气流通道。

现代钻井方法主要是旋转钻井法，该钻井法的工作原理如图1-2所示。

井架、天车、游车、大钩及绞车组成起升系统，以悬持、提升、下放钻柱。接在水龙头下的方钻杆卡在转盘中，下部承接钻杆柱、钻铤、钻头。钻杆柱是中空的，可通入清水或钻

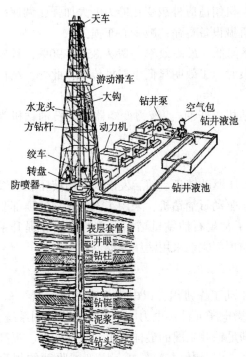

井液。工作时，动力机驱动转盘，通过方钻杆带动井中钻杆柱，从而带动钻头旋转。控制绞车刹把，可调节由钻杆柱重量施加到钻头上的压力（俗称钻压）大小，使钻头以适当压力压在岩石面上，连续旋转破碎岩层。与此同时，动力机驱动泥浆泵，使泥浆从钻头水眼喷入井底，携带被钻头破碎的岩屑通过钻杆柱和井筒间的环形空间返回地面，进行钻井液循环，这样就可以实现连续钻井作业。

图 1-2 转盘旋转钻井示意图

图中标注：天车、游动滑车、大钩、钻井泵、空气包、钻井液池、水龙头、方钻杆、动力机、绞车、转盘、防喷器、表层套管、井眼、钻柱、钻铤、泥浆、钻头、钻井液池

一、井身结构及钻具组合

1. 井身结构

井身结构指的是下入井中的套管层数、尺寸、规格和长度以及各层套管相应的钻头直径。一口井的井身结构是根据地层地质情况及井的设计深度而拟定的。

导管的作用是防止地面垮塌，引导钻头入井，并引导上返的钻井液流入钻井液池；表层套管的作用是加固上部疏松岩层的井壁和安装防喷器，为下一步钻井创造良好条件；技术套管的作用是为了隔绝上部的高压油、气、水层或漏失层及坍塌层，它位于表层套管之内。对于深井、超深井及地质情况复杂的井，往往需下几层技术套管；油层套管的作用是形成坚固的井筒，使生产层的油或气由井底沿这层套管流至井口。各层套管与井壁的环形空间都是注入水泥加固的。

2. 钻具组合

钻具组合是根据地质条件、井身结构、钻具来源等决定钻井时用什么样的钻头、钻铤、钻杆、方钻杆、接头及扶正器等组成的钻柱。钻井时，钻具组合应尽量简单。在满足工艺要求的情况下，通常只用一种尺寸钻杆，以简化钻井器材的准备，便于起下作业和处理井下事故。

二、钻前工程

钻前工程包括：平井场、打水泥基础；钻井设备安装；井口下导管和钻大鼠洞（钻井时存放方钻杆）及小鼠洞（钻井时存放单根）；备好钻井时所需的各种器材，如钻杆、钻头、钻铤及各种配件等。

三、钻进

1. 全井钻进过程

第一次开钻，下表层套管。

第二次开钻，从表层套管内用较小一级钻头往下钻进。如地层情况不复杂，可直接钻到

预定井深完井；若遇到复杂地层，用泥浆难以控制时，便要起钻，下技术套管。

第三次开钻，从技术套管内用再小一级钻头继续往下钻进，直至预定深度。若再遇复杂地层就需下第二层技术套管，进行第四次开钻。如此进行，直至钻完全部井深，下油层套管，进行固井和完井作业。

2. 钻进作业

钻进作业主要包括下钻、正常钻进、接单根、起钻、换钻头等工序。

1）下钻

下钻指将钻头、钻杆、钻铤、方钻杆组成的钻杆柱下入井中，使钻头接触井底，准备钻进。下钻过程包括以下操作：

（1）挂吊卡，以高速挡提升空吊卡至1立根高度。

（2）二层台处挂吊卡，将立根稍提移至井眼中心并对扣。

（3）拉猫头旋绳（或用旋绳器）上扣。

（4）用猫头和大钳紧扣。

（5）稍提钻柱，移出吊卡（或提出卡瓦）。

（6）用机械刹车或其他辅助刹车控制下放速度，将钻杆下放1立根距离。

（7）借助吊卡（或用卡瓦）将钻柱坐在转盘上，从吊卡上脱开吊环。再挂另一吊卡，重复上述操作，直至下完全部立根，接上方钻杆准备钻进。

2）正常钻进

正常钻进指启动转盘（或顶驱）通过钻杆柱带动井底钻头旋转，借助手刹车给钻头施加适当的压力（钻压）以破碎岩石；与此同时，开动泥浆泵循环泥浆，冲洗井底，携出岩屑，保护井壁，冷却钻头。

3）接单根

随正常钻进的继续进行，井眼不断加深，需不断接长钻杆柱，每次接入一根钻杆，称为接单根。现在钻机上有钻杆排放装置，所以在钻井作业时是3根钻杆为一组集中输送。

4）起钻

需要更换钻头时，便将井中全部钻柱取出，此称起钻。起钻过程包括以下操作：

（1）上提钻具全露方钻杆，让钻柱坐在转盘上。

（2）旋下方钻杆，将方钻杆–水龙头置于大鼠洞中。

（3）提升钻柱至1立根（一般由2~3单根组成）高度，并将钻柱坐在转盘上。

（4）用大钳和猫头（或松扣汽缸）松扣。

（5）上钳卡住接头，转盘正转卸扣。

（6）移立根入钻杆盘和二层台指梁中，摘开吊卡。

（7）下放空吊卡至井口。起立根过程需多次重复上述操作，起出每1立根完成一次起钻操作循环。

5）换钻头

换钻头指起出全部钻具，用专用工具卸下旧钻头，换上新钻头。换完钻头，又开始下钻，重复上述作业，直至钻到设计井深。

随着科学技术的发展、钻井设备的不断改进，已出现了各种现代化的井口工具。自动送钻技术的研制成功，液压钻机、顶驱钻机等的问世，或多或少地会改变上述操作，但基本的钻井作业工序是不变的。

当钻穿油气层达到预定深度时，钻进阶段即告结束。下一步就要下套管和注水泥加固井壁，即固井。固井完成后，油层被水泥和套管封固着，为了使油（气）层和井筒沟通，就需在油层、气层处用射孔装置将套管和水泥环射开，即完井。完井后还需进行诱导油流工作，之后钻井工作就告结束。

第3节　电动钻机的发展

电驱动用于钻机最早开始于20世纪50年代中期，随后逐步完善、成熟。与机械驱动相比，电驱动具有调速特性好、经济性能高、可靠性强、故障率低，操作更安全、方便、灵活，易于实现自动控制等一系列优越性。特别是全数字控制系统的出现，使得电驱动控制系统控制性能更完善，可靠性更高，调整及更改功能更便捷，故障诊断及维修更方便。电驱动可以通过可编程控制器获得很多机械驱动所无法实现的功能，如顺序操作和联锁功能等。主要表现在大型装备集成配套技术、钻机自动化研发技术、钻机搬家快速移运技术及超深井装备研究技术等方面。

一、国内外现状

国外在1994年已生产出了全自动化钻机样机。目前研制出自动化、智能化电动钻机，技术已趋成熟，产品已成系列化。较知名的厂家有意大利的 Drillmec，德国的 Bauer、海瑞克（HerrenknechtAG）、Huisman，美国的 NOV，以及挪威的 West 等。

意大利 Drillmec 公司研制的 AHEAD375 自动化钻机，整套钻机采用液压控制驱动，钻机设计配套有独立的立根系统，可实现管柱全流程自动化操作，具有管柱传送平稳，各操作设备动作衔接准确、快捷等特点。

德国 Bauer 自动化钻机以 PR500M2 为代表，该钻机的结构原理与 Drillmec 的自动化钻机有较多相似之处，但该钻机的钻具提升和下放采用传统的绞车驱动，井架为桁架结构。该钻机与 Drillmec 的 HH 系列自动化液压钻机一样，都采用了垂直管架输送系统，即未配置自动猫道机，钻台上也无立根盒。

德国海瑞克研制成功的 TI-350T 陆地全液压自动化钻机，最大钩载 3500kN，适应钻井深度可达到 5000m，该钻机与 Drillmec 和 Bauer 的自动化钻机相比，在结构和工作原理上有较大不同。它没有配备常规钻机具有的天车、游车、绞车和钢丝绳滑轮等设备。其突出特点是：井架上安装有可伸缩的双立根钻柱式模式，提升系统直接通过两套立式安装的液压油缸的伸缩来实现钻具的提升和下放，并通过液压顶驱配合铁钻工来完成接钻柱过程，无须配备常规的二层台装置，整个管柱的输送路线短，安全性好，省时省力。

荷兰 Huisman 自动化钻机以 LOC400 型为代表，LOC400 型钻机具有结构紧凑、体积小和搬家速度快等显著优点，整套钻机全部采用模块化设计，可拆分成 19 个可用标准 ISO 集装箱装运的模块，整套钻机运输单元少，运输快捷方便。该钻机的钻具提升和下放采用传统的绞车来驱动，并采用单根作业，井架为桁架结构。与海瑞克自动化钻机一样，该钻机也具有一套水平-垂直管柱自动化处理系统，即可实现地面与井眼间的管具输送。该钻机也没有配备立根盒及鼠洞，立根在未下井前或从井下起出之后均放置在底座前方的钻杆盒内，配备有自动化猫道。

美国 NOV Rapid 自动化钻机以 Rapid Rig 为代表，该钻机是 NOV 在传统钻机的基础上进行了自动化的功能设计，井架为桁架结构，采用传统的绞车来驱动管具的提升和下放。该钻机具有一套水平-垂直管具处理系统，钻机无立根盒，并配备有自动化猫道，管具处理系统能够直接将猫道上的钻杆输送到井眼正前方的鼠洞内。

挪威 West Group 公司研制了一种能够实现连续起下钻及连续循环的新型自动钻机（Continuous Motion Rig，简称 CMR），提升载荷达 7500kN，钻机采用了连续不间断循环钻井系统、液缸直推式无绞车提升系统、双提升机械手系统、独立立根系统等全新设计理念，使得钻机性能得到大幅提升。该钻机连续不间断循环钻井系统可避免接单根时停泵卡钻风险，减少窄压力窗口地层起下钻柱时引起的井筒溢流和井漏，解决遭遇复杂井况时对井筒安全挑战等系列问题。通过 2 套提升系统和多个操作手臂之间的配合，进行起下钻作业或完成各种钻井作业，钻井效率快捷高效。该钻机可节约钻井时间 30%~50%，降低钻井作业成本 40%~45%。

斯伦贝谢公司近年来研制了一款名为 FUTURE RIG 的未来智能型石油钻机。该钻机功率设计为 1103kN，钻井深度为 5000m，其操控系统设置有两个前后错位排放、高低位分别布局的主、辅司钻操作台，钻机二层台配备有多部机械手，司钻系统内置各种传感器超过 1000 个，主要对钻机安全状态、设备健康状态、设备运行状态和作业流程等进行全方位监测。斯伦贝谢公司依托其多年来勘探开发服务过程中积累的全球海量钻井数据，建立了其智能钻井专家平台"DELFLI"。该平台集地球物理学、地质学、油藏工程学、钻井工艺学、采油工艺学等多专业知识为一体，可为钻井工程项目进行井眼轨迹设计、套管等钻具组合设计、钻井液设计和固井设计等提供一体化最优解决方案。该平台具有自主辅助决策功能，还会根据作业井位不断丰富其数据库信息，进一步自主学习，充实其优化的准确度。

我国电动钻机研究始于 20 世纪 70 年代中期。经历了仿造、引进、部分研制、自主研发到创新研制几个阶段。80 年代末，在借鉴国外先进技术的前提下，生产出我国第一台直流驱动的 ZJ45D 陆地电动钻机。90 年代，通过引进国外核心电气控制模拟单元，生产出深井直流电动钻机，如 ZJ50D 和 ZJ70D。90 年代后期，在引进国外全数字控制技术的基础上，开始全数字钻机电气控制系统的研究。至今我国电动钻机类型更趋于多样化、系列化，技术更趋于先进化，设计更趋于人性化。

宝鸡石油机械有限责任公司是我国钻井装备研发制造的龙头企业。2005 年研制出 9000m 电驱动石油钻机，于 2006 年在新疆开钻。这是我国第一台具有自主知识产权的 9000m 钻机。该钻机采用最先进的全数字化交流变频控制技术，绞车采用高速大功率交流变频电动机驱动、液压盘式刹车和独立电动机送钻技术，司钻控制在封闭的司钻房内坐位操作，配备一体化仪表技术，实现了智能化控制，它的模块化设计总体布局合理协调，并在抗寒、耐高温、防渗漏、防腐蚀、防爆和防沙等方面均有完备的设计，具有良好的可靠性和适应性，完全能够满足 9000m 以下陆地和海洋油气钻井工况的需要。相继攻克了大功率交流变频控制系统、大功率齿轮传动单轴绞车、大功率高压钻井泵及大负荷井架底座等关键部件的技术难题。该钻机技术性能先进，创新程度高，填补了国内空白，钻机总体技术水平处于国际同类钻机的领先水平。9000m 电驱动石油钻机采用了装备自动化、控制集成化、诊断远程化和管理系统化等智能自动化技术。

2007 年中国首台具有自主知识产权的 12000m 特深井石油钻机在宝鸡石油机械有限责任公司研制成功。12000m 交流变频钻机从总体方案到钻机的动力系统、提升系统、旋转系统、循环系统和其他辅助配套系统均有重大突破，所有主要部件均由宝鸡石油机械有限责任公司自主研发。其核心部件绞车功率达 4400kW，创新设计的挂合机构实现了绞车滚筒的快速离合，提高了安全性；其"心脏"泥浆泵为自行研制的 52MPa、1600kW 高压泵，缸套、活塞等易损件研究取得突破，提高了整机的可靠性；井架有效高度达 52m，底座高度为 12m，钻台构件及设备均低位安装，利用绞车动力一次性整体起升，首次采用液缸起升人字架；钻机适应环境温度范围为 -40~55℃。12000m 钻机是全球第一台陆地用特深井交流变频电驱动钻机，提高了我国特深井石油钻井装备的技术水平，井架底座起升、绞车传动、交流变频驱动及系统控制等核心技术达到世界先进水平，也是目前全球技术最先进的特深井陆地石油钻机。

国内其他钻机制造公司兰石集团制造的首台 9000m 直流电驱钻机于 2004 年在科威特成套。四川宏华石油设备有限公司和山东科瑞机械制造有限公司分别按照国际标准配套的 9000m 交流变频电驱钻机先后于 2008 年和 2009 年走出国门，出口印度尼西亚和伊拉克。2013 年四川宏华石油设备有限公司与高校联合研制了"地壳一号"万米科研钻机。目前我国钻井装备在钻深能力和驱动控制方面已经达到国际水平，并凭借高性价比进入国际市场。宝石集团和宏华集团等企业先后为阿联酋和科威特等地区成功研制了钻深能力 5000~9000m 范围的各型号大模块轮式移运拖挂钻机。拖挂钻机具有多种移运组合模式，可实现主机直立移运，节省了大量搬家安装时间。

国内目前电动钻机电气控制系统在控制技术上有模拟控制和数字控制两种形式，主流为全数字交流驱动。驱动方式上有直流驱动和交流驱动。电控装置品种齐全，可满足用户的不同需求。电动钻机采用交流变频调速技术，能够适应钻井工艺的要求，简化了钻机的机械结构，减轻了维护保养工作，提高了安全性、可靠性和移运性，且绞车体积小、质量轻、故障少、维护方便；调速范围宽，可实现无级调速；能够以极低的速度恒扭矩输出，实现数控恒钻压自动送钻，以适应不同的岩层结构，对提高钻井时效、优化钻井工艺、处理井下事故等十分有利。在功能上增加了起、下钻过程的位置闭环控制功能(防止上碰下砸功能)，外加盘式刹车的使用。各电控厂商目前常用的变频器型号为 ABB 公司的 ACS880 系列和西门子公司的 S120 系列多传动矢量变频器。

电动钻机电网主要采用发电机组进行小电网供电，也有少量钻机采用网电、网发切换或网发并用的供电方式。数字发电控制柜实现对发电机组并车、调压和调速的控制，以及保护和功率管理。目前主流品牌不外乎 DEIF、Basler 和 Woodward 等。

MCC 配电单元用来实现对除了绞车、泥浆泵等设备主电机外的几乎所有用电单元的配电管理。国内电控厂商均采用定制化 GCK 或 GCS 型柜体和低压电气元件来进行 MCC 成套，而在要求不高的产品上也有采用 GGD 柜型来进行设计。根据不同客户或相关标准要求，通常还需为 30kW 以上电动机采用软启动器控制方式。而国外电控厂商如 NOV、CANRIG 等通常采用定制化的 MCC 成品柜，如 GE E9000 或 AB CENTERLINE 系列等，能够节省一定的设计时间，提供更高的可靠性，但成本较高。

电气控制系统的核心 PLC 控制单元通常采用西门子、AB 等国际大品牌的 PLC 产品——双 PLC 冷备份系统，或者单 PLC 系统加备件的形式。总线采用了 PROFINET、Modbus TCP 和 EtherNet/IP 三种工业以太网，无须网关可直接共用交换机组网。

针对司钻控制，宝鸡石油机械有限责任公司推出国内首套集智能化、集成化及信息化于一体的 idriller 钻机集成控制系统，可对钻机设备进行集成控制和信息统一管理。通过一体化操作座椅将钻机变频控制系统和顶驱控制系统、管柱处理控制系统、钻井仪表等整合到同一个控制网络中，各设备操作指令从司钻座椅统一发出，所有被控设备和工艺参数均在司钻座椅统一显示。idriller司钻集成控制系统功能上基本具备了国外同类产品的使用性能，包括智能防碰、逻辑互锁、数据记录、互备冗余等，控制精确高，操作简单，注重操作技巧和钻井参数的优选，有效提升作业安全性以及操作人员舒适性。宝石机械建立的"钻机远程服务中心"，初步具备了运行状态监测、预测维护提醒、报警信息提示、故障排查指导、设备档案归档、音视频协同等功能；并支持不同用户采取在各自终端对所管理钻机的实时监测查看。

目前，石油钻机已经进入自动化钻机阶段，我国相关企业已经完成了以管柱自动化装备为核心配置的自动化钻机研发制造，即在绞车、泥浆泵等关键设备采用变频驱动的基础上，配置输送、拆接、排放用的全套管柱自动化装备，包括动力猫道、钻台机械手、铁钻工及电动二层台机械手等各种自动化设备，替代了繁重的人力作业，实现了二层台高位无人值守，减人增效，确保了现场操作的安全性。通过司钻控制系统实现钻机各个设备的集中自动化操作，以及相应的逻辑保护功能。国外石油钻机已经初步进入智能化初期阶段，在现有自动化钻机方面又有了诸多新的技术提升。

二、电动钻机的发展趋势

21世纪，科学技术日新月异，在提高钻井效率、降低钻井成本的技术要求不断推动下，电动钻机正在朝自动化、智能化、高适应性、高经济效益、高可靠性、大型化方面发展：

（1）高适应性。

随着钻井条件越来越恶劣，出现各种特殊钻井工艺。简单地提高钻井时效已不能满足其要求，而是要通过钻井作业提高采收率、提高勘探开发成功率。未来的钻机必须适应这些特殊钻井工艺的需要，这就要求钻机既要适应各种恶劣的自然环境，同时配套设备应具有以下足够的能力，例如钻机的安全系数、提升能力、泥浆泵功率、泵压、转盘开口直径等参数都需要提高。

（2）数字化、信息化、自动化和智能化。

实现数字化、信息化、自动化、智能化的钻机，需具备完善的司钻控制系统，钻井参数系统，综合录井系统，远程监控系统，在线监测系统，远程故障诊断系统，钻井专家系统，远程安全应急系统，电、气、液集成控制系统，钻台自动化机具系统，井眼轨迹自动化控制系统，随钻测量系统等。未来的交流变频钻机，必将具备远程操作、钻井信息共享、钻井全过程智能化控制功能，从而真正实现远程支持、智能优化钻井。

（3）高经济性和安全性。

在起下钻作业中，绞车全过程数字闭环控制，可以最大限度地提高钻机时效，同时减少发生井下事故和出现井下复杂情况；数控恒钻压自动送钻技术对于提高钻井时效的作用更是有目共睹。利用交流变频调速技术、计算机技术、通信技术等优势提高运行经济性和安全性，应成为钻机技术创新的主要发展方向。

（4）高效移运性。

通过国产电动钻机参与国际市场竞争的过程可以看到，在其他方面与国外钻机相差不大的情况下，高效移运性已成为重要的考虑因素。提高钻机整体移运性，除注意模块化设计外，还要依靠先进的移运技术来优化钻机结构，提高模块化水平，减少运输车次，降低安装难度。

（5）大型化。

为了进一步开发更深地层的油气资源，国外已研制出特深井钻机，钻井深度函达到15240m。《石油人》2020年5月21日报道，哈里波顿公司在俄罗斯Sakhalin实现了总进尺14600m的世界最深新纪录井的完钻。

未来智能钻井的发展必然是井下、地面一体化，即以旋转导向等为代表的井下智能化工具，实现井眼轨迹的自动分析判断、调整处理、修正执行，从而实现超深井、高难度定向井、水平井、丛式井、多分支井等复杂井开发的井筒轨迹控制；同时，通过井下仪器检测技术，高效地实现近钻头处的钻压、泥浆等特性参数实时采集，借助于智能钻杆等高速数据传输介质，将井底真实的状态数据反馈给地面，从而使钻机控制系统结合上述信息，实现悬重、泵冲的自动优化调整，进而完成地面钻机与井下参数的大闭环控制。由钻机发展的趋势来看，电气控制系统将朝着智能化、网络化、开放化等方向发展：

（1）智能化。

基于大数据的智能钻井专家系统是大势所趋，未来智能化钻井系统将以远端智能钻井专家系统为决策核心。应用大数据、人工智能、机器深度学习等算法，通过对历史井位的地质数据、勘探开发工艺数据等，结合钻机作业现场返回的地质、工艺、装备综合数据，进行系统优化分析，可以实现钻井工程设计优化、钻机作业参数优化、地下井筒风险识别、钻后时效评估等功能，从而为勘探开发现场提供最优钻具组合、泥浆参数、钻机工作参数等信息，提高钻机的系统作业时效。另外，通过大数据分析比对，自动识别风险地层井段，控制或提示可预见性风险，对不同工况和状态，预测钻井复杂、遇阻、粘卡、钻具刺漏、溢流、井漏、硫化氢风险，并自动参与设备控制，防患于未然。

智能钻机的发展要有高精准性的电动化执行机构作为支撑。以电动伺服驱动为代表的机器人自动化装备具有传动精准、响应灵敏、易于维护等优点，尤其是其电动化系统设备状态参数便于提取监测，更容易实现智能化过程的信息监测，且具有强大的自主学习、自主决策分析等功能。

（2）网络化。

网络化就是通过网络将各控制检测等部件相连或将钻井过程所需资源共享，可分为现场总线网络和外部网络。现场总线网络指电气控制系统的发电控制单元、驱动柜、PLC、HMI等以现场总线相连接，建立企业内网，可将多台钻机联网，实现最优化调度。

井下网络拓宽了现场总线网络的范畴。井下的每个仪器设备定义为具有唯一地址的节点，每个节点能够检测或中继数据。该网络通过网络协议软件和硬件来完成各分散仪器设备间的信息传输，其采用双向通信方式，不仅能高速传出井下数据，而且可实现地面发命令给井下仪器设备。该网络的建成将极大地提高钻井的可靠性和效率。

外部网络指电气控制系统与其外部其他控制系统或上位机以网络相连，通过该网络可实现钻机的远程控制和无人化操作。新近研制的陆上操作中心（Onshore Operation Center）是一种典型实例。陆上操作中心作为海洋平台的扩展部分被集成到海洋钻机操作系统中，其可在陆地上通过无线网络来监控处于恶劣环境的海洋钻机。

（3）开放化。

开放化就是电气控制系统软硬件具有互联标准，能有效运行在不同的平台上，可以与其他应用系统相互操作，并提供与用户交互的统一风格，即互操作性、可移植性、可扩展性和可互换性。随着计算机软硬件技术的发展，提出了可配置自动钻机系统（Configurable

Automatic Drilling System），由于开放化系统软硬件的柔性，可以容易改变其基本配置，并可让第三方在原系统配置上参与开发，以实现软硬件真正的即插即用；而且第三方软硬件作为系统的扩展，实现数据共享。开放化电气控制系统便于生产管理，可提高钻井效率。

　　电动钻机电气控制系统智能化、网络化、开放化的发展相互协调，对现代钻机的发展必将影响深远。但具有里程碑意义的将是激光石油钻机，激光钻井技术能够有效增强石油钻机设备的工作速率，还能够大幅度提升钻机的作业速度以及穿透性。美国芝加哥天然气研究所（GRI）与麻省理工学院等正在合作研制激光钻井技术，这将可能突变现代钻机电气控制系统的发展范畴。

第2章　电动钻机电气控制系统概述

电动钻机是目前高性能大型钻机的主要形成和发展方向，作为电动钻机核心的电气驱动和控制系统属于投资大、技术含量高的技术资金密集型设备，它主要包括动力设备及控制系统、主电机驱动及控制系统、辅机设备及控制系统、司钻控制系统和主控制系统等。

本章将介绍电动钻机的驱动形式，还有电动钻机电气驱动控制系统的构成、结构形式及控制方案。

第1节　电动钻机驱动形式

电动钻机驱动形式的技术发展，经历了 AC-AC 电驱动、DC-DC 电驱动、AC-SCR-DC 电驱动和 AC 变频电驱动等 4 个技术发展阶段。顶部驱动形式的技术发展，经历了 AC-SCR-DC 电驱动和 AC 变频电驱动 2 个技术发展阶段。近年来，由于交直流调速控制器的发展，AC-AC 电驱动和 DC-DC 电驱动已经被淘汰。目前，电动钻机驱动形式主要为 AC-SCR-DC 电驱动和 AC 变频电驱动。

一、AC-SCR-DC 驱动

数台柴油发电机组发出交流电并网输到同一母线电缆上(或由工业电网供电)，经晶闸管整流装置整流后驱动直流电动机，带动绞车、转盘、泥浆泵。其电气控制系统框图如图 2-1 所示。

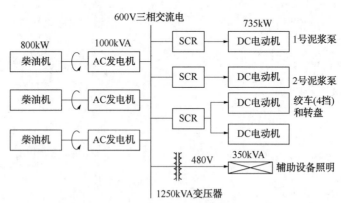

图 2-1　AC-SCR-DC 驱动电控系统框图

AC-SCR-DC 驱动钻机具有下述特点：

（1）直流电动机具有软工作特性，其工作转速根据钻井工艺需要和载荷变化进行无级调节，且调速范围广，一般调节范围为 2.5~5.0。超载荷适应性强，一般超载荷系数为 1.6~2.5。

（2）直流电动机启动与制动较平稳，允许频繁启动与制动，调节与使用均很方便，能够最大限度地满足钻井工艺需要，适应性较强。

（3）直流电驱动钻机操作方便、变速快、时间短，具有较好的处理事故能力。

（4）利用动力制动，确保绞车刹车系统操作安全省力，减少事故，节约起下钻时间，适用于深井快速起下钻具。

（5）转盘（顶驱）工作转速可以进行无级调节，适用于精确处理打捞作业，能较好地判断井下发生的各种事故。

（6）极大地简化了机械传动系统，提高了传动效率。能量从柴油机转轴传到绞车传动轴的传动效率为87.5%，比机械驱动石油钻机传动效率提高12.5%。

（7）采用电子调速器调节每台柴油机的使用性能，不仅使柴油机经常处于最佳状态运行，而且还使柴油机载荷变化状态同时受到电气控制系统的监控，使柴油机可以自动调节与分配载荷，从而可以防止冲击与过载，具有较好的运行经济性。

（8）不需要专门配备供照明和辅助设备用电的小型柴油发电机组。可以直接由公共母线引出，通过变压器后直接供应交流电，所以设备投资比 DC-DC 驱动钻机少。

（9）采用并联运行方式，动力使用与分配合理，机动性、灵活性好，提高功率利用率。在钻井作业过程中，可按实际需要来确定开动几台动力机组，延长使用寿命。

（10）在钻井和起下钻时，钻机噪声小、油污少，有利于提高操作可靠性。良好的设备配置及技术，提高了钻机运行可靠性。

（11）由于直流电动机转速的变化是通过控制晶闸管整流装置来达到的，交流公共母线上的功率因数较低。为提高功率因数，增加功率因数补偿装置，可进一步提高钻机运行的经济效益。

二、AC 变频驱动

将交流变频调速技术应用到钻机的电驱动控制系统上，使 AC-SCR-DC 驱动钻机中的直流驱动装置换成交流驱动装置，直流电动机变成交流电动机。其电气控制系统框图如图 2-2 所示。

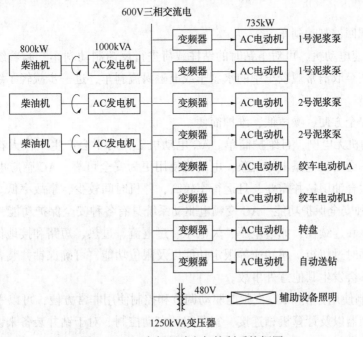

图 2-2　AC 变频驱动电气控制系统框图

AC 变频驱动钻机具有下述特点：

（1）调速控制系统性能高。

① 能精确控制转速和扭矩。可更精确地无级平滑调节和控制 AC 电动机的工作转速和扭矩，其调节频率与 AC 电动机的工作转速成正比线性关系，使用非常方便，适用于各种钻头钻井及处理钻井事故等。

② 转速调节方便。AC 电动机正反转两个方向进行调节，均能实现工作转速从 0 至 100% 精确无级调节和使用。由此，驱动绞车可以取消倒挡，可由 4 个挡减少到 2 个挡，驱动顶驱可不必采用两挡，只用单速传动机构，大大简化了绞车和顶驱结构。

③ 在变频调速系统控制下具有全扭矩。AC 电动机处于 0r/min 时，仍具有全扭矩作用。这种特性对于钻井作业来讲，是非常安全可靠的。

④ 可提高电动机启动时的加速度和减速时的减速度。变频调速系统可使 AC 电动机快速加、减速，从而使启动和停止过程时间较短。

⑤ 没有谐波畸变现象。电动机的输出工作转速和扭矩，在很大的工作范围内，使石油钻机或顶驱具有钻井性能和作业工况的连续、恒定的可使用动力特性，因此 AC 变频电驱动没有谐波畸变现象。

⑥ 具有全刹车控制特性。可在全扭矩条件下进行制动，使其在所有转速下，提供更大的间歇扭矩和更为精确的控制。

（2）启动电流小，工作效率高，过载能力强。

一般电动机的启动电流为额定电流的 5~6 倍。变频调速 AC 电动机的启动电流只有额定电流的 1.7 倍，由于启动电流较小，对电网的冲击性也较小。

AC 电动机的工作效率高达 97%。在 1min 之内，变频调速的 AC 电动机，可以承受到 150% 额定载荷。这种特性对于石油钻机处理卡钻事故来讲，具有较大的载荷储备，钻井适应性较强。

（3）可实现回馈制动刹车。

AC 变频调速电动机，可对下钻时的钻柱载荷进行反馈制动刹车，起着绞车辅助刹车作用，可以代替甚至取消常规绞车中的水刹车或电磁涡流刹车，进一步减轻了绞车重量，降低了成本和费用。

（4）使用安全方便，噪声低，维护简便。

① AC 电动机无电刷，且维护简单。AC 电动机工作时不会产生工作火花，这意味着在油田钻井时，不会出现电弧击穿现象，电动机使用更为安全可靠。AC 感应电动机几乎不要求维护，特别适合油田钻井需要，且运行率较高，停机时间较少，事故率低。

② 具有各种安全保护功能。AC 变频电驱动系统具有各种安全保护功能，以确保钻井作业的安全、可靠和连续性，如过电压、欠电压、过电流、过热、短路和接地保护功能；石油钻机或顶驱钻井时过扭矩、超转速等限定功能以及限位功能，可确保钻井装备安全可靠地进行钻井作业，不会发生其他意外事故。

③ 调节控制使用方便。AC 变频电驱动调节和控制使用非常方便，可以手控和遥控，还可与可编程控制器以及计算机相连接，实现闭环自动控制。对于钻井装备来讲，钻机和顶驱控制均采用手控和遥控方式，自动送钻装置采用自动闭环控制。

第 2 节　电动钻机电气控制系统的基本构成

电动钻机电气控制系统大致由 3 部分组成:

(1) 柴油发电机组或高压电网构成的动力及其控制系统。

(2) 泥浆泵、绞车/转盘、顶驱主设备构成的直流或交流驱动及其控制系统。

(3) 辅助电动机、照明、井场各区域供电等组成的 MCC 控制系统。

这 3 个子系统构成了石油钻机的动力心脏,支撑着钻机可靠运转。

一、动力及其控制系统

1. 由多台柴油发电机组成的动力系统

一套电动钻机的动力系统,由多台柴油发电机组组成,每台柴油发电机组又由柴油机、交流发电机及其控制系统组成。为了满足钻井工程供电的可靠性和经济性,电动钻机一般配置 2 台以上的柴油发电机组,发电机并网运行,通过发电机输出电缆、断路器连接到交流汇流母排,为钻井现场提供动力及照明电能。

动力控制系统包括柴油机速度控制和发电机电压控制两大部分。为保证供电频率稳定和发电机有功功率的均衡分配,要对柴油机的燃油供应量进行控制;为保证发电机电压的稳定及无功功率的均衡分配,要对发电机的励磁电流进行控制。除此之外,柴油发电机组可并网运行,控制系统还设置了多种必要的保护功能,如逆功率保护、过负荷保护、过电压保护、欠电压保护、过频率及欠频率保护等。

通过现场总线通信功能,可实现动力控制系统参数的实时采集、报警提示等。这为上层管理、决策提供了重要依据。

目前,国产电动钻机动力系统的电压等级为 600V,频率 50Hz,单机容量 600~1300kW,总装机容量能达到 4000kW,无功配置达到 6000kvar。

2. 由高压电网构成的动力系统

电力来自供电电网,电压等级为 10kV 或 6kV,一般用两台总容量达 6000kV·A 的变压器将电压降到 600V 供主动力设备用电。系统设有继电保护,以保证供电安全可靠。

工业高压电网动力系统要远低于柴油发电机组动力系统的运行成本。采用柴油发电机组动力系统+工业高压电网动力系统的冗余供电设计,将大幅提高钻机供电电源的可靠性。在工业高压电网覆盖的钻井区域使用工业高压电网动力系统,而在特别偏僻没有工业高压电网的钻井区域,则采用柴油发电机组动力系统为钻机供电。根据所在钻井区域工业高压电网建设情况,灵活选用合适的动力系统为钻机供电,实现节能、环保,提高钻机供电电源的可靠性。

二、驱动及其控制系统

电动钻机驱动系统是指绞车、转盘、泥浆泵及顶驱等主要设备由电动机驱动。目前,电动钻机驱动方式有两种。一种是"电网–晶闸管整流装置–直流电动机"的直流驱动方式;另一种是"电网–变频器–交流电动机"的交流驱动方式,实现绞车、转盘、泥浆泵、顶驱等设备的运行。

1. 直流驱动系统

系统将 AC600V 电源输入驱动柜中的 SCR 可控硅组件，通过整流输出 0～750V 直流电，驱动泥浆泵、绞车/转盘和顶驱等设备的主电动机，SCR 控制用计算机来完成。

直流电动机的控制，主要是速度控制和转向控制，由于直流电动机采用晶闸管整流装置供电，所以控制输出电压就可方便地控制电动机的转速。为使电动机的转速特性具有一定的硬度，系统中采用了闭环控制。对于他励电动机来说，由于磁场恒定，端电压可近似反映转速，所以可用电压反馈，完成速度控制。而串励电动机由于磁场随电枢电流变化，所以端电压不能反映转速，要想控制转速，必须加一个转速变换环节，即转速信号值通过电枢电压与磁场电流之比计算求得。

在钻井机械中，有的无须改变运转方向，如泥浆泵；有的则需改变运转方向，如转盘。所以在控制系统中要考虑转向问题。对于他励电动机，可用磁场换向方法实现，由于磁场电流很小，磁场换向方便容易。而对于串励电动机，就必须在主回路进行。由于主回路电流很大，需用大电流接触器，而且要增加与电动机相连接的电力电缆。

主电动机还设有冷却风机、注油泵和喷淋泵的联锁控制，系统设有过流封锁、电流限制故障诊断等功能。

2. 交流驱动系统

系统将电网 600V 交流电先经过晶闸管整流成 750V 直流电，经电容滤波，再用电力电子器件 IGBT 完成逆变过程得到 AC600V、频率 5～60Hz 可调的交流电，最后驱动泥浆泵、绞车/转盘和顶驱的变频交流电动机。逆变环节采用 PWM 方式调制，由计算机控制，既控制输出电压，又改变输出频率。频率闭环被引入，实现变压变频调速。改变转向可用改变相序来实现，不必切换主电路。

3. 驱动控制系统

无论是直流驱动，还是交流驱动，驱动系统都由控制单元进行控制。控制单元有模拟控制单元和数字控制单元。全数字控制单元具有参数自动优化功能和完善的通信功能，其控制精度高、响应速度快、动静态调速特性稳定，使电机运行在最佳状态。

电动钻机的控制现在已经实现了数字化控制、动态控制和闭环控制。具体而言，实现绞车无级调速，游动系统的位置、速度、加速度闭环控制，悬重限制保护，数控恒钻压自动送钻，转盘无级调速、转矩限制保护，泥浆泵无级调速、泵压限制保护等功能。而从钻井作业来看，实现了游动系统在减速点合理减速，在停止点自动停车，在"上碰下砸"预警点预警并自动停车；能够使转盘和泥浆泵的扭矩及泵压动态工作时，其数值在设定范围内，避免过扭矩和过泵压事故的发生；能够把悬重控制在设定的扭矩和泵压范围内，避免过扭矩和过泵压事故；能够把悬重控制在设定的范围内，实现上提遇卡和下放遇阻保护；根据钻井工程设计，通过数控系统，按设定的上提与下放速度和加速度提放钻具，避免抽吸作用和活塞动压作用造成的井喷事故和井下复杂情况；数控恒钻压自动送钻使钻压给定平稳均匀，送钻灵敏准确，能够提高钻井作业的机械钻速，并有利于提高钻头寿命；通过数控系统实现了绞车速度和游车位置的数字闭环控制。

4. 司钻控制台

司钻通过操作司钻控制台上触摸屏、转换开关、给定手柄、按钮等，可以控制绞车、泥浆泵、转盘的各种工况，完成对钻井中各工艺状况的控制，以及在紧急情况下使各驱动柜停止工作。司钻可以在触摸屏上进行绞车电机的启停、正反转控制、调速控制、自动送钻控制等。触摸屏上还可以显示悬重、钻压、钻时、钻速、泥浆池体积、立管压力、转盘转速、转盘扭矩、大钩速度、大钩高度、猫头压力等钻井参数。

三、MCC 配电及其控制系统

辅助设备如泥浆循环系统中的混合泵、灌注泵、除砂器和除泥器以及驱动电动机的冷却风机等，均由交流电动机驱动。其控制由交流电动机控制中心（MCC）实现。

系统的前端由 600V/400V 电力变压器供电，或应急发电机组直接提供 380V 电源。交流电动机控制中心完成交流电动机的启动操作，启动方式有降压启动和直接启动两种。在电网容量充足的前提下，直接启动具有简捷、故障率低等优点。

为了便于维修和更换，交流电动机控制中心多采用抽屉式结构。井场上除机械驱动设备外，还有井场照明和其他生产、生活用电设备，这些也由交流电动机控制中心控制。

第 3 节　电动钻机电气系统结构形式

一、控制房结构

为了便于野外作业，上述各控制系统集中安装于电气控制房内，组成了电动钻机控制系统。房内还装有冷气机、照明灯及应急照明设备等。房顶部装有接线板，通过电缆与柴油发电机组、主驱动电动机、辅助用电设备及司钻（泵）电控台连接。

1. 一座控制房结构模式

其内部配有发电机控制柜、驱动柜、电磁刹车柜、切换柜、MCC 柜、变压器和冷气机。发电机进线在控制房侧面就近与各机房相连，而正对井口的控制房端部出线直接通向钻台、泵房区和固控区等，完成对直流电动机与交流电动机的控制。这种结构模式的优点是接线简单，运输车次少。

2. 两座控制房结构模式

这种模式由 SCR 房与 MCC 房组成。SCR 房放置发电机柜、驱动柜和冷气机等；MCC 房放置变压器、开关柜、MCC 柜、办公桌、备件柜、工具箱和空调等。这种结构的优点是房子短，适用于山区搬迁运输，而且 MCC 备件充足，现场运行方便灵活。由于 SCR 房温度较低，不便值班人员长住，但 MCC 房温度适于值班人员和维护工程师工作。

二、电动钻机驱动柜与电机的配置方式

1. 一对二控制方式

该方式是 1 台驱动柜拖动 1 台钻井机械（例如泥浆泵、绞车或转盘）的 2 台直流电动机，这种供电方式，驱动柜的容量加倍，数量减少。在这种驱动方式下，如果一台驱动柜出现故障，将使其对应的驱动设备无法工作。因此，为了提高可靠性，增加了切换柜，采用直流接触器进行切换。某一局部故障可通过切换电路来改变驱动柜与电动机的配置。这样相应增加了系统的复杂性，同时也使系统的故障点增多。

这种方式先后有"一对二"串励电动机方案和"一对二"他励电动机方案。目前的"一对二"方式均采用串励电动机，以美国 GE 公司的 GE Ⅲ 和美国 Ross HILL 公司及 IPS 公司的产品为代表。

日前，交流驱动电动钻机不采用一对二控制方式。

2. 一对一控制方式

所谓"一对一"驱动，是指泥浆泵、绞车、转盘及顶驱上的每台电动机都由各自对应的一个驱动柜供电。

采用这种驱动方式，系统简洁，减少了故障点，并且操作方便，检修快捷，可靠性高。正常运行时，1 台泥浆泵或绞车上的 2 台电动机通过电流均衡电路使负载平衡。

（1）在系统设计上，虽然每套驱动柜仅驱动一台电动机，但因泥浆泵、绞车/转盘都由两台电动机驱动，若一套装置或电动机有故障，另一套装置或电动机可继续运行，此时若负荷较轻，可正常打井；若负荷较重，也能维持运转，保证井下不因此而出事故，在此期间可对故障进行维修。

（2）在控制系统的设计上，采用专用于钻机的技术设计和结构设计，对出现的故障及其位置及时进行指示、报警，并采用快速拆卸及安装的特殊结构，以减少维修时间，降低系统的停机率。

"一对一"驱动方式出现于 20 世纪 80 年代初期，既可用直流他励电动机，也可用直流串励电动机，而且这种思路现也用于交流电动机。其代表产品是美国通用公司的 μdrill3000（又称 GEIV）和国产 ZJ60DS、ZJ50DB 等深井钻机中。

三、驱动电动机

1. 直流电动机

用于驱动的直流电动机有串励直流电动机和他励直流电动机。

1）串励电动机构成的一对二控制系统

在这种方式中，励磁电流就是电枢电流，因此电动机输出转矩与负载电流的平方成正比，启动转矩大，绞车起钻效率高。电动钻机的泥浆泵和绞车主设备用的就是这种控制系统。

2）串励电动机构成的一对一控制系统

电动机的励磁电流与电枢电流相等，同一机械上的 2 台电动机的电枢电流需要设置载荷均衡电路加以平衡。这种结构形式不仅具有较大的启动转矩，而且因切换环节的省略，大大提高了系统的可靠性。

3）他励电动机构成的一对一控制系统

由于磁场恒定，输出转速与电动机端电压成正比，使得速度控制简单，可靠性高。他励电动机的转矩特性很适合泥浆泵。配合一定的机械变速挡，他励电动机也能很好地用于绞车的低速大转矩提升和转盘驱动。对于绞车和转盘的反向运行，他励电动机仅需小功率接触器改变磁场极性，接线简单，控制容易，成本低廉。

4）他励电动机构成的一对二控制系统

这种一对二控制方式使驱动同一设备的 2 台电动机电枢串联，磁场各自调节，能很好地完成钻井工程，且具有较好的调速性能指标，但控制要复杂一些。

2. 交流电动机构成的一对一控制系统

交流电动机均采用一对一控制方式。这种方式控制灵活、方便，能精确控制电机转速和转矩，且连续、恒定，可实现反馈制动，简化了系统结构，提高了系统可靠性。

3. 永磁同步与异步直驱技术

永磁同步与异步直驱技术在钻机上得到了发展应用，使得绞车传动效率能够从常规的0.93 提高到 0.99，尺寸及重量能够较常规减少 10% 以上，实现传动系统的简化和刹车系统的优化集成，能够进一步提升钻机的自动化程度，提高生产效率，降低故障率，但同时也对电气系统提出了新的控制要求。

四、MCC 开关柜结构形式

用直接固定接线引出方式对钻机的辅助交流电动机供电，是配电系统通常采用的方式，该方法简单可靠。用抽屉式开关柜替代固定式的优越性在于，出现供电故障时，备用抽屉迅速投入，缩短处理故障的时间，方便设备维修。

MCC 柜用于控制和保护井场 AC380V/220V 用电设备，如风机、水泵、照明、生活设施等。当要用哪个设备时，可把相应的抽屉合闸送电。MCC 的抽屉有大有小，电流也不相同，在 MCC 柜的每个抽屉上都有数字和代号，表示此抽屉的电气性能。

第 4 节　电气控制系统方案的选择

一、直流电气控制系统方案

以 ZJ70D 电动钻机为例，介绍电动钻机电气控制系统的系统配置，如图 2-3 所示。

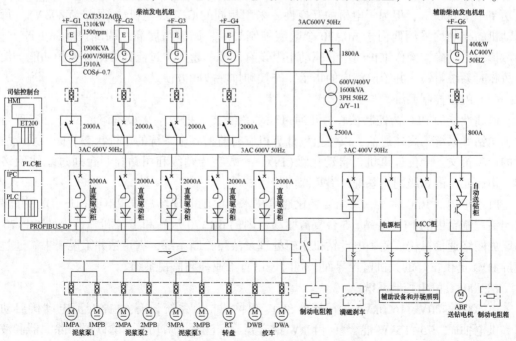

图 2-3　ZJ70D 电动钻机电气控制系统单线图

系统采用柴油发电机组并网发电，向直流驱动系统提供 AC 600V 电压，辅助用电设备和生活用电设施由一台 600/400V、1600kAV 的环氧浇注变压器供电。驱动系统采用 AC - SCR - DC 形式，一对一驱动，全数字控制，可编程控制器完成系统的监控及故障诊断，并具有计算机监控功能；直流电动机串励运行，MCC 开关柜采用抽屉式，柴油机选用 CAT3512A；其电子调速器用 2301A，电压调节器选用晶闸管整流方式，发电参数测量数字化。全套控制系统放入电控房内。

这样构成的电气控制系统能满足 7000m 电动钻机的驱动特殊性和钻井工艺要求，具有调速性能优越、过载能力强、可靠性高、抗干扰能力强、设计布局合理、操作简便可靠和易于维修等特点。

各控制系统配置方案的选择如下：

（1）动力控制系统。

4 台柴油发电机组并网发电，频率 50Hz，电压 AC600V。柴油机单机功率为 1310kW，型号 CAT3512A，发电机的单机容量为 1900kVA。

柴油机配置 2301A 电液调速器和 EG6P 执行器，发电机励磁调节器配置 DYT-3 型晶闸管整流电压调节器。选用 7300 全数字式智能电力仪表，该仪表计量精度高并能实现与计算机通信。此外，还配置同期并网电路和发电机长延时过载分闸、短延时短路跳闸、瞬时动作分断三段主保护以及过压、欠压、过频、逆功率、励磁过流等辅助保护，还设置功率限制电路，通过功率均衡电路来实现并网时的有功和无功均衡分配。这些配置保证了发电系统运行安全可靠。

（2）驱动控制系统。

5 台驱动柜将发电机并网母线上的 600V 交流电整流成 0~750V 直流电，用以驱动泥浆泵、绞车和转盘的 9 台串励直流电动机，它们一一对应。绞车和泥浆泵采用双电机驱动方案以增加可靠性并具有单双电机选择工作制式。转盘由一台电动机直接驱动，其实际需要的最大功率小于 600kW，但为了电机的互换性，采用相同的 GE752 电机（或国产 YZ08A）。每台电动机的控制均采用西门子 6RA70 全数字控制技术，调速精度高，调试快捷，更改方便，故障诊断更精确，操作维护简单。驱动柜上设有调节、超速、过流和熔断等保护功能，使发生故障时系统封锁，并给出相应的指示，查找和排除故障方便。

（3）PLC 控制系统。

以高性能的 PLC 为控制核心，并通过现场总线技术把数字化设备组成网络，实现与驱动、司钻等系统的高速通信，以便上位计算机实时监控各个系统的运行状态并提供系统故障时的诊断报文。上位计算机、自动化级（PLC）、数字传动级和司钻控制台通过总线网络连接，构成典型的三级网络系统，参数双向传递。

PLC 柜内的 PLC 主站，采用数字化通信技术，以工业现场总线 PROFIBUS-DP 为纽带，将司钻控制台内的 PLC 从站、5 台直流驱动柜内的 6RA70 从站和 1 台刹车柜内的 6RA70 从站联成网络通信，构成整个电动钻机逻辑处理及故障诊断系统，满足钻井工况要求。通过触摸屏 HMI 提供友好的人机监控界面，同时还设有工业视频监视系统。

（4）MCC 配电控制系统。

由 600V/400V、1600kVA 变压器向 380V 电网供电。系统设有 60 路交流电动机启动抽屉和供电抽屉。75~55kW 混合泵、40kW 混合泵、灌注泵、剪切泵、除砂器、除泥器和液压大钳采用直接启动抽屉，内设接触器和热继电器实现过载保护，断路器实施短路瞬时跳闸。

启动抽屉实现远近两处操作。振动筛、搅拌器、给水泵、加油泵等由固控区、水灌区、动力区、钻台区等区域供电柜供电，就地操作。

二、交流电气控制系统方案

以 ZJ70DB 电动钻机为例，介绍电动钻机电气控制系统的系统配置。

ZJ70DB 钻机电气控制系统由发电机控制系统（发电机控制柜、24V 电源柜、断路器柜）、变频驱动系统（变频柜、制动柜、制动电阻）、司钻控制台操作系统、可编程控制器总线系统（1#综合柜 PLC 从站、2#综合柜 PLC 主站、各变频柜通信板、司钻台 PLC 从站、触摸屏、显示屏、工控机、远程计算机、ASI 总线系统等）、交流电动机控制中心（MCC 柜）等主要部分组成。电气控制系统单线图如图 2-4 所示。

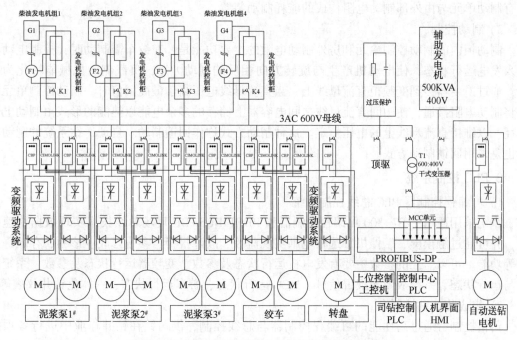

图 2-4　ZJ70DB 电动钻机电气控制系统单线图

1. 动力控制系统

发电机控制装置共有 4 个发电机控制柜，主要功能是：控制柴油机组的转速与发电机的励磁电流得到 600V、50Hz 稳频稳压的交流电源，作为全井场的动力电源，发电机控制柜内还设有发电机并网控制电路，控制多台发电机的并网以达到同期合闸操作。各发电机可按工况需要，全部或任意两台以上在线运行时，负荷都能均衡分配，负荷转移平稳，能承受钻机的负荷特性和电动机启动时的冲击。发电机控制装置还具有功率限制、自启动电源电路、接地检测相序保护、过流保护、过压保护、欠压保护、欠频保护、过频保护、逆功保护、短路保护、柜内故障自检等功能。

2. 驱动控制系统

1）变频驱动控制

变频主驱动系统由 9 个变频驱动柜组成，分别将 600V、50Hz 恒压、恒频的交流电压变成 0~600V 变压变频连续可调的交流电压，以一拖一的驱动方式分别驱动泥浆泵（MP）、绞车（DW）和转盘（RT）。绞车和转盘电动机具有反转功能，扭矩限制可在0~100%范围内任意调节。绞车由2台电动机驱动，运行时负荷均衡，转速同步。绞车控制装置有制动单元，使绞车具有快速启、停功能，绞车电动机具有四象限运行的特性，在下钻作业中能够提供持续的电磁制动力矩。

石油钻机应用较多的变频器型号为ABB公司的ACS880系列和西门子公司的S120系列多传动矢量变频器。

2）自动送钻

送钻变频柜将400V、50Hz恒压、恒频的交流电压变流成0~400V变压变频连续可调的交流电压，以一拖一的驱动方式驱动送钻电动机。恒压方式可以实现恒钻压自动送钻。恒速方式具有正反转功能，可以起到应急起放井架和钻具的功能，也可以恒速送钻。送钻变频柜设有制动单元与由外部制动电阻构成的能耗制动装置。

3）制动控制

制动柜内的制动控制单元和房外制动电阻的主要功能是：在绞车需制动时，控制电动机进入发电运行状态，使电动机产生与旋转方向相反的制动力矩，负载侧的机械能转化为电能，通过逆变器传到变频柜直流母线上。当直流母线电压高于最高阈值时，制动控制单元自动将制动电阻接通，使中间直流母线之间电容器上储存的多余电能以热能的形式由制动电阻消耗，以维持直流母线上的电压恒定。这种制动方式称作回馈制动。自动送钻系统的制动单元也是采用回馈制动方式。

3. PLC 控制系统

1）可编程控制器 PLC 总线控制系统

系统采用西门子 S7-300 可编程控制器和 PROFIBUS-DP 现场总线技术实现数据快速传输，并可通过触摸屏、工控机、远程电脑实现监控、故障报警、参量修改、诊断、存储、记录等功能。可以监控的参数主要有发电机运行状态及参数、变频器运行状态及参数、系统操作与运行状态、系统故障与报警信号、MCC 运行状态、游车运行状态、一体化钻井仪表等。

2）集成化司钻控制台

司钻控制台通过高性能的可编程控制器与总线控制，供司钻在钻井作业中进行各项操作。一体化座椅实现了顶驱、绞车、泥浆泵、转盘、铁钻工等所有钻机设备的操控；同时将仪表系统、视频监控系统、VFD 电气传动系统等常规机械式显示表盘/屏幕等信息全部集成显示在一体化座椅前端显示屏内，实现了所有钻机子系统操作终端的统一化、集成化、人性化设计。一体化集成座椅通常保留了绞车、顶驱等关键设备的手柄或手轮操作，以保证操作的准确和舒适，并采用冗余的人机界面和冗余的网络系统来显示和交互，以提高可靠性。通过人机界面可实现对泥浆泵、绞车等设备的正常操作，以及绞车、顶驱等设备的应急操作。

人机界面（HMI）包括触摸屏和显示屏，除显示钻机系统相关的运行与监控参数外，同时具有参数设定功能：

（1）设定自动送钻参数、游车防碰系统参数等。

（2）查看所有在网络中设备的实时状态。

（3）报警信息提示司钻关注提示到的设备状况。

（4）故障信息提示司钻关注已产生故障的设备。

（5）显示钻井参数，如悬重、钻压、井深等。

（6）安全防护信息。

（7）故障诊断信息。

3）游车防碰系统

可编程控制器通过总线采集主电机的运行参数和滚筒编码器的数字信号，计算出当前游车的位置和速度，当游车到达减速点时，通过程序指令控制主电机减速到安全速度；到达停车点位置时，主电机悬停。若超过停车点仍未停车，则系统自动停止变频柜运行并安全抱闸。

4）一体化仪表系统

通过数据采集单元(现场的传感器、编码器、变送器等)，可编程控制器经过计算、处理，在触摸屏、显示屏、工控机、远程电脑上显示以下钻井参数：悬重、钻压、井深、机械钻速、转盘转速、转盘扭矩、泵冲、泵压、泥浆池液位、出口返回量、总泵次、游车位置及衍生的其他参数。

4. MCC 配电控制系统

交流电动机控制中心的主要功能是对井场的钻台、泥浆泵房、泥浆循环罐区、油罐区、压气机房和水罐区等区域的交流电动机进行控制，并给井场提供照明电源。交流电动机控制中心系统对 30kW 以上电机采用软启动方式，通过 ASI 总线操作和监控，同时保留手动软启动和手动直接启动功能。MCC 柜采用分装式结构，以便维修更换。交流电动机控制中心的电源来自主变压器：一台变比为 600V/400V 的干式变压器。

配置有开关柜，主要功能是：切换选择交流电动机控制中心 400V 交流母线的电源选择，一路选择为主变压器供电至交流电动机控制中心交流母线，一路选择为辅助发电机组供电至交流电动机控制中心交流母线，两路电源电气互锁。

第3章　柴油发电机组

柴油发电机组是油田钻井设备的重要组成部分，是电动钻机的动力之源。随着钻井自动化程度的提高及科学技术的发展，电动钻机发电系统亦随之进步和变化，尤其表现在发电容量逐步增大，发电系统的设备性能和供电质量指标有很大的提高。柴油发电机组的控制系统中广泛采用各种新技术、新部件，使系统实现集中控制自动化。柴油发电机组的快速调压和调频提高了供电系统的静态和动态性能指标，同时也加强了系统承受各种突变负载的能力。

近年来，在柴油发电机组控制中，出现了数字式保护单元、数字式调速器等性能更优越的新型部件。数控技术、自动化技术在柴油发电机组系统得到广泛应用，充分发挥了柴油发电机组的潜在功能，使得柴油发电机组具有更高的自动化程度、可靠性、稳定性及良好的排放性等，操作更加简便灵活，而且能实现系统的最佳运行方式，提高设备的运行效率，提高钻井作业的经济性和安全性，不断满足石油钻井的要求。

本章主要介绍柴油发电机组的组成、分类、特点及性能指标，同时介绍电动钻机用柴油发电机组选配的计算方法。

第1节　柴油发电机组的组成和特点

一、柴油发电机组的组成

柴油发电机组是内燃发电机组的一种，由柴油机、三相交流同步发电机和控制系统(包括自动检测、控制及保护装置)等3部分组成。

移动式柴油发电机组由柴油机、三相交流无刷同步发电机和控制系统全部组装在一个公共底座上，而功率较大的固定式机组的柴油机和发电机装在由钢铁焊接而成的公共底座上，这种机组的控制系统和燃油箱等设备通常与机组分开安装。柴油机的飞轮壳与发电机前端盖轴向采用凸肩定位方式直接连接构成一体，并采用钢柱形的弹性联轴器由飞轮直接驱动发电机旋转。这种连接方式由螺钉固定在一体，保证了柴油机的曲轴与发电机转子的同心度在规定范围内。

二、柴油发电机组分类与功能

柴油发电机组类型很多，按其结构形式、控制方式和保护功能等不同，可分为基本型机组、自启动机组、微机控制自动化机组3种类型。

1. 基本型机组

这类机组最为常见，由柴油机、封闭式水箱、油箱、消声器、同步交流发电机、励磁电压调节装置、控制箱(屏)、联轴器和底盘等组成，机组具有电压和转速自动调节功能，通常作为主电源或备用电源。

2. 自启动机组

该机组是在基本型机组基础上增加自动控制系统，它具有自动化的功能。当其他电源突然停电时，机组能自动启动、自动进行开关切换、自动运行、自动投入和自动停机；当机组油压过低、机油温度或冷却水温过高时，能自动发出声光告警信号；当机组超速时，能自动紧急停机进行保护。

3. 微机控制自动化机组

机组由性能完善的柴油机、三相无刷同步发电机、燃油自动补给装置、机油自动补给装置、冷却自动补给装置及自动控制屏组成。自动控制屏采用可编程控制器(PLC)控制，除了具有自动启动、自动进行开关切换、自动运行、自动投入和自动停机等功能外，还配有各种故障报警和自动保护装置。此外，它通过 RS232 通信接口，与主计算机相连接，进行集中监控，实现遥控、遥信和遥测，做到无人值守。

三、柴油发电机组的特点

柴油发电机组是集柴油机、发电机和自动控制技术于一体的设备。柴油发电机组是以柴油机为动力的发电设备，它与常用的蒸汽发电机组、水轮发电机组、燃气涡轮发电机组、原子能发电机组等发电设备相比较有以下特点：

（1）柴油发电机组的配套设备比较简单、辅助设备少、体积小、重量轻。与水轮机组需要建水坝、蒸汽机组需配置锅炉、燃油储备和水处理系统等比较，柴油发电机组的占地面积小、建设速度快、投资费用低。常用柴油发电机组采用独立配置方法，而备用发电机组或应急发电机组一般与变配电设备配合使用。同时，机组不需要充足的水源(柴油机的冷却水消耗量为 $30\sim82L/kW\cdot h$，仅为汽轮发电机组的 $1/10$)，所以机组的安装地点灵活。

（2）柴油机是目前热效率最高的热力发动机，其有效热效率为 $30\%\sim46\%$，高压蒸汽轮机为 $20\%\sim40\%$，燃气轮机为 $20\%\sim30\%$，因此柴油发电机组的燃油消耗低。

（3）柴油机的启动一般只需要几秒钟，在应急状态下可在 1min 内达到全负荷运行；在正常工作状态下，在 $5\sim40$min 达到全负荷，而蒸汽动力装置从启动到全负荷一般需要 $3\sim4$h。柴油机的停机过程也很短，可以频繁启停。所以柴油发电机组很适合作为应急发电机组或备用发电机组。

（4）柴油发电机组运行操作技术较简单，便于一般运行人员掌握，所需操作人员少，维护方便，在备用期间保养容易。

（5）柴油发电机组中的柴油机一般为四冲程、水冷、中高速内燃机。用不可再生的柴油或在柴油中掺加可再生能源如乙醇、生物柴油、压缩天然气(CNG)和石油液化气(LPG)等以节省能源和保护环境。柴油机燃烧后的排放物主要为 CO、HC、PM(颗粒)，污染环境，而且排气噪声较大。尽管如此，柴油发电机组与水力、风力、太阳能等可再生能源发电以及核能、火力发电相比较，具有非常明显的优势，且柴油发电机组的建设与发电的综合成本是最低的。

（6）柴油发电机组具有较高的供电可靠性和自动化功能，功能较完备的应急电站具有自启动、自动加载、故障自动报警和自动保护功能，发电机组可以全自动运行，不需要操作人员，能实现无人值守。

（7）用于电动钻机发电的柴油机大多数为通用或其他用途柴油机的变型产品，由于我国交流电频率固定为 50Hz，因此机组的转速只能是 3000r/min、1500r/min、1000r/min、750r/min、375r/min 和 300r/min，以 1500r/min 居多。柴油发电机的输出电压为 600V，频率为 50Hz，功率因数 $\cos\phi = 0.8$。柴油机功率变化范围宽广，发电用柴油机功率可以从 0.5kW 变化到数千千瓦。通常，电动钻机配置的柴油机单机容量为 1000kW 以上。

（8）柴油机具有一定的功率储备，发电用柴油机一般在稳定工况下运行，负荷率较高。应急和备用电源一般标定为 12h 功率，常用电源标定为持续功率，机组配套功率应扣除发电机的传动损失和励磁功率，并留有一定功率储备。所以机组的配套功率等于柴油机功率除以匹配比。

（9）柴油机装有调速装置，为保证发电机输出电压频率的稳定性，一般都装有高性能的调速装置，对于并联运行和并入电网的机组则装有转速微调装置。

（10）为了减小机组的振动，通常在柴油机、发电机、水箱和电气控制箱等主要组件与公共底架的连接处，均装有减震器或橡皮减震垫。

第 2 节　柴油发电机组的技术条件与性能

设备的技术条件是作为设备从设计到使用的一个技术依据，也是用来评价和分析设备各项技术指标的先进性、可靠性和经济性的一个技术文件。目前，我国实施的柴油发电机组的技术标准中，其技术条件的主要内容有柴油发电机组的工作条件、柴油发电机组的主要性能指标、柴油发电机组的并机性能。

一、柴油发电机组的工作条件

柴油发电机组的工作条件是指，在规定的使用环境条件下能输出额定功率，并能可靠地进行连续工作。国家标准规定的机组工作条件主要按海拔高度、环境温度、相对湿度、有无霉菌、盐雾以及放置的倾斜度等情况来确定。根据 GB 2819—81 的规定，柴油发电机组在下列条件下应能输出额定功率，并能可靠地进行工作。

A 类柴油发电机组：海拔高度 1000m，环境温度 40℃，相对湿度 60%。

B 类柴油发电机组：海拔高度 0m，环境温度 20℃，相对湿度 60%。

柴油发电机组在下列条件下应能可靠地工作，即海拔高度不超过 4000m，环境温度上限值为 40℃、45℃，下限值为 5℃、-25℃、-40℃，相对湿度分别为 60%、90%、95%。

二、柴油发电机组的主要性能指标

柴油发电机组的技术性能指标是衡量机组供电质量和经济运行情况的主要依据，是保证钻井作业顺利进行的一个重要方面，在机组功率因数为 0.8～1.0，三相对称负载在 0～100% 或 100%～0 额定值的范围内渐变或突变时，应达到的主要技术性能指标如下：

（1）稳态频率调整率 δ_f：0～5%（可调）。

$$\delta_f = (f_1 - f_2)/f \times 100\% \tag{3-1}$$

式中，f 为额定频率，Hz；f_1 为负载渐变后的稳定频率，取各数值中的最大值，Hz；f_2 为额定负载时的频率，Hz。

（2）瞬态频率调整率 δ_{fs}：±5%。

$$\delta_{\mathrm{fs}} = (f_{\mathrm{s}} - f_3)/f \times 100\% \tag{3-2}$$

式中，f 为额定频率，Hz；f_3 为负载突变前的稳定频率，Hz；f_{s} 为负载突变时的频率，取各读数中的最大值或最小值，Hz。

（3）频率波动率 δ_{fb}：0.5%。

$$\delta_{\mathrm{fb}} = (f_{\mathrm{bmax}} - f_{\mathrm{bmin}})/(f_{\mathrm{bmax}} + f_{\mathrm{bmin}}) \times 100\% \tag{3-3}$$

式中，f_{bmax}、f_{bmin} 分别为同一次观测时间的频率最大值和最小值，Hz。

（4）频率稳定时间：2~5s。

频率稳定时间为从频率突变时起至频率开始稳定在频率波动范围内止所需的时间。

（5）稳态电压调整率 δ_{u}：±2.5%。

$$\delta_{\mathrm{u}} = (U_1 - U)/U \times 100\% \tag{3-4}$$

式中，U 为空载整定电压，V；U_1 为负载渐变后的稳定电压，取各读数中的最大值或最小值，V。

U 和 U_1 取三相线电压平均值。

（6）瞬态电压调整率 δ_{us}：±2.5%。

$$\delta_{\mathrm{us}} = (U_{\mathrm{s}} - U)/U \times 100\% \tag{3-5}$$

式中，U 为空载整定电压，V；U_{s} 为负载突变时的电压，取各读数中的最大值或最小值，V。

U 和 U_{s} 取三相线电压平均值。δ_{us} 取 3 次实验的平均值。

（7）电压波动率 δ_{ub}：0.5%。

$$\delta_{\mathrm{us}} = (U_{\mathrm{bmax}} - U_{\mathrm{bmin}})/(U_{\mathrm{bmax}} + U_{\mathrm{bmin}}) \times 100\% \tag{3-6}$$

式中，U_{bmax} 和 U_{bmin} 分别为同一观测时间内的电压最大值和最小值，V。

（8）电压恢复时间：0.5~2s。

电压恢复时间为从电压突变时起至电压第一次恢复到与空载整定电压相差±4%的电压值所需的时间。

三、柴油发电机组的并机性能

（1）并联基调点：调节并网各机组的输出功率为机组额定功率的 75%，且为额定功率因数、额定电压和额定频率。

此后的实验过程中不得再调节转速和电压。

（2）加载方法：在额定功率因数条件下，按下列总功率的百分数和程序变更负载，即 75%→100%→75%→50%→20%→50%→75%，在各级负载下至少运行 5min。

（3）有功功率分配差率 δ_{p}：≤±5%。

$$\delta_{\mathrm{p}} = (P_1 - P_2)/2P \times 100\% \tag{3-7}$$

式中，P 为机组的额定有功功率，kW；P_1、P_2 分别为某一工况下两台机组各自输出的有功功率，kW。

（4）无功功率分配差度 δ_{q}：≤±10%。

$$\delta_{\mathrm{q}} = (Q_1 - Q_2)/2Q \times 100\% \tag{3-8}$$

式中，Q 为机组的额定无功功率，kvar；Q_1、Q_2 分别为某一工况下两台机组各自输出的无功功率，kvar。

两台规格型号完全相同的三相机组，在额定功率因数下，应能在 20%~100%额定功率范围内稳定并联运行。为了提高有功功率和无功功率合理分配精度及运行的稳定性，要求机组中柴油机调速器具有稳态调速率在2%～5%范围内调节的装置。在控制箱（屏）内的调压装置可使稳态电压调整率在5%范围内调整。

此外，还有电压、频率波动率、超载运行时限、瞬态电压、频率调整率及直接启动空载异步电动机的能力等性能。随着技术的发展，国产和引进的各类机组还应具有其他特殊的性能，这里不多介绍。

第3节　柴油发电机组的自动化性能

随着钻井自动化、信息化、网络化技术的发展，现代通信设备的普及应用，钻井作业的全过程实现遥测、遥控、遥迅。先进技术对交流电源的供电质量要求也越来越高，有些通信设备不允许交流电源有瞬间中断，这就要求柴油发电机组必须具备自动化的功能。目前正在逐步推广的电源设备集中监控技术也要求柴油发电机组必须实现自动化。由于柴油发电机组自动化程度不同，因此，国家标准有明确规定。根据国标GB 4712—84，柴油发电机组自动化分为3级，下面分别予以叙述。

1. 一级自动化柴油发电机组的性能

（1）柴油发电机组应自动维持应急准备运行状态，柴油机启动前自动进行预润滑。

（2）当柴油发电机组需要启动运行时，能按自动控制指令或遥控指令实现自动启动。如果柴油发电机组需要停机时，也能按自动控制指令或遥控指令自动停机。

（3）柴油发电机组在运行过程中，若出现过载、短路、超速、过频、水温过高、机油压力过低等异常情况，均能进行自动保护。

（4）柴油发电机组应配备表明正常运行和非正常运行的声光信号系统，通过这些信号表明机组运行情况。

（5）柴油发电机组在无人值守的情况下应能连续运行4h。

2. 二级自动化柴油发电机组

此类柴油发电机组除满足一级自动化柴油发电组各项要求外，还应满足下述要求：

（1）柴油发电机组应具有燃油、机油和冷却水自动补充的功能。

（2）柴油发电机组在无人值守的情况下，能连续运行20h。

3. 三级自动化柴油发电机组

该柴油发电机组除满足一级、二级自动化柴油发电机组的各项要求外，还必须具备下面功能：

（1）当柴油发电机组自启动失败时，自启动控制程序系统应能自动地将启动指令转移到下一台备用柴油发电机组。

（2）柴油发电机组应能按自动控制指令完成两台同型号规格的机组自动并机和解列。

（3）柴油发电机组并机运行时，应能自动分配输出的有功功率和无功功率。

（4）柴油发电机组除了具有一级、二级自动化柴油发电机组的各项保护外，还应具有逆功率保护等功能。

第4节 柴油发电机组功率的标定

柴油发电机组是由内燃机和同步发电机组合而成的。内燃机允许使用的最大功率受零部件的机械负荷和热负荷的限制，因此，需规定允许连续运转的最大功率，称为标定功率。

内燃机不能超过标定功率使用，否则会缩短其使用寿命，甚至可能造成事故。

一、柴油机的标定功率

国家标准规定，在内燃机铭牌上的标定功率分为下列4类：

（1）15min功率，即内燃机允许连续运转15min的最大有效功率，是短时间内可能超负荷运转和要求具有加速性能的标定功率，如汽车、摩托车等内燃机的标定功率。

（2）1h功率，即内燃机允许连续运转1h的最大有效功率，如轮式拖拉机、机车、船舶等内燃机的标定功率。

（3）12h功率，即内燃机允许连续运转12h的最大有效功率，如电站机组、工程机械用的内燃机标定功率。

（4）持续功率，即内燃机允许长时间连续运转的最大有效功率。

对于一台机组，柴油机输出的功率是指它的曲轴输出的机械功率。根据GB 1105—74规定，电站用柴油机的功率标定为12h功率，即在柴油机的大气压力为101.425kPa、环境气温为20℃、相对湿度为50%的标准工况下，柴油机以额定转速连续12h正常运转时，达到的有效功率，用N_e表示。

美国康明斯NT系列柴油机，其功率分为持续功率和备用功率，两者功率之比为0.91：1，相当于我国12h功率和持续功率之比。

二、交流同步发电机的额定功率

交流同步发电机的额定功率是指在额定转速下长期连续运转时，输出的额定电功率，用P_N表示。

根据机组的运行环境和技术要求，机组的柴油机输出的额定功率P_{Eng}和发电机功率P_N之间，符合如下关系：

$$P_N = \eta(K_1 K_2 P_{Eng} - P_f) \tag{3-9}$$

式中，P_N为同步交流发电机输出的额定功率，kW；P_{Eng}为柴油机输出的额定功率，kW；K_1为柴油机功率修正系数，如表3-1所示；K_2为环境条件修正系数，如表3-2和表3-3所示；η为柴油发电机组的效率，为柴油机传动效率与发电机效率之积；P_f为柴油机风扇及其他辅助消耗的机械功与发电机励磁功率之和。

表3-1 功率修正系数 K_1

连续工作时间	12h以内	长期运行
功率修正系数 K_1	1.0	0.9

表3-2 环境条件修正系数 K_2（相对湿度 $\phi=50\%$）

海拔高度/ m	大气压力/ kPa	环境空气温度/℃									
		0	5	10	15	20	25	30	35	40	45
0	101.45	—	—	—	—	1.00	0.98	0.96	0.94	0.92	0.89

31

海拔高度/ m	大气压力/ kPa	环境空气温度/℃									
		0	5	10	15	20	25	30	35	40	45
200	98.66	—	—	—	0.99	0.97	0.95	0.94	0.92	0.89	0.86
400	96.66	—	1.00	0.98	0.96	0.94	0.92	0.90	0.89	0.87	0.84
600	94.49	1.00	0.97	0.95	0.94	0.92	0.90	0.88	0.86	0.84	0.82
800	92.14	0.97	0.94	0.94	0.91	0.89	0.87	0.85	0.84	0.82	0.79
1000	89.86	0.94	0.92	0.90	0.89	0.87	0.85	0.84	0.81	0.79	0.77
1500	84.54	0.87	0.85	0.84	0.82	0.80	0.79	0.77	0.75	0.74	0.71
2000	79.46	0.81	0.79	0.77	0.76	0.74	0.74	0.71	0.70	0.68	0.65
2500	74.66	0.75	0.74	0.72	0.71	0.69	0.67	0.65	0.64	0.62	0.60
4000	70.14	0.69	0.68	0.66	0.65	0.64	0.62	0.61	0.59	0.57	0.55
4500	65.74	0.64	0.64	0.61	0.60	0.58	0.57	0.55	0.54	0.52	0.50
5000	61.59	0.59	0.58	0.56	0.55	0.54	0.52	0.50	0.49	0.47	0.46

表 3-3　环境条件修正系数 K_2（相对湿度 $\phi=100\%$）

海拔高度/ m	大气压力/ kPa	环境空气温度/℃									
		0	5	10	15	20	25	30	35	40	45
0	101.45	—	—	—	—	0.99	0.96	0.94	0.91	0.88	0.84
200	98.66	—	—	1.00	0.98	0.96	0.94	0.91	0.88	0.85	0.82
400	96.66	—	0.99	0.97	0.95	0.94	0.90	0.88	0.85	0.82	0.79
600	94.49	0.99	0.97	0.95	0.94	0.91	0.88	0.86	0.85	0.80	0.77
800	92.14	0.96	0.94	0.92	0.90	0.88	0.85	0.84	0.80	0.77	0.74
1000	89.86	0.94	0.91	0.89	0.87	0.85	0.84	0.81	0.78	0.75	0.72
1500	84.45	0.87	0.85	0.84	0.81	0.79	0.77	0.75	0.72	0.69	0.66
2000	79.46	0.80	0.79	0.77	0.75	0.74	0.71	0.69	0.66	0.64	0.60
2500	74.66	0.74	0.74	0.71	0.70	0.68	0.65	0.64	0.61	0.58	0.55
4000	70.14	0.69	0.67	0.65	0.64	0.62	0.60	0.58	0.56	0.54	0.50
4500	65.74	0.64	0.62	0.61	0.59	0.57	0.55	0.54	0.51	0.48	0.45
5000	61.59	0.58	0.57	0.56	0.54	0.52	0.50	0.48	0.46	0.44	0.41

通常把柴油机输出额定功率 P_{Eng} 与同步交流发电机输出的额定功率 P_{N} 之比，称为匹配比，用 K 表示，即：

$$K=\frac{P_{\mathrm{Eng}}}{P_{\mathrm{N}}} \tag{3-10}$$

K 值的大小受当地大气压力、环境温度和相对湿度等多种因素的影响，对于在平原上使用具有一般要求的机组，通常 K 值取 1.6；对使用要求较高的机组，K 值应取 2。

第5节　电动钻机用柴油发电机组的选配

随着电动钻机装备技术的发展，对柴油发电机组的供电能力和供电品质的要求也越来越高，而柴油发电机组作为井场动力系统电源，合理选配其容量大小和类型，可提高发电机组的运行效率，减少设备初期投入费用和柴油机燃料运行费用，降低钻井成本，保证电动钻机安全、可靠、经济运行。

一、发电机功率及容量的计算方法

要确定发电机功率，需要先确定所用井场用电设备的计算负荷。可沿用传统供电系统设计方法中的需要系数法来确定计算负荷，但其负荷表的编制、负荷的计算需要很详细的井场各种用电设备的数据，计算过程相当繁杂。本书编者在前人工作基础上，针对井场柴油发电机组的合理选配，提出了一种基于需要系数法的柴油发电机组功率的工程计算方法——近似需要系数法，将之应用于各种典型实际钻机选型计算，并与钻机实际配置柴油发电机组的数据对比。结果表明，近似需要系数法的计算结果更接近井场动力系统的实际配置，其选型结果更为科学合理，且计算方法更简便、准确、实用，适用于各种传动方式的陆用或钻机平台用柴油发电机组容量选配。近似需要系数法确定计算负荷方法如下：

$$P_{js} = 1.05\left[K_\Sigma\left(K_{dDW}\frac{P_{DW}}{\eta_{DW}} + K_{dMP}\frac{P_{MP}}{\eta_{MP}} + K_{dRT}\frac{P_{RT}}{\eta_{RT}}\right) + \Delta P\right] \tag{3-11}$$

式中，K_Σ 为同时系数，其取值为 $K_\Sigma = 0.85$；K_{dDW}、K_{dMP}、K_{dRT} 分别为绞车、泥浆泵和转盘电机的需要系数，其取值为 $K_{dDW} = 0.78$、$K_{dMP} = 0.49$、$K_{dRT} = 0.25$；η_{DW}、η_{MP}、η_{RT} 分别为绞车、泥浆泵和转盘电机的效率，取值为 $\eta_{DW} = \eta_{MP} = \eta_{RT} = 0.8$；$P_{RT}$ 为转盘最大输入功率，kW；P_{MP} 为泥浆泵额定功率，kW；P_{DW} 为绞车最大输入功率，kW；ΔP 为辅助设备功率，按绞车功率≤750kW，取 200kW；750kW<绞车功率≤1500kW，取 300kW；1500kW<绞车功率≤2250kW，取 600kW；常数 1.05 是考虑了 5%供电网络损耗。

单台发电机功率可由下式确定：

$$P_G = P_{js}/n \tag{3-12}$$

式中，n 为发电机组台数。

台数过多会给并联、维修管理造成不便，故 n 通常取 2~4，一般需再备用 1 台相同功率的机组(备用机组的功率值也可以选得小一些，但总需保证在任何一台机组故障或检修时，不中断对钻井核心设备及涉及井场安全的设备的供电)。根据 P_G 值，可选取标准型号的发电机，使其额定功率 P_N 大于等于 P_G。

在确定了发电机组功率 P_N 后，应对计算结果进行如下校核：

(1) 校核各种钻井工况下发电机的负荷百分率，一般应有 10%~20%的功率裕量。

(2) 对交流发电机组还应做容量 S_N 校验，以确保任一台电动机启动时发电机端子的电压跌落满足要求。钻机用柴油发电机额定功率因数 $\cos\phi$ 一般为 0.7，因而可由其功率 P_G 确定发电机容量为 $S_N = P_N/\cos\phi$。若 S_N 不满足要求，可在保持柴油发动机功率不变的前提下，增加发电机容量，这样就会出现发电机功率大于柴油发动机功率的情况，但这种配置对电动钻机用柴油发电机组来讲是合理的。

二、柴油机和发电机的功率匹配

确定发动机额定功率后，可进一步确定与之配套的柴油机功率。柴油通常选用 12h 功率或持续功率作为标定功率。在与发电机进行配套时，柴油机应有足够的功率以保证发电机在额定运行条件下输出标定功率。当发电机输出额定功率时，实际所需要的柴油机最小输出功率依据式(3-9)，可按下式计算：

$$P_{Eng} = \frac{\dfrac{P_N}{\eta} + P_f}{K_1 K_2} \qquad (3-13)$$

由式(3-13)计算的柴油机功率应该调整到标准规定的值或出厂技术说明书规定的功率等级。表 3-4 为各类柴油发电机组的配套特点。

表 3-4　各类柴油发电机组的配套特点

类别	移动机组		固定机组	钻井平台机组
配套容量/kW	≤200	200~1500	120~4×10⁴	60~1000
转速/(r/min)	1000、1500	1000、1500	440、500、750、1000、1500	500、750
成套形式	发电机组(控制柜)		固定式安装	固定式安装
应用场合	流动式备用电源		油田工程	钻井、采油平台
持续工作时间/h	12~72		24~100	≥72
瞬时条速率/%	<7	<10	<10	<10
稳定条速率/%	<4	<5	<5	<5
转速波动率/%	<0.5	<0.5	<0.5	<0.5
温度/℃	−40~40		5~40	5~45
湿度/%	95		60	95
海拔/m	0~2000		0~1000	0
安装地点	移动房、露天		移动房	船舱、移动房
匹配功率	12h	12h	12h 或持续功率	持续功率
匹配比	1.42~1.50	1.18~1.42	1.04~1.10	1.10~1.18
负荷特点	(1) 恒定转速、变负荷连续运行，短时间超负荷。 (2) 迅速启动并投入负载运行 10~18s。 (3) 有冲击负荷，如突加减 100%、短期过电流 50%~100%、短路			

三、柴油发电机组功率和容量的修正

当柴油发电机组在非额定现场条件或特殊负载情况下工作时，还需对上述发电机功率或容量的计算结果进行修正。

1. 海拔高度的功率修正

在一般情况下，当海拔超过 1000m 时，每升高 100m，柴油发动机输出功率降额为 1%，应按此功率对机组功率进行修正，参见表3-2、表3-3。

2. 现场环境温度的功率修正

通常可按照环境温度超过40℃时，每升高5℃，柴油发动机的输出功率下降3%~4%的规律对机组功率进行修正，参见表3-2、表3-3。

3. 非线性负荷影响的容量修正

对交流发电机来说，增加容量可提高非线性负载的能力，并减小非线性负荷给机组运行带来的影响。一般发电机容量在2~4倍非线性负荷容量，就具有良好的瞬态特性，若修正后的容量值大于容量校核后的值，则发电机容量应按大值确定。

四、影响井场用柴油发电机组选型的其他技术指标

根据井场钻井设备的驱动功率，计算出发电机组功率，进行修正后，结合井场对柴油发电机组的配置方案，确定单台柴油发电机的容量，可选配柴油发电机的型号。但在电动钻机柴油发电机组实际选型过程中，还应综合考虑其他影响发电机组选型的技术指标，方可形成最终符合国际通用规范(如IEC标准、船级社标准规范)的选型结果。影响机组选型的其他因素(技术指标)，主要有：

（1）发电机的额定电压，一般400V、600V和6600V较常见。

（2）额定频率或转速。

（3）绝缘等级，一般均选H级绝缘，但按B级运行。

（4）励磁方式，一般选用无刷励磁(无刷永磁式或无刷自励式)、三次谐波励磁、相复励。

（5）使用现场湿度。在高湿度地区应采用具有空间加热器形式的机组，使温度比周围环境温度高出5℃以防止冷凝。

（6）使用现场腐蚀性元素影响。如钻井平台机组选型时，除考虑"防潮湿""防霉变"外，还应考虑盐等腐蚀性元素影响，采用具有"防盐雾"措施的机组。

（7）发电机定子接线方式。鉴于吸收发电机本身和可控硅变流装置的3次高次谐波电流的需要，发电机定子绕组应采用三角形接线，但在装有谐波抑制器时可采用星形接线。

（8）机组可靠性、经济性指标。在前述选型的基础上，还应注意综合考虑燃油消耗率、维修保养费用、大修前使用时间、平均无故障时间等可靠性、经济性指标，以便最后得出整体性能最优的选型。

第6节　钻机网电装置

随着公共电网建设力度的加大，其覆盖面积、供电可靠性大大提高，为钻井作业靠近公网时，将公网高压电网电源引入钻井现场，通过降压变换到钻机动力电网所需电压等级，用来代替柴油发电机组作为动力源提供了可能。为此，所采用的电力设备统称钻机网电装置。其包括变压器、高压控制装置(高压进线断路器、避雷器、接地检测、计量和微机保护装置)、滤波补偿装置、双电源切换柜等。某型号具有网电装置的国产钻机动力系统构成示意图如图3-1所示，网电高压房低压侧引出600V电源，通过双电源切换柜接至发电机母排上，以替代柴油发电机组供电。

以网电装置替代柴油发电机组，能克服以柴油机为动力的钻机系统能耗高、噪声高、排放高、维护成本高、效率低的缺点，降本节能效果显著。

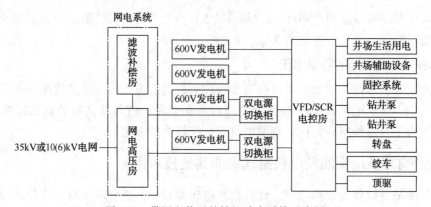

图3-1 带网电装置的钻机动力系统示意图

第4章 柴油机的基本理论与有功均衡

柴油机是内燃机的一种，也是广泛应用的发动机之一，它是将柴油喷射到汽缸内与空气混合燃烧得到热能转变为机械能的热力发动机。目前，电动钻机供电系统主要依靠它作动力设备(原动机)，带动同步发电机发出交流电，为井场的钻井、照明、通信及生活服务提供高质量电能。由于受到钻井现场环境限制，对电动钻机柴油发电机组的柴油机技术要求比普通柴油机的指标要高，其可靠性、安全性必须满足油气生产的需要。

本章分别介绍井场常用的国产和引进的柴油发电机组中柴油机的结构、型号和原理，柴油机的性能和特性，以及柴油机调速控制、并联运行发电机组有功功率均衡的基本原理。

第1节 井场常用柴油机的结构与型号

一、柴油机的结构

柴油机是实现热能转变为机械能的动力设备，它由下述基本部分组成。首先欲得到热能，就要提供一定数量的燃料，送进燃烧室与空气充分混合燃烧产生热量，因此，必须有燃料系统。它包括柴油箱、输油泵、滤油器、喷油泵和喷油嘴等零部件。为了将得到的热能转变为机械能，需要通过曲轴连杆机构来完成，此机构主要由汽缸体、曲轴箱、汽缸盖、活塞、活塞销、连杆、曲轴和飞轮等零件构成。当燃料在燃烧室内着火燃烧时，由于燃气的膨胀作用在活塞顶部产生压力，推动活塞做直线的往复运动，借助连杆转变曲轴旋转力矩，使曲轴带动工作机构(负荷)做功。对于一台设备要连续实现热能转变为机械能，还必须配备一套配气机构来保证定期吸入新鲜空气，排出燃烧后的废气。此机构由进气门、排气门、凸轮轴及驱动零件等组成。为了减少柴油机的摩擦损失，保证各零部件的正常温度，柴油机必须有润滑系统和冷却系统。润滑系统应由机油泵、机油滤清器和润滑油道组成；冷却系统应由水泵、散热器、节温器、风扇和水套等部件组成。为了使柴油机能迅速启动，还需配置启动装置，对柴油机启动进行控制。根据不同的启动方法，配备启动装置的部件，通常采用电动马达或气动马达启动，对于大功率的机组，则采用压缩空气启动。

柴油机总体结构一般包括上述部件，但由于汽缸数、汽缸排列方式和冷却方式等不同，因此各种机型在结构上略有差异。柴油机的基本结构如图4-1所示。

二、井场常用柴油机的型号

1. 常用的国产柴油机型号

中国石油济南柴油机股份有限公司(中油济柴)的"济柴"牌柴油机是中国大功率内燃机的代表产品，其190缸径系列发动机及配套机组，吸取现代内燃机领域中卓有成效的科技成果，各项性能指标接近或达到世界先进水平。在石油钻探领域，可用于各类钻机，能够适应高原、沙漠、海洋等恶劣环境和复杂工况，装备了我国 90%以上石油钻井队。以 PZ12V190B 型柴油机为例，其型号含义如图 4-2 所示。

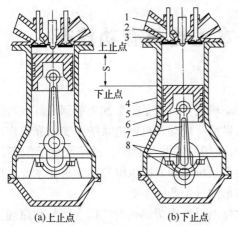

图 4-1 四冲程柴油机的基本结构

1—排气门；2—进气门；3—汽缸盖；4—汽缸；

5—活塞；6—活塞销；7—连杆；8—曲轴

(a)上止点　　　(b)下止点

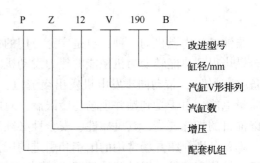

图 4-2 PZ12V190B 型柴油机型号含义

其主要技术参数如下：

形式：四冲程、水冷、增压中冷、直喷燃烧室。

汽缸数及排列形式：12 缸 V 形 60°夹角。

汽缸直径×活塞行程：190mm×210mm。

总排量：71.45L。

压缩比：14∶1。

启动方式：气马达、电马达。

润滑方式：压力和飞溅润滑。

排气温度（涡轮前）：≤600℃。

出水温度：≤85℃。

机油温度（油底壳内）：≤90℃。

主油道机油压力：392~784kPa。

曲轴转向：逆时针（面向输出端）。

操纵方式：远距离电控、手控。

表 4-1 列出了济柴 190 系列柴油机主要规格型号。

表 4-1　济柴 190 系列柴油机主要规格型号

型号	标定功率/ kW	标定转速/ （r/min）	燃油消耗率/ [g/（kW·h）]	机组外形 尺寸/mm	净重/kg
PZ12V190B	882	1500	≤209.4	4301×1980×2678	7910
PZ12V190B-1	735	1200	≤209.4	4301×1980×2678	7910
PZ12V190B-2	588	1000	≤209.4	4301×1980×2678	7910
PZ12V190B-3	1000	1500	≤209.4	4301×1980×2678	7910
PZ12V190BY-1	735	1200	≤209.4	4301×1980×2678	7500
PZ12V190BM-1	735	1200	≤209.4	4301×1980×2678	7500

型号	标定功率/ kW	标定转速/ (r/min)	燃油消耗率/ [g/(kW·h)]	机组外形 尺寸/mm	净重/kg
PZ12V190BYM-1	735	1200	≤209.4	4301×1980×2678	7500
PZ12V190BG2	882	1500	≤209.4	4301×1980×2678	7500
PZ12V190BD4	882	1500	≤209.4	4301×1980×2678	7500
G12V190Z_L	996	1500	≤209.4	2692×1560×2070	5300
G12V190Z_L1	1000	1500	≤209.4	2692×1560×2070	5400

2. 常用的国外进口柴油机型号

石油钻机中配套的常用国外柴油机，主要有美国卡特彼勒公司3500系列柴油机(功率范围507~1604kW)及瑞典沃尔沃公司Penta系列柴油机(功率范围68~465kW)。沃尔沃柴油发电机组及卡特彼勒公司3500系列(功率范围242~716kW)多用作辅助发电机。

1) 卡特彼勒3500系列柴油机

卡特彼勒公司是全球高品质柴油发电机组的首席供应商，其产品耐用性久经考验，品质被公认为世界第一。其在设计、开发研究上投入了大量的人力、物力，产品质量和性能不断提升。目前，3500系列多用途电控柴油机已成为卡特彼勒公司柴油机的主力机型。可应用在建筑、矿山、道路与非道路运输、林业、石油、农机等行业。在国内钻井现场，3500系列柴油机常用于主发电机组，一般配置2~4台作为井场主要动力。其型号含义如图4-3所示。

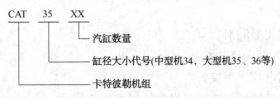

图4-3 3500系列柴油机型号含义

3500系列主要技术参数如下：

形式：四冲程、水冷、增压中冷、直喷燃烧室。

汽缸数及排列形式：12/16缸V形60°夹角。

汽缸直径×活塞行程：170mm×190mm。

总排量：12缸51.8L/16缸69L。

压缩比：13:1/B型14:1。

启动方式：气马达、电马达。

润滑方式：压力和飞溅润滑。

排气温度(涡轮前)：≤655℃。

出水温度：≤82℃。

机油温度(油底壳内)：≤92℃。

主油道机油压力：420~600kPa。

曲轴转向：逆时针(面向飞轮端)。

操纵方式：远距离电控、手控。

2) 沃尔沃Penta系列柴油机

沃尔沃是瑞典的工业企业，是世界上历史悠久的发动机制造厂商之一。沃尔沃Penta发动机具有运行经济、噪声低、排放少等优点，主要应用于发电设备、油田设备、工程机械、港口机械、矿山机械、商业船舶等。

以沃尔沃 Penta 系列 TAD1642GE 柴油机为例，其型号含义如图 4-4 所示。

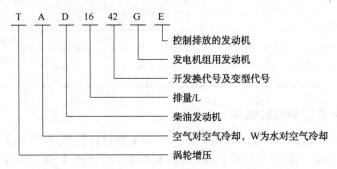

图 4-4　沃尔沃 Penta 系列 TAD1642GE 柴油机型号含义

其主要技术参数如下：

形式：四冲程、水冷、增压中冷、直喷燃烧室。

汽缸数及排列形式：6 缸直列形。

汽缸直径×活塞行程：144mm×165mm。

总排量：16L。

压缩比：16.5∶1。

启动方式：电马达。

润滑方式：压力和飞溅润滑。

曲轴转向：逆时针（面向飞轮端）。

操纵方式：远距离电控、手控。

油田常用的国外进口柴油机主要规格型号如表 4-2 所示。

表 4-2　常用的国外进口柴油机主要规格型号

型号	标定功率/kW	标定转速/（r/min）	燃油消耗率/（g/kW·h）	机组外形尺寸/mm	净重/kg
CAT3412C	550	1800	≤210	4485×1749×1987	4630
CAT3412E	480	1500	≤210	4485×1749×1987	4630
CAT3512	920	1500	≤206	5172×2318×2546	12162
CAT3512B	1225	1200	≤206	5199×2318×2546	12549
CAT3512DITA	1024	1500	≤206	5199×2318×2546	11959
CAT3512DITB	1300	1500	≤206	5199×2318×2546	11959
CAT3516	1460	1500	≤206	5848×2318×2546	14894
CAT3516B	1600	1500	≤206	5988×2646×3077	15227
TAD1341GE	250	1500	≤191	2950×1120×1595	2700
TAD1345GE	320	1500	≤196	3130×1115×1800	3000
TAD1642GE	450	1500	≤199	3300×1160×2000	3810
TAD1643GE	500	1500	≤199	3405×1397×2000	4050

第 2 节　柴油机的工作原理

把燃料燃烧时所放出的热能转化为机械能的机器称为热力发动机(简称热机)。内燃机是热机的一种。它是将燃料直接喷射到汽缸内燃烧，依靠燃料燃烧时燃气的膨胀来推动活塞对外做功。例如，电动钻机中带动同步交流发电机的柴油机，是利用柴油在燃烧室燃烧后，产生高温、高压的气体。气体膨胀时推动活塞使曲轴旋转，通过传动装置带动同步交流发电机旋转发电。由此可知，柴油机是产生动力的机器，故称它为发动机。

一、柴油机的常用名词

1. 工作循环

图 4-5 是单缸四冲程柴油机的位置图，柴油机中热能与机械能的转化，是通过活塞在汽缸内工作，连续进行进气、压缩、工作、排气 4 个过程来完成的。机器每进行这样一个过程称为一个工作循环。

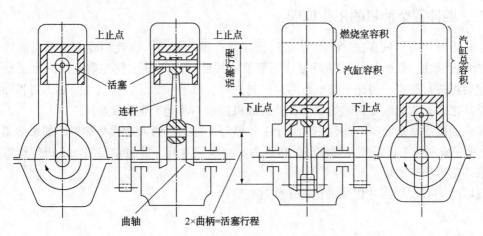

图 4-5　单缸四冲程柴油机的位置图

2. 上止点和下止点

当活塞在汽缸中移动时，活塞顶处在汽缸中的最高位置称为上止点(或称上死点)；活塞顶在汽缸中的最低位置，称为下止点(或称下死点)。

3. 活塞冲程

上、下止点之间的最小直线距离称为活塞冲程(或称行程)，通常用 S 表示。曲轴与连杆大端的连接中心到曲轴的旋转中心之间的最小直线距离称为曲柄的旋转半径。对于汽缸中心线通过曲轴旋转轴心的柴油机，活塞冲程 $S=2R$。

4. 工作容积

活塞从上止点到下止点所扫过的汽缸容积，称为汽缸工作容积(或称活塞排量)，用 V_h 表示；多缸内燃机各汽缸工作容积的总和称为内燃机工作容积(或称内燃机排量)，用 V_L 表示。

$$V_{L} = \frac{\pi D^2}{4 \times 10^3} Si = V_{h}i \qquad (4-1)$$

式中，D 为汽缸直径，cm；S 为活塞冲程，cm；i 为汽缸数，个；V_{h} 为一个汽缸的工作容积，L。

5. 压缩比

新鲜气体吸入汽缸后充满了整个汽缸，即占有汽缸总容积 V_{a}，而汽缸总容积则包括燃烧室容积 V_{c} 和汽缸的工作容积 V_{h}，汽缸总容积 $V_{a} = V_{h} + V_{c}$。汽缸总容积与燃烧室容积的比值称为压缩比，用 ε 表示，即：

$$\varepsilon = \frac{V_{a}}{V_{c}} = \frac{V_{h} + V_{c}}{V_{c}} \qquad (4-2)$$

压缩比的大小，说明汽缸内的空气（或混合气）经压缩后体积缩小的比例，也表明气体被压缩的程度。通常柴油机 $\varepsilon = 16 \sim 22$，汽油机 $\varepsilon = 5 \sim 9$。

压缩比越大，表明活塞运动时，气体被压缩得越厉害，其气体的温度和压力就越高，内燃机的效率也越高。

二、四冲程柴油机的工作原理

在热力过程中，只有在"工质"膨胀过程才具有做功能力，而我们要求发动机能连续不断地产生机械功，就必须使工质反复进行膨胀。因此，必须设法使工质重新恢复到初始状态，然后再进行膨胀。因此，柴油机必须经过进气、压缩、膨胀、排气 4 个热力过程即一个工作循环之后，才能恢复到起始状态，使柴油机连续不断地产生机械功。

若柴油机活塞走完 4 个冲程完成一个工作循环，称该机为四冲程柴油机。如果活塞走完 2 个冲程完成一个工作循环，则该柴油机称为二冲程柴油机。目前，柴油发电机组配置的柴油机都是四冲程柴油机。

现以图 4-6 说明四冲程柴油机的工作过程。

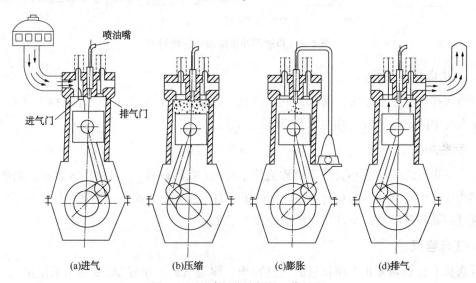

(a)进气   (b)压缩   (c)膨胀   (d)排气

图 4-6　四冲程柴油机的工作过程

1. 进气冲程

进气冲程的目的是吸入新鲜空气，为燃料燃烧做好准备。要实现进气，缸内与缸外要形成压差。因此，此冲程排气门关闭，进气门打开，活塞由上止点向下止点移动，活塞上方的汽缸内的容积逐渐扩大，压力降低，缸内气体压力低于大气压力68~93kPa。在大气压力的作用下，新鲜空气经进气门被吸入汽缸，活塞到达下止点时，进气门关闭，进气冲程结束。

2. 压缩冲程

压缩冲程的目的是提高汽缸内空气的压力和温度，为燃料燃烧创造条件。由于进、排气门都已关闭，汽缸内的空气被压缩，压力和温度亦随之升高，其升高的程度取决于被压缩的程度，不同的柴油机略有不同。当活塞接近上止点时，缸内空气压力达3000~5000kPa，温度达500~700℃，远超过柴油的自燃温度。

3. 膨胀(做功)冲程

当活塞上行将终了时，喷油器开始将柴油喷入汽缸，与空气混合成可燃混合气，并立即自燃。此时，汽缸内的压力迅速上升到6000~9000kPa，温度高达1800~2200℃。在高温、高压气体的推力作用下，活塞向下止点运动并带动曲轴旋转而做功。随着气体膨胀活塞下行，其压力逐渐降低，直到排气门被打开。

4. 排气冲程

排气冲程的目的是清除缸内的废气。做功冲程结束后，缸内的燃气已成为废气，其温度下降到800~900℃，压力下降到294~392kPa。此时，排气门打开，进气门仍关闭，活塞从下止点向上止点移动，在缸内残存压力和活塞推力的作用下，废气被排出缸外。当活塞又到上止点时，排气过程结束后，排气门关闭，进气门又打开，重复进行下一个循环，周而复始不断对外做功。

第3节　柴油机的性能与特性

柴油机一般作为原动机，用它来带动其他机械负载，其性能的优劣通常从它的动力性、经济性和使用性三方面来评定。通过对各种柴油机特性曲线的变化规律进行比较和分析，从中找到影响性能指标的因素，指出提高的途径，从而牢固地掌握柴油机的使用性能，正确运用和发挥柴油机的效能。

一、柴油机的性能指标

1. 指示指标

以工质对活塞做功为基础的内燃机动力性和经济性指标，称为内燃机性能的指示指标。评价动力性的指示指标为平均指示压力和指示功率，评价经济性的指示指标是指示燃料的油耗率与效率。

平均指示压力 P_i：在单位汽缸工作容积内，每个循环所做的指示功称为平均指示压力 P_i，即：

$$P_i = \frac{W_i}{V_h}(kPa) \tag{4-3}$$

式中，W_i 为每个循环的指示功，kJ；V_h 为汽缸的工作容积，m^3。

由此可知，如果工质对活塞做功越多，则平均指示压力就越高。因此，平均指示压力可用来直接评价各种不同排量柴油机的做功能力。

指示功率 N_i：工质在单位工作时间内，对活塞所做的有用功称为指示功率 N_i。若平均指示压力为 P_i，汽缸工作容积为 V_h，则每个汽缸每一循环的指示功为 $W_i = P_i V_i$。如果柴油机的转速为 n，汽缸数为 i，则四冲程柴油机的指示功率 N_i：

$$N_i = \frac{W_i in}{2 \times 60} = \frac{P_i V_i in}{120} \tag{4-4}$$

指示燃料消耗率 g_i：内燃机每 1h 发出每千瓦的指示功率所需要的燃料量称为指示燃料消耗率 g_i，即：

$$g_i = \frac{1000 G_T}{N_i} \tag{4-5}$$

式中　N_i 为指示功率，kW；G_T 为每小时燃料消耗量，kg/h。

指示效率 η_i：转换为 1kW·h 指示功的热量与完成 1kW·h 指示功所消耗的热量之比称为指示效率 η_i。

由于 1kW·h 的功与 3600kJ 的热量相当，而完成 1kW·h 的指示功所消耗的热量为 $g_i H_u \times 10^{-3}$，因此：

$$\eta_i = \frac{3600}{g_i H_u \times 10^{-3}} = \frac{3.6 \times 10^6}{g_i H_u} \tag{4-6}$$

式中，g_i 为指示燃料消耗率，g/(kW·h)；H_u 为燃料低热值，kJ/kg。

指示效率是衡量燃料所含的热量转换为指示功的有效程度。

2. 有效指标

以内燃机曲轴输出功率为基础的内燃机动力性和经济性指标，称为内燃机性能的有效指标。评价内燃机动力性的有效指标是有效功率、有效扭矩和平均有效压力；评价经济性的有效指标是有效燃料消耗率和有效效率。

有效功率 N_e：由内燃机曲轴输出的功率称为有效功率 N_e。内燃机工作时，由于内部各运动件均存在摩擦损失，驱动内燃机辅助机构也要消耗功率，所有这些消耗的功率统称为机械损失功率，用 N_m 表示，则有效功率为：

$$N_e = N_i - N_m \tag{4-7}$$

有效扭矩 M_e：由内燃机曲轴输出的扭矩称为有效扭矩 M_e。它与有效功率之间关系为：

$$N_e = M_e \frac{2\pi n}{60} \times \frac{1}{1000} \tag{4-8}$$

$$N_e = 9550 \frac{N_e}{n} \tag{4-9}$$

式中，n 为内燃机转速，r/min。

平均有效压力 P_e：内燃机平均有效压力 P_e 是一个假想为作用在活塞顶上的恒定不变的压力。它使活塞移动一个冲程所做的功等于每循环所做的有效功 W_e，即：

$$P_e = \frac{30\tau N_e}{i V_h n} \tag{4-10}$$

式中，τ 为每循环的冲程数；i 为汽缸数。

有效燃料消耗率 g_e：内燃机在 1h 内发出每千瓦有效功率所消耗的燃油量，称为有效燃料消耗率或简称有效油耗率，用 g_e 表示。

$$g_e = \frac{1000 G_T}{N_e} \qquad (4-11)$$

有效效率 η_e：转变为 $1\mathrm{kW \cdot h}$ 有效功的热量与完成 $1\mathrm{kW \cdot h}$ 有效功所消耗的热量之比称为有效效率 η_e。

$$\eta_e = \frac{3.6 \times 10^6}{g_e H_u} \qquad (4-12)$$

柴油机性能的动力性和经济性指标数值如表 4-3 所示。

表 4-3　柴油机的动力性和经济性指标

指标	P_i/kPa	P_e/kPa	$g_i/[\mathrm{g/(kW \cdot h)}]$	$g_e/[\mathrm{g/(kW \cdot h)}]$	η_i	η_e	η_n
柴油机	690~980	590~880	170~195	220~285	0.43~0.5	0.3~0.4	0.7~0.85

注：机械损失常用机械效率 η_m 来表示，$\eta_m = \dfrac{N_e}{N_i}$。

二、柴油机的特性

介绍柴油机特性的目的在于，通过分析柴油机特性曲线的变化规律，了解柴油机在各种调整情况和工况（各种转速及负荷）下的动力性和经济性，从而分析影响特性的各种因素，以便合理使用柴油机，了解它在什么情况下动力性最大，在什么情况下经济性最好。当需要最大功率输出时，就充分发挥它的动力性能；在其他情况下工作时，则尽可能使它的经济性最佳。

柴油机特性内容较多，其中主要是使用特性。实际上，柴油机经常在类似于使用特性工况下工作，因此，这里仅介绍它的使用特性。

1. 速度特性

柴油机在保持供油量不变的情况下（高压油泵调节齿条位置固定），其功率、扭矩、油耗率等性能参数随转速的变化关系，称为速度特性。油量调节机构固定在标定功率循环供油量位置时的特性称为柴油机全负荷速度特性（一般称外特性），它代表该柴油机在使用中允许达到的最高性能。

速度特性是通过实验来测得的，实验时应将供油提前角、冷却水温度、润滑油温度等调整到最佳值，将油量调整机构的齿条固定在最大供油的位置上，然后逐渐增加柴油机的负荷，使转速改变，分别在几种转速下测定柴油机的有效功率 N_e、扭矩 M_e、燃油消耗率 g_e 等参数，即得柴油机的外特性。

扭矩 M_e 曲线的变化规律：循环供油量不变时，扭矩 M_e 与指示效率 η_i、机械效率 η_m 及充气系数 η_v 成正比，若知道 η_i、η_v 及 η_m 随转速而变化的关系，即可知道 M_e 随转速变化的关系。

高转速时，充气系数 η_v 降低，而且燃烧过程经历的时间缩短，不完全燃烧现象增加，致使 η_i 有所下降，η_m 也下降，而每循环的供油量 Δg 增加，如图 4-7 所示。

当转速过低时，由于空气涡流减弱，燃烧不良及散热漏气损失增加，使 η_i 降低，扭矩 M_e 也降低。因此，在速度特性曲线中，扭矩随转速变化形成两头低（高速和低速）、中间凸起的形状，如图 4-8 所示。

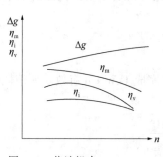
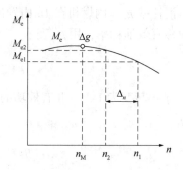

图 4-7　柴油机中 η_i、η_m、η_v　　　　图 4-8　柴油机扭矩 M_e 与

及 Δg 随 n 的变化曲线　　　　　　转速 n 的关系

功率 N_e 曲线的变化规律：从功率 $N_e = M_e \dfrac{2\pi n}{60} \times \dfrac{1}{1000}$ 关系式可知，在一定转速范围内，扭矩 M_e 随转速 n 变化不大，因此，功率 N_e 几乎随转速 n 成正比增加。外特性中，N_e 曲线几乎在斜率直线段，故在最大转速下有最大功率。

2. 柴油机的调速特性

调速器的作用是根据负荷变化自动调节供油量而改变扭矩，使柴油机转速变化不超过允许范围。在调速器的作用下，柴油机的扭矩、功率、燃油消耗率等性能参数的变化关系称为调速特性。

调速特性曲线由实验而得，由调速器控制喷油泵齿条移动，使负荷由零变到最大，测取其扭矩、功率、油耗率等参数，然后绘成曲线，如图 4-9 所示。图中曲线 1 为柴油机的外特性曲线，曲线 2~曲线 7 为调速器手柄处于不同位置的调速特性。

3. 柴油机的负荷特性

柴油机的负荷特性是在转速保持一定数值不变时，通过改变喷油泵调节杆的位置，用增加或减少供油量的方法来改变载荷。在这种情况下，每小时燃料消耗量 G_T、燃料消耗率 g_e、排气温度 T_r 及排气烟度随柴油机负荷（P_e 或 N_e）改变而变化的关系，即 $G_T = f(N_e)$、$g_e = f(N_e)$ 称为柴油机的负荷特性，如图 4-10 所示。从图中可见，从小负荷区域，燃油消耗率 g_e 随负荷增大而逐渐减小，当减小到一定程度时，便不再减小，反而随负荷区域增加而升高。这是因为，随负荷增加机械效率 η_m 迅速增加，同时热损失也随负荷增加而相对减小，指示效率 η_i 随之增加，当负荷达某值时，η_i、η_m 的乘积达最大值，因而出现最低油耗率，如图 4-10 中的点 1 所示。然而负荷再增加，供油量增加，使热损失增大，燃烧情况恶化，使 η_i 减小，因而油耗率增大，当供油量超过点 2 时，排气出现黑烟，故 2 点称为"冒烟界限"点。当喷油量增到点 3 时，功率达到最大值，继续增加喷油量，g_e 显著增加，而功率 N_e 反而降低。这是因为喷油量超过"冒烟界限"时，由于燃烧不完全，排气冒烟，不仅使燃料消耗率 g_e 增大，而且使柴油机过热，影响柴油机寿命，容易引起故障。因此，标定的循环供油量一般限制在"冒烟界限"范围内。某型柴油机在不同转速下的负荷特性如图 4-11 所示。

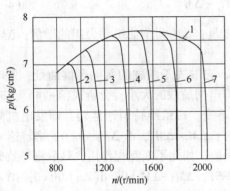

图 4-9 柴油机的调速特性

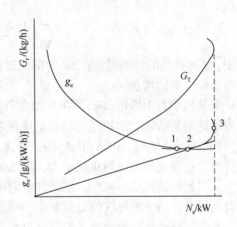

图 4-10 柴油机的负荷特性

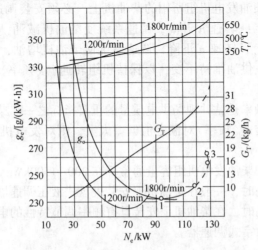

图 4-11 柴油机在不同转速下的负荷特性

第 4 节 柴油机的调速系统

柴油机的转速稳定系数是柴油发电机组的一个重要的技术指标，它直接影响着供电系统的供电质量指标中的频率指标。随着现代科学技术的发展，各种精密仪器及设备广泛地应用在石油勘探开发之中；随着钻井机械的不断更新，原来的参数测量仪表已实现集成化、数字化，钻井信息管理实现遥测、遥控、遥信。这些先进技术对钻井现场的供电质量要求越来越高，柴油发电机组输出的电压频率必须满足要求，所以柴油机的转速调节控制要精度高、稳定性好，随负载的变化(尤其是突然变化)，要基本维持在同步转速且不得出现停车或飞车事故。

一、柴油发电机组频率变化的原因

发电机电压的频率 f 和柴油机的转速 n 的关系为：

$$f = pn/60 \tag{4-13}$$

式中，p 为发电机的极对数；n 为柴油机的转数，r/min。

对各类柴油发电机组的基本要求是：当交流母线负载改变时，机组频率和电压要保持稳定，其偏差值不超过给定范围。为了实现这一基本要求，下面来观察分析机组运动方程式：

47

$$\frac{\pi}{30} J \frac{d(\Delta n)}{dt} = \Delta M_1 - \Delta M_2 \qquad (4-14)$$

式中，J 为机组的转动惯量；Δn 为柴油机转速的增量；ΔM_1 为柴油机动力矩的增量；ΔM_2 为发电机阻力矩的增量。

柴油机动力矩增量 ΔM_1，在其他条件不变时，它取决于汽缸的每循环供油量；发电机阻力矩的增量 ΔM_2，取决于它输出的电磁功率，即电网负载的大小。分析式(4-14)可知：

当 $\Delta M_1 = \Delta M_2$ 时，$d(\Delta n)/dt = 0$，转速 n 恒定不变，机组维持恒速运转，即发电机频率维持恒定；当交流母线侧负载增大，即 ΔM_2 增大时，$\Delta M_1 < \Delta M_2$，$d(\Delta n)/dt < 0$，则转速 n 下降，又引起柴油机功率减少，结果和电网更加不平衡，如此不断互相作用，最后将导致柴油机自动停车；当交流母线侧负载减少，即 ΔM_2 减少时，$\Delta M_1 - \Delta M_2 > 0$，$d(\Delta n)/dt < 0$，则 n 增高，又引起柴油机功率增加，最后导致柴油机飞车。

为此，在电动钻机柴油发电机组所用的柴油机上，必须安装调速系统，其基本功能有：阻力矩减少(主力矩增大)，转速 n 升高，调速系统使柴油机减油，完成增速减油调节；阻力矩增大(或主力矩减少)，转速 n 下降，调速系统使柴油机增油，完成减速增油调节；阻力矩和主力矩保持平衡，供油维持不变，以保持机组转速(或频率)的恒定，调节时应具有良好的静动态指标。

发电机输出电压的频率是钻井现场供电质量的重要指标之一。柴油机总是设计在额定转速时具有最高的效率，转速(频率)对额定值偏差太大，则对发电机和用电设备都会带来不良影响。

在石油工程上使用的柴油发电机组容量通常都在 200～1500kW，当机组容量较小、负载对调速动态精度要求不高时，一般在柴油机上安装表盘式液压调速器；当机组容量较大、负载对调速动态精度要求高时，在柴油机上安装具有频率调节特性的电子调速器及技术指标要求更高的计算机控制的数字式调速器。

二、柴油机调速的原理

柴油机调速系统通常由转速反馈环节、控制器、执行机构等组成，其调速原理如图 4-12 所示。

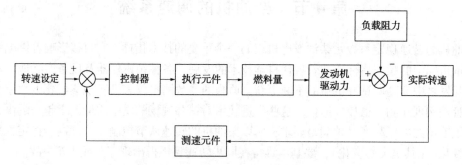

图 4-12　柴油机调速系统原理示意图

安装在飞轮壳上的转速电磁传感器构成转速反馈环节，由其检测出柴油机的实际转速，并与转速设定值比较，得到转速偏差量；该偏差量经过控制器按相应控制策略运算，再由驱动输出环节放大后驱动执行机构改变供油量的大小，实现转速的自动调节，以使发电机组达到频率恒定，使并联机组有功负载分配均匀，达到对频率和负载分配的双重调节。

可见，调速系统作用主要有两个方面：

一方面，控制柴油发电机供电频率稳定在给定等级，满足供电质量的频率指标。当机组的负载变动时，调速系统相应地加大或减小柴油机的供油量以改变柴油机的输入功率，从而补偿机组转速的变化，由式(4-13)可知，这便补偿了发电机的供电频率的改变，使其满足井场动力系统对供电质量频率指标的要求。

另一方面，控制并联运行的柴油发电机组有功功率的分配，使并联机组按照其额定功率的大小成比例地承担负载，达到有功功率的均衡。多台柴油发电机组并联运行，构成井场电网共同向井场负载供电时，由于电网的约束，各台柴油发电机组供电的频率与电网频率严格保持一致。此时，调速系统的功能由频率调节转变为对机组所承担有功功率负载的分配。

1. 常用的柴油机转速控制器

电动钻机电控系统中常用的转速控制器有美国 WoodWard 公司的 2301A、2301D、2301E，美国 GAC 公司的 ESD5500E，以及国产的广州三业科技有限公司的 SY-SG-2033。在本书第 6 章全数字式柴油发电机组控制系统中将以 2301D 为例，对数字式转速控制器的现场应用进行说明。

2. 电磁式柴油机转速传感器

柴油机速度信号通常由安装在飞轮齿盘附近的电磁测速元件获得。电磁测速元件是一种磁电式传感器，它利用磁通变化而产生感应电动势，此电动势的大小取决于磁通变化的速率。这种传感器属于开磁路变磁阻式速度传感器，如图4-13所示。

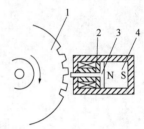

图 4-13　电磁转速传感器原理图

它的结构类似于永磁发电机，但主要不是取其电压，而是取其频率，永久磁铁 4、感应线圈 2 和软铁磁轭 3 是传感器的固定部分。永久磁铁产生的磁力线正对齿轮的齿顶 1。当齿轮旋转时，齿的凹凸引起磁阻变化，齿轮每转过一个齿，传感器产生的感应电动势的变化频率等于齿轮的齿数和转速的乘积，即 $f=Gn$（f 为频率，G 为齿数，n 为转速）。可以看出，速度传感器的信号频率与发动机的转速成比例。这种传感器容易安装，容易获得高频率的速度传感信号。

速度传感器与发动机飞轮齿间隙一般调整在 0.5～1.02mm 范围内，在柴油机转速 1500～1000r/min 时，相对应的脉冲电压在 1.5～20V AC 范围内变化。

3. 柴油机的执行机构

常见的柴油机执行机构有电-液式、电动式及数字式。目前，电控喷油式柴油机，因机组本身带有 ECM，取代了电-液式或电动式执行机构，可看作是数字式的执行机构。

1）柴油机电-液执行器

常用的执行器有 EG-3P、EGB-2P 等类型，它们的工作原理基本相同，现以 EG-3P 为例讨论它的基本结构和工作原理。EG-3P 电-液执行器的结构原理图见图 4-14。

在图 4-14 中，电-液执行器由两个相反运动的负载活塞和动力活塞、输出轴、滑阀套筒、滑阀、电磁转换器、永久磁铁、中心弹簧、复位弹簧、调节支架、复位杆及齿轮油泵等组成。永久磁铁安装在滑阀上，并通过中心弹簧和复位弹簧将其悬挂在电磁转换器的磁场内。电磁转换器是由铁芯和串联的两个线圈组成的，A（粉红色）、B（紫色）、C（白色）、D（绿色），是电-液执行器插座上的 4 个电信号输入插头，其中 A、B 为调速电压信号输入；C、D 自身串接，它的作用是把调速电压信号变成与其成比例的电磁力，并作用到永久磁铁 7 和滑阀上。

因而滑阀上作用着两个力。一个是中心弹簧的弹簧力（向上）、复位弹簧的弹簧力（向

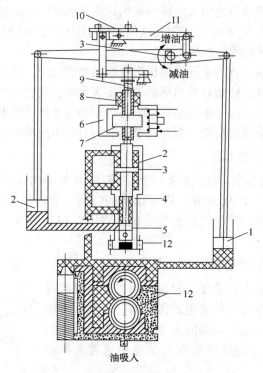

图 4-14　EG-3P 电-液执行器的结构原理图

1—负载活塞；2—动力活塞；3—输出轴；4—滑阀套筒；5—滑
阀；6—电磁转换器；7—永久磁铁；8—中心弹簧；9—复位弹
簧；10—调节支架；11—复位杆；12—齿轮油泵

下)，两者合成的总弹簧力恒定向上，而力图使滑阀向上运动。由于复位弹簧力的大小随执行器输出轴转角位置而变，所以总弹簧力也同输出轴转角位置有关。另一个是同执行器输出轴转角位置成正比例的电磁力，它恒定向下，而力图使滑阀向下运动。两力相互作用，决定了滑阀的移动方向。

负载活塞的下腔始终作用着高压油，力图推动输出轴向减少燃油的方向转动。动力活塞下腔的油况是变化的，它由滑阀位置所决定：滑阀的平衡位置下移时，为高压油；在平衡位置上移时，为低压油；在平衡位置封口时，为平衡油。由此，通过控制阀的位置，可改变活塞下腔的油况，借以控制执行器输出轴的转动方向(增或减油)。输出轴再通过供油机构同喷油泵齿杆连接，调节发动机的供油量，其作用原理和调节过程如下：

负载平衡、恒速运转工况时，电磁转速反馈环节的转速信号与给定的柴油机转速信号相等，转速偏差为零。于是经过转速控制器运算，驱动输出环节输出一个与执行器输出轴转角位置(代表柴油机所处负载工况)成正比的调速信号，按电磁作用法则，电磁转换器中产生一个恒定向的电磁力(同调速电压信号或输出轴转角位置成正比)，其恰好同该输出轴转角位置上的总弹簧力相平衡。这时，永久磁铁处于中间位置，滑阀处于图 4-14 中的封口位置，动力活塞的下腔为平衡油压，输出轴在相应的柴油机负载工况下固定不动；柴油发电机组的输出功率同电网负载相平衡；柴油机在所给定的 n_0 转速下恒速运转。

外界负载减少、转速升高时，测速信号比给定转速电压信号大，转速偏差小于零。于是经过转速控制器运算，驱动输出环节输出的调速信号值减少，电磁转换器中的电磁力减少；在多余的总弹簧力作用下，滑阀上移；控制口与油池接通，动力活塞下腔的平衡油转化为低压(油池)油；于是负载活塞在其下腔高压油作用下，向上移动，同时迫使动力活塞随之向下移动；由此带动输出轴向减少燃油的方向转动，完成增速减油调节动作。随着输出轴不断向减少燃油的方向转动，复位杆的左端则不断下移，而使复位弹簧的压缩量不断增加，复位弹簧力不断增大，总弹簧力不断减少，而力图使滑阀下移复位。在输出轴向减少燃油的方向转动后，由于柴油机的供油量已减少，其转速也逐渐下降，于是电磁转换器中的电磁力也逐渐减少，最后两者又达到新的平衡，滑阀仍处于封口位置。为同外界负载减少相适应，这时柴油机的输出扭矩已减少，即执行器输出轴转角已移至较小供油位置，调速电压信号也相应减少，这时柴油机又在新的工况下保持恒速运动。

为保证总弹簧力和电磁力与输出轴转角位置的变化相协调，可由调节支架对复位弹簧力进行调节和整定，以使滑阀复位快、稳定性好，而保证调速系统具有良好的动态指标。

外界负载固定不变，减少转速给定值，其调节过程同上述一样。

外界负载增加，转速下降时，测速信号比给定转速电压信号小，转速偏差大于零。于是经过转速控制器运算，驱动输出环节输出的调速信号值增大，电磁转换器中的电磁力增加。在多余的电磁力作用下，滑阀下移，控制口与高压油接通，动力活塞下腔平衡油转化为高压油。由于动力活塞对输出轴的力臂约为负载活塞力臂的两倍，因而它在下腔高压油作用下，向上移动，同时迫使负载活塞也随之向下移动，由此带动输出轴向增加燃油的方向转动，完成减速增油调节动作。随着输出轴不断向增加燃油的方向转动，复位杆的左端则不断上移，而使复位弹簧的压缩量不断减少，复位弹簧力不断减少，总弹簧力不断增大，而力图使滑阀上移复位。在输出轴向增加燃油的方向转动后，由于柴油机供油量已增加，其转速也逐渐增加，电磁力也逐渐增加，最后两力又达到新的平衡，滑阀仍处于封口位置。为同外界负载减少相适应，这时柴油机扭矩或供油量已增大，调速电压信号值也相应增大。这时，柴油机又在新的工况下保持恒速运动。

外界负载固定不变，增大转速给定值信号，其调节过程同上述一样。

在柴油机最小供油或停车工况下，当输入电磁转换器的调速信号值为零时，由于作用在滑阀上的电磁力等于零，所以在总弹簧力的作用下，滑阀快速上移；控制口与油池接通，动力活塞下腔转为低压油，在负载活塞作用下，输出轴迅速减至最小供油位置，柴油机自动停车。

2）柴油机电动执行器

柴油发电机组在速度控制和调节中，除了在柴油机上应用电-液执行器，还可应用电动执行器，电动执行器调速系统的动态精度高，多台机组并联时，有功负载分配差度小，保证多台机组的稳定并联运行，环境条件变化时的补偿误差小，便于构成柴油机的保护系统，可以完成机组间自动启动、投入运行和自动停车，自动进行负载分配和转移。常用的电动执行器有 E6-V 系列。例如，济南柴油机厂生产的 190 系列柴油机采用海因茨曼调速器及 E6-V 系列的 StG6-02 电动执行器。StG6-02 电动执行器的外形如图 4-15 所示。

StG6-02 电动执行器由直流盘式（力矩）马达、齿轮传动机构、输出轴、角位移探头、复位弹簧等部件组成。

直流盘式（力矩）马达在控制信号的作用下产生转矩使其旋转，通过齿轮传动机构带动输出轴转动，达到对柴油机燃油的进油量的控制，进而对柴油机的转速和输出功率的控

图 4-15　StG6-02 电动执行器的外形图

制与调节，输出轴转动的转角与作用在输出轴上的复位弹簧的拉力相平衡，达到一个平衡转角。此时，输出轴的转角由无接触式位移探头精确地测量并反馈到前级驱动电路，构成一个执行器的闭环控制系统。

直流盘式(力矩)马达在控制信号的作用下只做转角运动，它的稳态是停止在某一转角(对应输出轴某一转角，即通过拉杆的作用对应柴油机燃油喷嘴的某一开度)位置上，确定了柴油机在此期间的稳定转速及输出功率。直流盘式(力矩)马达在这种稳定转角上，其柴油机的转速及功率控制信号(电流)依然持续存在，直流盘式(力矩)马达产生的转矩与输出轴连接的复位弹簧拉力相平衡。所以当柴油机运行在某一稳定状态时，直流盘式(力矩)马达工作在堵转条件下，也只有直流盘式(力矩)马达才能实现这一特殊功能。

StG6-02电动执行器构成柴油机转速控制的闭环系统，StG6-02电动执行器输出轴的位置反馈信号分别送到控制系统的两个部位。柴油机控制系统工作在无差调节状态时，输出轴的位置反馈信号送到它的驱动电路的前端；柴油机控制系统工作在有差调节状态时，输出轴的位置反馈信号除送到它的驱动电路的前端外，还送入"速度降落"控制单元电路，作为影响速度给定的信号之一。

执行器的位置反馈信号反映了油门拉杆控制柴油机燃油油门的开度(进油量)，柴油机燃油油门的开度与柴油机输出功率(有功)成正比例关系。因而，输出轴的位置反馈信号为功率反馈信号。由于执行器的控制系统的给定信号来自柴油机的转速控制环节的输出，因此它形成了一个双闭环控制系统的内环节，具有柴油机转速及功率控制的稳定性、可靠性、精度高的特性。

3) 数字式执行器

对于使用数字式执行器的机组，如CAT3512B系列柴油机，由于采用的是电控喷油调节系统，其喷油时间及大小是靠电控模块(ECM)来控制的，而电控模块需要的是一个占空比可调节的脉宽信号(PWM信号)，而转速控制器输出的往往是0~200mA的电流信号，所以需要增加一个信号转换器，将0~200mA的电流信号转为电控模块所需的脉宽信号，而电控模块根据脉宽信号及油门位置等信息，结合电控模块中存储的发动机运行的性能图谱，控制电控单体喷油器EUI的电磁阀线圈通电时间，从而控制供油量，以控制柴油机转速。

图4-16，为卡特彼勒3500B系列的电子控单体喷油器(EUI，供电电压为105V直流)。单体喷油器是喷油泵和喷嘴的组合体，因减少了喷油泵级喷嘴之间的连接管线，其结构更紧凑，体积更小，便于安装。图4-16中1为喷油器电磁阀线圈的接线端，2为插入式电磁阀组件，3为提升阀，4为喷油器柱塞，5为进油孔，6为喷油单向阀。

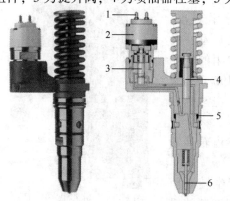

图4-16　CAT3500B系列的EUI

CAT3500B系列EUI的喷射过程可分4个阶段，如图4-17所示。

充油阶段：当喷油柱塞到达行程的最低端时，在弹簧的作用下开始复位，复位过程中柱塞的上移会使柱塞腔内的燃油压力降低到低于燃油供给压力，燃油供给油道的燃油由进油孔吸入，通过提升阀进入柱塞腔。当柱塞到达最大行程时，柱塞腔内充满燃油，这样供给油道的燃油就停止流入柱塞腔内，然后进入喷射前阶段。

喷射前阶段：此时，喷油柱塞腔内充满燃油，喷射柱塞和喷油器摇臂在最大行程。喷油器摇臂

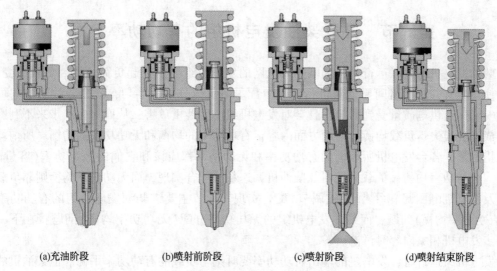

(a)充油阶段   (b)喷射前阶段   (c)喷射阶段   (d)喷射结束阶段

图 4-17　EUI 喷射过程

开始向下移动，如果这时喷油器电磁阀线圈不通电，则提升阀处于开启状态，燃油就会通过提升阀回流到燃油供给油道。

喷射阶段：电控模块控制喷油器电磁阀线圈通电，产生磁场吸引衔铁，衔铁带动提升阀关闭。一旦提升阀关闭，流回到燃油供给油道的燃油就被关闭。摇臂的继续下移就会使柱塞压缩燃油，当燃油的压力达到 38MPa 时，高压的燃油压力就克服喷油单向阀弹簧的弹力，使喷油单向阀开启，从而开始喷射燃油。若电磁线圈保持通电，随柱塞下移，燃油喷射过程就会继续。

喷射结束阶段：当电控模块切断输出电流时，电磁线圈断电，提升阀下移而打开，高压的燃油就通过提升阀回流到燃油供给油道，这样就使燃油的压力迅速下降。当燃油的喷射压力降低到大约 24MPa 时，喷油器单向阀关闭，喷射结束。

可见，燃油的喷油量是通过电磁线圈的通电持续时间来控制的。图 4-18 为喷射过程中电磁线圈的电流波形。

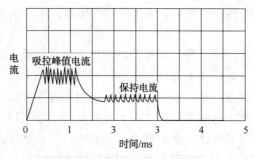

图 4-18　喷射过程中电磁线圈的电流波形

吸拉电流较大，是因为开始时提升阀与电磁线圈的距离最远，需要产生较强的磁场吸引线圈，使提升阀克服弹簧的弹力上升，进而关闭油道。当提升阀压紧排油口后，电控模块就减小输出的电流，使线圈保持提升阀处于关闭位置。较低的保持电流产生较少的热量，可增加电磁线圈的寿命。吸拉电流和保持电流持续的时间之和为通电时间，其大小决定了燃油喷射时间的长短，即供油量的多少。

第5节 并联柴油发电机组的有功功率分配

柴油发电机组并联运行时，因刚并入电网的发电机组要承担起负荷，或因负载的变化，都会使得所有并联机组间要重新进行负载分配。而负荷分配不均匀，就会导致供电的可靠性、安全性及供电质量受到影响，且会对发电机组产生严重危害，从而对生产带来不利影响及造成经济损失。负载均衡包括两方面内容：有功功率的均衡和无功功率的均衡。所谓均匀分配指的是，各台发电机所承担的有功功率和无功功率都应该和它们的额定功率（容量）成比例。有功功率均衡靠负载分配器及柴油机调速系统配合实现，而无功功率均衡则靠负载分配器及发电机电压调节系统（励磁调节）配合实现。本节主要讲柴油发电机组的有功功率分配（有功功率均衡）问题，而柴油发电机组的无功功率分配（无功功率均衡）问题将在下一章讲同步发电机相关内容时讨论。

发电机组运行时，发电机的输出有功功率要时刻与负载的有功功率平衡。但柴油机的惯性大，有功功率调节慢，无法时刻与发电机及负载的有功功率平衡。当柴油机的机械功率与发电机输出有功功率达到平衡时，则供电频率恒定；若柴油机机械功率大于发电机输出有功功率，则会使供电频率上升；而若柴油机机械功率小于发电机输出有功功率，则会使供电频率下降。因此，频率变化是有功功率平衡关系的反映，是柴油发电机组有功功率调节、分配的依据。

相关技术规范规定：柴油发电机组单机运行，频率偏差最好保持在±0.1Hz，在并联运行时，频率偏差最好保持在±0.2Hz；并联运行的柴油发电机组，当负载在总额定功率的20%~100%范围内变化时，应能稳定运行。另外，其有功功率分配差度为：发电机额定功率相同，应不超过发电机额定功率的±10%。若发电机组额定功率不同，应不超过最大发电机额定功率的±10%和最小发电机额定功率的±20%。功率相同机组的有功功率分配差度定义如式（3-7）所示。功率不同机组的有功功率分配差度定义如下：

$$\delta_p = (P_{ar} - P_{yar})/P_{er} \times 100\% \tag{4-15}$$

式中，P_{ar}为某一工况下，并联运行的第r台机组实际承担的有功负载；P_{yar}为某一工况下，并联运行的第r台机组按比例分配时应该承担的有功负载；P_{er}为并联运行的第r台机组的额定功率。

如果功率分配出现较大的不均衡，不仅会影响机组运行的效率和经济性，甚至会引起整个电站的故障。如果并联发电机组的有功功率分配严重不平衡的话，在负载总功率较大时，往往是一台发电机组已满载或过载，而另一台发电机组仍处于轻载状态。这样轻载的发电机组容量就不能充分利用，整个电站的效能就会大大降低。而处于过载的机组，不但危害到柴油机，还会引起机组保护设备动作，影响整个电站的运行。反之，在负载总功率很小时，有功功率的不平衡又会在发电机组之间引起有功环流，使有的机组转入电动机运行状态，出现逆功现象，这对柴油机同样是不允许的。

因柴油发电机组并联运行构成的电站容量有限，改变任一机组的输入功率或发生负荷变化时，所有并联运行的机组的转速即电站电网的频率都会发生变化。总有功负荷的变化，不仅引起频率的变化，而且会引起发电机组之间有功功率的重新分配。但对并联运行的几台发电机来讲，各机组的频率却都是相同的值，因此有功功率的分配取决于负载的静态频率特性和各机组的功率-频率特性。

一、负载的静态频率特性

负载的静态频率特性是指负载功率随频率的变化而变化的特性，即：

$$P_L = F(f) \tag{4-16}$$

钻井现场各种有功负载与频率的关系，大概有以下几类：

（1）功率与频率无直接关系的负荷，如照明、电热、整流器等；

（2）功率与频率成正比、转矩基本恒定的负荷，如压缩机、卷扬设备等；

（3）功率与频率的三次方成正比的负荷，如通风机、循环水泵等；

（4）与频率的更高次方成比例的负荷，如静水头阻力很大的给水泵等。

因此，井场动力系统的负载功率-频率特性一般可表示为：

$$P_L = \alpha_0 P_{LN} + \alpha_1 P_{LN}\left(\frac{f}{f_N}\right) + \alpha_2 P_{LN}\left(\frac{f}{f_N}\right)^2 + \alpha_3 P_{LN}\left(\frac{f}{f_N}\right)^3 + \cdots + \alpha_n P_{LN}\left(\frac{f}{f_N}\right)^n \tag{4-17}$$

其中：

$$\alpha_0 + \alpha_1 + \alpha_2 + \cdots + \alpha_n = 1 \tag{4-18}$$

负载静态频率特性曲线如图 4-19 所示。

负载的静态频率特性有时以标幺值形式表示，即取额定频率为频率的基准值，额定频率时的负载功率 P_{LN} 为功率的基准值，则有：

$$P_{L*} = \alpha_0 + \alpha_1 f_* + \alpha_2 f_*^2 + \cdots + \alpha_n f_*^n \tag{4-19}$$

且当系统频率为额定频率时，有 $f_* = 1$，$P_{L*} = 1$。

由图 4-19 可见，当系统频率增大时，负荷从系统取用的有功功率将增加；当系统频率降低时，负荷从系统取用的有功功率将下降。这种现象称为负荷的频率调节效应，简称负荷调节效应。但由于井场电网允许的频率变动范围不大，因此，负载静态频率特性曲线近似为直线，如图 4-20 所示。

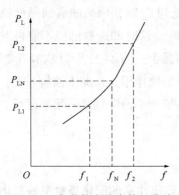

图 4-19　负载静态频率特性曲线

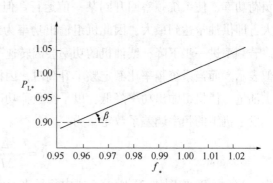

图 4-20　较小频率变化范围内的负载
静态频率特性曲线

一般用负荷频率调节效应系数来衡量负荷调节效应作用的大小，其定义为：

$$K_L = \frac{\Delta P_L}{\Delta f} \tag{4-20}$$

$$K_{L*} = \frac{dP_{L*}}{df_*} = \alpha_1 + 2\alpha_2 f_* + \cdots + n\alpha_n f_*^{n-1} \tag{4-21}$$

式(4-20)、式(4-21)分别为有名值和标幺值表示的负荷频率调节效应系数。有名值和标幺值之间的关系为：

$$K_{L*} = K_L \frac{f_N}{P_{LN}} \tag{4-22}$$

式中，K_L 为电网频率增加或降低 1Hz 时，负荷有功功率增加或减少的值，MW；K_{L*} 为电网频率变化 1% 时，负荷有功功率相对额定频率下的值变化的百分数。

二、发电机组的功率–频率特性

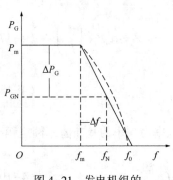

图 4-21　发电机组的
功率–频率特性

当负载变化引起系统频率变化时，并联运行发电机组的调速系统会根据系统频率变化自动调节它所控制的原动机，也就是柴油机的功率，以适应系统负荷的需要。通常把频率变化而引起的发电机组输出功率变化的曲线称为发电机组的功率–频率特性或频率调节特性，如图 4-21 所示，其取决于发电机组调速系统的特性。

发电机组的功率–频率特性分为两类：有差特性与无差特性。

（1）有差特性：频率 f（转速 n）随发电机组输出有功功率的增加而下降。

（2）无差特性：频率 f（转速 n）不随发电机组输出有功功率大小而变化，保持定值。

钻井现场的并联柴油发电机组均是有差特性。由图 4-21 可知，当系统频率低于额定频率时，因机组调速系统作用，会调大油门开度，即增加供油量，使机组输出功率增加，以平衡负荷功率，使系统频率回升到某一值运行。但当频率低到 f_m 时，因柴油机油门已经开到最大，即供油量达到最大，因此机组输出功率为最大值 P_m，这时调速器已经不能再发挥作用。若频率进一步下降，柴油机的功率会因转速下降而略减少，图 4-21 中以基本不变的 P_m 近似表示。而当系统频率比额定频率升高时，因机组调速系统作用，会调小油门开度，即减少供油量，使机组输出功率降低，以平衡负荷功率，使系统频率回降到某一频率运行。

发电机组的频率调差系数定义为：

$$R = -\frac{\Delta f}{\Delta P_G} \tag{4-23}$$

式中，Δf、ΔP_G 如图 4-21 所示；式中负号表示发电机组输出功率的变化与频率的变化符号相反。调差系数的标幺值形式为：

$$R_* = -\frac{\Delta f / f_N}{\Delta P_G / P_{GN}} = -\frac{\Delta f_*}{\Delta P_{G*}} \tag{4-24}$$

式中，f_N 为额定频率，P_{GN} 为机组额定功率。因而有：

$$\Delta f_* + R_* \Delta P_{G*} = 0 \tag{4-25}$$

式(4-25)即发电机组的静态调节方程。在分析并联运行发电机组功率分配时，经常采用调差系数的倒数，即：

$$K_{G*} = \frac{1}{R_*} = -\frac{\Delta P_{G*}}{\Delta f_*} \qquad (4-26)$$

式中，K_{G*} 为发电机的功率—频率特性系数，或柴油机的单位调节功率，表示频率下降或上升 1% 时，发电机组增发或减发的功率的百分数。其有名值形式为：

$$K_G = -\frac{\Delta P_G}{\Delta f} = K_{G*} \frac{P_{GN}}{f_N} \qquad (4-27)$$

式中，K_G 为频率下降或上升 1 Hz，发电机组发出有功功率增加或减少的量。

三、频率的一次调整与二次调整

将井场电网的所有机组看成一个等效机组，则当负荷发生变化，从而导致系统频率变化时，并联机组的调速系统会自动调节其所控制机组的柴油机功率，使原动机的输入功率与系统负荷功率变化相平衡，因而使井场电网的频率维持在某一值运行。此即系统频率的一次调整，也称一次调频。如图 4-22 所示，P_G 为等效发电机组的静态调节特性曲线，P_L 为系统负荷的静态频率特性曲线。正常运行时，系统稳定在 O 点工作。当系统负荷突然增加，即负荷的静态频率特性曲线由 P_L 变为 P'_L 时，由于原来功率平衡状态被打破，为了保持系统等效发电机有功功率与负载有功功率的平衡，依据能量守恒定律，机组会将转子中储存的动能部分地转化为电功率供给负荷，那么就会使机组转速下降，进而电网频率随之下降。此时，一方面根据负荷的静态频率特性，负荷从系统取用的有功功率会减少；另一方面，机组调速系统按照等效机组的静态调节特性也会增加原动机的输出功率，从而会在新的稳定工作点 O' 重新达到功率平衡，电网频率维持在 f'_0。

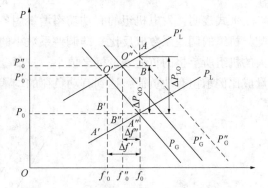

图 4-22 井场电网有功-频率调节过程

一次调频不能保持转速（频率）额定，如果所产生的频率偏差 $\Delta f'$ 较大，不能满足井场电网的频率指标要求，就需要对频率进行二次调整，可由发电机组的功率分配单元（调频器）来进行控制，通过改变调速系统的频率给定值，实际上就是改变机组空载运行的频率来实现。如图 4-22 所示，增加调速系统的频率给定值，就会使等效机组的静态调节特性向右平移，这是因为没有改变调差系统的整定值，调速系统的静态调节特性曲线的斜率没有发生改变。比如移到 P'_G，则因为机组功率增加，转速上升，频率随之上升，负荷因为频率调节效应也增大，在 O'' 点功率再次平衡，电网频率维持在 f''_0。此时，若频率偏差 $\Delta f''$ 满足井场电网的频率指标要求，则机组在此工作点保持稳定运行。如果频率偏差仍不满足要求，则频率二次调整还会使等效机组的静态调节特性继续向右平移至图 4-22 中的 P''_G，则会在 A 点达到功率平衡而稳定运行，电网频率回升并维持在额定频率 f_0。

四、调差特性与有功功率均衡原理

实现有功功率均衡，要求并联运行的柴油发电机组功率—频率特性均是有差特性。以两台发电机组并联为例，结合图 4-23 说明有功功率分配的原理，如下：1 号发电机组的调节特性如图中曲线 P_{G1} 所示，2 号发电机组的调节特性如曲线 P_{G2} 所示。假定此时系统总负载大小是 $\sum P_L$，以图中线段 AB 的长度表示，此时电网的频率为额定值 f_0，1 号机组承担负荷

为 P_1，2 号机组承担负荷为 P_2。即有：

$$P_1 + P_2 = \sum P_L \tag{4-28}$$

若负载增加为 $\sum P'_L$，如图中 DC 线段所示，经调速系统调节后，系统频率稳定为 f'_0，此时 1 号发电机组的负荷为 P'_1，比负载变化前增加 ΔP_1；2 号发电机组的负荷为 P'_2，增加 ΔP_2；两台发电机组有功增量之和为负荷变化量 ΔP_L。于是有：

$$\frac{\Delta P_{1*}}{\Delta P_{2*}} = \frac{K_{G1*}}{K_{G2*}} = \frac{R_{2*}}{R_{1*}} \tag{4-29}$$

上式表明，发电机组的有功功率增量用各自的标幺值表示时，发电机组间的有功功率分配与机组的调差系数成反比，即调差系数小的机组所承担的负荷增量标幺值大，而调差系数大的机组所承担的负荷增量标幺值小。只要令并联机组的调差特性一致，就可实现与额定容量成比例承担有功负荷，达到有功负荷的均衡分配。

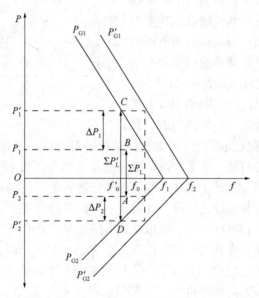

图 4-23　两台发电机并联的有功负载分配

第5章 发电机的基本理论与无功均衡

在现代电力工业中，无论是火力发电、水力发电、原子能发电或是柴油机发电，主要采用三相交流同步发电机。电动钻机井场动力系统由柴油发电机组构成，单台机组容量有限，必要时还采用同容量发电机并联运行的方式。

本章介绍三相交流同步发电机的基本结构、工作原理、励磁系统、运行特性、并列操作、同容量发电机并联运行时无功功率分配的基本原理等。

第1节 同步发电机的基本结构

三相同步发电机的结构包括定子和转子两大部分。图5-1为三相同步发电机的基本结构图。

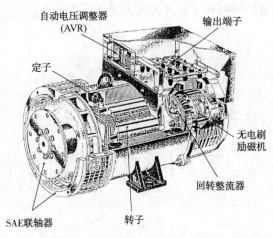

图5-1 三相同步发电机的基本结构

一、定子

同步发电机的定子又称电枢，包括机座、端盖、电枢铁芯、电枢绕组装置等部件。

电枢铁芯安装在机座的内圆，机座是发电机的支架，用铸铁制成。两端的止口安装端盖，上部的吊环供吊起时用，下部底脚处的圆孔供安装螺栓，机座上的接地螺栓供安装接地线。为了散热和便于保养，端盖上留有通风窗，用百叶盖板罩护，以防杂物侵入。

电枢铁芯也是电机的磁路部分，用0.36~0.6mm厚的硅钢片叠压而成。硅钢片双面涂有绝缘漆，以减小涡流损耗。钢片内圆表面冲槽，供安装电枢线圈，整个电枢铁芯安装在机座内，为了便于散热，机座与铁芯之间留有通风道。

电枢绕组用漆包铜线绕制而成，是发电机的电路部分，用来产生电动势。电枢绕组分成

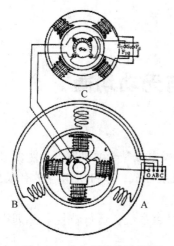

图 5-2　发电机接线示意图

3 组，每组为一相，首端分别以 A、B、C 表示，末端分别以 X、Y、Z 表示，分别称为 A 相绕组、B 相绕组和 C 相绕组。为了能发出三相对称的电动势(幅值和频率相同，相位互差 120°电角)，三相绕组应为对称绕组(绕组的几何形状、尺寸、匝数均相同，三相绕组在空间互差 120°电角度)。

绕组嵌入电枢铁芯的槽内，并与槽壁绝缘。槽口处用槽楔固紧，防止线圈松脱。把三相绕组的首端分别接到接线盒的接线板上，这就是 A、B、C 三相火线，电枢绕组产生的交流电能由此输出。三相绕组的末端连接在一起，也接至接线板上，这就是零线，其接线示意图如图 5-2 所示。

二、转子

转子包括转子铁芯、转子(励磁)绕组、风扇、转轴等部件。

同步发电机的转子，按照磁极的形式，分为隐极式和凸极式两种，如图 5-3 所示。当极数较少而转速较高时，以采用隐极式为宜，因为这样可以比较牢固地将励磁绕组嵌入转子槽中，在运行时不致被巨大的离心力甩出，而且可以减小风阻；当极数 $2p \geq 4$ 时，由于构造上的困难，都采用较简单的凸极转子，这种转子制造工艺简单，易于维修。下面就介绍凸极式转子。

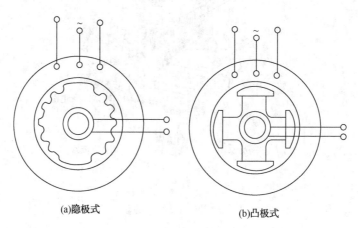

(a)隐极式　　　　(b)凸极式

图 5-3　转子形式

转子铁芯是发电机的磁路部分，用 1~2mm 厚的钢片叠成。转子铁芯用螺栓固定在磁轭上，磁轭由整块低碳钢制成，通过钢键套在轴上。

转子绕组又称励磁绕组，其作用是产生主磁场(又称转子磁场)，用漆包扁铜线绕制而成，安装在铁芯上。铁芯与绕组之间用绝缘垫隔开。每组线圈与邻近线圈的绕向相反，然后把每组线圈串联，引出两个头，作为励磁绕组的输入端。

三、同步发电机铭牌

每台同步发电机的机座上都有一块铭牌，标明其额定值，主要有：

额定功率或额定容量：额定功率指发电机输出有功功率的保证值，单位是 kW，通过千瓦数可以确定配套柴油机的容量；额定容量指发电机输出视在功率的保证值，单位是 kV·A，通过千伏安数可以确定额定电枢电流。

额定电压：额定电压指线电压，单位是 V 或 kV。

额定电流：额定电流指线电流，单位是 A 或 kA。

额定频率：我国规定工频为 50Hz。

额定转速：即同步转速，单位为 r/min。

额定功率因数：一般为 0.8(滞后)。

此外，铭牌上还有其他运行数据，如额定温升、额定励磁电压、励磁电流和励磁容量等。

第 2 节　同步发电机的工作原理

同步发电机的主磁场由直流励磁产生，直流电流流经转子线圈，产生磁场。当转子由原动机带动旋转时，气隙中便形成一个转速为 n 的旋转磁场，电枢线圈的导体将不断地被磁力线切割，产生感应电势。如果转子的极对数为 p，则感应电势的频率 f 为：

$$f = \frac{pn}{60} \tag{5-1}$$

且每相基波感应电势的有效值为 $E = 4.44fNk_{dp1}\Phi$。式中，N 为一相绕组的串联匝数；k_{dp1} 为绕组因数，是一个小于 1 的常数；Φ 为基波每极磁通量。因同步发电机的电枢绕组为三相且在空间对称放置，故可得到三相对称感应电势。

因感应电势的频率与同步发电机转速满足式(5-1)所示的同步关系，而我国规定工频为 50Hz。因此，同步发电机的转速与磁极对数之间严格遵守反比关系，即转速越高，极对数越少，例如：

(1) 两极发电机($p=1$)，$n=3000$r/min。

(2) 四极发电机($p=2$)，$n=1500$r/min。

(3) 六极发电机($p=3$)，$n=1000$r/min。

电动钻机配套的柴油机的转速一般为 1500r/min，所以柴油发电机组一般选用四极发电机($p=2$)。

第 3 节　同步发电机的励磁系统

由上述同步发电机的工作原理可知，同步发电机运行时，必须向转子绕组中送入直流电流，这叫励磁电流。同步发电机的励磁系统就是供给发电机转子励磁电流的电源系统，它是发电机的重要组成部分。发电机工作的可靠性、稳定性和供电质量，在很大程度上取决于励磁系统的性能和它运行的可靠性。

励磁系统的作用：调节励磁可以维持发电机电压稳定；调节励磁可以使并联运行的各机组间的无功功率分配合理；在发生短路时，强行励磁可以提高动态稳定性。

根据励磁系统的上述作用，对励磁系统的要求是：能提供发电机在空载和满载时所需要的励磁电流；负载改变时，励磁电流应能随之改变，以维持发电机电压基本不变；当发生短路时，应能迅速提供较大的励磁电流，以提高稳定度。

下面介绍 4 种应用于柴油发电机组的励磁系统：

(1)交流无刷自励式励磁系统。

交流无刷自励式励磁系统由交流励磁发电机、励磁控制系统、旋转整流器组成，如图5-4所示。

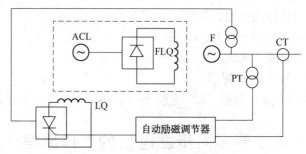

图 5-4　无刷自励式励磁系统原理图

交流励磁机 ACL 是旋转电枢式同步发电机，它和主发电机 F 同轴旋转，它的电枢绕组经固定在同轴上的旋转整流器接通主发电机的励磁绕组 FLQ。交流励磁机 ACL 发出的功率，经整流后直接送到同步发电机 F 的励磁绕组 FLQ 的输入端。而交流励磁机 ACL 自身的励磁绕组 LQ 由发电机 F 的输出经变压器降到一定电压后，由可控整流供给大小可调的励磁电流。因为交流励磁机电枢绕组、旋转整流器、同步发电机励磁绕组同在一个旋转体上，可以固定连接，不需要电刷和滑环装置，此种励磁系统又称无刷自励式励磁系统（见图 5-4，图中虚线框内的部分是旋转的）。励磁电路的自动调节，是由电动钻机的柴油发电机控制单元中的电压调节控制系统（自动励磁调节器）完成的。电动钻机的柴油发电机控制单元中的电压调节控制系统不易受电力系统的影响，反应速度快，调节特性好，适用于要求无火花的场合，使用维护方便。此类型励磁系统在电动钻机用柴油发电机组（比如卡特彼勒柴油发电机组）上较常见，结构较简单，成本相对较低，但是存在着工作需要剩磁、整流元件损坏需要停机更换、转子电流和温度不能测量的问题。

（2）无刷永磁式励磁系统。

无刷永磁式励磁系统由永磁副励磁机、交流励磁机、励磁控制系统、旋转整流器组成，如图 5-5 所示。

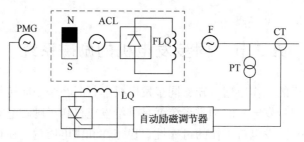

图 5-5　无刷永磁式励磁系统原理图

无刷永磁式励磁系统与前文所述励磁系统的区别是，增加了永磁发电机做副励磁机，永磁发电机发出的交流电经可控整流后接入励磁机 ACL 的励磁绕组 LQ，而励磁电流的大小是由电动钻机的柴油发电机控制单元中的电压调节控制系统（自动励磁调节器）完成的。励磁机 ACL 的电枢绕组、旋转整流器、同步发电机励磁绕组仍然同在一个旋转轴上，属无刷励磁方式，故称无刷永磁式励磁系统。此类型励磁系统在电动钻机用柴油发电机组中也比较常见（比如卡特彼勒 SR4 系列柴油发电就有采用这种励磁方式的），其稳定性较好，工作不需要剩磁，但也存在结构复杂、整流元件损坏需要停机更换、转子电流和温度不能测量等问题。

（3）相复励励磁系统。

这种励磁系统，其总的励磁电流由空载分量和负载分量进行矢量合成得到。空载分量是与发电机的端电压成比例的励磁分量（也称为电压分量），负载分量是与发电机负载电流成比例的电流分量，主要是为了补偿发电机电枢反应作用和抵消电枢内阻抗压降影响。在柴油发电机控制单元中的电压调节控制系统（自动励磁调节器）控制下形成总的励磁电流，供给同步发电机的励磁绕组，具有直流侧并联的相复励形式和交流侧串联的相复励形式。可控相复励励磁系统能提高电压控制精度，改善并联运行性能，在柴油发电机组中也有应用。

（4）三次谐波励磁系统。

三次谐波励磁系统是利用同步发电机气隙磁场中三次谐波功率作为励磁能源的励磁装置。在一般同步发电机的气隙磁场中，不同程度地存在着三次谐波磁场分量，加上特殊设计可以使三次谐波磁场分量加强。在发电机定子上另外附加安装一套谐波绕组，切割气隙中的三次谐波磁场而产生三次谐波电势。将这个 150Hz 的交流电由谐波绕组引出，经整流后送入发电机的励磁绕组。

三次谐波励磁系统的主要优点是，强励倍数高、速度快，动态特性好，但也存在静态调压率差、电压波形的畸变较大、不宜作为需要并联运行发电机励磁等缺点。

第4节　同步发电机的电枢反应

一、同步发电机的电枢反应

同步发电机负载运行时，电枢绕组中便有负载电流流过。由于电枢绕组为三相对称绕组，如果发电机所带负载为三相对称负载，则电枢电流便为三相对称电流。由旋转磁场原理可知，三相对称电流流过三相对称绕组，便产生旋转磁场 ϕ_s。旋转磁场的转速（同步转速）n_1 决定于电流频率 f 和定子绕组的磁极对数 p_1，即：

$$n_1 = \frac{60f}{p_1} \tag{5-2}$$

由于在布置定子绕组时，使它所形成的定子磁极对数总是等于转子磁极对数，即 $p_1 = p_2$，所以：

$$n_1 = \frac{60f}{p_1} = \frac{60\frac{p_2 n_2}{60}}{p_1} = \frac{p_2}{p_1}n_2 = n_2 \tag{5-3}$$

可见，定子旋转磁场的转速总是与转子转速相同。而空载时，同步发电机只有一个转子旋转磁场 ϕ_0，带上负载后，却出现了第二个磁场——电枢磁场 ϕ_s，并且由于它和转子磁场之间没有相对运动，因此它们就叠加在一起，形成总的气隙旋转磁场 ϕ，同步发电的输出电压就是由气隙总磁场（又叫合成磁场）ϕ 产生的。

我们把电枢磁场对转子磁场的影响称为电枢反应。因此，一台同步发电机带上三相对称负载（电阻性或电感性）运行时，如果没有人为地或自动地调节，发电机的转速（或频率）和电压就会下降。这主要是由于电枢反应引起的。

由于电枢反应的存在，气隙总磁场的大小和方向都与空载时的气隙磁场 Φ_0 不同。而且负载性质不同，也会使得电枢反应的性质不同。为此，我们就要分析不同性质负载时的电枢反应。

由于旋转着的转子磁场和电枢磁场是相对静止的，故取任一瞬间研究都可以。由旋转磁场原理可知，电枢磁场的轴线总是与电流最大相绕组的轴线相重合，因此我们任选一相（如 A 相）的电流达最大值的瞬间来研究。下面讨论问题时，有关电量是属于同一相的，而电枢磁场则是由三相合成的。

因为负载性质（阻性、感性、容性）不同，所产生的电枢磁场与转子磁场间的相对位置不同，所以下面对阻性、感性、容性、阻感性、阻容性 5 种负载情况的电枢反应分别加以讨论。

1. 阻性负载的电枢反应

阻性负载的电枢反应是指电枢电流 I_s（相电流）与空载电势 E_0（相电势）同相时的电枢反应。这时 I_s 与 E_0 间的相位角 ψ（ψ 为内功率因数角）等于零。

当 I_s 与 E_0 同相时，如图 5-6（a）所示，转子磁场和电枢磁场的空间波形如图 5-6（b）所示。此时 A 相绕组（图中以两根导体组成的单匝线圈来代表）切割着最大的磁通密度，感应电势有最大值，此时绕组中电流也达最大值，故电枢磁场轴线正重合在 A 相绕组轴线上，所以电枢磁场落后于转子磁场 90°（空间电角度）。图 5-6（c）画出了磁通空间向量图。

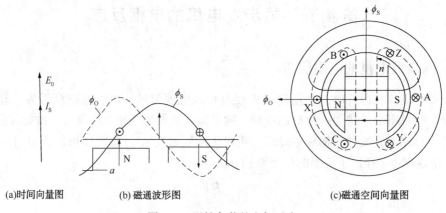

(a)时间向量图　　　　(b) 磁通波形图　　　　　　　　(c)磁通空间向量图

图 5-6　阻性负载的电枢反应

由图 5-6 可见，当 $\psi=0$ 时，电枢磁通的轴线位于转子磁极之间的中线（称为交轴，又称 q 轴）上，与转子磁场的轴线垂直相交，这种电枢反应称为交轴（或 q 轴）电枢反应。

阻性负载电枢反应的特点是：产生交磁作用，使转子磁场半边削弱，半边加强。由于电机的铁芯一般都稍呈饱和，增加的磁通总小于减少的磁通，故发电机的总磁通略为减少。

交轴电枢反应与同步发电机的机-电能量转换密切相关，只有交轴电枢反应才能在气隙磁场（合成磁场 ϕ）和转子磁场间形成一定的功率角，使机械能转变为电能。所以，交轴电枢反应对同步发电机的运行具有重要意义。

2. 感性负载的电枢反应

感性负载的电枢反应是指 I_s 滞后于 $E_0$90°时的电枢反应。这时，各磁通波在空间的分布如图 5-7（b）所示。与图 5-6（b）比较，转子向前转过了 90°，AX 线圈正处在转子磁极间的中线位置。这表明，当相应极性的转子磁极轴线离开 AX 线圈边 90°时，线圈中的电流才达最大值。此时，电枢磁场的轴线正好与转子磁极的轴线相重合。由于电枢磁场与转子磁场方向相反，所以对转子磁场起去磁作用。图 5-7(c)画出了磁通及其空间向量。

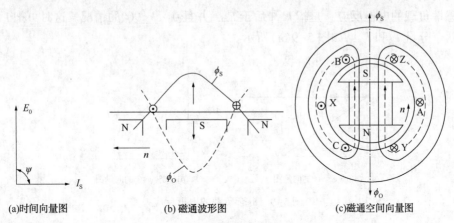

(a)时间向量图　　(b) 磁通波形图　　(c)磁通空间向量图

图 5-7　感性负载的电枢反应

由图 5-7 可见，当 $\psi = 90°$ 时，电枢磁场轴线与转子磁极轴线(称为直轴，又称 d 轴)重合，且方向相反。这种电枢反应称为直轴(或 d 轴)电枢反应。

3. 容性负载的电枢反应

容性负载的电枢反应是指 I_s 超前 E_0 90°时的电枢反应。此时，各磁通波在空间的分布如图 5-8(b)所示。与图 5-6(b)比较，转子落后了 90°，AX 线圈正处在转子磁极间的中线位置上。这表明，当线圈中电流达最大值时，相应极性的转子磁极轴线还在落后于线圈边 90°的地方。此时，电枢磁场轴线也与转子磁极轴线重合，且方向相同，对转子磁场起助磁作用。图 5-8(c)画出了容性负载时的磁通及其空间向量。

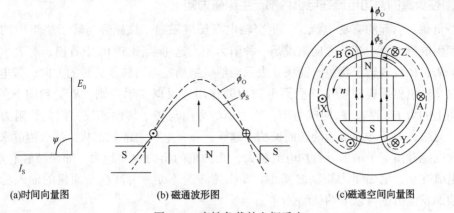

(a)时间向量图　　(b) 磁通波形图　　(c)磁通空间向量图

图 5-8　容性负载的电枢反应

由上述可知，当 $\psi = -90°$ 时，电枢磁场作用在转子磁场的轴线上，且方向相同。这种电枢反应也称为直轴电枢反应。

容性负载电枢反应的特点是：对转子磁场起助磁作用。

感性负载和容性负载引起的电枢反应对同步发电机的运行(电压的变化、并联运行的同步发电机的功率因数等)有重要影响。

4. 阻感性负载的电枢反应

实际负载是既有阻性又有感性和容性的混合负载。对混合负载电枢反应的分析，可利用前面讨论的结果。

阻感性负载的电枢反应，是指 I_s 滞后于 E_0，并且 $0° < \psi < 90°$ 的情况。这时可把 I_s 按 ψ 角分解为两个分量 I_{sq} 和 I_{sd}，如图 5-9（a）所示。

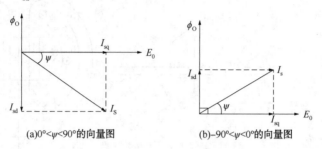

(a) $0° < \psi < 90°$ 的向量图   (b) $-90° < \psi < 0°$ 的向量图

图 5-9　混合负载的电枢反应

$$I_s = I_{sq} + I_{sd} \tag{5-4}$$

式中，$I_{sq} = I_s \cos\psi$，$I_{sd} = I_s \sin\psi_0$。I_{sd}（图中未标）与 E_0 同相，称为交轴分量，产生交磁作用；I_{sd} 滞后于 $E_0 90°$，称为直轴分量，产生直轴去磁作用。

5. 阻容性负载的电枢反应

阻容性负载的电枢反应是指 I_s 超前于 E_0，并且 $-90° < \psi < 0°$ 的情况。用上述同样方法把 I_s 分解成两个分量 I_{sq} 和 I_{sd}，如图 5-9（b）所示。I_{sq} 与 E_0 同相，产生交磁作用；I_{sd} 超前于 E_0 90°，产生直轴助磁作用。

二、电枢反应与能量转换

1. 阻性负载的有功电流在电机内部产生电磁力矩

阻性负载所引起的有功电流，产生交轴电枢反应磁通。该磁通与转子绕组中的电流作用，能产生电磁力矩。按其方向来说是一种阻力矩，这可从图 5-10 中看出。ϕ_s 表示电枢反应磁通，R_1、R_2 代表转子绕组，箭头 n 表示柴油机拖动发电机转子旋转的方向。带电流的转子绕组在交轴电枢反应磁场中将受到电磁力的作用。根据左手定则，R_1 受到向下的力 F_1，R_2 受到向上的力 F_2。F_1、F_2 构成力矩，这力矩的方向与转子转向相反，因此是阻力矩。柴油机必须克服此力矩才能继续旋转而做功。这样，在发电机内部就把从柴油机传过来的机械能转换为电能并由定子输出。有功电流越大，柴油机的出力也要越大。如果减轻有功负载，则有功电流变小，电磁阻力矩随之变小。要维持转速不变，可减少柴油机的输入功率，例如，对柴油发电机则可以节约柴油。

2. 感性负载的无功电流使发电机的端电压降低

感性负载所引起的无功电流，产生纵轴电枢反应磁通。该磁通与转子绕组中的电流作用，不能产生阻力矩，这可从图 5-11 中看出。在图 5-11 中，ϕ_s 和 $R_1 R_2$ 中的电流情况，电磁力 F_1、F_2 作用在同一直线上，且方向相反。这两个力形不成力矩，只是把转子绕组压向槽底（指隐极式）。因此，感性无功电流不会产生力矩，只起削弱转子磁场的作用。由于气隙磁场被削弱，发电机端电压就要降低，这就是电力系统中感性负载大时电压下降的道理。

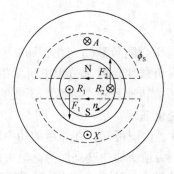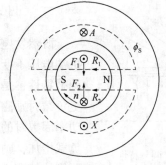

图 5-10　有功电流产生力矩的情况　　图 5-11　感性无功电流流过发电机的情况

3. 容性负载的无功电流使发电机的端电压升高

发电机带容性负载时，电枢磁场的助磁作用使气隙磁场增强，因而使发电机的端电压升高。要保持端电压正常，必须减小励磁电流。

在一般情况下，发电机既带有功负载，也带无功负载。有功电流会影响发电机转速（频率），无功电流会影响发电机输出电压。为了保持发电机输出频率和电压在允许范围内，随着负载的变化，必须调节柴油机的输出功率和发电机的励磁电流。

第 5 节　同步发电机的外特性和调节特性

一、外特性

发电机带负载后，端电压就会有所变化，外特性就是反映这种变化规律的曲线。

所谓外特性，是指励磁电流、转速、功率因数都不变的条件下，负载变化时端电压的变化曲线：$U=f(I)$。图 5-12 即表示不同功率因数时的外特性。由图可见，在滞后功率因数 $\cos\phi$ 的情况下，当负载电流增加时，电压降低较多，这是因为电枢反应具有去磁作用。在超前的功率因数 $\cos(-\phi)$ 的情况下，负载电流增加，电压反而升高，这是因为电枢反应具有助磁作用。在 $\cos\phi=1$ 时，电压降低较少，这主要是由于定子绕组的阻抗（电阻和漏电抗）压降所引起的（另外，由于 ϕ 与 ψ 不同，即使 $\phi=0$，而 ψ 仍大于零，仍有一部分去磁的电枢反应）。

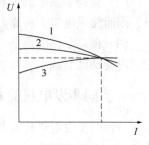

图 5-12　外特性
1—$\cos\phi=0.8$；2—$\cos\phi=1$；
3—$\cos(-\phi)=0.8$

同步发电机在带额定负载且端电压额定电压 U_N 时，保持发电机励磁不变，其空载后的端电压升高的数值与额定电压的百分比，称为同步发电机的电压调整率，用 $\Delta U\%$ 表示，即：

$$\Delta U\% = \frac{U_0 - U_N}{U_N} \times 100\% \tag{5-5}$$

式中，U_0 为空载时的端电压，同步发电机的电压升高速率较大，通常可达 26%~40%。

外特性可用来分析运行中的电压波动情况，并借此提出对自动调节励磁装置调节范围的要求。

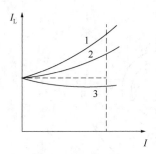

图 5-13　调节特性
1—$\cos\phi=0.8$；2—$\cos\phi=1$；
3—$\cos(-\phi)=0.8$

二、调节特性

既然发电机的端电压会随负载而变化，那么，要维持发电机端电压不变，必须在负载变动时调节发电机励磁电流。所谓调节特性，是指在电压、转速、功率因数都不变的条件下，变更负载时励磁电流的变化曲线：$I_L=f(I)$。图 5-13 即表示不同功率因数时的调节特性。由图可知，在滞后的功率因数情况下，负载增加，励磁电流也必须增加，这是因为此时去磁作用加强，要维持气隙磁通以保持端电压不变，必须增加转子电流。在超前的功率因数情况下，负载增加，励磁电流还需减小，这是因为电枢反应有助磁作用，要维持气隙磁通以保持端电压不变，必须减小转子电流。

调节特性可以使运行人员了解到：在某一功率因数时，定子电流到多大而不使励磁电流超过制造厂的规定值，并能维持额定电压。调节特性是运行人员调节发电机励磁电流的依据，在发电机并联运行时，依据调节特性调节发电机的励磁，可以适当改变无功功率的分配。

第 6 节　同步发电机的并列

同步发电机的并联运行是指将数台发电机的三相输出通过发电机断路器分别接在交流母线上，共同向负载（交流母线）供电。电动钻机动力系统配套的数台同步发电机根据钻井工艺的变化及对用电量的需求进行选择性的并联运行，其优点是：

（1）可以按照负载的变化来调节投入运行的机组数，使柴油机和发电机在较高的效率下运行。

（2）提高了供电的可靠性。当某台机组因故障不能发电或停机检修时，其他机组继续供电，因而使供电更为可靠。

（3）提高了供电质量。并联运行能使动力系统容量增大，这样，在负载变化时，电压和频率的变动就会减小，从而提高了供电质量。

一、同步发电机的并列条件

一台同步发电机投入并联运行的整个过程，叫作同步发电机的并列。并列必须满足一定的条件，否则会产生很大的冲击电流，造成严重后果。并列的条件如下：

（1）待并网发电机的电压 U_2 和母线电压 U_1 大小相等。

（2）待并网发电机的电压 U_2 和母线电压 U_1 相位相同。

（3）待并网发电机的频率 f_2 和母线频率 f_1 相等。

（4）待并网发电机的相序和母线相序相同。

并列时，为什么要满足这些条件呢？现分别说明如下：

若（3）（4）两条满足而（1）（2）两条不满足，即 $U_2\neq U_1$，则由于发电机与母线之间存在着电位差 $\Delta U=U_2-U_1$［见图 5-14（a）］，故在并列时，发电机与交流母线之间将出现环流（冲击电流）I_H：

$$I_H=\frac{\Delta U}{X''}\tag{5-6}$$

式中，X''为发电机的次暂态电抗，数值比同步电抗要小；I_H、ΔU均为有效值，I_H滞后于ΔU90°。

在U_2与U_1的相位差较大(如为120°)或极性相反的情况下误并网时，冲击电流的瞬时值可达额定电流的4~6倍。由此产生的电磁力，可能损伤定子绕组端部，而很大的瞬时电磁转矩(扭力矩)，将损伤机组转轴。

若频率不等，发电机和母线的电压向量将有相对运动[图5-14(b)]。若把U_1看作相对静止，则U_2将以$\omega_2-\omega_1$的相对角速度向前旋转。此时，发电机与母线之间将出现忽大忽小的电压差ΔU，于是冲击电流I_H也忽大忽小。当f_2与f_1相差过大时，就可能产生很大的机械振动，使待并机组不能并列。

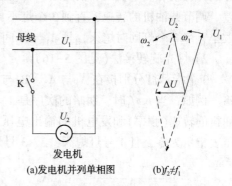

(a)发电机并列单相图　　　(b)$f_2 \neq f_1$

图5-14　同步发电机并列条件分析

最后说明相序要相同的问题。这一条件是绝对要满足的，就是说待并机与母线相序不同时，绝对不允许并列。相序不同，发电机无法进入同步。

二、同步发电机的并列方法

为了满足并列条件，必须分别调节柴油机的转速和发电机的励磁电流来调节发电机的频率和电压。这种为了并列所进行的调节和操作称为整步，又称同步。实用的整(同)步方法有两种：准确同步法和自同步法。

1. 准确同步法

将待并发电机调节到完全符合并列条件后才合闸并列，这种并列方法称为准确同步法，简称准同步法。为判断是否满足并列条件，常采用同步指示器。最简单的同步指示器由3个指示灯组成，其接线方法有两种，一种是灯光熄灭接法，另一种是灯光旋转接法。

1) 灯光熄灭接法(见图5-15)

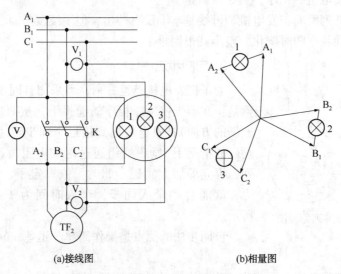

(a)接线图　　　　　　　　(b)相量图

图5-15　灯光熄灭接线图和相量图

3 个指示灯分别接在 A_1 与 A_2、B_1 与 B_2、C_1 与 C_2 之间。这里 A_1、B_1、C_1 和 A_2、B_2、C_2 分别为母线和发电机的 3 根火线。在 $f_2 \neq f_1$ 时，3 个灯将同时明暗，闪烁的频率等于 f_2 与 f_1 之差。调节柴油机的转速，直到 3 个灯不再闪烁，就表示 $f_2 = f_1$，然后调节发电机输出电压的大小，待 3 个灯同时熄灭，且 A_1 与 A_2 间的电压表指示也为零时，就可合闸。

2）灯光旋转接法（见图 5-16）

3 个指示灯分别接在 A_1 与 A_2、B_1 与 C_2、C_1 与 B_2 之间。在 $f_2 \neq f_1$ 时，3 个指示灯轮流明暗。例如，当 $f_2 > f_1$ 时，明暗的次序是 1→2→3；当 $f_2 < f_1$ 时，明暗的次序是 1→3→2。调节柴油机的转速（频率）和发电机的输出电压，在灯光旋转的速度很慢时，就可准备合闸。当电压表指示为零，且 1 号灯熄灭，2、3 号灯亮度相同时，就是准确的合闸时间。

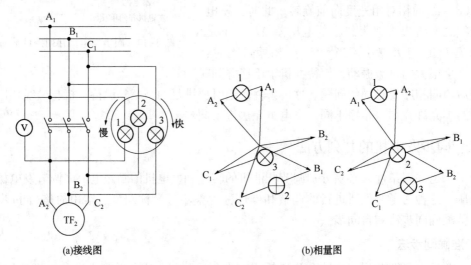

(a)接线图　　　　　　　　　　　　　(b)相量图

图 5-16　灯光旋转接线图和相量图

需要指出的是，利用灯光熄灭法，如果出现 3 个灯轮流明暗的现象，或利用灯光旋转法出现 3 个灯同时明暗的现象，都表明发电机的相序与母线的相序不同，此时绝对不能把发电机并列，应改变发电机的相序，然后重新整步。

在准同步的并列瞬间，发电机和母线基本上没有冲击，但手续复杂。当交流母线发生故障时，母线电压和频率随时变化，整步就很困难了。

2. 自同步法

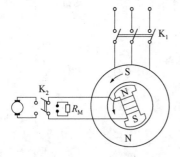

图 5-17　自同步并列原理图

为了把发电机迅速并列，可采用自同步法，它的操作步骤是：在事先校验好相序的前提下，按照规定的方向（旋转磁场的方向）把发电机拖到接近于同步转速，然后在转子无励磁的情况下（励磁绕组通过附加电阻短路），把发电机并列，再立即加上励磁。此时，依靠定子、转子之间的作用力，就能自动牵入同步，牵入时间为 1～2s，如图 5-17 所示。

自同步法的优点是操作简单、迅速，缺点是并列时冲击电流较大。

电机为什么能自动牵入同步呢？当发电机的转速高于同步转速时，$f_2 > f_1$（或 $\omega_2 > \omega_1$），并列后电机的电压 U_2 将逐渐领先母线电压 U_1，如图 5-18(b) 所示。这时，电机内有环流 I_H 且

滞后于 ΔU 90°，I_H 与 U_2 的相位差 $\phi<90°$，电机输出有功功率，运行于发电机状态。因此对转子产生制动力矩，使转速下降，U_2 与 U_1 的相位差逐渐减小，直至同相，如图 5-18(a) 所示。从此，发电机与母线保持同步。反之，当并列时电机的转速低于同步转速，则 $f_2<f_1$（$\omega_2<\omega_1$），U_2 落后于 U_1，如图 5-18(c) 所示。这时 $\phi>90°$，电机吸收有功功率（此时有功功率 = $3U_2I_H\cos\phi$，为负值），电机实际上运行于电动机状态，受到加速力矩，转速上升，从而使 U_2 赶上 U_1，直至同相。

需要指出的是，自同步法多用于发电机与大容量交流母线的并列。

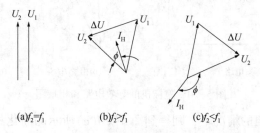

图 5-18　自同步相量图

第 7 节　同步发电机的电磁功率

同步发电机的任务是，将柴油机供给的机械功率通过电磁感应作用转换为电功率输出给负载。同步发电机在传输机械功率的过程中，不可避免地会有各种功率损耗，其功率平衡如图 5-19 所示。图中，P_1 为输入的机械功率，$P_机$ 为电机内部的机械损耗（如轴承、电刷、风扇等引起的机械损耗），$P_铁$ 为铁损耗，$P_励$ 为励磁损耗。输入的机械功率减去机损、铁损、励磁损，余下的就是依靠电磁感应由转子传递到定子方面去的功率，称为电磁功率。

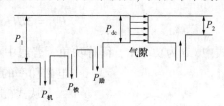

图 5-19　同步发电机功率平衡图

$$P_{dc} = P_1 - (P_机 + P_铁 + P_励) \qquad (5-7)$$

电磁功率减去定子铜损 $P_铜$，便得到输出功率：

$$P_2 = P_{dc} - P_铜 \qquad (5-8)$$

由于大中容量的同步发电机的定子铜损只有额定功率的 1% 左右，因此可以认为：

$$P_{dc} \approx P_2 = 3UI_s\cos\phi \qquad (5-9)$$

式中，U 为发电机的相电压；I_s 为发电机的相电流；$\cos\phi$ 为负载的功率因数。

式 (5-9) 表示电磁功率与发电机外部诸量的关系，借助于同步发电机的相量图，还能找出电磁功率与发电机内部电磁物理过程的联系——同步发电机的功角特性。

为了便于分析，我们以隐极机为例，并且不计磁路饱和，不计电枢电阻，认为交流母线电压和频率均恒定不变，如果交流母线容量比发电机容量大 10 倍以上，调节发电机的功率对交流母线的电压和频率影响很小，可以认为交流母线电压和频率是恒定不变的。

一、隐极机的功角特性

隐极机的等效电路如图 5-20(a) 所示，图中 E_0 为空载电势，X_S 为电枢绕组的电抗，r_s

为电枢绕组的电阻，U 为端电压，I_S 为负载电流。相量图如图 5-20（b）所示，图中 $\dot{U}_r = \dot{I}_S \cdot r_S$，$\dot{U}_r$ 与 $\dot{I}_S$ 同相。$\dot{U}_x = j\dot{I}_S X_S$，$\dot{U}_x$ 超前于 $\dot{I}_S 90°$。$\dot{E}_0 = \dot{U} + \dot{U}_r + \dot{U}_x$。$\phi$ 为 $\dot{U}$ 与 $\dot{I}_S$ 的相位差。

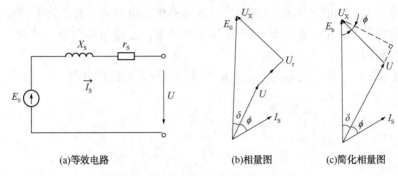

(a)等效电路　　　　　　　　(b)相量图　　　(c)简化相量图

图 5-20　隐极机的等效电路和相量图

在不计电枢绕组电阻的情况下，则得到图 5-20（c）所示的简化相量图（图中虚线为辅助线）。由简化相量图可得：

$$I_S X_S \cos\phi = E_0 \sin\delta \tag{5-10}$$

即：

$$I_S \cos\phi = \frac{E_0}{X_S}\sin\delta \tag{5-11}$$

将式（5-11）代入式（5-9），得：

$$P_{dc} = 3U I_S \cos\phi = 3\frac{E_0 U}{X_S}\sin\delta = P_m \sin\delta \tag{5-12}$$

式中，δ 为功率角，简称功角，普通中小型发电机在额定负载运行时，δ 为 $26° \sim 30°$；P_m 为电磁功率的最大值。

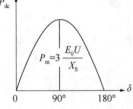

图 5-21　隐极机的功角特性

从式（5-12）可以看出：当转速、励磁、电压、电抗均恒定不变时，电磁功率与功角成正弦函数关系（见图 5-21），这个关系称为同步发电机的功角特性。从功角特性可知，当功角从 0° 逐渐增加到 90° 时，电磁功率随之增大，到 90° 时，电磁功率达到最大值 P_m，这个值称为功率的极限值。当功角从 90° 继续增加至 180° 时，电磁功率随之而减小，到 180° 时，功率减至零。当功角超过 180° 时，电磁功率变为负值，电机转入电动机运行状态。

二、同步发电机并联运行时有功功率的调节

由于电能的发、送、用是同时进行的，功率必须保持平衡。因此，并联运行发电机的输出功率，必须根据负载的需要随时进行调节。

1. 调节有功功率的物理过程

如果将讨论过的发电机定子绕组流过有功电流时产生制动力矩的情况和讨论过的功角特性联系起来，调节有功功率的物理过程就易于理解了。

同步发电机运行时，根据功角的空间含义，我们可以想象气隙里有两套磁极在旋转：一套是转子磁极，一套是气隙的合成磁场的等效磁极，简称气隙磁极。转子磁极在前，气隙磁

极在后，相隔 δ 角，其间有磁力线联系着，如图 5-22(a)所示。随着有功功率的变化，角 δ 也跟着变化。磁力线很像弹簧，可以伸缩，如图 5-22(b)所示。在这里，转子磁极是拖动者，它的能量来自柴油机，气隙磁极是被拖动者。在有功负载的情况下，转子上受到阻力矩，由柴油机传来的驱动力矩克服阻力矩而做功，把机械功率转变为电功率。

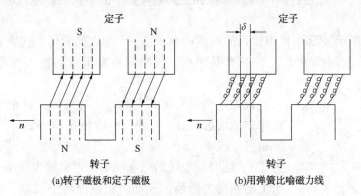

(a)转子磁极和定子磁极　　(b)用弹簧比喻磁力线

图 5-22　同步发电机气隙场形象图

　　并联运行的发电机，一般是根据需要来调节发电机的输出功率的。下面以柴油发电机为例来说明人为地调节柴油机的功率引起发电机输出有功功率增减的过程。

　　当开大柴油机油门增加喷油量时，发电机输入功率增加，使转子上的驱动力矩增大，出现加速力矩，转子加速，使功角增大。根据功角特性，输出功率增加，阻力矩随之增加。当阻力矩与驱动力矩平衡时，转子停止加速，建立起新的平衡状态。减小有功功率的过程与上述过程相反。

2. 调节有功功率对发电机运行的影响

　　无功功率与功角的关系为，发电机的无功功率 $Q = 3UI_\text{S}\sin\phi$ 。根据图 5-20(c)可得：

$$E_0\cos\delta = U + I_\text{S}X_\text{S}\sin\phi \tag{5-13}$$

由此得：

$$Q = \frac{3E_0U}{X_\text{S}}\cos\delta - \frac{3U^2}{X_\text{S}} = 3\frac{U(E_0\cos\delta - U)}{X_\text{S}} \tag{5-14}$$

　　这是隐极机无功功率与功角的关系式。当 E_0、U、X_S 均为常数时，Q 与 δ 的关系如图 5-23 所示。

　　改变发电机的输入功率，就要引起功角 δ 的变化，因而引起发电机输出有功功率的变化。但功角的变化不仅使有功功率变化，也使无功功率发生显著的变化。这点从式 (5-14)可以看出。当调节原动机的功率使功角 δ 从 0° 开始增大时，发电机输出的无功功率 Q 从 $\dfrac{3(E_0-U)U}{X_\text{S}}$ 逐渐减小。

当 δ 增到 $\delta = \cos^{-1}\dfrac{U}{E_0}$ 时，Q 减至零。当有功功率继续增大，功角再增大时，Q 改变符号，说明发电机向交流母线输出的是容性无功功率，或者说发电机从交流母线吸取感性无功功率。由于交流母线的负载主要是电感性负载，因而加

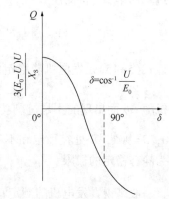

图 5-23　隐极机的无功功率的特性

重了交流母线的无功负担。所以在调节有功功率的同时，要注意无功功率的变化，必要时应相应地调节无功功率。

3. 静稳定

静稳定是指，并联运行的同步发电机在受到某种微小的干扰后，能自动地恢复到原来运行状态的能力。

如图 5-24 所示，设 P_1 代表输入的机械功率，是一个恒定的数值。代表 P_1 的直线与功角特性的交点就表示同步发电机的功率平衡点，说明同步发电机的输入功率与输出功率相平衡。

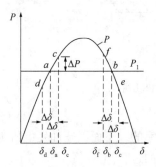

图 5-24 静稳态概念分析

设发电机原先在 a 点运行，功角为 δ_a，由于某种原因输入功率突然增加了 ΔP_1，使功角增到 $\delta_c = \delta_b + \Delta\delta$。相应地，电磁功率也将变成 $P_1 + \Delta P_1$（曲线上 c 点）。但是一旦扰动消失（ΔP_1 变为零），这时发电机的电磁功率便大于输入功率，于是发电机转子上的制动力矩超过驱动力矩，使转子减速，功角减小。经过若干次小小的振荡，运行点稳定在 a 点，恢复到原来的平衡。同样，如果发电机的输入功率突然减少了 ΔP_1，则功角减小到 $\delta_d = \delta_a - \Delta\delta$。相应地，电磁功率减小为 $P_1 - \Delta P_1$（曲线上的 d 点）。扰动消失后（ΔP_1 变为零），输入功率便大于发电机的电磁功率，于是驱动力矩超过发电机转子上的制动力矩，使转子加速，功

角减小。经过若干次振荡，最后也稳定在运行点 a。所以，a 点是能稳定运行的。

若发电机原先工作在 b 点，情况则完全不同。当输入功率突然增加 ΔP_1 时，功角则增大到 $\delta_e = \delta_b + \Delta\delta$，这时电磁功率为 $P_1 - \Delta P_1$。扰动消失，发电机输入功率将大于发电机发出的电磁功率，出现加速力矩使转子加速，功角继续增大，电磁功率更小，功率差值更大，最终导致转子磁极和定子磁极失去同步，这种状态称为同步发电机失步。同样，当输入功率突然减少 ΔP_1，功角则减少到 $\delta_f = \delta_b - \Delta\delta$，这时电磁功率为 $P_1 + \Delta P_1$。扰动消失，发电机的输入功率将小于电磁功率，出现制动力矩，使转子减速，功角继续减小，最后会使工作点达到 a 点的位置。可见 b 点是不能稳定工作的。

综上所述，在功角特性曲线上，凡是发电机功率和功角同增同减速的部分（如曲线的 $0° < \delta < 90°$ 部分），发电机的运行是稳定的。因为 ΔP 和 $\Delta\delta$ 有相同的符号，意味着随 $\Delta\delta$ 而出现的过剩功率 ΔP 将促使 $\Delta\delta$ 消失，所以发电机是稳定的，用数学式表示为：

$$\frac{\Delta P}{\Delta \delta} > 0 \qquad\qquad (5-15)$$

式（5-15）是发电机静稳定的条件。反之，如果 $\frac{\Delta P}{\Delta \delta} < 0$（如曲线的 $90° < \delta < 180°$ 部分），发电机随 $\Delta\delta$ 而出现的不是过剩功率，而是不足功率，促使 $\Delta\delta$ 更加增大，故为不稳定。当 $\frac{\Delta P}{\Delta \delta} = 0$，$\delta = 90°$，正处在稳定和不稳定的交界点上，此处发电机保持同步的能力为零，故该点即为静态稳定的极限。

一般来说，发电机的额定功率 P_N 要比功率极限值 P_m 小得多，其比值 $\frac{P_m}{P_e}$ 叫作发电机的过载能力。为了保证发电机在正常情况下能稳定运行，过载能力一般达 1.7~3。

发电机留有这么大的过载能力，是不是一种浪费呢？要回答这个问题，首先要明白这个过载能力是从静态稳定的观点来看的，而不是从发热的观点来看的。事实上，在满载运行时，不论发电机的过载能力是多少，从发热来看，发电机各部分都已达到额定温升了。如果我们真的去利用过载能力，增加发电机的输出功率，时间一长，发电机是要烧掉的。但是反过来，如从静稳定的要求出发，把发电机的过载能力定得过高，必然提高发电机的造价，这是不经济的。在一般情况下，当发电机发出额定功率时，它的 $\delta = 26° \sim 30°$，这时发电机的静稳定是能够保证的。

三、同步发电机并联运行时无功功率的调节

电动钻机供电系统中的负载，一般既吸收有功，又吸收无功。无功用以建立磁场，为有功功率的转换创造条件。所以同步发电机一般既送有功，又送无功。下面讲述并联运行时同步发电机无功功率的调节问题。

1. 不带有功负载时无功功率的调节

调节发电机的无功功率，只需调节励磁电流，参见图 5-20(a)，并忽略电阻 r_s。空载时电枢电流 $I_s = 0$，空载电势等于端电压(母线电压)，即 $E_0 = U$，如图 5-25(a)所示。此时，发电机既不向交流母线输出功率，也不从交流母线吸收功率，这种状态称为发电机"浮接"于交流母线，这时的励磁电流称为正常励磁。

当增大励磁电流时，电势 E_0 增大。由于电压 U 不变，则出现电压差。在此电压差的作用下，输出一个滞后的无功电流 I_s(感性)，它产生去磁作用，如图 5-25(b)所示。这时的励磁电流称为过励的励磁电流，这种状态叫作过励。

当减小励磁电流时，电势 E_0 减小，由于电压 U 不变，又出现电压差，其方向与上述电压差方向相反，如图 5-25(c)所示。在此电压差作用下，发电机输出一个超前的无功电流(容性)，它产生助磁作用。这时的励磁电流称为欠励的励磁电流，这种状态叫作欠励。

由此可见，调节励磁电流即可改变发电机输出的无功功率。

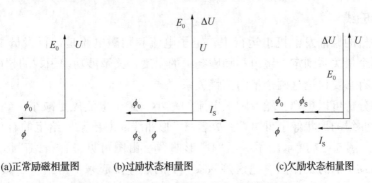

(a)正常励磁相量图　　(b)过励状态相量图　　(c)欠励状态相量图

图 5-25　不带有功负载时无功功率的调节

2. 带有功负载时无功功率的调节

假设发电机的输入功率保持不变，发电机的电磁功率(输出功率)为一常数，即：

$$P_{dc} = \frac{3E_0 U}{X_S} \sin\delta = 常数 \tag{5-16}$$

$$P_2 = 3UI_s \cos\phi = 常数 \tag{5-17}$$

由于 U、X_S 均不变，故 $E_0\sin\delta=$ 常数，$I_S\cos\phi=$ 常数。

在图 5-26 中，E_0 为正常励磁电流下功率因数为 1 时的空载电势，此时 I_S 全为有功分量。调节发电机的励磁，E_0、I_S 将随之变化。由于 $E_0\sin\delta=$ 常数，$I_S\cos\phi=$ 常数，所以 E_0 的端点只能落在垂直线 CD 上，I_S 的端点只能落在水平线 AB 上。

增加励磁，使它超过正常励磁（这称为过励），则电势 E_0 变为 E'_0，$E'_0>E_0$，其端点仍在垂直线上。相应地，电枢电流将从 I_S 变成 I'_S，其端点仍在水平线上。此时电枢电流滞后于电压，发电机除送出有功功率外，还将送出感性无功功率。

反之，如果减小励磁，使其小于正常励磁（这称为欠励），则电势将变为 E''_0。相应地，电枢电流将变为 I''_S。此时，电流超前于电压，发电机除送出有功功率外，还吸收感性无功功率，亦即送出容性无功功率。

综上所述，发电机带有功负载调节励磁时，有关各量变化规律如下：当 $\cos\phi=1$ 时，定子电流有最小值。当过励时，发电机向外送无功功率，定子电流因多含感性无功分量而增大；当欠励时，发电机吸收无功功率，定子电流因多含容性无功分量而增大。将定子电流随励磁电流的变化规律绘成曲线，如图 5-27 所示的"U"形曲线。

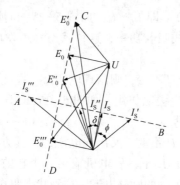

图 5-26　调节励磁时各量的变化情况

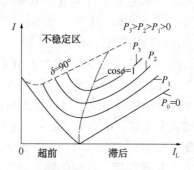

图 5-27　"U"形曲线

3. "U"形曲线

在电动钻机的柴油发电机组运行中，定子电流和励磁电流是运行人员主要监视的两个量。因为这两个量关系到定子绕组和励磁绕组的温度，又牵涉功率因数的超前和滞后以及稳定问题，所以有必要讨论这两个量的依赖关系。

从上面的分析可以想到，随着励磁电流的减小，定子电流先是减小，到某一最小值后，又开始增加，曲线的形状像字母"U"，故名"U"形曲线。对于某一给定的有功功率，就有一条"U"形曲线。图 5-27 展示出了一组"U"形曲线。由图可见，各条"U"形曲线的最低点，都是相应于 $\cos\phi=1$ 的工作点。把这些 $\cos\phi=1$ 的点连接起来，得到一条微向右倾的曲线。这说明输出有功功率增大时，要保持 $\cos\phi=1$，必须相应地增加励磁电流（其原因是，ϕ 与 ψ 不同，即使 $\phi=0$，而 ψ 仍大于零，仍有部分的去磁电枢反应）。对应于该线的右方，发电机处于过励状态，功率因数是滞后的；对应于该线的左方，发电机处于欠励状态，功率因数是超前的。另外，图中还有一个不稳定区，那是相应于功角 δ 超过 90°的区域（因为对应一定的有功功率，减小励磁电流有一个最低限度），即相当于功角 $\delta=90°$ 时电势 E_0 的端点处于静态稳定的极限位置，如图 5-26 中的 E'''_0。如果再减小励磁电流，发电机的功率极限 $\dfrac{3E_0U}{X_S}$ 将降低到小于输入的机械功率 P_1，由于功率不平衡，机组将被加速(以致失去同步)。由此可见，发电机不宜在欠励下运行。

"U"形曲线对分析发电机运行性能有很大的作用，为了限制定子电流和励磁电流不超过额定值，可在"U"形曲线上画出定子电流和励磁电流不超过额定值的发电机正常运行区域 $Oacb$，如图5-28所示(其中的不稳定区不属于正常运行区)，该区域的上边界 ac 相应于定子电流额定值 I_e，右边界 cb 相应于励磁电流额定值 I_{Le}，c 点是发电机的额定运行点。在该点运行，发电机的定子电流、励磁电流、功率因数、有功功率、端电压等都是额定值，发电机得到充分利用。

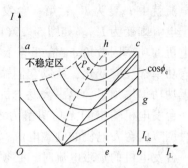

图5-28　同步发电机正常工作范围

如果发电机不是运行在额定功率因数($\cos\phi$)，就会出现当励磁电流达到额定值时，定子电流将超过额定值或相反的情况。当功率因数高于额定值时，定子电流中的有功分量就要增大。若励磁电流仍要保持额定值，定子电流势必超过额定值。为使定子电流不超过额定值，势必对励磁电流加以限制。例如，当 $\cos\phi=1$ 时，为了保证定子电流不过载，励磁电流只能限制在线段 oe 所代表的数值。显然，这时输出的无功功率就要减少，但从定子电流来看，仍达到额定值，故定子绕组的容量没有降低。当功率因数低于额定值时，定子电流中的有功分量变小。若想充分利用定子绕组容量，相应的励磁电流就要达到很大值。要使励磁电流不超过额定值，定子电流势必要受到限制。例如，当 $\cos\phi=0$ 时(图5-28中最下面的"U"形曲线)，为使励磁电流不超过额定值，定子电流只能限制为线段 bg 所代表的数值。

这时，定子绕组的容量是不能充分利用的。总之，当功率因数高于额定值时，定子绕组的容量可以被充分利用并发出有功功率；当功率因数低于额定值时，定子绕组的容量不能被充分利用，从而发出无功功率。

同步发电机的额定功率因数一般为 $0.8\sim0.86$(滞后)，对于个别机组，为了调节其所联母线的电压，也有采用超前功率因数运行的，但事前应进行试验，合格才行。

四、同容量发电机并联运行时的功率调节

电动钻机井场多用容量比较小的柴油发电机组，经常会遇到同容量发电机并联运行的问题。当调节发电机的有功功率或无功功率时，将会引起母线频率和电压的变化。因为在有限容量的母线上，总负载是一个有限的数值，如果增加并联上去的发电机的输入功率，而不减少其他发电机的输入功率，这时母线上所有机组的输入功率将多于输出功率。多余的输入功率就会使整个母线上的所有发电机转子加速，引起母线频率和电压的升高。同样，如果只改变一台发电机的无功功率，母线电压也会发生变化。所以，如果要保持母线频率和电压不变，在总负载不变的情况下，当增加某一台发电机的输入功率或励磁电流时，必须相应地减少其他发电机的输入功率或励磁电流。反之亦然。下面我们以两台同容量发电机的并联运行来说明这种功率调节过程。

假设有两台同容量的柴油发电机组并联运行，它们担负同样大小的有功功率和无功功率，图5-29(a)是这种运行状态下的向量图。I 是总的负载电流，两台发电机的电流相等，即 $I_{s1}=I_{s2}$，并且 $I=I_{s1}+I_{s2}$。它们与电压的相位差 $\phi_1=\phi_2=\phi$。显然，在这种情况下，两台发

电机担负的有功功率和无功功率都是分别相等的。

现在增加第二台发电机的励磁电流，使它的空载电势由 E_{02} 增加到 E'_{02}，那么它的定子电流就由 I_{s2} 变为 I'_{s2}；第一台发电机的励磁电流则应该减小，使空载电势减小为 E'_{01}，定子电流则变为 I'_{s1}。如图 5-29(b) 所示（为简便起见，假定调节励磁电流之后，第一台发电机的功率因数角 ϕ'_1 恰好等于零。实际情况当然并不都是这样）。由于两台发电机的输入功率都没有变化，所以它们输出的有功功率也都没有变化。但是第二台发电机输出的无功功率增加了，第一台发电机输出的无功功率减小了。在图 5-29(b) 所示的情况下，第一台发电机输出的无功功率为零，第二台发电机承担了全部的无功功率。由此可见，同时调节两台发电机的励磁电流，可以改变两台发电机担负的无功功率分配，而且当增加一台发电机的励磁电流时，必须同时相应地减小另一台发电机的励磁电流，才能保持母线电压不变。

如果需要把第一台发电机解列，就必须分别增加第二台发电机的输入功率和励磁电流，把第一台发电机担负的有功负载和无功负载全部转移给第二台发电机。如图 5-29(c) 所示。这时第一台发电机的空载电势 $E''_{01} = U$，定子电流 $I''_{s1} = 0$，即成为空载运行状态，不担负任何负载。这样才可以与第二台解列，而不会影响负载的用电需要。

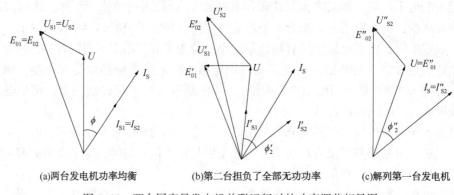

(a)两台发电机功率均衡　　(b)第二台担负了全部无功功率　　(c)解列第一台发电机

图 5-29　两台同容量发电机并联运行时的功率调节相量图

第 8 节　并联柴油发电机组的无功功率分配

由于钻井现场电网容量小，各种钻井工况下负荷变动较大，容易对井场电网造成干扰，所以负载分配得是否合理，对于井场电网的频率和电压的稳定是至关重要的。上一节，我们讨论了并联运行的柴油发电机组的有功功率分配原理。本节继续来讨论并联运行的柴油发电机组的无功功率分配问题。发电机之间无功功率的合理分配是发电机组稳定运行的必要条件之一，这是因为并联运行的发电机电势如果不相等，将在发电机定子绕组间产生环流，而又因为发电机定子绕组电抗较电阻大得多，所以此环流基本上是无功性质的。其结果是，电势较高的发电机输出无功功率增大，而电势较低的发电机输出的无功功率减少，引起无功负载电流的分配不均匀。当环流相差太大时，会引起一台发电机电流过载而烧坏，影响钻井安全及造成经济损失。

相关技术规程规定：并联运行的交流发电机组，当负载在总额定功率的 20% ~ 100% 范围内变化时，各发电机实际承担的无功功率与按发电机额定功率分配比例的计算值之差，应不超过下列数值中的较小者：（1）最大发电机额定无功功率的±10%；（2）最小机组额定无功功率的±25%。为此，需要自动调整发电机的励磁电流大小来减小环流，使无功电流的分配不均度保持在允许的范围内。

一、发电机组的调压特性

如第 7 节所述，发电机运行时，忽略电枢绕组的电阻，则有：

$$\dot{E}_q = \dot{U} + j\dot{I}_S X_d \qquad (5\text{-}18)$$

因柴油发电机组中同步发电机是凸极的，式中 X_d 为其直轴同步电抗；$\dot{I}_S$ 为定子电流，也即负荷电流；$\dot{E}_q$ 为其等效电势。画出相应相量图如图 5-30 所示。

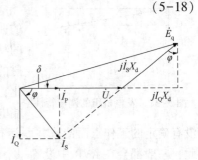

图 5-30 同步发电机相量图

图 5-30 中，$\dot{I}_P = \dot{I}_S\cos\phi$ 是负荷电流 $\dot{I}_S$ 沿发电机端电压 $\dot{U}$ 方向的分量，因发电机输出有功功率 $P = 3UI_S\cos\phi = 3UI_P$，故称 $\dot{I}_P$ 为负载电流的有功分量。$\dot{I}_Q$ 为负荷电流 $\dot{I}_S$ 垂直于发电机端电压 $\dot{U}$ 方向的分量，因发电机输出无功功率 $Q = 3UI_S\sin\phi = 3UI_Q$，所以称 $\dot{I}_Q$ 为负载电流的无功分量。由图 5-30 中相量模值之间的关系，可以看出：

$$E_q\cos\delta = U + I_Q X_d \qquad (5\text{-}19)$$

在一般情况下，功角 δ 值很小，可近似认为 $\cos\delta \approx 1$，则由式(5-19)可得到：

$$E_q = U + I_Q X_d \qquad (5\text{-}20)$$

式(5-20)说明：

（1）负荷的无功电流 I_Q 是造成同步发电机电势 E_q 与端电压 U 幅值差的主要原因，发电机的无功电流越大，二者之间的差值越大。由于并联运行时，发电机端电压为电网电压，变动较小，故并联发电机的电势相差越大，其承担的无功负荷相差越大，越不均匀。

（2）在同型号机组并联的情况下，发电机电势大的机组，其无功电流 I_Q 越大，即承担的无功负荷越大。在极端情况下，发电机电势最大的机组可能过载而烧毁。

（3）发电机组并联运行时，调节发电机组励磁，将改变发电机电势，从而改变发电机组输出的无功功率。而在井场电网中，柴油发电机组并联运行的母线不会是无穷大母线，这时，改变励磁将会使所有并联发电机的端电压和输出无功都发生改变。但一般来说，发电机的端电压变化较小，而输出的无功却会有较大的变化。

由此可见，柴油发电机组励磁控制系统不但要保证发电机组单机运行时的电压质量，还要保证并联运行的发电机组间的无功分配均衡，即需要合理控制并联运行发电机输出的无功功率。所谓"合理控制"，包含两个方面的含义：

（1）每台发电机承担的无功负荷在数量上要合理。

（2）当无功负荷变化，引起并网母线电压变化时，各台并联运行的发电机组的励磁控制系统 AVR 要随之自动调节发电机励磁，从而调节各机组输出的无功功率，并且每台机组的无功调节量要合理。

讨论并联发电机无功分配原理，要用到表示发电机端电压与输出无功电流之间的关系的调压特性。它与发电机外特性虽有些类似，即都是电压与电流的关系，并且是在频率不变的情况下测得的，但两种特性实质是不同的：外特性是在励磁电流不变的情况下获得的，而调压特性是在自动励磁电流调节装置起作用的情况下获得的；外特性的横坐标是负载电流 I_S，调压特性的横坐标是无功电流 I_Q，即负载电流的无功分量。发电机组的调压特性曲线如图 5-31 所示。

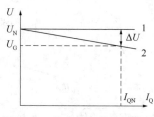

图 5-31　发电机组的调压特性

发电机组的调压特性分为两类：

（1）无差特性。是呈水平直线的调压特性，如图 5-31 中的曲线 1 所示，即当无功电流 I_Q 变化时，端电压变化 $\Delta U = 0$ 的特性。当 I_Q 变化时，因井场负荷一般是感性的，会引起去磁的电枢反应，发电机单机运行时，这必然导致其端电压的变化，但 $\Delta U = 0$ 说明自动励磁调节装置 AVR 在起作用，维持了端电压不变。然而并联运行时，若有外界干扰，无差特性会因没有确定的工作点而造成并联运行不能稳定的问题，更不用说进行合理的无功分配了。因此，一般都会在 AVR 中设置一个调差单元，综合利用发电机输出电流信号和电压偏差信号来改变励磁大小，形成发电机调压的有差特性，且能轻易做到使并联运行发电机组的调压特性一致，从而达到并联机组间无功负荷合理分配的目的。

（2）有差特性。一般为正调差特性，是指当 I_Q 增大时，端电压降低，$\Delta U > 0$ 的调压特性，如图 5-31 中的曲线 2 所示。由于自动励磁调节装置 AVR 的调节作用，ΔU 的变化虽存在，但比发电机的外特性上的 ΔU 变化要小得多。因此，正调差特性是一根略向下倾斜的直线。有差特性也有负调差特性，即当 I_Q 增大时，端电压也增大，$\Delta U < 0$ 的调压特性，但在钻井现场的柴油发电机组中，不用负调差特性。

调差系数 R_c 用来描述调压特性及定量分析无功负荷的分配，其定义如下：

$$R_c = \frac{\Delta U}{\Delta I_Q} = \frac{U_N - U_G}{I_{QN} - 0} \tag{5-21}$$

式中，U_N 为发电机组额定端电压；U_G 为发电机组无功电流从零增加到额定值时，对应的端电压；I_{QN} 为额定负载、额定功率因数情况下的定子电流无功分量。

调差系数 R_c 表示无功电流从零增加到额定值时，发电机电压的相对变化。由式（5-21）可见，调差系数 R_c 越小，无功电流变化时发电机电压变化越小。调差系数用标幺值表示为：

$$R_{c*} = \frac{(U_N - U_G)/U_N}{(I_{QN} - 0)/I_{QN}} = \Delta U_* \tag{5-22}$$

以两台同型号、电压调节特性不同的柴油发电机组并联运行为例，如图 5-32 所示，G_1 代表一号机组的调差特性，G_2 代表二号机组的调差特性。若机组原来运行在 U_1 电压下，此时一号机组承担的无功负荷为 I_{Q1}，二号机组承担的无功负荷为 I_{Q2}。若此时无功负荷增加，在励磁控制系统 AVR 的调节下，并联运行的发电机组稳定运行在 U_2 电压下。此时，一号机组承担的无功负荷增加为 I'_{Q1}，二号机组承担的无功负荷增加

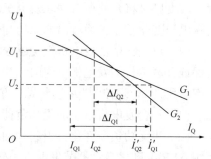

图 5-32　并联机组调差特性不同时的无功负荷分配

80

为 I'_{Q2}。一号机组无功负荷变化量 ΔI_{Q1} 显然大于二号机组无功负荷变化量 ΔI_{Q2}，即调差系数小的机组承担了较多的无功负荷。另外，并联运行的两台柴油发电机组的调差特性相差越多，最终无功负荷的分配越不均衡。因此，要使并联柴油发电机组的电压调节特性完全一致，才能使并联机组间无功负荷合理分配。

二、平移发电机组调节特性对所承担无功负荷的影响

柴油发电机组在并网后，需要增加其输出的无功功率，从而承担起电网中的无功负荷。当柴油发电机组从电网解列前，需要减少其输出的无功功率直至为零，即发电机组投入或退出并联运行时，要能平稳地转移所承担的无功负荷，不要引起对电网的冲击。这都需要通过平移发电机组的电压调节特性来实现。其原理如图 5-33 所示。

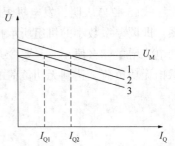

图 5-33　发电机组无功负荷的转移

（1）柴油发电机组并入电网时，按理想并联运行条件，发电机组刚并入电网时，对应电压调节特性曲线如图 5-33 中曲线 3 所示。此时，电网电压为接近额定电压的 U_{M}，而发电机组因定子电流为零，并未承担电网中的无功负荷。发电机组之所以并入电网，就是因负载变化，在线运行的机组不能在满足负荷需求的前提下保证供电质量达到相关技术标准要求。因此，发电机组一旦按并联运行条件完成并网操作，就需要立即对其进行调节，使之承担起电网的负荷。由图 5-33 可知，向上平移并网机组的电压调节特性，使曲线从 3 平移到 2，进而平移到 1，则可以看出，该发电机组输出的无功电流从 0 增加到 I_{Q1}，进而增加到 I_{Q2}，也就是可以通过向上平移发电机组电压调节特性曲线，使该发电机组所承担的无功负荷增加到合适的数值。

（2）柴油发电机组发电机退出并联运行时，柴油发电机组退出电网，也称解列。在解列前，应将该机组承担的负荷减少到零。假如，该机组在并联运行时的电压调节特性曲线为图 5-33 的曲线 1，此时该发电机组输出的无功电流大小为 I_{Q2}，向下平移电压调节特性到曲线 2，进而到曲线 3，由图可见，该发电机组输出无功电流将从 I_{Q2} 减小到 I_{Q1}，进而减小到 0。也就是可以通过向下平移发电机组电压调节特性曲线，使该发电机组所承担的无功负荷转移到其他机组，从而使要解列的发电机组在退出电网前其承担的无功负荷降为零。当然，在解列发电机组减小其所承担无功负荷的同时，也要调节其他仍然在线的发电机组的电压调节特性，以增加其所承担的无功负荷。

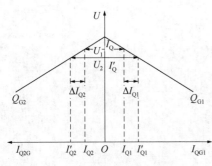

图 5-34　并联发电机组无功功率均衡

三、并联发电机组的无功功率均衡

仍然以两台发电机组并联运行为例，结合图 5-34 说明并联发电机组的无功功率均衡的原理：

1 号发电机组的调节特性如图中曲线 Q_{G1} 所示，2 号发电机组的调节特性如曲线 Q_{G2} 所示。假定此时系统无功负荷对应的总无功电流大小，以图中线段 I_Q 表示，此时电网的电压为 U_1，1 号机组承担无功电流为 I_{Q1}，2 号机组承担负荷为 I_{Q2}。于是有：

$$I_{Q1} + I_{Q2} = I_Q \qquad (5-23)$$

若无功负载增加，使电网电压下降，经过并联运行柴油发电机组励磁控制系统 AVR 的调节，电网电压最终稳定在接近额定值的 U_2，此时无功负载对应的总无功电流大小，以图中线段 I'_Q 表示。1 号发电机组承担无功电流为 I'_{Q1}，比无功负载变化前增加 ΔI_{Q1}，2 号发电机组承担无功电流为 I'_{Q2}，增加 ΔI_{Q2}，于是有：

$$\frac{\Delta I_{Q1*}}{\Delta I_{Q2*}} = \frac{R_{c2*}}{R_{c1*}} \tag{5-24}$$

式(5-24)表明，发电机组的无功电流增量的标幺值与机组的调差系数标幺值成反比关系，即调差系数小的机组所承担的无功电流增量标幺值大，而调差系数大的机组所承担的无功电流增量标幺值小。只要令并联机组的电压调差特性一致，就可实现按与额定容量成比例承担无功负荷，达到无功负荷的均衡分配。

第6章 全数字式柴油发电机组控制系统

电动钻机普遍采用柴油发电机组作为动力源,提供交流电满足钻井及井场辅助设备的需要。随着钻井作业能力、电气化、自动化、智能化程度的提高,功能的增加,为了满足钻井工程供电的可靠性和经济性,一般的电动钻机配置有两台以上的柴油发电机组,通过交流母排向钻井现场供电。对柴油发电机组的控制就是对钻井现场的交流供电系统的控制,也通称为"交流控制系统"。电动钻机的"交流控制系统"包括柴油发电机组的柴油机转速控制、发电机输出电压控制、柴油发电机组的系统保护等有关控制装置及控制电路。

随着技术的发展进步,柴油发电机组控制系统也由模拟式转变为全数字式。本章主要介绍钻井现场典型应用中的全数字式柴油发电机组控制系统的主要构成单元模块,如发电机断路器、数字式调速器、数字式自动励磁调节器、发电系统综合控制器等的性能、功能、典型安装接线图、软件配置等内容。柴油发电机组的系统保护将在下一章进行介绍。

第1节 全数字式柴油发电机组控制系统的结构

全数字式柴油发电机组控制系统,实现对单机、多机和并网机组从启动、运行到停止的所有过程的本地或远程的自动控制、监测及保护。全数字式柴油发电机组控制系统主要结构如图6-1所示。

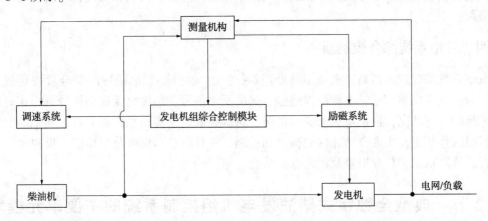

图 6-1 全数字式柴油发电机组控制系统结构

一、测量机构

由转速传感器和一系列的电流互感器、电压互感器等元件组成,主要为控制系统提供机组运行时的状态信息,实现控制系统对机组运行状态的实时监测和基于状态信息反馈的自动控制,并由执行器件适时进行调整,保证系统稳定运行且具有良好的运行性能。

二、数字式调速器

数字式调速器主要用来控制柴油机的执行器，从而改变柴油机油门的大小，实现对柴油机转速的控制或发电机组输出有功功率的控制。其主要作用为：

（1）控制发电机电压及频率。在柴油发电机组单机运行时，其转速的大小直接决定了所发交流电的频率，并且对发电机端电压的大小也有影响。负载的波动必然会导致柴油机转速的变化，进而使发电机组供电质量受到影响。调速系统通过改变柴油机油门的开度来改变柴油机的输入功率，从而控制机组的转速，使供电频率和电压指标维持在给定水平。

（2）控制有功功率的分配。柴油发电机组并联运行一起向负载供电时，由于电网的约束，各发电机的频率与电网保持严格一致。这时，调速器的功能由频率调节转变为主要控制发电机组输出的有功功率数值，从而改变其承担的有功负荷大小，实现机组间有功功率的均衡分配。

三、数字式自动励磁调节器

柴油发电机组的励磁系统是由数字式自动励磁调节器、主励磁系统和发电机构成的一个反馈控制系统。主励磁系统向发电机转子线圈提供直流励磁电流；数字式自动励磁调节器根据给定信号及测量信息按预定的调节准则控制主励磁系统输出，以实现对发电机励磁电流的控制。数字式自动励磁调节器的主要作用为：

（1）控制发电机的端电压。柴油发电机单机运行时，随着负荷的波动，端电压也会随之变化，需要对励磁电流进行自动调节以使母线电压维持在给定水平。

（2）控制无功功率的分配。柴油发电机组并联运行一起向负载供电时，由于电网对发电机端电压的约束，随着负荷的波动，发电机端电压只有微小变化。这时，调节励磁电流主要改变发电机输出的无功功率数值，从而改变其承担的无功负荷大小，实现机组间无功功率的均衡分配。

四、发电系统综合控制器

发电系统综合控制器是完全基于微处理器控制的发动机–发电机控制综合管理装置。根据采集到的电压反馈信号、电流反馈信号、速度反馈信号、励磁电流反馈信号等，实时监控发电机组的运行状况，根据负载的变动情况，协调控制调速器和励磁调节器，使柴油发电机组运行在最佳状态，实现自动并网的检测和控制，并具有自动负载分配功能，反映机组不正常运行或故障状态，具有报警及机组保护功能。

第2节　典型全数字式柴油发电机组控制系统的主要单元模块

以某 ZJ90DB 型号国产电动钻机的全数字式柴油发电机组控制系统为例，给出其系统主要单元模块的配置、技术指标、接线原理及分析。

一、发电机断路器

发电机断路器的作用是隔离发电机输出与交流母线。断路器上装有过电流时自动分断的磁脱扣装置，还装有一个欠电压(UV)脱扣线圈。它同柴油发电机组控制系统中的发电系统综合控制电路中的保护电路相联锁，当电路发生欠频、超频、过压、欠压、无脉冲和逆功率等故障状态时，保护电路使欠压脱扣线圈自动脱扣，断路器跳闸，保护发电机组。

发电机断路器采用手动储能方式操作。在手动储能操作过程中，当断路器断开时，储能指示器显示"断开"（OFF）。要闭合断路器，首先转动手柄数次，储能指标器显示"储能"（Charged），再按下柜体面板上的"接通"（Push to close）按钮，断路器便接通；要断开断路器，只要按一下"分断"（Push off）按钮即可。

发电机断路器也可采用自动储能方式操作。在某 ZJ90DB 型国产电动钻机的电控系统中，断路器的储能电机接在 AC 120V 电源，能够对断路器操作机构的闭合弹簧进行自动储能操作。当断路器闭合后，电动机会马上对闭合弹簧进行储能，但在出现供电故障或维护期间，就只能用手动储能方式。

二、数字式调速器

Woodward 2301D 是基于微处理器的数字式转速控制器，并具有负载分配功能，目前在国内电动钻机的柴油发电机组控制中得到广泛应用，如图 6-2 所示。

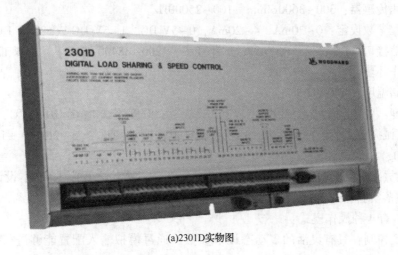

(a)2301D实物图

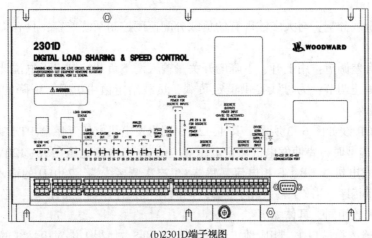

(b)2301D端子视图

图 6-2　WOODWARD 2301D 数字式调速器

该调速器的硬件接口包括：

（1）1 个负荷传感器输入。

（2）1 个电磁式速度传感器输入（1～30V AC，25、26、27 端）。

（3）1 个执行器驱动输出（0～20mA 或 4～20mA，16、17、18 端）。

（4）1 个可组态的模拟量输出（0～20mA、4～20mA 或 0～200mA 可配置，13、14、15 端）。

（5）2 个可组态的模拟量输入（输入 0～5V DC 或±2.5V DC 或 4～20mA 可配置，19、20、21 端和 22、23、24 端）。

（6）8 个开关量（开关）输入（18～40V DC 可接受，一般为 24V DC，最大 100mA 输入，31～38 端，其中 3 个可组态的输入为 32、33、34 端）。

（7）4 个可组态的开关量（继电器驱动）输出（41～44 端）。

其性能指标为：

（1）工作电源电压：18～40V DC，典型的为 24V DC。

（2）功耗：小于 20W。

（3）稳态调速率：0.25%。

（4）转速传感器：300～3600r/min，100～25000Hz。

（5）远程参数设定：0～20mA，4～20mA，0～5V DC，1～5V DC 或±2.5V DC 外部电源。

（6）通信接口：RS-232，RS-422，9 针接头，1200～38400 波特率，全双工。

（7）工作环境温度：-40～70℃。

（8）存储温度：-40～105℃。

（9）湿度：劳埃德船级社-1996，1 号试验规范；湿度测试 1，在 20～55℃，95%冷凝。

（10）机械振动：劳埃德船级社-1 号测试规范，振动测试 2（5～25Hz，±1.6mm，25～100Hz，±4.0g）。

（11）机械冲击：美国军标（US MIL-STD）810C-测试方法之程序Ⅰ（基本设计测试）、程序Ⅱ（瞬态坠落实验，封装）、程序Ⅴ（台架实验）。

2301D 具有 4 种操作模式：

（1）速度控制：具有灵活的多动态调节参数，通过模拟输入配置能够进行 4～20mA 远程速度给定。

（2）恒速负载分配：与大多数现有的负载分配速度控制系统兼容，具有柔性加载、卸载功能。

（3）基载有差调节：用上升、下降的开关量输入调整负载控制，无电位计调节输入。

（4）基载恒速调节：为母线提供恒定负载，负载给定值由上升、下降的开关量输入或 4～20mA 远程输入。

2301D 现场接线如图 6-3 所示。其 1、2、3 端为发电机电压互感器 PT 二次侧 A、B、C 相接线端，PT 选型时，要使发电机额定电压对应的 PT 二次侧电压在 90～120V 或 200～240V AC。5～9 端为发电机 A、B、C 相电流互感器 CT 二次侧接线端。2301D 的输入端和 PT 二次侧接线时要注意相序。当 CT 输入和 PT 输入同时连接到控制器 2301D 时，必须保证每一相的负荷和功率因数相同，具体如下：

A 相：PT 输入接端口 1。相应地，CT 接端口 4 和 5，使得 1 端对中性线的电压与从端头 4 流向端头 5 的电流是同相位的。

B 相：PT 输入接端口 2。相应地，CT 接端口 6 和 7，使得 2 端对中性线的电压与从端头

6 流向端头 7 的电流是同相位的。

C 相：PT 输入接端口 3。相应地，CT 接端口 8 和 9，使得 3 端对中性线的电压与从端头 8 流向端头 9 的电流是同相位的。

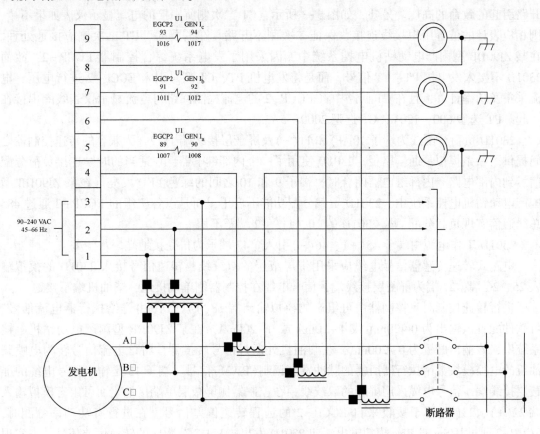

(a)2301D接线原理图

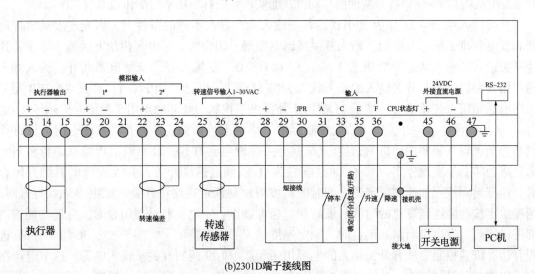

(b)2301D端子接线图

图 6-3　WOODWARD 2301D 接线图

CT 在选型时，应确保在发电机电流为最大值时，CT 二次侧对应电流为 5A，且 CT 每相负载小于 0.1VA。CT 除可用如图 6-3 的三相星形接线外，也可采用两相不完全星形接线。CT 二次侧不能开路，所以任何时候接在 CT 二次绕组两个端头的内部负载都要接上，以防开路引起的致命的高压。另外，如图 6-3 所示，CT 二次侧所串接的电流显示仪表如果不接，则相应表计的位置用短接线连接，保证二次侧不开路。在需要时，CT 二次侧应接地处理。在某 ZJ90DB 型国产电动钻机电控系统中，因采用了发电系统综合控制器 EGCP-2，故而 2301D 不接入发电机 PT、CT 信号，而是将发电机 PT、CT 型号引入 EGCP-2 进行电压、电流采集及功率计算，且在 CT 回路中将 EGCP-2 的电流检测回路与电流显示仪表线圈串接在一起。PT 选型 600：120V，CT 选型 2000：5A。

2301D 负荷分配线为端子 10(+) 和 11(-) 及屏蔽层接线端子 12，为兼容的转速控制器之间提供了一条模拟量通信路径。2301D 使用了一个内部继电器，在适当的时候连接负荷分配信号到内部电路。内部继电器闭合时，端子 9 和 10 之间的绿色 LED 发亮。在某 ZJ90DB 型国产电动钻机电控系统中，2301D 负载分配功能不启用，而是以各机组的 EGCP-2 通过 485 总线通信实现负载分配，故 2301D 的 10、11、12 端子不用。

2301D 工作电源由端子 45(+)、46(-) 引入。47 端子为机壳接地端。

电磁式转速传感器信号电缆应采用带屏蔽层的双绞线，转速信号接入 2301D 的模拟输入 25、26 端，27 端为屏蔽层接线端，信号电缆在控制器侧单端接地，柴油机端不接地。

进行转速控制时，控制器由可组态的模拟输出端 13(+)、14(-) 送给执行器电流信号。可软件配置该输出为 0~20mA 或 4~20mA 或 0~200mA。在某 ZJ90DB 型国产电动钻机电控系统中，该输出配置为 0~200mA，在柴油机处通过信号转换器，将该电流信号转为电喷柴油机的电控模块数字执行器所需的脉冲宽度调制(PWM)信号。端子 15 是输出信号电缆的屏蔽层接线端。信号电缆采用屏蔽的双绞线，在控制器侧屏蔽层单端接地。而可组态模拟输入端 22(+)、23(-) 用于接收来自 EGCP-2 的远程转速偏差信号。在进行有功功率分配时，EGCP-2 通过其 Speed Bias 模拟输出端向 2301D 发出±3V DC 范围内的转速偏差信号，来实现并联发电机组功率-频率有差特性的移动，从而实现系统有功功率均衡和频率的二次调整。

开关输入端 28~38 作为 2301D 的开关输入命令。在不同的条件下，以允许发动机控制器和发电管理系统相互作用。输入开关或继电器触点闭合时，正电压供给开关输入端子。这使开关输入的输入状态为"TRUE"(显示为"CLOSED")。输入开关或继电器断开，输入端子的线路开路，这引起开关输入的输入状态为"FALSE"(显示为"OPEN")。在某 ZJ90DB 型号国产电动钻机电控系统中，端子 31 被用于外部停车控制，外部触点用于激活对应端子 31 的 Close to Run 命令。该开关输入改变控制器的工作状态。开关或继电器触点闭合时，允许控制器控制燃料来控制原动机的速度/负荷。开关或继电器打开，最小限油功能立即将燃料需求量降为零，来实现停车。端子 33 被配置为怠速/额定速度开关，开关或继电器触点闭合时，速度给定按照加速到额定速度的时间斜坡增加到额定速度；开关或继电器触点打开时，速度给定按照降速到怠速的时间斜坡减到怠速控制点。发电机断路器闭合时，怠速功能被内部逻辑屏蔽。发电机断路器闭合时，额定速度输入必须保持闭合。端子 35、36 用于外部/远程升速、降速控制。所有开关输入的电源用端子 28 和 29 间的开关量输入电源。这个电源在 24V DC 时能够提供 100mA 的电流。这时需要将端子 29 和 30 用短接线相连，所有输入开关或继电器触点一端和 2301D 的开关输入端(28~38)相连，另一端与电源正极性端 28 相连。

2301D 的 9 针插头 RS232 串口可以和装有 WoodWard 公司 Watch Window 软件的计算机

相连。2301D 内置可灵活配置的软件，需要修改参数时可连上计算机，使实际应用适应发动机的速度范围、齿数要求，以及正向或反向动作方向。在启动 Watch Window 之前，应先启动 ServLink Server，对通信端口、模式和波特率进行设置，然后通过配置菜单、服务菜单相应选项进行组态和维护。

三、数字式自动励磁调节器

DECS-100 是美国巴斯勒电气提供的一个高性能、低成本的数字式自动励磁调节器。采用环氧密封组件、板后安装设计，后面板接线采用快速连接端子，如图 6-4 所示。

(a)DECS-100-B15实物图

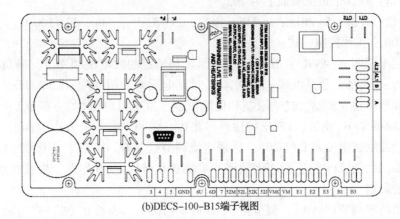

(b)DECS-100-B15端子视图

图 6-4　BASLER DECS-100 数字式自动励磁调节器

DECS-100 基于 16 位高性能微处理器的设计，具有无功/功率因数控制、软启动、电压匹配、过/低励磁限制等功能和通信能力。采用脉冲宽度调制方式输出，抗谐波、抗干扰能力强，能够适应非常恶劣的工作环境，可以精确地控制 5MW 以下中小型无刷励磁同步发电机的输出电压、无功功率或功率因数，尤其是需并车运行或并网运行的发电机。DECS-100-B15 在国内电动钻机的柴油发电机组控制中得到了广泛应用。

该励磁调节器的硬件接口包括：

（1）5 路检测点模拟量输入（3 路发电机电压检测 E1、E2、E3 端；1 路发电机电流检测 CT1、CT2 端；可选的 1 路母线电压检测 B1、B2 端）。

（2）1 路辅助调节模拟量输入（A、B 端，用于给定值的远程比例控制）。

（3）1 路模拟量输出（F+、F−端，励磁输出 63V 7A DC）。

（4）5 路开关量输入（外部电压增减调节 6U、7 端和 6D、7 端；VAR/PF 允许 52J、52K 端；单机/并列 52L、52M 端；电压匹配 VM、VMC 端）。

（5）1 路继电器开关输出（AL1、AL2 端，报警、跳闸共用）。

其性能指标为：

（1）交流功率输入：单相或三相、88~250V AC、50~400Hz。

（2）直流额定功率输出：励磁电压 63V DC、励磁电流 7A DC。

（3）强励输出：在 200V AC 输入下，最大 15A@135V DC；在 110V AC 输入下，最大 10A@90V DC/15A@75V DC。

（4）电压调节精度：从空载到满载，电压调节精度 ≤0.25%；总谐波失真率为 40% 时，电压调节精度 ≤0.5%。

（5）温度漂移：在 1h 内，温度变化 40℃，电压变化 ±0.5%。

（6）响应时间：<1 个周期。

（7）起励电压：内部提供自动电压起励，要求发电机最低残压不低于 6V AC。

（8）电压检测输入：单相或三相，AC 100/120V，200/240V，400/480V，600V。

（9）电流检测输入：1A 或 5A（可选）。

（10）工作温度：−40~70℃。

（11）储存温度：−40~80℃。

（12）冲击：在 3 个正交平面上为 20g。

（13）振动：1.2g，5~26Hz；0.036in 振幅，27~52Hz；5.0g，53~500Hz。

DECS-100 有 4 种控制模式：

（1）自动电压调节（AVR）：在额定功率因数和恒定的发电机频率下，满负荷范围内电压调节精度为 ±0.25%，总谐波失真率为 40% 时，电压调节精度为 ±0.5%/Hz。具有斜率可调的软启动和电压建立控制、过励限制和低励限制、发电机电压（均方根值）三相或单相检测/调节。低频率 V/Hz 调节，V/Hz 特性斜率在 0~3pu 可调，步长为 0.01pu。

（2）手动或励磁电流调节（FCR）：励磁电流调节范围 DC 0~7A，步长 0.1A。

（3）功率因数调节（PF）：功率因数调节范围 0.6 滞后 ~0.6 超前，步长 0.001，具有过励限制和低励限制。

（4）无功功率调节（VAR）：调节范围 −100%~100%，步长 0.1%，有过励限制和低励限制。

DECS-100 的前面板指示灯由 6 个红色发光二极管（LED）组成，可对励磁调节器的工作情况进行指示。表 6-1 对每个指示灯的功能做了简要说明。

表 6-1 DECS-100 的前面板指示灯功能说明

指示灯	功能说明
过励关断 （OVEREXCITATION SHUTDOWN）	当过励保护功能启动并且励磁电压超过 100V DC 持续 10s 时，这个 LED 发光。在检测到过励工况时，DESC-100 将关断。当 DECS-100 因为过励导致关断后再加电时，过励关断灯（OVEREXCITATION SHUNTDOWN LED）将发光 5s
发电机过电压 （GENERATOR OVERVOLTAGE）	当发电机输出电压超过可调的设定值持续 0.75s，这个 LED 发光。当检测到发电机过电压工况时，DESC-100 将关断。当 DECS-100 因为过电压导致关断后再加电时，发电机过电压灯（GENERATOR OVERVOLTAGE LED）将发光 5s

指示灯	功能说明
发电机测量电压失去 （LOSS OF GENERATOR SENSING）	当检测到发电机的测量电压失去时，这个 LED 发光。根据所选择的保护动作，DECS-100 可以关断或切换到手动模式运行。当 DECS-100 因为测量电压失去导致关断后再加电时，发电机测量电压失去灯（LOSS OF GENERATOR SENSING LED）将闪烁 5s
过励限制 （OVEREXCITATION LIMITING）	当励磁电流超过设定的过励限制值时，这个 LED 发光，并保持到过励工况消失或过励时间延迟终止，DECS-100 关断。当 DECS-100 因为过励限制导致关断后再加电时，过励限制灯（OVEREXCITATION LIMITING LED）将闪烁 5s
VAR/P. F. 模式激活 （VAR/P. F. MODE ACTIVE）	当 DECS-100 运行在可选的无功功率调节或功率因数调节控制模式时，这个 LED 发光。无功功率调节或功率因数调节控制模式可以通过 BESTCOMS 软件设定并且 52J/K 输入接点打开时启动
手动模式激活 （MANUAL MODE ACTIVE）	当 DECS-100 运行在手动模式时，这个 LED 发光。手动模式可以通过 BESTCOMS 软件设定启动
低频保护激活 （UNDERFREQUENCY ACTIVE）	当发电机频率减小到低于低频率设定值时，这个 LED 发光，DECS-100 将按照所选择的 V/Hz 曲线进行调节

DECS-100 现场接线如图 6-5 所示。3、4、5 端为 DECS-100 的工作电源引入端，可引入单相或三相 88~250V AC、50~400Hz 电源，经过整流和滤波后输出到 DECS-100 的功率输出环节和内部开关电源部分，由内部开关电源把输入电压转换成 DECS-100 内部电路所需的直流电压等级。图 6-5 所示的永磁无刷励磁的发电机组，其工作电源取自三相永磁发电机（PMG），即副励磁机。若为单相永磁发电机，则接线利用 3、4、5 中任意两端即可。在某 ZJ90DB 型号国产电动钻机电控系统中，采用自励式的无刷励磁发电机组，因此不存在永磁副励磁机。工作电源由机组的同步发电机 A、B 相经 AC 600：120V 1.8kVA 的电源变压器引入，由于是单相电源，接在了 3、4 端上。工作电源回路应接入规格符合要求的外部熔丝。

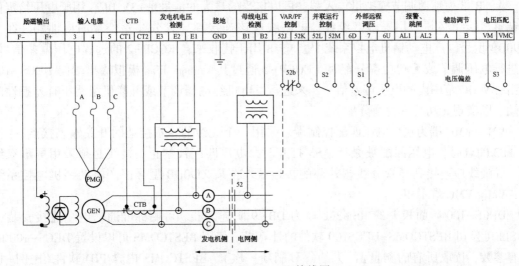

图 6-5　DECS-100 接线图

DECS-100 的 F+、F- 端为励磁输出端，接柴油发电机组主励磁机的励磁。DECS-100 通过对无刷励磁主励磁机的励磁进行控制来完成对发电机组输出电压及并联运行时无功功率的调节。额定持续输出最高为 DC 63V/7A，并允许强励输出 DC 135V/15A 达 10s。

DECS-100 的 CT1、CT2 端为发电机 B 相电流检测输入端，发电机电流经过用户的电流互感器变换成标准信号，CT 的二次侧电流输入到端子 CT1 和 CT2。连接导线必须屏蔽，屏蔽线应该连接到导管分线盒外部的接地端。当发电机相序为 AC 时，图中 CTB 的接线应该颠倒。

E1、E2、E3 端为发电机端电压检测输入端，可接入单相或三相 AC 100/120V、200/240V、400/480V 或 600V。接线的相序有严格要求，单相接入时，A 接 E1，把 C 接在 E2 和 E3 端；而三相接入时，A、B、C 分别接在 E1、E2、E3 端。在某 ZJ90DB 型国产电动钻机电控系统中，采用两个 AC 600：120V 300VA 电压互感器的不完全星形接线，把互感器二次侧 a、b、c 三相电压接入检测端 E1、E2、E3。GND 端为机壳接地端。

B1、B2 端为母线电压检测的端子，仅在具有电压匹配选件时使用。母线电压输入不像发电机电压输入那样，对相序有严格要求。在某 ZJ90DB 型国产电动钻机电控系统中，B1、B2 端不用。

52J、52K 端为选件 VAR/PF 控制端。采用一个无源的、不接地的开关输入接点控制，接点 52b 打开时 VAR/PF 被激活，52b 闭合时 VAR/PF 被禁止。52L、52M 为并联运行控制端，采用一个无源的、不接地的开关输入接点控制，接点 S2 打开时并联控制和降落补偿被激活，S2 闭合时被禁止。连接到 52J、52K 和 52L、52M 的连接导线必须屏蔽，屏蔽线应该连接到导管分线盒外部的接地端。在某 ZJ90DB 型号国产电动钻机电控系统中，52L、52M 接发电机断路器辅助常闭触点。

6U、7 和 6D、7 端为外部电压增减调节端。如果要求能进行远方给定值调整，则需要一个单刀双掷、弹簧返回、中间位置为断开的无源的、不接地的开关接点，接到端子 6U、7 和 6D 上。接线必须采用屏蔽双绞线，屏蔽线应该连接到导管分线盒外部的接地端。在某 ZJ90DB 型号国产电动钻机电控系统中，6U、6D、7 端不用。

AL1、AL2 端为共用的报警、跳闸继电器输出接点，是常开输出接点，闭合时发出报警或跳闸。接线必须采用屏蔽双绞线，屏蔽线应该连接到导管分线盒外部的接地端。

A、B 端为辅助调节模拟量输入端，可以接受的最大的信号是±3V DC，用于电压给定值的调整。接线必须采用屏蔽双绞线，屏蔽线应该连接到导管分线盒外部的接地端。在某 ZJ90DB 型号国产电动钻机电控系统中，A、B 用于接收来自 EGCP-2 的远程电压偏差信号。在进行电压调节或无功功率分配时，EGCP-2 通过其 Voltage Bias 模拟输出端向 DECS-100 发出±3V DC 范围内的电压偏差信号，来进行发电机组电压调节或并联机组调压有差特性的移动，以实现无功功率均衡分配。

VM、VMC 端为选件电压匹配控制端。采用一个无源的、不接地的开关输入接点 S3 控制。S3 闭合时，电压匹配被激活；S3 打开时，电压匹配被禁止。接线必须采用屏蔽双绞线，屏蔽线应连接到导管分线盒外部的接地端。在某 ZJ90DB 型号国产电动钻机电控系统中，VM、VMC 端不用。

DECS-100 后面板上的 RS-232 口为 DB-9 阴连接器。可用标准通信电缆连接安装了 BASLER 公司 BESTCOMS-DECS100 软件的计算机。使用 BESTCOMS 可以设置 DECS-100 的所有参数，读取所有的测量值（大约每秒刷新一次）。BESTCOMS 内含 PID 软件（比例-积分-微分），可以使用户根据特定的发电机或励磁机时间常数确定合适的 PID 参数。

四、发电系统综合控制器

Woodward EGCP-2 是一种全数字式的发动机-发电机控制管理综合装置。结合发电机自动励磁调节器和柴油机电子调速器，它能实现柴油发电机组的自动化运行和管理，并且提供一系列保护措施。其设计面向中小功率发电机组(设计最高功率为 30MW)，既可应用于独立备用电站，又可用于市电并网机组。EGCP-2 中的网络控制器可以控制最多 8 个无人操控的发电机组并机联网，承担基载、削峰或备用发电的控制任务，如图 6-6 所示。

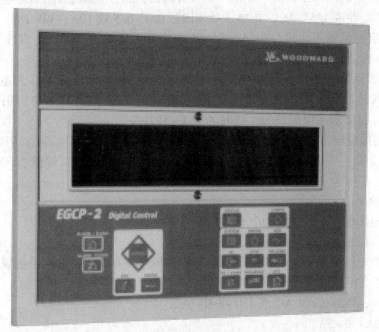

(a)EGCP-2实物图

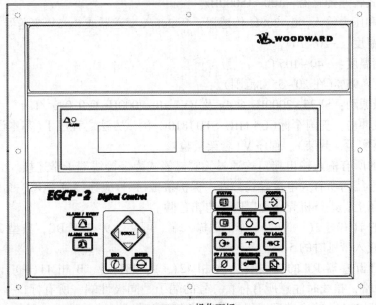

(b)EGCP-2 操作面板

图 6-6　EGCP-2 发动机–发电机控制管理综合装置

EGCP-2 的硬件接口包括：

（1）12 个开关量输出通道(5~7 端市电断路器；8~10 端发电机断路器；11、12 端发动机预热控制；13、14 端断油电磁阀；15、16 端发动机启机控制；18~20 端可视报警输出；21、22 端本地网 PT 连接；23、24 端市电网 PT 断开；25~27 端市电断路器跳闸命令；28~30 端发电机断路器跳闸命令；31~33 端声响报警输出；34、35 端怠速/额定速度转换。输出 10A，250V AC 阻性或 125V AC，7.2A，功率因数 0.4~0.5 或 10A，30V DC)。

（2）16 路开关量输入通道(49~64 端，65 端为开关量输入公共点。当开关闭合时，电源流到公共端 65 端子的电流为 5mA)。

（3）11 路模拟输入通道(市电 PT 40、41 端；发电机 PT 42~47 端；发电机 CT 89~94 端；冷却水温传感器 66、67 端；机油压力 68、69 端；转速传感器 70~72 端；86、87 端为过程接口输入，过程输入可配置为 4~20mA 或 1~5V DC)。

（4）2 路模拟量输出通道(电压偏差 37~39 端，可配置为 ±1V DC 或 ±3V DC 或 ±9V DC 输出；转速偏差 73~75 端，可配置为 ±3V DC 或 0.5~4.5V DC 或 5V 峰值或 500Hz 脉冲宽度调制输出)。

其性能指标为：

（1）工作电源电压：9~32V DC(SELV)。

（2）功耗：额定情况下小于 13W，最大 20W。

（3）精度：电压测量 1.0%@ 额定电压，电流测量 1%@ 5A AC，功率测量 2%@ 额定电压电流[在温度(23±5)℃情况下]。

（4）PT 输入：50~150V AC 或 150~300V AC。

（5）CT 输入：0~5A。

（6）发电机频率范围：40~70Hz。

（7）磁电式转速传感器：100~15000Hz。

（8）温度和压力输入：0~200Ω 传感器，4~20mA 变送器或 0~5V 变送器。

（9）工作温度：−20~70℃。

（10）存储温度：−40~105℃。

（11）湿度：95%(在 20~55℃范围)。

（12）机械振动：SV25~2000Hz @4g 及 RV1 10~2000Hz @0.04g^2/Hz。

（13）机械冲击：美国军标(US MIL-STD)810C-测试方法之程序Ⅰ(基本设计测试)、程序Ⅱ(瞬态坠落实验，封装)、程序Ⅴ(台架实验)。

EGCP-2 的所有输入输出接口均通过无螺钉笼式弹簧接线端子排连接。为了抑制噪声，将所有小电流导线与所有大电流导线分开。保护接地(PE)应连接到 EGCP-2 背侧旁边具有接地符号的端子上，进行机壳接地以降低电击危险。

EGCP-2 的 1(+)、2(−)端为工作电源输入端。可接受 9~32V DC，典型 24V DC。应在电源输入回路接入带延时的 5A 熔丝。

发电机电压互感器 PT 的接线端为 A 相 42(+)、43(−)、B 相 44(+)、45(−)、C 相 46(+)、47(−)端，接线时注意所有标(+)号的端子是同极性端，所有标(−)号的端子是同极性端。发电机 PT6 线输入端配置很容易连接为三角形或星形接法。在某 ZJ90DB 型号国产电动钻机电控系统中，采用两个 AC 600：120V 300VA 电压互感器的不完全星形接线，将互感器二次侧 Vab 接入 42、43 端，将 Vbc 接入 44、45 端，Vca 接入 46、47 端。EGCP-2 使用全部三相来测量有功功率和无功功率。

市电/母线电压互感器 PT 的接线端为 40(+)、41(−)端。在某 ZJ90DB 型号国产电动钻机电控系统中，AC 600：120V 300VA 的母线互感器二次侧 Vab 接入 40、41 端。

发电机电流互感器 CT 的接线端为 A 相 89(+)、90(−)、B 相 91(+)、92(−)、C 相 93(+)、94(−)端。电流互感器选型时，一次侧电流应选为 100%~125% 倍发电机额定电流，二次侧对应 5A 电流输出。CT 输入负载 1.25VA，输入端最大能承受 7A 电流 1min。因此，在进行外部继电保护测试时，若 CT 输入端可能检测到高于 7A 电流时，要将 CT 输入端进行旁路连接。在某 ZJ90DB 型号国产电动钻机电控系统中，2000：5A 的发电机 CT 二次侧回路中串接了电流显示仪表的线圈和 EGCP-2 的 CT 输入接线端。

过程接口输入 86(+)、87(−)端被 EGCP-2 用于检测其控制的由发电机负荷影响或决定的任何过程的量值大小。这个输入接口可由 DIP 开关 4 配置为接受 4~20mA 或 1~5V 直流信号。在某 ZJ90DB 型国产电动钻机电控系统中，此接口未使用。

转速传感器 70~72 端用于和发动机的磁电式转速传感器 MPU 连接，MPU 的输出应该在 250~15000Hz@2~25mV。在某 ZJ90DB 型号国产电动钻机电控系统中，采用屏蔽双绞线将 MPU 信号接入 70、71 端，72 端接屏蔽层。

冷却水温度检测端为 67(+)、66(−)端，机油压力检测端为 69(+)、68(−)端，可由 DIP 开关 1、2 分别配置为可接受 4~20mA、1~5V 或阻性传感器 3 种输入。在某 ZJ90DB 型号国产电动钻机电控系统中，由于冷却水高/低温、机油高/低油压的报警和保护由柴油机的电控模块实现，故此 EGCP-2 的 66~69 端未用。

开关量输出通道 5~35 端中，某 ZJ90DB 型号国产电动钻机电控系统用 8、9 端常开触点作为发电机断路器合闸控制，用 29、30 端的常闭触点做发电机断路器跳闸控制，用 21、22 端常开触点做本地网 PT 连接控制，用 23、24 端常闭触点做市电 PT 断开控制。

开关量输入通道 49~65 端中，某 ZJ90DB 型号国产电动钻机电控系统用 49、65 端作为手动/自动控制的切换信号输入。用 51、65 端作为带载运行模式选择输入。52、65 和 53、65 端作为外部/远程进行发电机电压升降调节的控制信号输入。用 54、65 和 55、65 端作为外部/远程进行柴油机转速升降调节的控制信号输入。用 56、65 端作为发电机断路器辅助接点状态检测输入端。

2 路模拟量输出通道中，某 ZJ90DB 型号国产电动钻机电控系统用 37~39 端作为电压偏差输出，配置为 ±3V DC 信号，用以屏蔽双绞线和 DECS-100 的电压偏差输入端相连，其中 39 端接屏蔽层，实现对发电机端电压给定值的调节及无功均衡。用 73~75 端作为转速偏差输出，配置为 ±3V DC 信号，用以屏蔽双绞线和 2301D 的转速偏差输入端相连，其中 75 端接屏蔽层，实现对柴油机转速给定值的调节及有功均衡。

76~78 端是 EGCP-2 的 RS485 通信端口。在多机并联的系统中，各机组的 EGCP-2 通过屏蔽双绞线来实现 RS485 互联，由总线交换各自的负载信息，并利用电压偏差、转速偏差输出控制各自机组的转速调节器和励磁调节器，实现并联运行时的负载分配功能。

81~85 端是 EGCP-2 的 RS422 通信端口，用带 RS232 转 RS422 转换器的 9 针电缆和计算机相连，通过计算机接口程序可实现 EGCP-2 配置文件的调出(Upload)或置入(Download)。当然也可通过 EGCP-2 的前面板的操作显示界面上的按键，实现各种配置信息的查阅和改变。

第7章 柴油发电机组系统保护

电动钻机的柴油发电机组安全可靠运行，是保证钻井作业顺利进行、设备仪表正常工作、通信畅通无阻的必要条件。柴油发电机组保护的设置既保障了操作人员的安全，也解决了设备安全问题，同时有利于钻井系统的安全运行。

本章介绍柴油发电机组的典型保护，包括欠电压、过电压、欠频、过频、逆功率、转速/频率不匹配、短路等环节。在全数字式电控系统中，主要由发电系统综合控制器、断路器实现相应保护功能。对某些大容量(≥1500kV·A)重要机组或海上钻井平台发电机组，会采用差动电流继电器构成差动保护。

第1节 发电系统综合控制器实现的保护功能

发电系统综合控制器实现发电机欠电压、过电压、欠频、过频、逆功率、转速/频率不匹配等保护功能。保护动作时，发电系统综合控制器接通发电机断路器跳闸回路，跳闸线圈通电，跳开断路器，保护发电机组。以某 ZJ90DB 型号国产电动钻机为例，其发电机组额定电压 600V，额定频率 50Hz，各项保护的设置如下：

（1）欠压保护：约 530V，延时 100ms。

（2）过压保护：约 690V，延时 100ms。

（3）欠频保护：46Hz。

（4）过频保护：54Hz。

（5）逆功率保护：-7%，10s。

（6）转速/频率不匹配保护：比较发电机频率和柴油机转速，若不匹配，则意味转速检测信号丢失或励磁丢失，保护就会动作。

发电系统综合控制器还可实现发动机冷却水高/低温、润滑油高/低油压、超速等保护功能。保护动作时，不仅作用于断路器跳闸，还会进行停机。发动机的保护功能也有依靠其自身的电控模块单元实现而不使用发电系统综合控制器相应保护功能的情况。

第2节 断路器实现的保护功能

短路、过流保护一般由柴油发电机组的出口断路器实现。可采用三段设定——反时限长延时过载保护(L)、短延时短路保护(S)、瞬时短路保护(I)。注意保护额定值、长延时设定值、瞬时值与发电机额定值之间的关系，必须正确设定。某型号电动钻机动力系统配用的断路器如图 7-1 所示。

以某 ZJ90DB 型号国产电动钻机为例，发电机断路器选型 ABB 的 SACE E3S 20 智能框架断路器，配套了 SACE PR111/P 微处理器保护装置。该装置无须外部另设电源，在网络电流大于等于电流互感器额定电流 18%情况下，就能确保保护功能的正常运作。该型号保护装置整定面板如图 7-2 所示。

图 7-1　断路器实物图

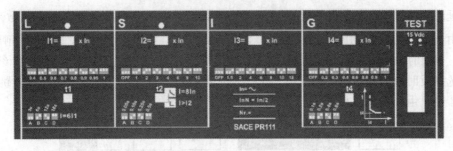

图 7-2　SACE PR111/P 保护整定面板

一、反时限长延时过载保护(L)

过载保护动作整定值 I_1 用电流互感器额定值 I_n 的倍数来表示，其设定由面板上的 3 个 DIP 开关来完成。跳闸时限用 t_1 表示。过载保护有 4 种反时限延时跳闸曲线，可由 2 个 DIP 开关进行选择。反时限是指电流越大，动作时限越短。过载保护不可解除。

L 过载保护共有 8 种整定值可供选择，其与 3 个 DIP 设定开关的状态对应关系如图 7-3 所示。

L 保护的 4 种跳闸曲线分别为：

曲线 A：电流为 $6×I_1$ 时跳闸时限为 3s。

曲线 B：电流为 $6×I_1$ 时跳闸时限为 6s。

曲线 C：电流为 $6×I_1$ 时跳闸时限为 12s。

曲线 D：电流为 $6×I_1$ 时跳闸时限为 18s。

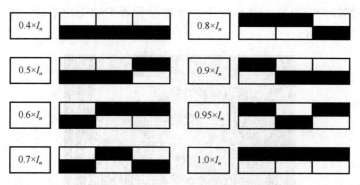

图 7-3　反时限长延时过载保护(L)整定值设置

各跳闸曲线在电流为其他值时的对应跳闸时限可由 I^2t = 恒定值导出。跳闸曲线的选择由 t_1 的 2 个 DIP 开关设定，其与开关的状态的对应关系如图 7-4 所示。

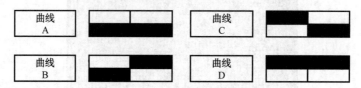

图 7-4　L 保护跳闸曲线的选择

二、短延时短路保护(S)

短延时短路保护即选择性短路保护，其整定值 I_2 用电流互感器额定值 I_n 的倍数来表示，其设定由面板上的 3 个 DIP 开关来完成，如图 7-5 所示。该保护可解除。S 保护跳闸时限用 t_2 表示，有反时限和定时限延时跳闸曲线两类，可由 t_2 的第 3 位 DIP 开关设定，该开关向上拨，选择反时限跳闸曲线；向下拨，选择定时限跳闸曲线。反时限和定时限延时跳闸曲线又各有 4 种，由 t_2 的前 2 位 DIP 开关进行选择。

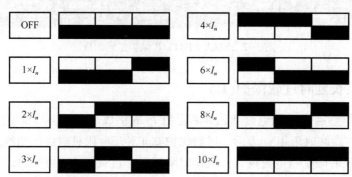

图 7-5　短延时短路保护(S)整定值设置

短延时短路保护(S)的 4 种反时限跳闸曲线分别为：

曲线 A：电流为 $8 \times I_n$ 时跳闸时限为 0.05s(最小时限为 20ms)。

曲线 B：电流为 $8 \times I_n$ 时跳闸时限为 0.1s(最小时限为 30ms)。

曲线 C：电流为 $8 \times I_n$ 时跳闸时限为 0.25s(最小时限为 80ms)。

曲线 D：电流为 $8 \times I_n$ 时跳闸时限为 0.5s(最小时限为 150ms)。

这 4 种跳闸曲线的选择与 DIP 开关状态的对应关系如图 7-6 所示。

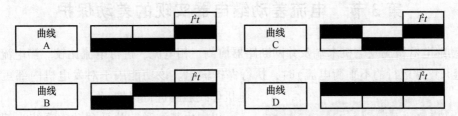

图 7-6　S 保护反时限跳闸曲线的选择

短延时短路保护(S)的 4 种定时限跳闸曲线分别为:

曲线 A: 跳闸时限为 0.05s。

曲线 B: 跳闸时限为 0.1s。

曲线 C: 跳闸时限为 0.25s。

曲线 D: 跳闸时限为 0.5s。

这 4 种跳闸曲线的选择与 DIP 开关状态的对应关系如图 7-7 所示。

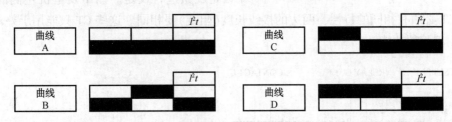

图 7-7　S 保护定时限跳闸曲线的选择

三、瞬时短路保护(I)

瞬时短路保护的整定值 I_3 用电流互感器额定值 I_n 的倍数来表示,其设定由面板上的 3 个 DIP 开关来完成,如图 7-8 所示。该保护可解除且仅有一种定时限跳闸曲线,额定跳闸时限为 35ms。

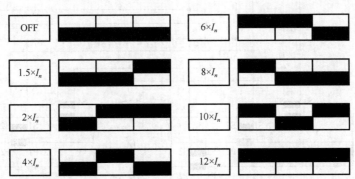

图 7-8　瞬时短路保护(I)整定值设置

某 ZJ90DB 型号国产电动钻机电控系统中,断路器保护设定为:

L 保护: $I_1 = 1 \times I_n$, $t_1 = 18s$(跳闸曲线 D)。

S 保护: $I_2 = \text{off}$, $t_2 = 0.05s$, $I > 2 \times I_n$(定时限,曲线 A)。

I 保护: $I_3 = 4 \times I_n$

第3节　电流差动继电器实现的差动保护

差动继电器检测发电机末端及并网断路器前侧三相电流，进行电流比较。当电流大于预设值（避开正常运行的不平衡电流）时，执行保护输出。该功能用于对发电机内部短路及发电机母线短路进行保护。

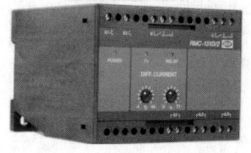

图7-9　丹控 RMC-131D 继电器

以国内某海洋钻井平台动力系统为例，其柴油发电机组保护中设有以电流差动继电器——丹控 RMC-131D 构成的发电机电流差动保护，其实物图如图7-9所示，接线如图7-10所示。RMC-131D 的差动电流整定值可在额定电流的 4%～40% 区间设定，动作延时 0～1s、0～5s、0～10s 三种规格可定制。保护定值通过继电器面板上的两个设定旋钮进行设定。图中发电机左侧的 CT 和右侧的 CT 必须有相同的特性，两边的接线长度（阻抗）要相同。这些 CT 只能用于差动保护，不允许用于其他功能。

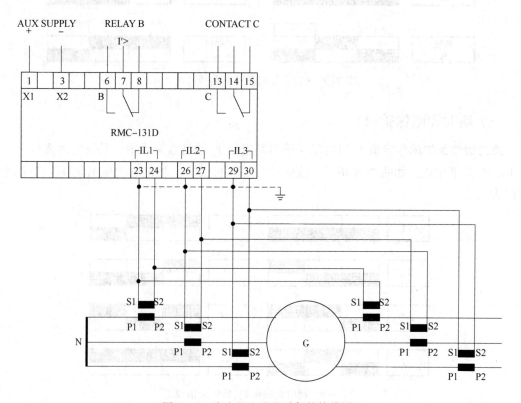

图7-10　发电机电流差动保护接线图

100

第 4 节　柴油发电机组应急保护

除了以上柴油发电机组保护外，还设有机组应急保护。当钻井现场发生事故时，应急保护用于将柴油发电机组停机并从交流母线断开，使钻井现场的一切电源关断，保证现场的安全，保护人身和财产不受损失。以某 ZJ90DB 型国产电动钻机动力系统发电机组应急保护为例，给出原理接线图如图 7-11 所示。设置在司钻台上的应急停机开关 REMOTE SHUT DOWN 由司钻在紧急情况下进行操作。当司钻按下这个开关按钮时，RL09 继电器线圈得电，其 13 和 14、23 和 24、33 和 34、43 和 44、57 和 58 间的触点闭合，会将机组 GEN1～GEN5 转速调节器输出的柴油机转速控制信号短接(如图中 GEN5 的 57、58 触点)，柴油机失去速度控制信号，将停止工作。同时，使 RL01 继电器线圈得电，其接在断路器欠压脱扣线圈回路的常闭触点 EMER SHUTDOWN 断开，断路器跳闸，发电机组从交流母线脱开。

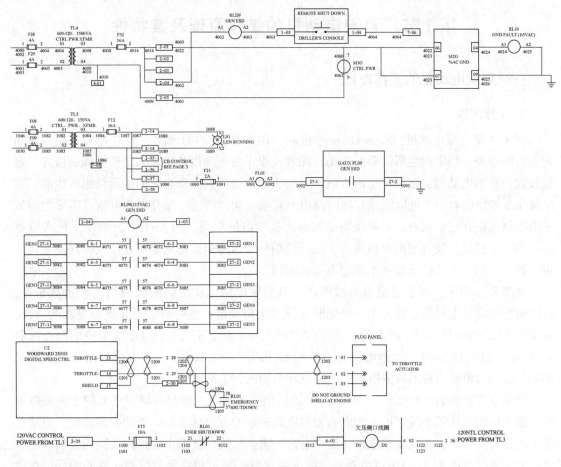

图 7-11　发电机组应急保护接线原理图

第8章　直流驱动系统的基本概念

电动钻机直流驱动系统是指由直流电动机驱动钻机设备，通过对直流电动机的控制，组成了直流电力驱动控制系统。直流钻机有模拟直流钻机和数字直流电动机。本章首先介绍了直流电动机的工作原理、特性及其在电动钻机中的应用特殊性；其次阐述电动钻机驱动系统的负载特性和直流闭环调速控制系统原理，最后介绍了西门子6RA70直流控制器的硬件组成。

第1节　直流电动机的工作原理及其特性

一、直流电动机的工作原理

1. 工作原理

图8-1是直流电动机（Direct Current Motor，DCM）的结构原理图。图中N和S是一对固定不动的磁极，用以产生所需要的磁场。除容量很小的电动机是用永久磁铁做成磁极外，容量较大一些的电动机，磁场都是由直流励磁电流通过绕在磁极铁心上的励磁绕组产生的。在N极和S极之间有一个可以绕轴旋转的绕组。直流电动机的这一部分称为电枢。实际电动机中电枢绕组嵌在铁心槽内，电枢绕组中的电流称为电枢电流，图8-1中只画出了代表电枢绕组的一个线圈，没有画出电枢铁心。线圈两端分别与两个彼此绝缘而且与线圈同轴旋转的铜片连接，铜片上又各压着一个固定不动的电刷。

如图8-1所示，将电枢绕组通过电刷接到直流电源上，绕组的转轴与机械负载相连，这时便有电流从电源的正极流出，经电刷A流入电枢绕组，然后经电刷B流回电源的负极。在图8-1（a）所示位置时，线圈的ab边在N极下，cd边在S极下，电枢绕组中的电流沿着a→b→c→d的方向流动。电枢电流与磁场相互作用产生电磁力F，其方向可用左手定则来判断。这一对电磁力所形成的电磁转矩使电动机逆时针方向旋转。

当电枢绕组的ab边转到了S极下，cd边转到了N极下，如果线圈中电流的方向仍然不变，那么作用在这两个线圈边上的电磁力和电磁转矩的方向就会与原来的方向相反，电动机便无法旋转。为此，必须改变电枢绕组中电流的方向。这一任务由连接在线圈两端的铜片和电刷来完成。从图8-1（b）中可以看到，由于原来与电刷A相接触的线圈a端的铜片现在已改成与电刷B接触，而原来与电刷B相接触的线圈d端的钢片现在已改成与电刷A接触，因而电枢绕组中的电流变成沿d→c→b→a的方向流动。利用左手定则判断出：电磁力及电磁转矩的方向仍然使电动机逆时针旋转。

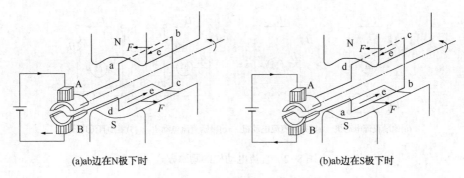

(a)ab边在N极下时　　　　　　(b)ab边在S极下时

图 8-1　直流电动机的结构原理图

由此可见，在直流电动机中，为了产生方向始终如一的电磁转矩，外部电路中的直流电流必须改变成电动机内部的交流电流，这一过程称为电流的换向。换向用的铜片称为换向片，互相绝缘的换向片组合的总体称为换向器。

在电磁转矩的作用下，电动机拖动生产机械沿着与电磁转矩相同的方向旋转时，电动机向负载输出机械功率。与此同时，由于电枢绕组旋转，线圈 ab 和 cd 边切割磁场线产生了感应电动势。根据右手定则，其方向与电枢电流的方向相反，故称反电动势。电源只有克服这一反电动势才能向电动机输出电流。因此，电动机向机械负载输出机械功率的同时，电源却向电动机输出电功率。可见，在这种情况下，电动机起着将电能转换成机械能的作用，也就是说，电机作为电动机运行。

2. 直流电动机的励磁方式

根据励磁方式的不同，直流电动机有下列几种类型。

1）他励直流电动机

励磁电流由其他直流电源单独供给的称为他励直流电动机，接线如图 8-2(a) 所示。图中 M 表示电动机，I_f 为励磁电流，I_a 为电枢电流，U_a 为电枢电压。

2）自励直流电动机

自励直流电动机的励磁电流由电动机自身供给。依励磁绕组连接方式的不同，又分为如下几种形式。

(1) 并励直流电动机。

励磁绕组与电动机电枢的两端并联。作为并励直流电动机，是电动机本身发出来的端电压供给励磁电流，即励磁绕组与电枢共用同一电源，与他励直流电动机没有本质区别。接线如图 8-2(b) 所示。

(2) 串励直流电动机。

励磁绕组与电枢回路串联，电枢电流也是励磁电流。串励直流电动机接线如图 8-2(c) 所示。

3）复励直流电动机

励磁绕组分为两部分，一部分与电枢回路串联，一部分与电枢回路并联。复励直流电动机接线如图 8-2(d) 所示，是并励绕组先与电枢回路并联后再共同与串励绕组串联(先并后串)，也可以串励绕组先与电枢串联后再与并励绕组并联(先串后并)。

不同励磁方式的直流电动机有不同的特性。

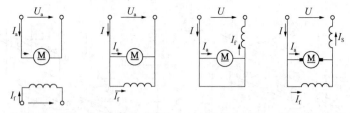

(a)他励直流电动机　(b)并励直流电动机　(c)串励直流电动机　(d)复励直流电动机

图 8-2　直流电动机的励磁方式

二、他励直流电动机的机械特性

1. 他励直流电动机的机械特性及稳态运行

当他励直流电动机励磁绕组接入电压 U_f，励磁电路中的励磁电流 I_f 将产生电动机工作磁场。电枢绕组接入电压 U 时，电枢电路中的电枢电流 I_a 将在磁场的作用下产生电磁转矩 T，电磁转矩将拖动负载运行在电动状态。此时，负载转矩 T_L 为电动机空载转矩 T_0 与轴上输出转矩 T_2 之和。他励直流电动机电路如图 8-3 所示。

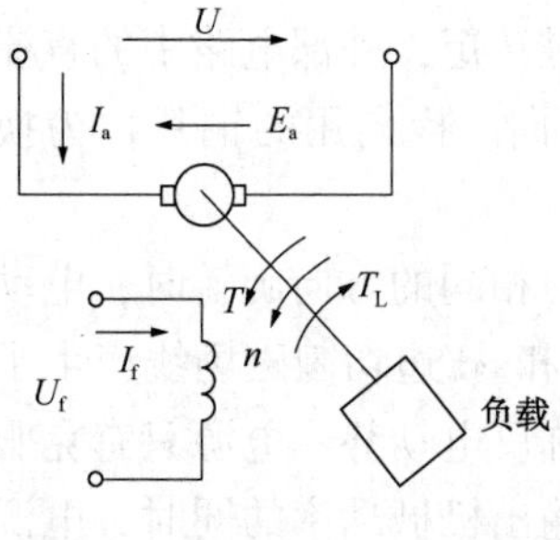

图 8-3　他励直流电动机电路图

电动机稳定运行时，直流电动机的基本方程式为：

$$
\left.
\begin{aligned}
E_a &= C_e \Phi n \\
U &= E_a + I_a R_a \\
T &= C_T \Phi I_a \\
T &= T_2 + T_0 = T_L \\
I_f &= U_f / R_F \\
\Phi &= f(I_f, \ I_a)
\end{aligned}
\right\}
\tag{8-1}
$$

式（8-1）是分析他励直流电动机各种特性的依据。例如：稳定运行时，电磁转矩与负载转矩大小相等，方向相反，即 $T = T_L$，当磁通 Φ 为常数时，$T = C_T \Phi I_a$。此时，电枢电流取决于负载转矩的大小。负载确定后，电动机工作时的电枢电流确定，从而也确定了电枢电动势 $E_a = U - I_a R_a$，而 $E_a = C_e \Phi n$，由此电动机转速也就确定了。由以上基本方程式可推出电动机的机械特性方程 $n = f(T)$。电动机的机械特性如图 8-4 所示。

$$
n = \frac{U}{C_e \Phi} - \frac{R_a}{C_e C_T \Phi^2} T
\tag{8-2}
$$

由机械特性方程可知，当电动机的参数确定后，其稳定运行时转速的大小取决于负载的变化。他励直流电动机机械特性如图 8-4 所示。

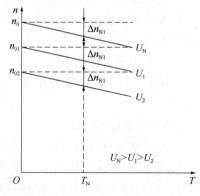

图 8-4　他励直流电动机机械特性

2. 串励直流电动机的机械特性

绝大部分可控硅直流调速电动钻机中的绞车、转盘和泥浆泵采用串励直流电动机驱动。串励直流电动机比其他直流电动机工作更可靠，供电更方便，无须励磁电源，启动转矩大，供电线路上产生的压降不会影响电动机工作；同时为了使电动钻机设备工作更有效，串励直流电动机的调速系统采用了双闭环控制系统。

串励直流电动机的结构特点是：励磁绕组和电枢绕组串联后，由一个直流电源供电，电路如图 8-5 所示。因此，串励电动机的输入电压 $U = U_a + U_f$，励磁电流 I_f 等于电枢电流 I_a，气隙主磁通 Φ 随 I_a 变化。

串励直流电动机的机械特性为：

$$n = \frac{U}{C_e \Phi} - \frac{R_a + R_f}{C_e C_T \Phi^2} T \tag{8-3}$$

由式(8-3)得到串励直流电动机的机械特性 $n = f(T)$ 如图 8-6 所示。由图 8-6 可知，串励直流电动机的转速随负载增大而迅速降低。这个特点适用于负载转矩在较大范围内变化、要求有较大启动转矩及过载能力的生产机械，比如绞车、转盘和泥浆泵等负载。当负载转矩变大时，转速下降，以保证安全；当负载转矩较小时，转速升高，以提高生产效率。

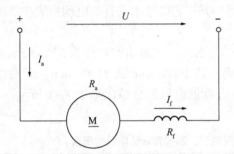

图 8-5　串励直流电动机电路图

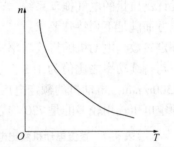

图 8-6　串励直流电动机机械特性

第 2 节　用于电动钻机中的直流电动机的特殊性

电动钻机一般配备 6~9 台专供拖动钻井机械用的大型直流电动机，其基本工作原理和普通直流电动机相同，基本结构也相似。但由于用于拖动钻井机械的直流电动机的工作条件和负载性质的特殊性，因此设计了专门用于电动钻机的直流电动机，国外也称钻井电动机。国内用于拖动钻井机械的直流电动机大多为美国 GE752 直流电动机，以及我国山西永济直流电动机和江苏常牵直流电动机。

一、直流电动机的特点

1. 工作条件

（1）直流电动机通过链条和泥浆泵连接；通过刚性联轴节和绞车、转盘连接。因此，电动机在结构上同时考虑两种传动连接。

（2）直流电动机安装空间的尺寸受到很大限制，其轴向尺寸受到泥浆泵箱体的宽度、钻台面积限制；径向尺寸受到绞车轴中心高度限制，所以要求电动机结构紧凑、体积小。

（3）钻机运行过程中，由于钻机负载经常突变和动力装置的振动，使电动机承受很大的冲击和振动，这就要求直流电动机的零部件连接牢固、机械强度高。

（4）直流电动机使用环境恶劣，很容易受潮湿、污泥、温度变化等因素的影响，所以它的绝缘材料和绝缘结构应具有与上述因素相适应的能力。

（5）直流电动机安装在接近井口的危险区，容易受天然气及其他油气的侵袭，因此，要求直流电动机正压通风防爆，并为直流电动机创造良好的通风散热条件。

（6）直流电动机需要经常启动、过载、制动以及在磁场削弱条件下高速运行，换向条件比普通直流电动机困难得多。因此，电动机在结构设计方面，必须对换向问题特别注意，采取抑制措施，防止换向器上产生火花甚至形成环火。

（7）晶闸管输出的脉冲电流电压存在畸高次谐波，使直流电动机铁损和铜损增加。因此，在直流电动机结构设计上还应考虑这一特殊问题。

2. 特殊的技术要求

对直流电动机调速范围的要求比普通的直流拖动的调速范围大，在低转速下钻矩大，要求具有堵转的机械特性。但是电动钻机一旦开始作业，就要日夜不停地、连续地承受负载工作数十天。在此期间必须能承受各种恶劣的工作条件，除了要求结构坚固、可靠性高以外，同时还要求电动机转子的飞轮力矩小，以满足快速启动和制动。

为了设计高质量的电气拖动系统，充分满足钻井工艺的要求，直流电动机应在结构设计和电气性能方面满足下列特殊要求。

（1）额定参数。电动机的持续功率宜为 588~735kW，重复短时功率为 735~956kW，重复短时功率与持续功率之比值为 1.3 左右，额定转速 1000r/min 或 1100r/min，弱磁调速最高转速为 2500r/min。电动机的额定电压与晶闸管峰值电压配合情况如表 8-1 所示。目前，电动机的额定电压选用较多的是 720V 或 750V。

表 8-1　直流电动机额定电压和电网电压、晶闸管峰值电压的配合

电网电压 U_N/V	380	500	600	660
晶闸管最大直流电压 U_{a0}/V	513	675	810	819
晶闸管峰值直流电压 U_{TN}/V	537	707	849	933
电动机额定电压 U_M/V	430~470	570~600	670~730	740~780

（2）特性曲线。钻井设备的电力拖动的机械特性应能满足：

① 转速与电枢电压成正比。

② 转矩与电枢电流成正比。

③ 转速在 1100r/min 以下时，要求恒转矩调速，即功率与转速成正比；满足钻井绞车特性要求，在 1100~1300r/min 范围时，要求恒功率调速，即功率不变，满足泥浆泵和转盘特性要求。且有最佳效率，当转速超过 1300r/min 时，功率下降。

（3）绝缘等级。直流电动机额定电压为 720V 或 750V，相应晶闸管最高峰值电压可达 940V，这就要求电枢耐压 3000V。因此，国外设计生产的钻井电动机至少采用 F 级绝缘（155℃），这种绝缘对用户十分有利。如果电动机仍然按照 B 级绝缘（95℃）温升运行，那么电动机 F 级绝缘的寿命是 B 级绝缘的 4 倍，对负载的突然变化、环境温度高、电压波动大和海拔位置高等各种条件都具备一定的适应能力。

（4）换向能力。钻机要求拖动装置对转矩变化率进行限制，即对电流变化率 di/dt 进行限制，一般取 di/dt 值为 12%~20%I_N，以便在晶闸管快速动态过程中的安全换向及提高脉

动电流允许值。电动机换向极的磁轭应做成叠片式，既能改善换向条件、减少涡流，又能限制 di/dt，并采取相应的措施减少换向元件的变压器电动势。

（5）过载倍数。由于绞车启动加速度和处理井下故障能力的需要，电动机应有 1.2 倍持续 2min 及 1.4~1.6 倍持续 1min 的过载能力。

（6）电枢电感。电枢电路总电感的选择，应以电流在额定值的 5%~10% 连续为依据，国外设计的直流电动机电感一般在 4~5mH。电感值设计大些，有利于促进电流的平滑作用，压缩电流断续区，使系统获得良好的静态特性和动态特性区，而无须外接或外接较小电感量的滤波电感。

（7）弱磁调速。在采用他励电动机时，需要有 1：1.2 的弱磁调节范围，作为扩大调速范围使用。

（8）温升与噪声。晶闸管输出的电流仍具有脉动量，将引起铜损和铁损的增加，还将引起电磁振动与噪声，甚至诱发机械共振。在电动机设计中应考虑合适的温升，并在结构上采取措施，以抑制振动。

（9）励磁方式。直流电动机有他励和串励两种形式，他励直流电动机用于可逆系统中，只要换接小功率励磁绕组的极性，便可实现反转和反接制动，超速保护主要信号取自失磁断电器，线路简单。它的固有特性更适用于泥浆泵，在配备一定的机械变速挡后，亦能很好地适用于绞车、转盘，所以他励直流电动机一般用得很普遍。

（10）补偿绕组。直流电动机应该尽量减少因电刷调整的不对称、非线性换向及磁路饱和效应引起的电枢反应，过强的电枢反应不仅影响电动机运行的静态稳定性，而且使动态特性变坏，并导致电动机的工作点不稳定。为此，在大功率直流电动机中都应装有补偿绕组，电枢线圈的导体用多根异槽分节距布线。

（11）通风方式。通常要求电动机在整个调速范围内都能给出额定转矩，为此，需采用外界强迫通风方式，以避免电动机在低速下因自然散热能力变差而缩短使用寿命。值得用户注意的是，各制造厂并没有将温升用足，而是留有余地。在满载时仍留有 20℃ 左右余量，主磁极温升裕度大致是 590kW，100℃；660kW，40℃。

（12）测速发电机。根据控制回路的要求，测速发电机可装在钻井电动机第二伸出轴端，也可把电动机轴与测速发电机装在同一轴上并构成一个整体。测速发电机在系统中是作为速度测量和取得速度反馈信号用的，也可以采用其他方式取得速度反馈信号。

（13）保护措施。直流电动机安装在距井口较近的防爆危险区和恶劣的大气环境中，故为户外防水、内压防爆型，还应装有内压检测器、防潮加热器、天然气报警装置、线圈温度检测器、应急开关、空气过滤器、电动鼓风机等。电动机运行电流在 200~1400A 时，换向器处于暗区，使用时没有火花，保证安全运行。

上述这些要求不同于普通的直流电动机，在电力拖动的钻机设计选型时应特别注意。

二、直流电动机的运行特性

1. 直流电动机的运行特性

1）启动过程中的转速和电流

启动特性是指电动机在恒定直流母线电压作用下，转速从零上升至稳定值的启动过程中的转速和电流曲线，该曲线如图 8-7 所示。电动机启动瞬间，转速和反电动势均为零，此时电枢电流为：

$$I = \frac{U_d - \Delta U}{R_a} \tag{8-4}$$

式中，ΔU 为逆变桥功率器件管压降，V；R_a 电枢绕组电阻，Ω；U_d 为直流母线电压，V。

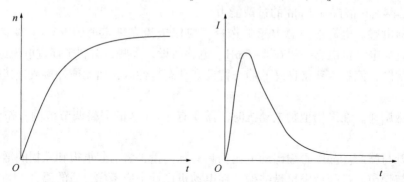

图 8-7　启动过程中的转速和电流曲线

由图 8-7 可知，由于管压降和电枢绕组阻值一般较小，启动电流在短时间内会很大，可能达到正常工作电流的几倍到十几倍。在允许范围内，启动电流大有助于转子加速，满载时电动机也能很快启动。

以额定工况为例，电动机刚启动时，转速和反电势均为零，启动瞬间电枢电流迅速增大，使电磁转矩较负载转矩大很多，转速迅速增加；转速增加引起反电势增大，电枢电流增长变缓直至达到极大值，然后开始减小。电流减小导致电磁转矩减小，于是转速上升的加速度变小。当电磁转矩和负载转矩达到动态平衡时，转速稳定在额定值，整个机电系统保持稳态运行。

如果不考虑限制启动电流，图 8-8 中转速曲线的形状由电动机阻尼比决定。根据电动机的传递函数，当阻尼比 $Q<\xi<1$ 时，系统处于欠阻尼状态，转速和电流会经过一段超调和振荡过程才逐渐平稳，如图 8-8 所示。由图 8-7 和图 8-8 可以看出，转速阶跃响应形状是一致的。实际中，由于要对电枢电流加以限制，启动时一般不会有如图 8-8 所示的转速、电流振荡。

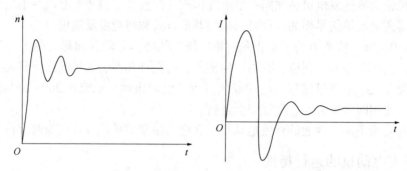

图 8-8　启动过程中转速、电流的超调或振荡

在电动机控制系统中，驱动电路的功率器件对流过的电流比较敏感，如果流过的电流超过自身上限值，器件在很短时间内就会被击穿。比如 IGBT 的过流承受时间一般在 10μs 以内。承受启动大电流需要选择较大容量的功率器件，而电动机正常工作的额定电流比启动电流小很多，功率管大部分时间工作在远远低于自身额定电流的状态，这样就降低了器件的使

用效率且增加了成本。为此，在设计驱动电路的时候，需要根据电动机的启动特性和工作要求选择合适的功率器件，并且对启动电流加以适当限制，在保证功率器件安全的情况下，尽可能增大启动电流，提高动态响应速度。

2）直流电动机的特性对比分析

直流电动机有串励、并励、他励和复励 4 种类型，并励与他励特性相近，有类似于交流电动机的硬特性，串励为软特性，复励的特性介于他励和串励之间。电动钻机常用的有他励直流电动机和串励直流电动机，现将两种电动机的运行特性做对比分析。

（1）他励直流电动机。

他励直流电动机的机械特性和调节特性如图 8-9~图 8-11 所示。

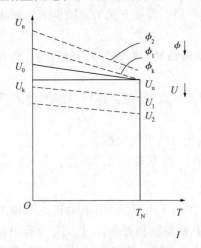

图 8-9　他励直流电动机的机械特性

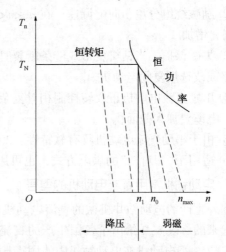

图 8-10　他励直流电动机的调节特性

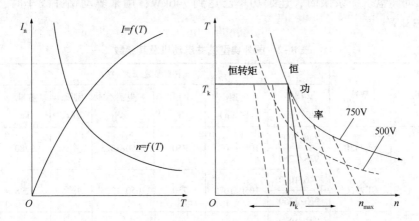

图 8-11　他励直流电动机的机械特性和调节特性

① 电枢降压调速：当 $\Phi=C$，$n\propto U$，在恒转矩段 $n<n_N$，用功率半导体器件调节 SCR 的输出电压 U，即可将电动机平滑地调至任意 n 值上，但效率降低。

② 励磁回路弱磁调速：当 $U=C$，$n\propto 1/\Phi$，在恒功率段 $n>n_N$，用 R_f 调节 I_f，减弱磁通 Φ，但 $n_N<n<n_{max}$ 恒功率范围窄，只有 120%。

③ 他励直流电动机只需改变磁场极性，即可实现电动机的正反转控制。

④ 当 2 台他励直流电动机并联带 1 台负载时，由于其硬特性，电枢电流有较大差别，

负载平衡回路。它由电压闭环和电流闭环组成，采用主从控制方式，电压调节器的输出作为电流调节器的输入。2 台电动机各自的电流反馈，保证 2 台电动机的电流平衡。

⑤ 由于他励直流电动机的硬特性，适用于"一对一"的供电方式，即 1 台 SCR 驱动 1 台电动机，回路简单，运行速度平稳，SCR 元件的可靠性比接触器的要高，不能用"一对二"的方式。

（2）串励直流电动机。

① 改变端电压、向下调速。由于磁通 Φ 随 I_a 变化，端电压 U 与转速 n 不成比例变化。在恒转矩段 $n<n_N$，令 $R_f=0$ 调节 R_a，R_a 增加，则 n 降低。$n_N<n<n_{max}$ 恒功率范围窄，只有 120%。

② 励磁绕组分流、向上调速。在 $n_N<n<n_{max}$ 恒功率段，导通开关 K，减少 R_f，减弱磁通 Φ，则 n 增加。

③ 失磁保护。当钻机皮带或链条断裂时，电动机轻载易"飞车"（失磁超速），设超速保护回路或改选用复励电动机。

④ 串励直流电动机正反转控制相对复杂。由于 $I_f=I_a$ 很大，其换向开关需配大功率的接触器，电缆要加大截面积。

⑤ 由于串励直流电动机具有软特性，2 台电动机能自动平衡负载。

⑥ 适用于"一对二"的供电方式，也可用于"一对一"的方式。

2. 电动钻机常用直流电动机的型号

国外生产的拖动钻井机械的直流电动机是在电气机车（火车）牵引电动机的基础上改进发展起来的。表 8-2 给出了各国生产的直流电动机主要参数和外形尺寸。美国通用公司生产的 GE752 型电动机在电动钻机中使用得比较多。目前，同一规格型号的 GE752 型直流电动机用于驱动转盘、泥浆泵时，连续功率已达到 746kW；用来驱动钻井绞车时，断续功率已达到约 933kW。

表 8-2　国外典型钻井电动机及其参数

| 国别 | 公司 | 型号 | 主要参数 | | | | | | 备注 |
			功率/ （kW/hp）	转速/ （r/min）	电压/ V	电流/ A	励磁 方式	重量/ kg	
美国	通用	GE752R	746/1000 933/1250	1050/1070	750	1050/1325	并励	3280	单伸出轴
		GE752U	746/1000 933/1250	1050/1070	750	1050/1325	并励	3298	双伸出轴
		GE752AR	746/1000 933/1250	1050/1070	750	1050/1325	串励	3280	单伸出轴
		GE752AU	746/1000 933/1250	1050/1070	750	1050/1325	串励	3298	双伸出轴
		GE761	448/600 522/700	1410/1440	750	640/740	并励	2900	单伸出轴
		GE761	448/600 522/700	1200/1150	750	640/740	串励	2918	双伸出轴

国别	公司	型号	主要参数						备注
			功率/ (kW/hp)	转速/ (r/min)	电压/ V	电流/ A	励磁 方式	重量/ kg	
	EMD	D79G	597/800	1200/1140	600	750/1150	并励		
			746/1000						
		D79MB	597/800	1200/1000	600	750/1150	串励		
			746/1000						
	BAYLOY	HTROTOR	701/940	1050/1500	750	1000	串励	3240	
			821/1100						
德国	SIEMENS	IGM3459	746/1000	1100/2100	720	1100	并励	2950	
		IGM3459	627/840	1100/2100	720	910	并励	2950	
	AEC	AEG1100	597/840	1000/2200	720		并励	3400	
			746/1000						
英国	GEC	DM7661	597/840	1100	750		并励	3300	
			746/1000						
荷兰	Smit Slikkeveer	XG432-42	597/800	1070	750		串励	3150	
		XG432-42	597/800	1070	750		并励	3150	
日本	富士电动机	MTB-1000	746/970	1100	750		并励		

注：1hp=0.75kW。

表 8-2 中功率栏，同一型号用两组功率值，斜杠前的数据表明电动机运行在连续功率时的数据，而斜杠后的数据表明电动机运行在断续功率时的数据。表 8-3 中所列的风扇压头系指整流室内的压力。GE761 型电动机仅用于浅井的小型电动钻机或驱动转盘。

GE752 型电动机内部装有压力检测器、防潮加热器、可燃气体报警装置、线圈温度检测器、应急开关；外部装有鼓风机冷却装置，可以同监测系统连接构成完整的自动检测系统。这些装置均由电动机辅助端子接线。GE752 型电动机机壳内部装有压力传感器，当泄漏到电动机内部的可燃性气体达到爆炸极限时，产生的瞬时压力转化为电信号，由监测装置自动控制切断主电源停止电动机运行，并发出声光报警信号。

表 8-3 列出了美国 GE752 与 GE761 直流电动机主要技术参数。

表 8-3　电动机主要参数

型　号		GE752		GE761	
		并励	串励	并励	串励
额定功率/kW		746(1000hp)		447(600hp)	
额定转速/(r/min)		1050	975	1410	1200
最高转速/(r/min)		2300		3100	
电流/A	电枢	1050		640	
	励磁	50.7		39.2	
电阻/Ω (25℃)	电枢	(9.4~9.77)×10⁻³			
	励磁	1.25~1.33	(5.12~5.58)×10⁻³		

续表

型　号		GE752		GE761	
		并励	串励	并励	串励
绝缘等级		H		H	
风扇	流量/(m³/h)	4757(2800ft³/min)		2854(1680ft³/min)	
	压头/Pa	3×10⁴(10ftH₂O)		1.8×10⁴(6.1ftH₂O)	
	功率/kW	7.5(10hp)		5.7(5hp)	
润滑油牌号		GE-D6A2C4			
重量/kg	单伸出轴	3277(7226lb)			
	双伸出轴	3295(7265lb)		1967(3900lb)	

目前，采用的国产直流钻机主要有永济厂和常牵厂生产的直流电动机。在表 8-4 中，山西永济生产的 YZ08 电动机、YZ08A 直流电动机是采取强迫通风的四极串励直流电动机，可用于驱动钻机绞车、泥浆泵、转盘等。电动机特点如下：

（1）电动机为卧式、单轴伸、双轴承支撑结构。

（2）电动机配有压差开关和检修开关。

（3）电动机带有空间加热器。

表 8-4　国内典型钻井交流、直流电动机型号及参数

国别	公司	型号	功率/kW	额定转速/(r/min)	恒功最高转速/(r/min)	额定电压/V	额定电流/A	额定转矩/(N·m)	最大转矩/(N·m)
山西永济	YZ	YZ08 YZ08A YZ08A4 YZ08B	800	970	1500	750	1150	8033	
	YJ	YJ31F7	1000	803	1205	600	1140	11893	
		YJ31F7X1	1000	803	1205	600	1140	11893	
		YJ31E5	1200	1000	1500	600	1380	11460	
江苏常牵	YZY	YZY1000	1000	799	1198	600	1138	11893	17839.5
		YZY1100	1100	500	1654	600	1320	21010	31515
		YZY1200	1200	999	1500	600	1382.8	11472	17208
		YZY1200A	1200	999	1500	600	1382.8	11472	17208
	YJC	YJC800	800	741	1706	600	956.5	10299	14478
		YJC800A	800	741	1706	600	956.5	10299	14478
		YJC800A-B	800	741	1706	600	956.5	10299	14478
		YJC800A-C	800	741	1706	600	956.5	10299	14478

其中，YZ08、YZ08A 和 YZ08D 型直流电动机，是永济厂为石油电传动钻机开发研制的大功率串励直流电动机，用于驱动转盘、绞车和泥浆泵，可以使钻机实现自动送钻、转盘独立驱动、自动下钻和起钻等钻井功能。该电动机输出功率为 800kW，输出转矩为 8000N·m，可以实现恒压运行和恒功率运行。

第3节　电动钻机的负载及其特性

钻井机械主要包括钻井绞车、转盘、顶驱、泥浆泵和其他辅助机械。目前，在电动钻机中，交流钻机采用交流变频驱动、转盘独立驱动、交直流混合驱动；直流钻机采用数字直流驱动。钻井机械设备分别完成起下钻和钻进作业中的起升、旋转、循环泥浆等钻井工况。在钻进过程中，上述钻井机械在一定的指定参数内运转，各钻井机械承受载荷也按一定规律变化。从电动机到各钻井机械或井底钻头之间，能量传递及功率消耗依据井深而变化，随着井深的增加，功率消耗也相应增加。

一、绞车起升系统的负载特性

绞车在工作过程中的载荷是变化的，每起升一根钻柱，载荷就变化一次。为了提高起钻速度，必须充分利用绞车所配备的功率。因此，绞车的理想起升曲线是一条双曲线。为了使实际起升曲线尽量接近理想曲线，绞车对驱动传动设备的要求是：要有高度的柔特性，能实现正反转无级调速，且调速范围宽；动力机短期过载能力强。

游系大钩在绞车电动机恒功率段无级调速控制下的起升曲线如图 8-12 所示。如能理想地完全按 $P_G = C$（常数）曲线起升，则其功率利用率 $\eta = 1$（100%），而实际起升过程是按图中小阶梯递减起升的，其 $\eta = 0.95 \sim 0.96$。如机械驱动采用 4 挡起升，其 η 最大只能达到 0.8，不能利用的功率为阴影部分面积。

设绞车电动机恒功率调速范围为 R'，起升要求的调速范围为 R。则 $R'^K = R$，K 为绞车起升挡数。

以 GE752AF8、YZ08F 他励直流电动机为例：$R' = 1.2 \sim 1.3$，它驱动的绞车挡数 $K = 6.00 \sim 4.18$，设计为 6~4 挡。串励直流电动机（如 GE752AF8 和 YZ08）和交流变频电动机（如 YJ13，YJ13E）$R = 1.6 \sim 2.4$，$K = 2.34 \sim 1.26$，应设计为 3~2 挡。如 YJ13H，$R = 3$，$K = 1$，设计为 1 挡，即单速绞车。

如电动机的恒功率调速范围 $R' = 3$，$K = 1$，可按绞车的额定功率 100% 配备其功率，提升速度可实现 $0.5 \sim 1.5 \text{m/s}$。如电动机的 $R' = 2.4$，$K = 1.26$，仍用单速绞车，则起升速度只能达到 $0.5 \sim 1.2 \text{m/s}$。ZJ50DB 型钻机单速绞车-大钩提升曲线如图 8-13 所示。

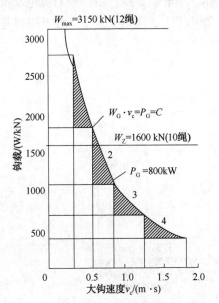

图 8-12　ZJ50DB 型钻机 4 挡绞车大钩提升曲线　　图 8-13　ZJ50DB 型钻机单速绞车-大钩提升曲线

如果下钻过程中提升空吊卡的速度太慢，约为 1.2m/s，仍要提升空吊卡的速度达到 1.5m/s，则 1.5/1.2 = 1.25，绞车必须按 125% 的额定功率来配备功率，即图 8-13 中 P_J 由 1100kW 提高至 1375kW。另外，单速绞车如要起升最大钩载 W_{max}，则必须用电动机的间歇转矩(= 1.5 倍额定转矩，60s) 和最大游系绳数(12 绳)，$K_w = W_{max}/W_2 \approx 2$，绳数 12/10 = 1.2，则 2/(1.20×1.25) ≈ 1.3，即要用 1.3 倍的电动机额定转矩。如不动用间歇转矩，则必须多配备 2.0/1.2 = 1.667 倍的功率，这是极不经济的。

SY/5609—1999 标准中为 ZJ40、ZJ50、ZJ70、ZJ90、ZJ120 型钻机绞车配备的额定功率分别为 735kW、1100kW、1470kW、2210kW、2940kW；为 15000m 钻机绞车配备的额定功率将高达 3600~4400kW。

二、转盘与顶部驱动系统负载特性

转盘的作用是使钻具旋转，在钻进时为正转，有时处理事故如卡钻时也需要反转。在钻井过程中，为适应不同的岩层，需要转盘既能维持一定的扭矩输出，又能灵活调节扭矩的大小，因此，转盘的转速需要较大范围的调节。当偶然卡钻时，具有过载保护能力，并具有良好的保护特性，如过力矩保护和掉电保护等。为满足钻井工艺的上述需要，转盘对驱动传动的要求是：

(1) 要有一定的柔特性，能够无级调节转速，调速范围较宽。

(2) 动力机具备短期过载能力。

(3) 可正反转，有扭矩限制功能。

1. 转盘控制系统的具体功能和要求

(1) 借助方补心、方钻杆驱动钻杆柱及钻头，进行破岩钻进和正/倒划眼扩孔。

(2) 根据井深和岩性的变化，应能随时调整适宜的转速，既能在低转矩高转速下工作，又能在高转矩低转速下工作，转盘的调速范围为 $R = 6~10(n_{min} = 30~50r/min，n_{max} = 300r/min)$，由他励直流电动机驱动的转盘基本在恒转矩段内工作，一般设 2 挡；由串励直流电动机和交流电动机驱动的转盘可在基频上下工作(在恒功率和恒转矩 2 段内工作)，由于调速范围较宽，可设 1 挡。转盘的工作特性如图 8-14 所示。

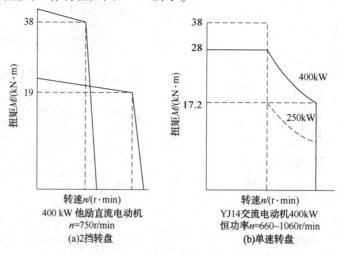

图 8-14 转盘的工作特性

（3）承受最大钩载的静负荷。

（4）能锁住转盘，承受井底动力钻具的反转矩。

（5）在处理事故时，转盘能在零转速下输出最大转矩以解卡，能反转卸螺纹，能以小钻压低转速造螺纹。

（6）在电控系统中设转盘最大转矩限制，当达到最大转矩时，电动机立即停转，以防扭断钻具。

（7）转盘位于井口 I 级防爆区，所配电动机都必须为防爆型。

2. 绞车起升系统的具体功能和要求

（1）起钻操作。挂合绞车主滚筒，在起升 1 根立根的过程中，启动、加速、匀速提升、惯性制动减速、停止。要求绞车电动机具有短时过载能力，以克服启动冲击负载和振动载荷，能短时制动悬持。

（2）全部起升过程。在电动机的恒功率段运行，$W \cdot v = P = c$（c 为常数），即随着钩载 W 的递减，应随时无级地自动调高起升速度，以缩短起钻时间，由于电动机的恒功率范围一般小于要求的起钻速度范围，所以绞车仍要设几个挡，I 挡起升速度 $v_1 \geqslant 0.5 \mathrm{m/s}$，对应的钩载 W_1 为最大钻柱质量，应不超过变流器安全极限的钩载。最高起升速度 $v_k \geqslant 1.5 \mathrm{m/s}$，能够提起部分钻柱，但主要用于下钻起升空吊卡，起升调速范围 $R \geqslant 1.5/0.5 = 3$。

（3）下钻操作。绞车安装有主、辅刹车，主刹车有带刹车、液压盘式刹车和 ETN 刹车，辅助刹车有电磁刹车和能耗制动。在下 1 根立根行程中，主刹车松刹，大钩负载会加速降落，用辅助刹车控制到均匀的下钻速度 $v_F = 0.5 \sim 2 \mathrm{m/s}$。辅助刹车控制减速，主刹车刹死。

（4）送钻钻进操作。在一定的岩层下，控制主刹车，以基本恒定的钻压和转盘转速钻进。在自动送钻系统中，只能用液压盘式刹车和 ETN 刹车作为执行机构，不能用电磁刹车（在低速下，制动转矩太小）。当用送钻交变电动机能耗制动来实现自动送钻时，要求电动机在零转速下能达到满转矩，实现在极低转速下的精确控制钻压和钻速。

（5）下套管操作。在恒转矩段内，以合适的事故挡 $v_0 \leqslant 0.25 \mathrm{m/s}$ 和最大游系绳数提升最大钩载 $W_{\max}$（最大管柱质量+动载）；主、辅刹车应具备在 $W_{\max}$ 钩载下安全的、低速的下放能力。

（6）处理事故操作。用事故挡 v_0 和接近的钩载 $W_{\max}$ 提拔被卡钻柱，冲击性很大，电动机和变流器的安全限设定为小于 $W_{\max}$。钩载储备系数 $K_w = W_{\max}/W_2 \approx 2.0 \sim 2.5$，总起升速度范围 $R \geqslant 1.5/0.25 = 6$。

（7）安装猫头、机械猫头和捞砂滚筒的绞车，应承担崩卸钻杆螺纹和辅助起重的工作，例如，手动大钳的臂长为 1m，崩扣转矩为 100kN·m，则猫头绳拉力为 100kN。捞砂滚筒承担绳索取心、试油测井等工作，要求绞车电动机能无级调速。

（8）绞车上安装过卷阀与主刹车联动，能起到防止上碰天车、下砸转盘的作用，同时安装游车位置电控系统。

（9）绞车在起升整体水平安装井架和底座时，其起升钩载控制在 $W_{\max}$ 以下。

3. 转盘参数

转盘以其开口直径为主参数，最大转速（如 300r/min）为辅参数，而没有转矩和功率等参数规定。表 8-5 为各级转盘的参考数据。

表 8-5　各级转盘的参考数据

钻机型号	转盘开口型号直径/mm(in)	最大载荷/kN	连续工作转矩/(kN·m)	连续工作转速/(r/min)	参考功率配备/kW	井况
ZJ30	Φ520.7(20½)	1700	15	150	250	浅直井
ZJ40	Φ698.5(27½)	2250	20	150	325	中深直井
ZJ50	Φ925.5(37½)	3150	25	150	400	深直井
ZJ70	Φ257.3(49½)	4500	30	150	500	超深大位移井 水平井 海洋井
ZJ90	Φ257.3(49½)	6800	40	150	650	超深大位移井 水平井 海洋井
ZJ120	Φ257.3(49½)	9100	50	150	800	超深大位移井 水平井 海洋井
ZJ150	Φ536.7(60½)	1000	60	150	1000	超深大位移井 水平井 海洋井

4. 顶部驱动钻井装置

顶部驱动钻井装置是安装在井架空间上部，直接旋转钻柱并沿井架内专用导轨向下送进，完成钻柱旋转钻进、循环钻井液、接单根、上卸扣和倒划眼等多种钻井操作的钻井机械设备。顶部驱动电动机功率等参数都比同级转盘要高许多，各型号顶部驱动装置的参考数据如表 8-6 所示。

表 8-6　顶部驱动装置的参考数据

钻机型号	交流电动机功率/kW(hp)	提升载荷/kN	连续转矩/(kN·m)	连续工作转速/(r/m)	额定转速/(r/min)	管子系统转矩/(kN·m)	井况
DQ-40	交流95(400)	2250	30	50	200	70	ZJ30，ZJ40 中深井
DQ-5 DQ-70	交流 590(2×400)	4500	45	65	200	80	ZJ50，ZJ70 路上深井、大位移井、水平井、海洋井
DQ-90	交流 直流 800(1100)	6750	80	130	200	135	ZJ70，ZJ90 路上深井、大位移井、水平井、海洋井
DQ-150	交流 直流 1100(1500)	1000	100	145	200	150	ZJ120，ZJ150 路上深井、大位移井、水平井、海洋井

三、钻井泵组的负载特性

泥浆泵是石油钻机的三大工作机组之一，是钻井液循环系统的关键设备。钻井时，泥浆泵在高压下向井底输送高黏度、高密度和较高含沙量的钻井液，以冷却钻头，携带出岩屑，并可辅助钻头钻进，作为井底动力钻具的动力液。因此，泥浆泵在钻进过程中起着至关重要的作用。

泥浆泵需要一定的泵压和冲数，泵压越高，所需力矩越大，泵冲数与转速成正比。在正常工作时，在不会造成井壁冲蚀的前提下，为了提高钻进速度，要充分利用所配泵的功率。在理想情况下，泵的排量与泵压的关系曲线为一条双曲线。

在实际操作中，为使泵不至于超载，通常采用换缸套的办法，该办法对泵的功率利用率较低。钻井泵组的泵速调节如下：

（1）钻井泵组由 2 台或 3 台泵并联组成，可以是同规格的或不同规格的泵。泵组排量为各单泵排量之和，单泵排量 Q 取决于泵速 n_r、泵缸套直径 D^2 及缸数 m，$Q \propto n_r D^2 m$；各单泵输出泵压相同，泵压 $p \propto \gamma H Q^2$，γ 为钻井液密度，H 为井深。

例如：ZJ90 型钻机配功率为 1617kW 泵 2 台，p、Q 随 H 变化情况如图 8-15、图 8-16 所示。泵压 p 随井深而升高，井较浅时开双泵、中等缸套以大排量低压钻进，双泵排量要满足大环空中钻井液上返速度的要求，即 $v_F = 0.6 \sim 0.8 \text{m/s}$；井深时开单泵，用大缸套高压钻进。

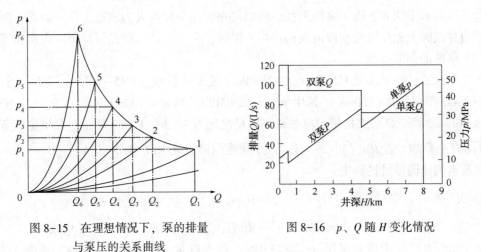

图 8-15　在理想情况下，泵的排量　　　　图 8-16　p、Q 随 H 变化情况
　　　　与泵压的关系曲线

（2）从延长易损件寿命考虑，钻井泵的最高冲速常限定为泵的额定冲速的 80%~85%，如 $n_N = 120 \text{r/min}$，则 $n_r = 100 \text{r/min}$，即 955kW（1300hp）的泵配 800kW（1088hp）的电动机驱动。

（3）对于电动钻机，宜选用硬特性的他励直流电动机带泵，如图 8-17 所示，将电动机的额定转速设定为 n_r，即泵只在 n_t 以下的恒转矩段内工作。由于电动机的恒功率段很窄，且泵速不宜大于 n_r 工作，如用串励直流电动机驱动，由于它的软特性使泵速飘移不稳定，所以也不适宜在恒功率段工作。开钻后，泵在一定大缸套下工作，不用换缸套。首先定速工作，随井深 H_1 加深至 H_2，泵压从 a 工作点升至 b，然后人为无级调速从 b→d，基本在 p_{max}（或 $<p_{max}$ 任意低值）下工作至 H_3。完井，泵的功率利用率得到一定的提高（对比换缸套，未充分利用的功率为阴影面积 bcd）。

对于由交流电动机驱动的钻井泵，如图 8-18 所示，仍全井不换缸套，可将 n_t 设在恒功率段内，在 n_t 以下恒功率段和恒转矩面内人为调速，由于不同井深段 $p \propto \gamma H Q^2$，不可能按 $pQ = C$（常数）规律自动调泵速，泵压沿 abdf 变化（或低于 bdf 泵压高限），泵的功率利用率提高得更多一些，如图 8-17 所示。

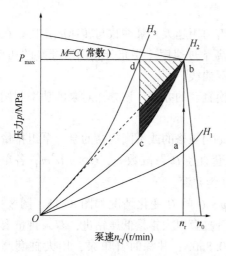

图 8-17　直流电动机驱动单泵泵速的调节　　图 8-18　交变电动机驱动单泵泵速的调节

对于浅井和中深井，由于泵压不高，所以可在恒功率段内人为调速工作。而对于深井超深井，当井浅时，先在恒功率段内调速；当井深时，泵压升高，则在恒转矩段内调速工作。

（4）泵速的调节范围。

对于中深井，如要求最大泵压 $p_{max} \geqslant 25MPa$，最大排量 $Q_{max} = 45 \sim 50L/s$。此时，若选配 2 台 F-1300 型泵，$D = 150mm$，其中 $p_{max} = 26.6MPa$，当 $n_t = 100r/min$ 时，$Q_d = 26.93L/s$，$Q_s = 63.86L/s$。当双泵最大排量与单泵最小排量之比为 $50/30 = 1.667$ 时，单泵排量调节范围 $R = \sqrt{1.667} \approx 1.29$。若 $R = \sqrt{50/25} \approx 1.4$，则泵排量调节范围 $R = 1.3 \sim 1.4$。

在泵组调速调排量过程中：

① 当一开时，双泵，$Q = 45L/s \xrightarrow{\div 1.3} 34.6L/s$，$n_r = 183r/min \xrightarrow{\div 1.3} 140.8r/min$；

② 当二开时，单泵，$Q = 26.93L/s \xrightarrow{\div 1.3} 20.7L/s$；$n_r = 100r/min \xrightarrow{\div 1.3} 76.9r/min$。

对于超深井，要求最大泵压 $p_{max} \geqslant 45MPa$，最大排量 $Q_{max} = 90 \sim 100L/s$。选配 2 台 F-2200HL 型泵，设泵排量比为 4，只将双泵改造单泵达不到此范围，必须换缸套再加无级调排量，$R = \sqrt[4]{4} \approx 1.4$ 或，$R = \sqrt[4]{100/20} \approx 1.5$。

在泵组调速调排量过程中：

① 当一开时，$D = 200mm$，其中 $p_{max} = 25.1MPa$，$n_N = 105r/min$，$n_r = 90r/min$，$Q_d = 50.33L/s$，$Q_s = 100.66L/s \xrightarrow{\div 1.4} 71.9L/s$，对应于 $n_r = 90r/min$、$64r/min$；

② 当二开时，$Q_d = 50.33L/s \xrightarrow{\div 1.4} 35.95L/s$，对应于 $n_r = 90r/min$、$64r/min$；

③ 当三开时，$D = 150mm$，其中 $p_{max} = 44.7MPa(\approx 45MPa)$，$Q_d = 28.31L/s \xrightarrow{\div 1.4} 20.22L/s$，对应于 $n_r = 90r/min$、$64r/min$。因此，电动钻井泵的人为调速范围为 $1.3 \sim 1.5$。

第 4 节　闭环调速控制系统

对钻井绞车、转盘和泥浆泵的控制系统要求是不完全相同的。但为了提高电动钻机控制系统的兼容性和经济性，电动钻机的钻井绞车、转盘和泥浆泵配置的驱动电动机都是相同的，其控制要求有很多相似之处。综合起来，对钻井绞车、转盘和泥浆泵控制系统的基本要求如下：

（1）直流电动机的机械特性控制应具有挖土机特性，即电流截止特性。

（2）要求控制系统速度反应灵敏，启动、加速和减速都要快，轻载高速。

（3）钻井绞车要求速度可调，具有恒功率特性；转盘要求速度可调，具有恒转矩特性。

（4）可以实现电动机的正反转控制，且具有快速、可靠的制动。

（5）转速调节范围 $D = 4 \sim 10$。

（6）电动机的转动惯量（GD^2）尽量小，保证电动机启动和变速时间短。

（7）电动机过载能力 $\lambda = 1.2 \sim 1.6$，控制系统也要满足相应的要求。

（8）钻井绞车和转盘是断续运行的，而泥浆泵是连续运行的，所以要求电动机同时具有断续和连续两种工作制，并且有防爆性能。

在 ZJ50D 和 ZJ70D 电动钻机电气控制系统中，直流电动机的转速调节采用闭环控制实施自动调节。以直流电动机调速系统为例，直流电动机的转速与供电电压直接相关，调节电动机供电电压即可改变电动机转速。因此，采用晶闸管-电动机调速系统，通过调节触发装置的控制电压来移动触发脉冲的相位，以改变 SCR 桥输出电压，从而实现对转速的控制。绞车、转盘及泥浆泵驱动控制系统采用双闭环调速系统，以确保转速稳定运行。

一、速度闭环调速系统的组成

在闭环调速系统中，速度的调节是通过反馈环节组成的闭环系统来实现的，转速（电压）反馈控制的闭环调速系统如图 8-19 所示。以直流调速系统为例，将反映直流电动机转速的 SCR 桥输出电压的一部分 V_{fb} 与转速给定电压 V_{ref} 相比较后，得到偏差电压 V，经过放大器产生触发电路的控制电压 V_0，再经过触发电路变换，产生不同相位的触发脉冲，使晶闸管输出可调电压 V_d，用以控制电动机转速，组成了转速（电压）反馈控制的闭环调速系统。

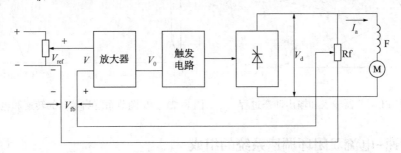

图 8-19　转速（电压）反馈控制的闭环调速系统

图 8-19 中，若在放大器环节改用 P 调节器，反馈闭环系统是按被调量的偏差进行控制的系统。只要被调量偏差存在，就会自动产生纠正偏差的作用。其物理过程为：转速稍有降落，反映转速的反馈电压必有减小，通过比较放大器，提高整流桥输出电压 V_d，使系统的转速又有所回升。可见，闭环系统能够减少稳态速降的实质在于它的自动调节作用，并随着负载的变化而相应地改变整流电压，对于负载扰动等具有良好的抗干扰性能，对于被负反馈环包围的在前向通道上的一切扰动作用都具有抵抗能力，都能减小转速在受干扰后产生的偏差；对于给定作用变化则能快速跟随，丝毫不受反馈作用的抑制。

但是，采用比例放大器的闭环调速系统，这种自动调节作用是依靠反馈量和给定量之差（$V_{ref}-V_f$）进行控制的，属于有差的控制系统，只能满足稳态精度的指标，在动态中可能不稳定。

若在放大器环节改用 PI 调节器，可使系统稳定，还有足够的稳定裕度。这是由于在 PI 调节器中，若在阶跃输入作用下，比例调节器输出可以立即响应，而积分调节器的输出却只能逐渐变化，但积分环节可最终消除稳态偏差。那么，既要稳态精度高，又要瞬态响应快，只要把两种控制规律结合起来就行了。因此，在钻机的驱动控制系统中采用 PI 调节器。

图 8-20 给出了 PI 调节器输出和输入的动态过程。在输入偏差电压 V 的作用下，输出电压中的比例部分①和 V 成正比，积分部分②是 V 的积分，输出电压 V_0 是两部分之和①+②。双闭环调节系统启动时的转速和电流波形可见，V_0 既具有快速响应性能，又足以消除系统静差。双闭环调节系统启动时的转速和电流波形如图 8-21 所示。

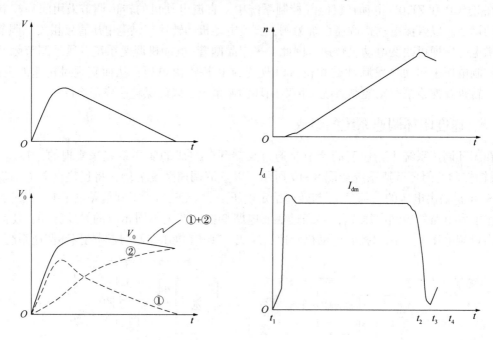

图 8-20　PI 调节器输入和输出动态过程　　图 8-21　PI 调节系统启动时的转速和电流波形

二、转速-电流双闭环调速系统的组成

钻机在启动过程中，要有一段使电枢电流保持在最大值 I_{amax} 的恒流过程。根据自动控制原理可知，采用电流负反馈就可以有效地控制电流，得到近似的恒流。因此，双闭环直流调速系统的构成应包括：外环为转速负反馈，实现转速无差调节；内环为电流负反馈，使系统在充分利用电动机过载能力的条件下获得最佳过渡过程。

转速-电流双闭环调速系统的组成及原理：

直流电动机系统通常采用转速-电流双闭环控制，用转速调节器（ASR）调节转速，用电流调节器（ACR）调节电流。两者都采用 PI 调节器，可以获得良好的静态性能和动态性能。转速-电流双闭环直流调速原理如图 8-22 所示。

120

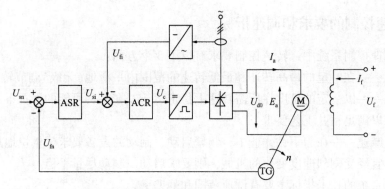

图 8-22　转速-电流双闭环直流调速原理图

如图 8-22 所示，各环节的作用为：

（1）转速调节器（ASR）：调节转速。速度给定信号 $n_e(U_{sn})$ 与速度反馈信号 $n(U_{fn})$ 的差值送给转速调节器（ASR），构成转速闭环负反馈。

（2）电流调节器（ACR）：调节电流。转速调节器的输出作为电流信号的给定值 $i_e(U_{si})$ 与电流信号的反馈值 $i(U_{fi})$ 的差值送给电流调节器 ACR。电流调节器的输出为电压参考值 U_c，与给定载波比较后，形成脉宽调制波，控制逆变器的实际输出电压 U_{d0}。

（3）脉宽控制：要控制电动机的转速，只要调节直流侧电压即可。电压调节通常采用脉宽调制调节方式，通过改变脉宽控制脉冲的占空比来调节输入直流电动机的平均直流电压，以达到调速的目的。

（4）逻辑控制单元：逻辑控制单元的任务是，根据位置检测器的输出信号及正反转指令信号决定导通相。"逻辑与"单元的任务就是把换相信号和脉宽调制信号结合起来，再送到逆变器的驱动电路。

当转速调节器不饱和时，负载电流 I_d 小于最大电流 I_{dm}，表现为转速无静差，这时转速负反馈起主要作用。当负载电流达到 I_{dm} 后，转速调节器饱和，电流调节器起主要调节作用，系统表现为电流无静差，得到过电流的自动保护。这就是采用了两个 PI 调节器分别形成内外两个闭环的效果。

双闭环直流调速系统电路原理图如图 8-23 所示。

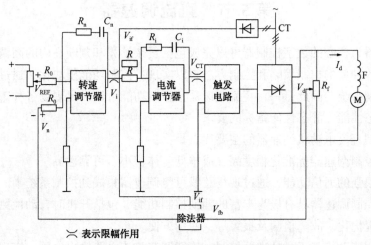

⋉ 表示限幅作用

图 8-23　双闭环直流调速系统电路原理图

121

三、转速控制的要求和调速指标

在钻机调速控制系统中，转速控制要求有以下 3 个方面：

(1) 调速——在一定的最高转速和最低转速的范围内平滑地（无级）调节转速。

(2) 稳速——以一定的精度在所需转速上稳定运行，在各种可能的干扰下不允许有过大的转速波动，以满足钻井工艺要求。

(3) 加、减速——在起下钻作业中，频繁启动、制动的设备要求尽量快地加、减速以提高生产率，不宜经受剧烈速度变化的机械，则要求启动、制动尽量平稳。

调速控制系统的技术指标主要有调速范围和静差率。

1. 调速范围

电动机提供的最高转速 n_{max} 和最低转速 n_{min} 之比叫作调速范围，用字母 D 表示，即：

$$D = \frac{n_{max}}{n_{min}} \tag{8-5}$$

式中，n_{max} 和 n_{min} 分别为电动机额定负载时的转速的最大、最小值，r/min。

2. 静差率

当系统在某一转速下运行时，负载由理想空载增加到额定值所对应的转速降落 Δn，与理想空载转速 n_0 之比，称作静差率 δ，即：

$$\delta = \frac{n_0 - n_N}{n_0} = \frac{\Delta n}{n_0} \times 100\% \tag{8-6}$$

显然，静差率是用来衡量调速系统在负载变化下转速的稳定度的。它和机械特性的硬度有关，机械特性越硬，静差率越小，转速的稳定度越高。

对于常规的速度闭环直流调速系统，由于传递函数的阶次较低，常用结构简单、容易实现的串联校正，一般采用 PID 调节器的串联校正方案。PID 调节器实现滞后-超前校正，既可以提高系统的稳定裕度，获得足够的快速性，也可以保证稳态精度。但在钻机调速控制中，要求以动态稳定性和稳定精度为主，对快速性的要求可以差一些，所以只采用 PI 调节器。

第 5 节　直流调速器

以微处理器为核心的数字控制器可以完成包括复杂计算和判断在内的高精度运算、变换和控制；并使各种新的控制策略和控制方法得以实现；控制功能模块化，通过组态可以方便地构成各种控制系统。因此，一台直流调速器其控制功能可以满足现场各种工艺条件对调速系统提出的动态性能、静态性能指标的要求。

全数字控制直流电动机调速器的主要优点是：

(1) 数字控制调速器标准化程度高、成本低、体积小、可靠性高。

(2) 具有很强的通信功能，通过现场总线可将调速器集成到控制系统中。

(3) 数字控制调速器具有极为丰富的辅助控制功能，包括开机时自动检测、调节器参数自动整定及系统优化、故障检测及报警等，使用方便。

数字直流调速系统基于微处理器控制，连续调节整流电路输出电压，实现对直流电动机转速的自动控制。目前，钻机的直流驱动控制器主要有西门子公司的6RA70、ABB公司的ABBDCS600以及ROSSHILL。国内电动钻机全数字直流调速控制系统，普遍采用的是西门子6RA70全数字直流调速控制装置。

一、西门子6RA70

西门子6RA70系列整流装置为三相交流电源直接供电的全数字直流调速控制装置，为直流电动机的电枢绕组和励磁绕组供电，调节直流电动机的转速。6RA70系列产品具有控制、监测、保护和通信功能。

目前，直流电驱动钻机普遍采用6RA70西门子DC MASTER系列直流电动机调速器，额定电枢电流15~2200A，额定励磁电流3~85A。多个紧凑型装置并联后输出额定电枢电流可达12000A。励磁电路可以提供最大85A的电流(此电流取决于电枢额定电流)。6RA70系列直流电动机调速器产品如图8-24所示。

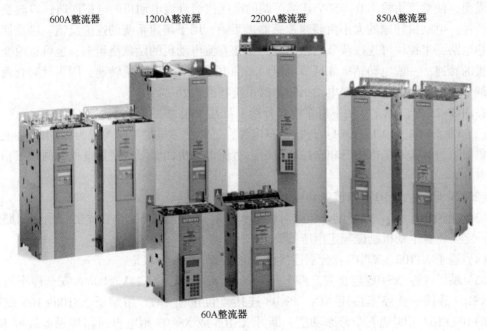

图8-24　6RA70系列直流电动机调速器产品

对于额定直流电流为15~850A(在400V电源电压时电流为1200A)的整流器，电枢和励磁的功率单元采用独立晶闸管模块结构，散热器是绝缘的。对于高于上述额定电流的整流器，电枢回路的功率单元由平板式晶闸管和散热器构成(晶闸管组件)，其外部是带电的。系统具有优良的动态性能，电流或转矩上升时间低于10ms，适用于对动态性能、静态性能要求高的拖动系统。

由于各种型号的直流电动机调速器无论在结构上还是在使用上都是相近的，因此，本小节以西门子6RA70系列直流电动机调速器为例，重点介绍直流电动机调速器的硬件组成、模拟量和数字量输入/输出、控制系统结构及功能、功能模块及系统组成、调速器的调速原理等。通过本小节的介绍，将对全数字控制直流电动机调速器有一个比较全面的认识。

6RA70系列的直流调速控制装置的控制系统采用速度、电流双闭环调速，其电枢和励磁回路所有的调节和控制功能数字是由 80C163 和 80C167 两块微处理器芯片承担的。双处理器处理电枢回路和励磁回路开环和闭环所有传动控制功能。调节和控制程序都是通过功能模块来实现的，通过连接器可以方便实现参数值和开关量的传送以及功能模块的组态。

整流装置的控制器装在一个电子箱内，箱内装有调节板和用于技术扩展和串行接口的附加板，可根据控制系统的实际需要选用。外部信号的连接（开关量输入/输出、模拟量输入/输出、脉冲编码器等）通过插接端子排实现。装置本身带有参数设定单元，通过微处理器实现控制、调节、监视及附加功能。6RA70 型硬件电路如图 8-25 所示。

如图 8-25 所示，6RA70 型硬件电路主要包含功率电路和控制电路。

二、功率电路

功率电路用于驱动直流电动机钻机，以提供励磁电源和电枢电源。电枢回路为三相桥式电路。三相交流电经主断路器 K1 为整流桥供电，三相整流桥由晶闸管组成，通过控制晶闸管触发角，使整流桥输出 0~750V 连续可调的电压供给直流电动机的电枢回路，以改变电动机的转速。电动机转速的大小由转速传感器来测量，用于调速系统的速度反馈。励磁回路采用单相电路，半控桥可连续调节的输出电压加在直流电动机的励磁绕组上，也可以改变直流电动机的转速。一般电动钻机靠调节电枢回路的电压来改变电动机转速，因为针对直流电动机，调节电枢回路电压来改变电动机转速的系统特性最好。

在图 8-25 中，6RA70 功率电路中部分端子及其功能为：

（1）端子 LU1、LV1、LW1：连接电枢电源，三相交流电的电压等级为 600V。直流电动机单象限运行时，其电枢由三相全控桥供电，直流电动机四象限调速器电枢由两个三相全控桥供电。

（2）端子 1C1、1D1：连接电动机电枢回路。

（3）端子 3C、3D：连接励磁绕组。励磁和电枢交流电源是完全独立的，励磁回路进线电压一定要符合电动机励磁额定电压的要求。

（4）端子 XT103、XT104：分别连接模拟测速机反馈端和接地。

（5）端子 XS：XS105 连接安全停车开关 NC；XS106 连接+24V/500mA 安全停车直流电源；XS107 连接安全停车按钮 NC；XS108 连接复位按钮 NO。用端子 XS106+105 或端子 XS106+107+108 可实现安全停车功能。断开 XS105 或 XS107 则电枢回路接触器线圈 K1 断开，切断电枢回路交流电源。

（6）端子 XR：XR109 连接主接触器 K1 线圈，XR110 连接 K1 线圈电源。

三、控制电路

控制电路包含 CUD1 和扩展的 CUD2，检测到的电枢回路的电流、电压及励磁回路的电流、电压经端子排 X101 输入到控制电路，同时控制电路将电枢触发脉冲和励磁触发脉冲经端子排 X101 分别触发电枢整流桥和励磁整流桥。此外，端子排 X101 传递整流装置温度及风机的控制和监控信号。CUD1 实现电枢和励磁的调节、控制电路。CUD2 扩展板设有 8 路开关量输入、2 路开关量输出、模拟量输入/输出各 2 路；RS-485 串行口及电动机温度传感器接入口，用于扩展装置的功能。控制回路提供 RS-232 口的插座，可通过屏蔽电缆连接舒适型操作控制面板 OPIS。其中，CBP 板是针对 PROFIBUS-DP 通信协议的，最高波特率为 12M。

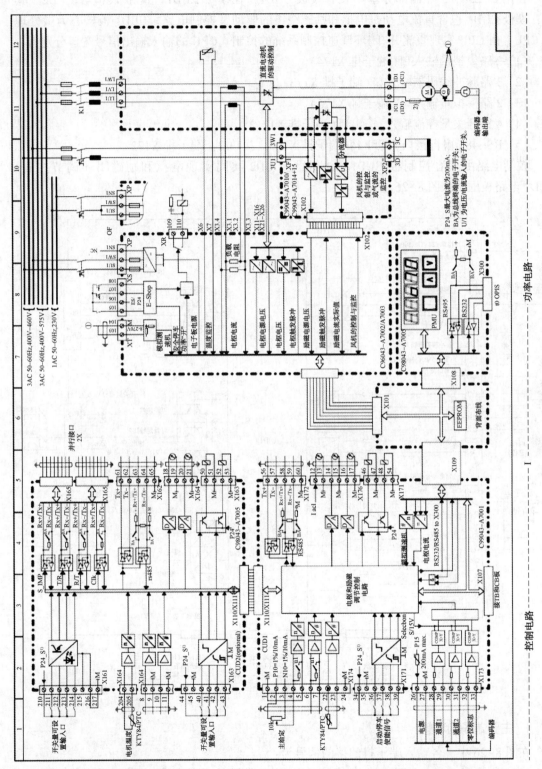

图8-25 6RA70型硬件电路

125

在图 8-25 中，控制部分基本装有模板 CUD1，在模板 CUD1 上可扩展模板 CUD2。其中，模板 CUD1 包含直流电动机电枢和励磁绕组的驱动及控制电路。CUD1 板核心为微处理器 CPU，由 CPU 实现直流开/闭环调速控制系统的控制。CPU 的输入输出信号端口分别有：

（1）2 路模拟量输入口(端子排 X174)。

（2）3 路脉冲编码器输入口(端子排 X173)。

（3）2 路模拟量输出口(端子排 X175)。

（4）4 路开关量控制输入/输出口(端子排 X171)。

（5）RS-485 串行接口(接口 1：端子排 X300。接口 2：端子排 X172)。

控制电路由核心控制板 CUD1 和扩展板 CUD2 共同实现电枢和励磁闭环调节控制。CUD1 电路板框图如图 8-26 所示。

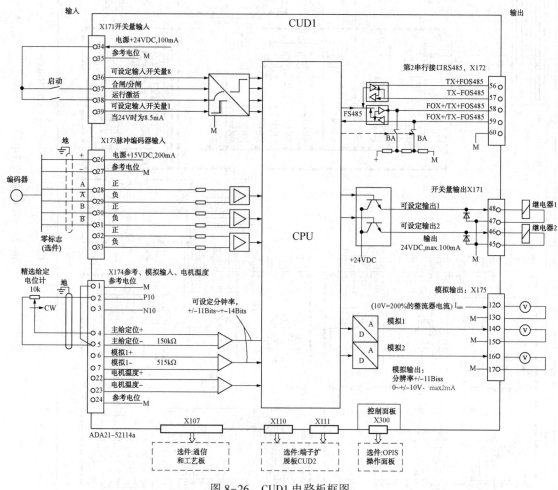

图 8-26　CUD1 电路板框图

1. 主要端子的功能

在图 8-26 中，各输入端子排的接的信号为：

（1）端子排 X174 实现主给定值的输入，各端子的具体接线说明及功能如表 8-7 所示。

126

表 8-7　端子排 X174 各端子的具体接线说明及功能

端子排	端子	功能	说　明
X174	1	M，地	10mA，短路保护地
	2	P10，+10V	
	3	N10，−10V	
	4	主给定+	端子 4/5 模拟输入信号主给定为±10V 或 20mA； 端子 6/7 模拟输入信号主给定为±10V 或 20mA
	5	主给定−	
	6	模拟量输入 1+	
	7	模拟量输入 1−	
	22	接电动机温度传感器 或热敏电阻	P490 取值=0，无温度传感器；P490 取值=1， 温度传感器 KTY84；P490 取值=2~5，热敏电阻 PTC
	23		
	24	模拟地	

模拟量的输入端子有 X174 端子 4/5、6/7 和 XT 的 103/104。

（2）端子排 X171 有电源开/闭运行使能信号输入接线端，其具体的功能如表 8-8 所示。

表 8-8　端子排 X171 各端子的具体接线说明及功能

端子排	端子	功能	说　明
X171	22	电动机温度	传感器，按 P490 变址 1
	23	连接温度传感器	
	24	模拟地 M	
	34	电源(输入)	+24VDC，≤200mA
	35	数字地	
	36	开关量输入 1	可组态，可输入高电平、低电平或开路。 开关输入高电平 13~33V； 开关输入低电平−33~3V
	37	电源的分闸/合闸	高电平=合闸；低电平=分闸
	38	运行使能	高电平=调节使能；低电平=调节器禁止
	39	开关量输入 1	可组态

（3）端子排 X173 为增量式脉冲编码器数据接口，常用的具有相位差 90° 的两脉冲通道编码器。增量式脉冲编码器控制电路图如图 8-27 所示。

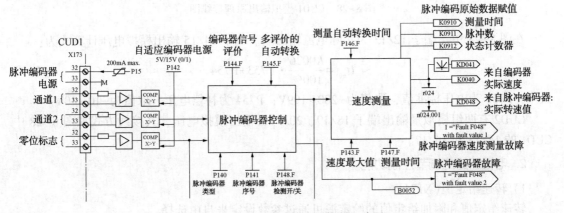

图 8-27　增量式脉冲编码器控制电路图

（4）端子排 X175 为模拟输出信号，其端子的功能如表 8-9 所示。

表 8-9　端子排 X175 各端子的具体接线说明及功能

端子排	端子	功能	说　明
X175	12	实际电流	0…±10V 对应 0…±200%
	13	模拟地 M	整流器额定直流电流（r072.002） 最大负载 2mA，短路保护
	14	可设置输出模拟量 1	0…±10V，最大 2mA 短路保护 分辨率±11bits
	15	模拟地 M	
	16	可设置输出模拟量 2	
	17	模拟地 M	

CUD1 的 3 组模拟量输出端子 12/13、14/15 和 16/17 的，模拟输出原理接线图如 8-28 所示。

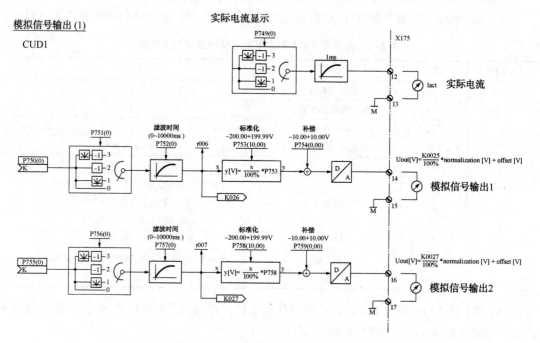

图 8-28　CUD1 模拟输出原理接线图

在图 8-28 中，端子 12/13 为实际电流输出端。端子 14/15 输出模拟电压计算式为：

$$U_{out} = \frac{K0026}{100\%} \cdot P753 + P754 \tag{8-7}$$

式中，P753 为电压标准值，取值为 −200～199V；P754 为补偿电压，取值为 −10～10V。

CUD2 有两组模拟量输出端子 18/19、20/21，输出模拟电压，其接线方式如图 8-28 中 CUD1 的 14/15 和 16/17。

2. 电枢回路的调节控制功能

1）转速给定值（X174）

转速给定值和附加给定值的给定源可通过参数设定来自由选择。

（1）通过电位计以模拟量输入口给定电压值 0～±10V。

128

（2）通过具有点动、爬行功能的开关量连接器给定。

（3）通过基本装置的串行接口给定。

在一般情况下，100%给定值对应电动机最大转速。给定值可由参数设定或连接器限制其最大值和最小值。

2）转速实际值

转速实际值一般选用下列2种。

（1）脉冲编码器(X173)。脉冲编码器每转的脉冲数及最大转速由参数设定，经参数设置可以选择脉冲编码器的额定电压值(5V或15V)。当额定电压为15V时，脉冲编码器可由直流调速装置供电。测速脉冲的最高频率为300kHz，使用的脉冲编码器每转脉冲数为1024。

（2）具有反电势控制的无测速机。系统反电势控制不需要测速装置，只需测量SIMOREG调速装置的输出电压，测出的电枢电压经电动机内阻压降补偿处理($I×R$-补偿)。补偿量的大小在电流调节器优化过程中自动确定，这种调节方式的精度与电枢回路中电阻的温度系数有关，约为5%。当对精度要求不高且不能安装测速装置及电动机仅工作在基速以下时，可采用反电势控制方式。

3）斜坡函数发生器

斜坡函数发生器使跳跃变化的给定值输入变为一个随时间连续变化的给定信号，加速时间和减速时间可以分别设定。另外，斜坡函数发生器在加速时间开始和终止有效情况下，可设定初始圆弧和最终圆弧。可分别设定斜坡函数发生器的所有时间。当斜坡函数发生器的时间设定为0时，转速给定值则直接作用于转速调节器。

4）转速调节器

转速调节器是将转速给定值与实际值进行比较，根据两者之间的差值经PI（比例积分）控制输出相应的电流给定值送电流调节器。

转速调节器是带有可选择D部分的PI调节器，调节器的所有识别量都可分别设定。转速调节器的放大系数K_p值要与给定值及实际值的差值匹配。为了获得更好的动态响应，在转速调节回路中有预控器，即在转速调节器输出值附加一个转矩给定值来实现。在调节器锁零放开后，转速调节器输出量的大小可以通过参数来直接调整。通过参数设定可以旁路转速调节器，整流装置作为转矩调节或电流调节系统运行。此外，在运行过程中，可通过设置开关量端子或一个串行接口的开关量连接器来选择功能"主动/随动转换"，实现转速调节/转矩调节切换。转矩给定值的输入可以通过选择连接器来实现，也可通过设置模拟量端子输入口或串行接口输入来实现。

5）转矩限幅

根据有关参数的设定，转速调节器的输出为转矩或电流给定值。当处于转矩控制时，转速调节器的输出用磁通$Φ$计算后，作为电流给定值进入电流限幅器。转矩调节模式主要用于弱磁情况下，以使最大转矩限幅与转速无关。

转矩极限值和电流极限值一般选用以下方式设定：

（1）由参数分别设定的正、负转矩极限值或电流极限值；

（2）通过模拟量输入口或串行接口等连接器自由给定电流限幅值。

6）电流限幅

在转矩限幅器之后的可调电流限幅器用来保护整流装置和电动机。最小设定值总是作为电流限幅。通过参数设定可以实现当转速较高时，电流极限值随转速的升高按一定规律自动减小。

对功率部分的 I^2t 进行监控，并计算所有电流值下晶闸管的温度，当达到有关参数设定的晶闸管极限温度时，减小装置电流到额定电流值或者切断装置电源，保护晶闸管。

7）电流调节器

电流调节器是一个 PI 调节器，可独立设定 P 放大系数值 K_p 和调节时间 T_i。电流实际值通过三相交流侧的电流互感器检测，经负载电阻整流，再经模拟/数字变换后送电流调节器。电流限幅器的输出作为电流给定值。电流调节器的输出形成触发装置的控制角。

8）预控制器

电流调节回路的预控制器用于改善调节系统的动态响应，电流调节电路中的允许上升时间范围为 6~9ms。预控制与电流给定值、传动系统的摩擦及转动惯量有关，并确保在电流连续和断续状态或转矩改变符号时要求的触发角的快速变化。

9）无环流控制逻辑

无环流控制逻辑(仅用于四象限工作的装置)与电流调节回路共同完成转矩改变符号时的逻辑控制，必要时可借助参数设定封锁一个转矩方向。

10）触发装置

触发装置形成于电源电压同步的晶闸管控制脉冲，同步信号取自功率部分。触发脉冲在时间上由电流调节器和预控制器的输出值决定，通过参数设定来控制角极限。

3. 励磁回路的调节控制功能

1）反电势调节器

反电势调节 EMF 比较反电势的给定值和实际值，产生励磁电流调节器的给定值，从而进行与反电势有关的弱磁调节。

2）励磁电流调节器

励磁电流调节器是一个 PI 调节器，K_p 和 T_i 可分别设定，或作为纯粹的 P 调节器和 I 调节器来使用。与励磁电流调节器并联工作的还有预控制器，该预控制器根据电流给定值和电源电压来计算和设定励磁回路的触发角。预控制器支持电流调节器并改善励磁回路的动态响应。励磁电流的最大和最小给定值可分别限定，通过一个参数或一个连接器来进行限幅。

3）触发装置

触发装置形成于励磁回路电源同步的功率部分控制晶闸管触发脉冲，同步信号取自功率部分，与控制回路供电电源无关。控制触发脉冲在时间上由电流调节器和预控制器的输出值决定，通过参数设定来触发极限。

4. 优化过程

6RA70 系列整流装置出厂时已做了参数设定，选用自优化过程可支持调节器的设定，设置有专门的关键参数的自优化选取。

在自优化过程中，可完成调节器功能设定有：

（1）电流调节器优化：设定电流调节器和预控制器(电枢和励磁回路)。

（2）转速调节器优化：设定转速调节器的识别量。

（3）自动测取转速调节预控制器的摩擦力矩和惯性力矩补偿量。

（4）自动测取与反电势 EMF 有关的弱磁控制的磁化特性曲线和在弱磁工作时的反电势调节 EMF 的自动优化。

此外，可经操作调节面板改变自动优化过程中所设定的所有参数。

5. 监控与诊断

1）运行数据的显示

参数 r000 显示整流装置的运行状态。约有 50 个参数用于显示测量值，另外还有 300 多个由软件（连接器）实现的调节系统信号，可在显示单元输出，例如，可显示的测量值有给定值、实际值、开关量输入/输出状态、电源电压、电源频率、触发角、模拟量的输入/输出、调节器的输入/输出及限幅显示等。

2）扫描功能

通过选择扫描功能，每 128 个测量点中最多有 8 个测量值可被存储，测量值或出现的故障信号可参数化为触发条件。通过选择触发延时，提供了记录事件发生前后状态的可能性；通过参数设定，可使测量值的存储扫描时间在 3～300ms。测量值可通过操作面板或串行接口输出。

3）故障信号

每个故障信号都有一个编号，可存储故障信息事件发生的时间，以便能尽快找出故障原因。为了便于诊断，最后出现的 8 个故障信号存储的信息包括故障编号、故障值及故障发生时间。

当出现故障时：

（1）功能设置为"故障"的开关量输出低电平（选择功能）。

（2）切断传动装置（调节器封锁，电流为零；脉冲封锁，继电器"主接触器合"断开）。

（3）显示器显示"F"的故障编号，发光二极管"故障"亮。

故障信息的复位可以通过操作面板来完成，开关量可设置端子或串行接口完成。故障复位后传动装置处于"合闸封锁"状态，"合闸封锁"将由"停车"操作才能取消。

在参数设定的一段时间内（0～2s），允许传动系统自动再启动。如果时间设定为零，则立刻显示故障（电网故障）而不会再启动。出现下列故障时可选择自动再启动：缺相（励磁或电枢），欠压，过压，电路板电源中断，并联的 SIMOREG 调速装置欠压。

故障信息分为下列几组：

（1）电网故障：缺相，励磁回路故障，欠压，过压，电源频率<45Hz 或电源频率>65Hz。

（2）接口故障：基本装置接口或附加板接口故障。

（3）传动系统故障：对转速调节器、电流调节器、EMF−调节器、励磁电流调节器等的监控已经响应，传动系统封锁，无电枢电流。

（4）电动机过载保护（电动机的 I^2t 监控）已经响应。

（5）测速机监控和超速信号。

（6）启动过程故障。

（7）电路板故障。

（8）晶闸管元件故障：这组故障只有通过相应参数激活了晶闸管检查功能时，才会检查晶闸管能否关断及能否触发。

（9）电动机传感器故障（带端子扩展板）：监控电刷长度、轴承状态、风量及电动机温度。

（10）通过开关量可设置端子的外部故障。

4）警告

警告信号是显示尚未导致传动系统断电的特殊状态。出现警告时，不需要复位操作，而是当警告出现的原因已经消除时立即自动复位。

当出现一个或多个警告时：

（1）设置为"警告"功能的开关量输出端输出低电平（选择功能）。

（2）通过发光二极管"故障"闪烁显示。

警告分为下列几种类型：

（1）电动机过热：电动机 I^2t 计算值达到100%。

（2）电动机传感器警告（当选用端子扩展板时）：监控轴承状态、电动机风机和电动机温度。

（3）传动装置警告：封锁传动装置，没有电枢电流。

（4）通过开关量可设置端子的外部警告。

（5）附加板警告。

6. 操作面板

整流器的门上配有简易操作面板（PMU），实现启动调速器、调整和设置相应的参数和状态。面板上有5位7段显示、3个状态指示LED和3个用于参数化的键。

基本装置作为标准产品，都配备一个安装在整流器门上的简易操作面板。简易操作面板上有一个RS-232插座（X300），通过屏蔽电缆可以连接舒适型操作控制面板（OPIS），方便操作。

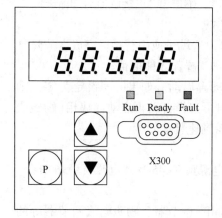

图8-29 简易操作面板示意图

在图8-29中，①P键（切换键）：用于参数编号和参数值显示之间的转换，在变址参数时，完成参数号（参数方式）、参数值（数值方式）和变址号（变址方式）之间的转换，还用于应答现有故障信息。P键和上升键将故障和报警信息切换到背景，P键和下降键将故障和报警信息从背景切换到操作面板的前景显示板上。②上升键（▲）/下降键（▼）：在选择参数方式时，选择参数的增加/减小。当已显示最高/最小的参数号时，再次按▲键或▼键，将返回到参数区域的另一端（最大编号与最小编号相邻）。在选择变址方式时，增加变址值（只对变址参数）。如果同时按下上升键与下降键，可加速/减小一个调整过程。③发光二极管LED的功能：准备（Ready，黄色），即准备运行；运行（Run，绿色），即在"允许运行"状态时闪亮；故障（Fault，红色），即在"出现故障信号"状态时闪亮，在"报警信号"状态时闪亮。

四、6RA70双闭环调速原理

图8-30所示为6RA70双闭环调速系统的基本结构。图8-30（a）为6RA70电枢回路晶闸管触发单元，采用转速-电流双闭环调速系统。图8-30（b）为6RA70励磁回路晶闸管触发单元。

电枢回路主要模块是斜坡函数发生器、速度调节器、电流调节器及电枢回路晶闸管触发单元；励磁回路主要模块是反电动势（EMF）调节器、励磁电流调节器以及励磁回路晶闸管触发单元。此外，还有如模拟量输入/输出、开关量输入/输出、电动电位计、限幅器和预控器等功能模块。

在图8-30（a）中，速度调节器作为主调节器，电流调节器作为副调节器。主调节回路作为外环调节直流电动机转速，副调节器作为内环调节电枢电流，形成了转速–电流双闭环调速系统。其中，内环用电流负反馈构成电流环，对电压波动予以补偿，同时对电动机的转矩进行自动调节，对电枢电流和电流变化率进行限制；其外环用转速负反馈构成电压环，对被调量转速进行自动控制，使电动机的转速与手轮给定相符。速度调节器 ASR 和电流调节器 ACR 一般采用带限幅电路的 PI 调节器。

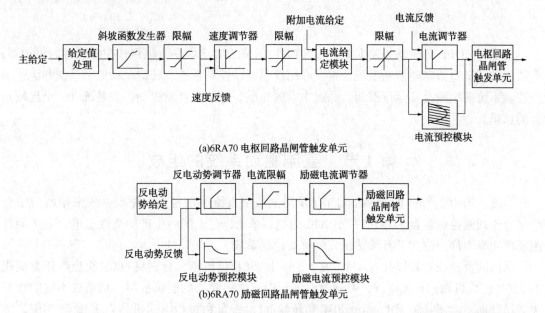

(a)6RA70 电枢回路晶闸管触发单元

(b)6RA70 励磁回路晶闸管触发单元

图 8-30 6RA70 双闭环调速系统的基本结构

反馈量电流通过霍尔电流传感器得到，但是转速信号的反馈没有采用常规的测速电动机或编码器，而是通过电动机的特征方程的转换，利用已有的其他反馈信号经过计算得出可用的速度反馈信号。这样就完全消除了由于增加了测速电动机或编码器而可能带来的故障率，从而增加电动钻机的可靠性。

第9章 电动钻机直流驱动控制

本章以 ZJ70D 为驱动控制对象，以 SIEMENS 6RA70 全数字直流调速控制装置为驱动器，介绍电动钻机直流驱动控制系统。重点介绍绞车驱动控制系统、转盘驱动控制系统和泥浆驱动控制系统的组成及其运行控制。通过本章的介绍，对钻机直流驱动控制系统有一个比较全面的认识。

第1节 直流驱动系统的组成

目前，国内生产的电动钻机 ZJ70D 采用全数字直流驱动控制，驱动系统采用西门子全数字直流调速控制装置 SIMOREG 6RA70 的控制单元，配上国内生产的高性能电力电子器件组成的功率模块，构成了石油钻机直流驱动控制系统。

钻机的直流控制装置共有 4 个(或 4 个以上)SCR 整流柜，分别将 600V 交流电压整流成 0~750V 连续可调的直流电压，并通过对各柜中直流接触器的逻辑控制，切换成不同的指配关系，分别驱动泥浆泵 MP、绞车 DW 和转盘 RT。绞车和转盘电动机具有正/反转功能。转盘电流限制可在 50~1000A DC 范围内任意调节。绞车和泥浆泵均由两台电动机驱动，运行时负荷均衡，转速同步。

一、直流驱动电气控制系统

电动钻机直流驱动控制系统的功能就是控制晶闸管元件，将三相交流电源整流成连续可调的直流电源，供给直流电动机。

钻井现场通过管理计算机，实现对泥浆、钻井、MCC、仪表以及发电机组一体化综合控制。一体化系统控制功能图如图 9-1 所示。

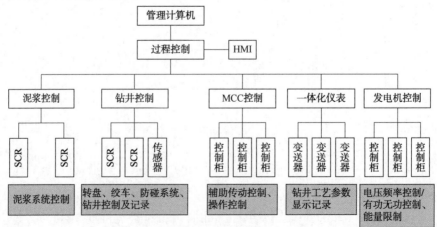

图 9-1 钻井现场一体化系统功能

在图 9-1 中，在转盘、绞车和泥浆循环三大工作机组中采用数字式的电气传动控制系统，也称 AC-SCR-DC。SCR 驱动控制系统作用：①连接发电机和工作机组，实现从驱动设备到工作机组的能量传递、分配及运动方式的转换；②指挥各系统的协调工作，是钻井系统的大脑。

目前，现场采用的直流钻机的型号主要有 ZJ50D、ZJ70D 两种，其直流传动系统也称为 SCR 传动系统。该系统通过数台柴油机交流发电机组所发的 600V 交流电并网输出到同一汇流母排上，由 6 只晶闸管可控硅元件组成的三相全控整流桥（SCR 柜），整流桥与交流电网通过断路器相隔离，经 SCR 柜转换成 0~750VDC 连续可调的直流电，由指配接触器给直流电动机供电。直流电动钻机 ZJ70D 的驱动电气控制系统图如图 9-2 所示。

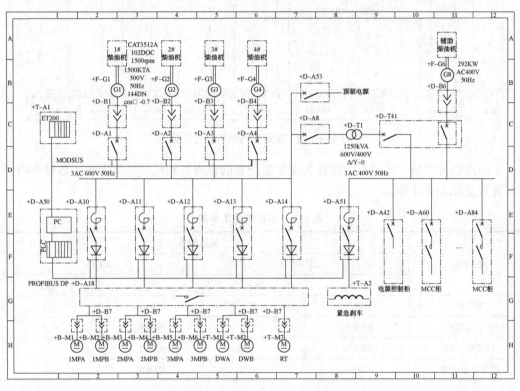

图 9-2　ZJ70D 的驱动电气控制系统图

在图 9-2 中，4 台柴油机 CAT3512A 交流发电机组所发的 600V 交流电并网输出到同一汇流母排上，经 5 个 SCR 柜转换成 0~750VDC 连续可调的直流电，由接触器指配开关进行切换，采用一对二的控制方式控制泥浆泵和绞车。每个电动机负载可在两个 SCR 柜中任选一个来驱动，即一个负载在同一时间只能选择一个 SCR 柜供电，才能进行调速控制。该系统包含 6 台泥浆泵组成 1MPA~3MPB、2 台绞车和 1 台转盘。

ZJ70D 直流电动机动力连接图如图 9-3 所示。

在图 9-3 中，SCR1 柜驱动绞车 DWB、DWA 和泥浆泵 MP1A、MP1B，SCR2 柜驱动绞车 DWA 和泥浆泵 MP1，SCR3 柜驱动转盘 RT 和泥浆泵 MP2，SCR4 柜驱动泥浆泵 MP2、MP3，SCR5 柜驱动泥浆泵 MP3。泥浆、绞车、转盘和 SCR 指配关系由司钻控制台上的 SCR 指配开关选择。指配接触器串接在 SCR 柜和直流电动机之间的主电路中，指配接触器的通断用以控制 SCR 柜与电动机之间的指配关系。

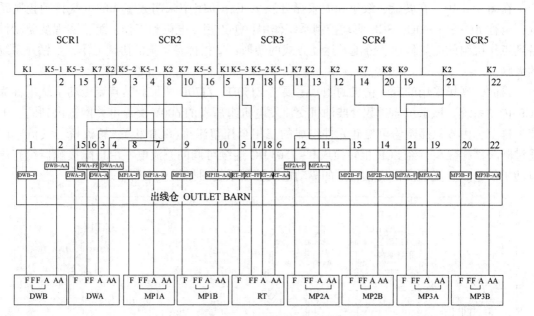

图 9-3 ZJ70D 直流电动机动力连接

不同的钻机型号，其绞车、转盘和泥浆泵配备的直流电动机的功率大小、数量不同，具体配置数量如表 9-1 所示。

表 9-1 钻机的基本参数

电动机	钻机型号			
	ZJ50D		ZJ70D	
	功率	数量	功率	数量
发电机	1750kVA	3	1750kVA	4
绞车电动机	800kW	2	800kW	2
转盘电动机	800kW	1	800kW	2
泥浆泵电动机	800kW	4	800kW	6

二、SCR 传动系统

1. SCR 可控硅整流装置

整流装置为三相全控整流桥，通过断路器与交流电网隔离。SCR 可控硅整流装置将恒压、恒频的交流电源整流成连续可调的直流电源，直流电源经指配接触器对相应的直流电动机供电，实现对钻机绞车、泥浆泵、转盘速度控制，实现无级调速，满足传动要求。

整流装置组成及功能：

（1）一个用于控制母线上交流输入的交流断路器。

（2）一个三相晶闸管整流桥。

（3）一个晶闸管控制模块及相关元件。

（4）交流和直流母线。

（5）电压表和电流表面板。

136

（6）晶闸管整流桥风机启动器。

（7）直流输出接触器。

在直流驱动柜（SCR 柜）中，每套直流传动系统包括晶闸管整流桥、浪涌抑制电路、接触器控制电路、直流控制组件（或称驱动器）、皮带轮防滑保护和冷却风机等装置，如图 9-4 所示。柜子装在电控房内。根据钻机需要可以配备三柜、四柜或五柜。

SCR 柜输出可调电压 0～750VDC，输出电流可达 2000ADC，柜子的上端装有 1600AF 的断路器，具有欠压脱扣线圈和辅助触点。面板上安装量程为 0～1000VDC 电压表、0～2000ADC 电流表和通电指示灯等。SCR 整流桥采用风机强制冷却，在主熔断器上附有微动开关，微动开关断开标志着主熔断器损坏，可使断路器脱扣跳闸。柜中安装的浪涌抑制电路，可减弱危害 SCR 元件的任何尖脉冲。

每个 SCR 柜都能驱动泥浆泵、转盘和绞车运行，所驱动的直流电动机采用串励或并励。用串励电动机驱动泥浆泵时，配有皮带轮滑动保护装置。

图 9-4　SCR 柜结构图

2. 6RA70 整流电路

晶闸管整流桥是直流控制系统的核心，实现将交流输入转换为直流输出。6RA70 整流桥总电路如图 9-5 所示。来自交流母线的 A、B、C 三相交流电源分别通过断路器 FA+（FA-）、FB+（FB-）和 FC+（FC-）向两组整流装置 SCR 供电，每组整流桥由 6 只晶闸管 SCR 元件组成三相全控整流桥，A 相交流电源接 A+SCR、A-SCR 晶闸管，一只管子接直流"+"母线，另一管子接"-"母线。即 A 相接 A+SCR 和 A-SCR 晶闸管，B 相接 B+SCR 和 B-SCR 晶闸管，C 相接 C+SCR 和 C-SCR 晶闸管。A+、B+和 C+晶闸管向直流"+"母线馈电，而 A-、B-和 C-晶闸管则向直流"-"母线馈电。通过控制加在晶闸管控制极和阴极间的触发脉冲，使得整流桥输出的直流电压可在 0～750V 的范围内调节。

1）晶闸管 SCR 及整流桥散热

晶闸管 SCR：A 相桥臂上两个晶闸管并联，即接 A+SCR 和 A-SCR 两个晶闸管并联运行时，必须同时被触发，才能保证整流的平衡。

大功率晶闸管大都是平板型的，其厚度约为 2.5cm，直径与额定电流有关。晶闸管的两个圆面都很光滑，主要用于电接触。图 9-6 是一个典型的晶闸管。安装在散热片内的晶闸管组件如图 9-7 所示。散热片是用一块铝冲压而成的，上面有许多叶片，叶片间有用于装螺栓的间隙。晶闸管安装在两组散热器之间，用螺栓固定，其压力为 907～2268kg 或者更高，确保散热器和晶闸管间接触良好。散热器与晶闸管间既有电连接，又有热接触，可将晶闸管发出的热量散发掉。

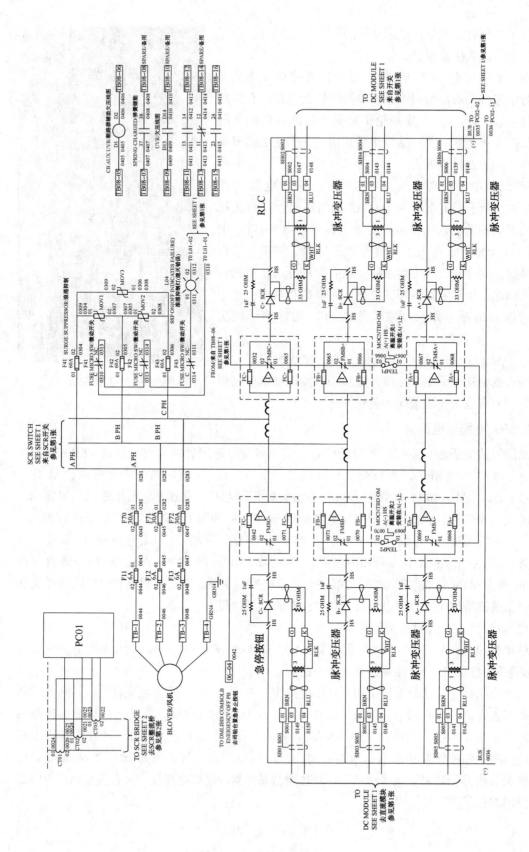

图9-5 6RA70整流桥总电路

138

图 9-6 典型的晶闸管   图 9-7 安装在散热片内的晶闸管组件

晶闸管器件的散热片从晶闸管上吸收热量，然后由散热片将热量散发出去。对于大功率桥，产生热量多，还应强制通风加快散热。因此，大功率桥都配有电扇，进行风冷。

风量取决于空气的温度和湿度。另外，任何对气流的处理，比如气流过滤等都会使气体的温度升高。在环境温度低于最大限定值，气流量正常时，也可能会因散热片上有灰尘残油，阻碍了热量的散发，而使晶闸管过热，因此要经常检查清理散热片表面。

在大电流时，晶闸管内产生一定热量，为避免损坏，应及时将这些热量散发出去，因为晶闸管温度比水沸点温度高一点就会损坏。为接触良好和及时散热，晶闸管与散热片表面都要干净，不能有毛刺和灰尘。

2）断路器

断路器主要作用是隔离 SCR 整流桥与交流母线。另外，断路器上还装有两对辅助触点，一对动合触点接通面板上的"SCR ON"（SCR 柜通电）和"SSP ON"（浪涌抑制电路正常），另一对动合触点将-14V 电源信号输至 PLC。

断路器有一个欠压跳闸线圈（UVR），线圈 D1 端接变压器 TB08-05 端，线圈 D2 端经几个动断接点连接 TB08-06。这几个动断接点在下列任意一种危急状态下都能断开欠压跳闸线圈的电源：

（1）保护管子的熔断器如果熔断，通过熔断器上的柱塞挤压连杆，致使同欠压线圈相串联的 6 个微动开关 FMSA+、FMSB+、FMSC+、FMSA-、FMSB-、FMSC-断开。

（2）有两个热敏元件 TEMP1 和 TEMP2，作为高温开关 1、2 分别装在 A+SCR 和 A-SCR 的散热器上，当管子结温超过 12+5℃（散热器温度超过 91℃）时，热敏元件动断触点断开。

（3）紧急停机时，司钻控制台上的紧急停止按钮 EMERGENCY OFF PB01 断开（06-04），切断欠压线圈电源。

3）电流互感器

在 SCR 交流侧有 3 个电流互感器 CT1、CT2 和 CT3，用来检测流入 SCR 的电流。流出电流互感器的检测电流被整流以后作为电流反馈信号，由 PC01 的 PC01-01、PC01-02、PC01-03 和 PC01-04 端子驱动直流控制柜面板上的直流电流表，显示整流桥输出电流的大小。

4）缓冲电路

每个晶闸管都并联电阻 R 和电容 C，各相交流侧的扼流圈与跨接在晶闸管上的 RC 支路，构成 RLC 滤波电路，该滤波电路用来抑制晶闸管上的断态电压上升率。SCR 上的断态电压上升率 $\mathrm{d}u/\mathrm{d}t$ 和通态电流上升率 $\mathrm{d}i/\mathrm{d}t$，对晶闸管上电压变化具有抑制作用，避免 SCR 被误触发或局部过热而损坏。

5）脉冲变压器

脉冲变压器用来传输和变换晶闸管触发脉冲，使 $+/-15\mathrm{V}$ 变化的触发电路脉冲变换为从 0V 到 $+10\mathrm{V}$ 变化的门极脉冲。脉冲变压器还用来隔离主电路和触发电路，确保触发电路的安全，并进行阻抗匹配。

6）保护晶闸管的熔断丝及熔断开关

熔断丝 Fuses：每个晶闸管都有一个用于保护的熔断丝，如 A 相 FA+、FA−；每个（或每对）晶闸管都有熔断保护，防止过流。在大型整流桥中，要用两个并联的熔断丝（A 相采用两个 FA+熔断丝）以满足电流变化率的需要，这些熔断丝安装在晶闸管桥上方的母线上，经专门设计的熔断丝需与晶闸管的电流时间特性相配合。

每个熔断丝都配有一个小开关，当熔断丝熔断后，熔断丝内的针头弹出来使开关动作。这个开关有两个触点：常开（NO）和常闭（NC）。当开关动作时，常开触点闭合，常闭断开。这两个触点都与晶闸管控制电路相连，用于提供报警信号，中断触发脉冲。当熔断丝熔断后，晶闸管桥电路不再工作。因熔断开关装在熔断丝弹簧片上，因此，更换保险丝时可以不断开控制线。

7）电压变化抑制电路

晶闸管桥的直流输出在每个周期内都会有 6 次较大的波动或脉动，这些波动电压作用于未导通的晶闸管。如果晶闸管阳、阴极间的电压瞬间发生很大变化，由于晶闸管层间有电容，就会产生一个小电流流入门极导致误触发。电压变化得越快，门极产生电流越大，误触发的可能就越大。误触发所产生的危害是很大的，因此要尽量避免。

晶闸管对电压变化率有一定的限制。在限制范围内，门极不会产生误触发。晶闸管能经受住 200V/ms 的电压变化，桥电路中的电压变化率一定要低于这个值，才能保护晶闸管。对于电压变化率的抑制是由抑制电路来完成的。

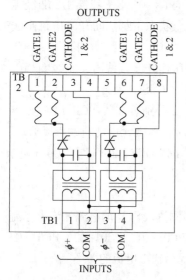

图 9-8　强触发电路

8）强触发电路

晶闸管的触发是通过给门极加短时脉冲来实现的，而这个脉冲一定要快才能使硅晶体在一瞬间完全导通。在晶片未完全导通时，已导通区域要承受全部电压，会产生过多热量，可能会损坏晶闸管。因此，晶闸管（或并联晶闸管）都要有强触发电路，保证正确触发。这个部分应尽量靠近晶闸管，使连线不致太长。

为了快速地将门极能量传给整个门极层，在制造晶闸管时要用到一些特殊的设计方法。此外，还要有足够快的门极信号，确保在晶闸管导通时，门极可快速释放能量。强触发电路就具有这种功能，在一定时间内对门极释放能量。

图 9-8 为强触发电路。输入端经变压器起隔离电压的作用，保护控制脉冲形成电路不受晶闸管中高电压的影响。

需要触发时，给变压器一个 24V 的脉冲，同时使电容充电。当电容电压到达 18V 时，图 9-8 中的小晶闸管被触发导通,使电容随之放电,而且在1ms内放完电,这样才满足触发上升时间要求。强触发模块将两个这样的充放电电路封装在一个单元内,每个相单元都有一个这样的模块。

9)超温检测

散热器有一个温度限制,也就是晶闸管安全工作最高温度限。如果散热器达到这个温度,晶闸管内部温度相应升高,安全裕量就会减小。每个晶闸管散热器顶端都有一个温度检测开关,当温度达到设定值时,这个开关断开,将信号传给可编程控制器,启动报警装置。

三、直流控制单元

直流调节器是一个按司钻控制台指令自动调节电动机转速和转矩的控制电路,其方框图如图9-9所示。图中,调节器输出控制晶闸管导通的触发信号,其输入信号包括速度给定、速度反馈和电流给定。晶闸管传动系统由两个调节环组成,外环为电压(速度)环,内环为电流(转矩)环。

来自司钻控制台的速度给定与速度反馈信号叠加产生速度指令,速度指令经速度调节器Z7调节以后与电流反馈信号相加,经Z8而产生触发给定信号,再送入触发器。触发器产生触发脉冲,控制晶闸管导通时间,改变晶闸管直流输出电压,从而调节电动机的转速和转矩。

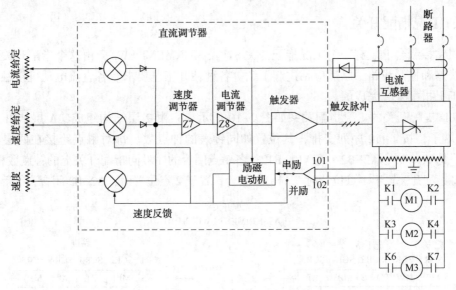

图9-9 直流控制系统方框图

1.速度给定

速度给定信号由司钻控制台确定,司钻控制台装有速度给定手轮,手轮与电位器相连接,当手轮从关断位置顺时针旋转到最大位置时,直流组件的速度给定可输出0~8V的直流电压信号,速度给定信号有绞车/转盘RT、泥浆泵MP1、泥浆泵MP2、泥浆泵MP3、脚控等给定信号,分别控制绞车DW、转盘RT、泥浆泵MP的速度。速度给定受到使能电路的控制。

2.电流反馈

电流反馈信号来自晶闸管整流桥三相交流侧的电流互感器,这是因为电动机转矩直接与电枢电流成正比($T=CM\Phi I_a$),而晶闸管的交流输入电流大小又与电动机的电枢电流近似成正比。因此,用晶闸管三相交流侧电流互感器中的电流模拟电动机转矩,作为转矩反馈信号。

3. 速度反馈

速度反馈信号是电动机转速的模拟信号，对于并励(SHUNT)电动机，转速近似与电枢电压成正比，而对于串励(SERIES)电动机，速度是电枢电压与磁通之比的函数，而磁通又是电枢电流的函数。

由电动机的基本原理可知，电动机的电枢反电势为：

$$E_a = C_e \Phi n \tag{9-1}$$

式中，C_e为电动机的电势常数；n为电动机转速，r/min；Φ为电动机每极磁通，Wb。则：

$$n = \frac{E_a}{C_e \Phi} \tag{9-2}$$

由于电动机电压U与其电枢反电势E_a接近相等，可得：

$$n = \frac{U}{C_e \Phi} \tag{9-3}$$

式(9-3)表明，只要将电动机两端电压U与磁极磁通Φ在一个除法器中相除，所得之商即为与电动机转速成正比的速度反馈信号，由此原理可设计速度反馈电路中的除法器。

四、工况指配开关

在司钻控制台上装有一个工况指配开关 S1(ASSIGNMENT SW)，由这个指配开关组合各种供电线路和控制线路，以适应钻进起下钻等各种钻井工艺要求。各直流电动机接触器的切换是由工况指配开关完成的。

ZJ70D 支配开关的工况指配关系如图 9-10 所示，它由 2 层结构组成，A 层和 B 层。每层 12 个端子，按 1~12 序列安排，其位置如同钟表的钟点数。每对触点跨接在两层相应的位置上，即 A1-B1、A2-B2……A12-B12。各触点闭合的序号同指配开关上的钟点数相一致。例如，将指配开关置于 1 点位置时，A1-B1 闭合；置于 2 点位置时，A2-B2 闭合；等等。

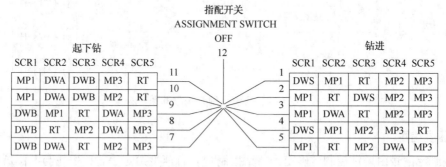

图 9-10　ZJ70D 支配开关的工况指配关系

在图 9-10 中，表框内列出了各被驱动直流电动机的名称，表框上面所标的 SCR1~SCR5 表示 SCR 单元的序号。在表框侧边上，按时钟钟点位置标上 1~12"时钟"数字(除数字 6)。在任意时刻，指配开关只能置于某个唯一的位置，以确定一定的驱动功能。例如，对 5 个 SCR 柜的系统来说，指配开关 S1 手柄置于 4 点位置，泥浆泵 MP1 选择开关 S2 置于"ON"位，泥浆泵 MP2 选择开关 S3 置于"ON"位，泥浆泵 MP3 选择开关 S4 置于"ON"位，转向选择开关 S5 置于"FWD"位，绞车转盘选择开关 S6 置于"RT"位；顶驱转盘选择开关 S7 置于

"ON"位时，SCR1 柜给绞车 DWS 供电，SCR2 柜给泥浆泵 MP1 电动机供电，SCR3 柜给泥浆泵 MP2 电动机供电，SCR4 柜给泥浆泵 MP3 电动机供电，SCR5 柜给转盘 RT 供电，钻机进行钻进作业。若指配开关置于其他位置，就会得到其他不同的工况。可见，驱动系统能满足各种工艺要求，而且使用十分灵活。同时，由于各 SCR 柜完全相同，如果某一 SCR 柜发生故障，只需转换一下指配开关位置，则由其他 SCR 柜对正在使用的电动机提供电源。

指配开关中的"DWS"表示 DWA 和 DWB 两台电动机串联运行，以满足较大的提升负荷，但提升速度减半。

第2节　绞车控制系统

一、绞车的组成及功能

绞车控制系统完成提升钻具组合的控制功能和保护功能，绞车如图 9-11 所示。

1. 组成

绞车主要由下述装置组成：

（1）直流串励电动机（800kW×2）。

（2）西门子 6RA70 直流传动装置。

（3）200PLC（接触器的吸合逻辑）。

（4）能耗制动。

（5）直流接触器。

（6）滚筒编码器。

（7）电磁涡流刹车。

图 9-11　绞车

2. 功能

绞车的主要功能包括：

（1）状态连锁：防碰与绞车控制连锁，盘刹与绞车控制连锁，涡刹与绞车控制连锁。

（2）智能磁化曲线控制，防飞车保护。

（3）通过人机接口 HMI 控制键及速度手轮或脚踏开关来启动装置并调节电枢电压达到调速的目的。

（4）绞车双电动机负荷分配。

二、绞车驱动主电路

绞车驱动系统主电路如图 9-12 所示。绞车可由两台直流电动机驱动，分别称为绞车电动机 A（DWA）和绞车电动机 B（DWB）。

绞车 DWA 通过指配开关，控制接触器，确定 SCR2 或 SCR4 驱动柜为 DWA 的驱动电源。同样，绞车 DWB 也要通过指配开关，确定 SCR1 或 SCR3 驱动柜为 DWB 的驱动电源。这样，当某个 SCR 柜损坏时，另一台 SCR 柜可为其提供驱动电源，以保证设备的正常运行。双绞车 DWA、DWB 的控制电路如图 9-12 所示。

在图 9-12 中，绞车 DWA 有正反转两种运行状态，由接触器进行控制。正转时，两个 FWD 触点闭合，两个 REV 触点断开。反转时，FWD 触点断开，REV 触点闭合。可见，正反转时只是改变电枢电流方向，而励磁电流方向不变。由电动机转矩公式知：

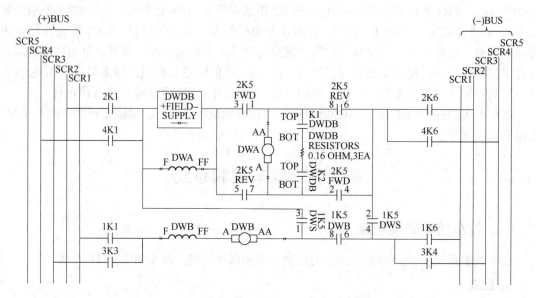

图 9-12　绞车双电动机控制电路

$$T = C_{\mathrm{M}} \Phi I_{\mathrm{a}} \tag{9-4}$$

在磁场不变的情况下，只要改变电枢电流方向，电动机电磁转矩的方向也改变，于是电动机在电磁转矩的作用下，旋转方向也随之改变。

绞车辅助装置：

（1）游车防碰功能。主要采用速度、位置双重控制和电气、机械双重保护。速度、位置双重控制是由系统自动判断游车所处工况，实现绞车起下钻时合理地利用功率，提高工作时效。系统计算出游车的位置，实现自动报警—减速—刹车功能，具有电气、机械双重保护功能。电气防碰通过在触摸屏上设定防碰参数，通过滚筒编码器来得知游车的实际位置，依据参数来控制游车的速度和刹车。机械防碰是指在滚筒上方装有一个接近开关，当滚筒上钢丝绳的层数到一定数目后，接近开关动作，盘刹动作，防止游车碰倒天车。

（2）电磁涡流刹车。又称电磁涡流制动器，当下放钻具时，将钻具下钻时产生的巨大机械能转换成电能，又将电能转换为热能的非摩擦式能量转换装置。这种能量的转换及强有力的制动过程，是通过电磁感应原理来完成的，没有任何磨损件。制动时产生的巨大热量，通过水介质来进行吸收与交换。

当刹车工作时，在其励磁线圈(定子)内通入直流电流，于是在转子与定子之间便有磁通相连，使转子处在磁场闭合回路中，当转子旋转时，转子上便产生感应电势。在这个感应电势作用下，转子中产生涡流。涡流与定子磁场相互作用产生电磁力，力的方向与滚筒旋转的方向相反。司钻通过调节司钻开关手柄位置，调节励磁电流的大小，改变了制动转矩的大小，从而达到了控制钻具下放速度的目的。

三、绞车运行控制

1. 绞车运行状态控制

绞车控制系统主要控制绞车正/反转、提升和下放钻柱以及绞车的转速等。

1) 绞车电动机正转

图9-13为绞车DWA控制线路图。如果指配开关S1处在3点位置，则由SCR2柜向DWA供电。SCR2柜中的−14V电源经154号端子接到SCR2柜直流组件的手控电压开关（MANUAL VOLTS）上。这个开关只有在进行晶闸管整流桥移相实验时才打开；需要DWA电动机工作时，该开关在闭合状态。SCR CB AUX为SCR断路器辅助动合触点，断路器闭合时，SCR CB AUX闭合，于是−14V电源信号通过SCR2柜输到可编程控制器的ER1/4-03端子，可编程控制器根据司钻台面板上各开关的位置确定输出信号的通路。

例如，当S1置于3点位，S2~S4置于ON位，S5置于FWD位即DWA正转，绞车转盘选择开关S6置于ON位，S7置于OFF位，S15置于PLC位，则由可编程控制器控制，使ER1/6-14将+24V输至固态继电器PC16的04端。

由图9-13可见，当PC16-04端得到+24V DC电压时，PC16-12和PC16-13接通，分别将−14V DC信号送至SCR2的K05BOT 1C和K05TOP 1C。由图9-13可见，FWD经PC04-01接至正转接触器线圈K05T FWD负端，则接触器线圈正端接到SCR2柜中的+60V电源上，正转接触器通电吸合，同时K05T FWD辅助动合触点闭合。在图9-13中，−14V信号经过SCR2柜上的锁定动断按钮RL14 DWA L/O（为保安全，维修时锁定断开）和SCR4柜中互锁保护用的动断接触器K02 MP1，接到主接触器K01 DWA和K06 DWA的线圈负端，接触器线圈正端接+60V电源。这时，从SCR2柜到DWA的主电路接通，同时K01 DWA和K06 DWA辅助动合触点闭合，−14V信号经可编程控制器进入司钻台的04-15端，该信号即为绞车DWA的使能信号，信号输至直流组件中的116端（DW CONT/DC MOD），同时将117端的DW给定信号解锁（见图9-14），于是绞车DWA电动机可以正转。

2) 绞车电动机反转

如果将S5置于REV位即DWA反转，其他开关位置不变，如图9-14所示，可编程控制器中的ER1/6-15将+24V DC输至PC16-06，使PC16-12和PC16-14接通，−14V DC信号经PC04-9接到反转接触器线圈K05 REV的负端，使反转接触器通电吸合，同时K05 REV辅助动合触点闭合。其他控制逻辑与DWA正转状态相同，于是DWA电动机可以反转。

3) DWS正转

在重载或低速起钻时，为满足较大的提升负荷，两台绞车电动机串联运行，使起钻力矩加倍，起钻速度减半。此时，图9-12中DWB触点断开，DWS两触点闭合，同时绞车DWA的FWD触点闭合，将两台电动机串联运行。绞车DWA正转，绞车DWB反转，共同拖动同一负载运行。

此时，S1置于1点位，则可编程控制器将−14V信号通过PC15-14和PC03-05输往SCR1柜中的K05T DWS TOP接触器（见图9-14），接触器通电吸合，使1K5 DWS触点闭合。同时，−14V信号通过PC04-03使SCR2柜中的K05T FWD接触器通电吸合（见图9-14），使K5BOT DWS触点闭合。这时，DWA电动机和DWB电动机正向串联运行，由SCR1柜供电。在重载或低速起钻时运用这种工况，可使起钻力矩加倍，起钻速度减半。DWS运行时的主电路走向如下：

SCR1(+)→1K1→DWB F→FF→DWB A→AA→1K5(1、3)→DWA F→FF→2K5 FWD(3、1)→DWA AA→A→2K5 FWD(2、4)→1K5 DWS(2、4)→1K6→SCR1(−)

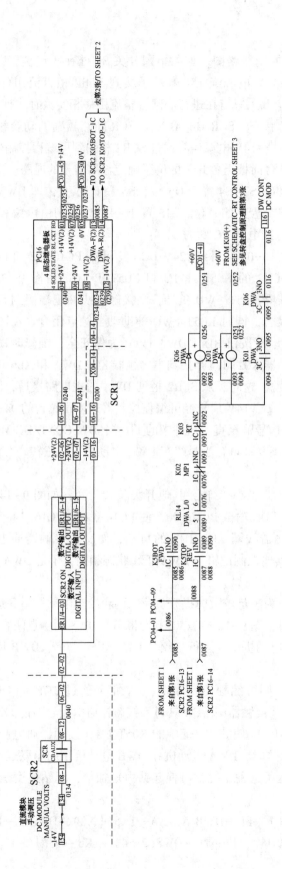

图9-13 绞车DWA控制线路图

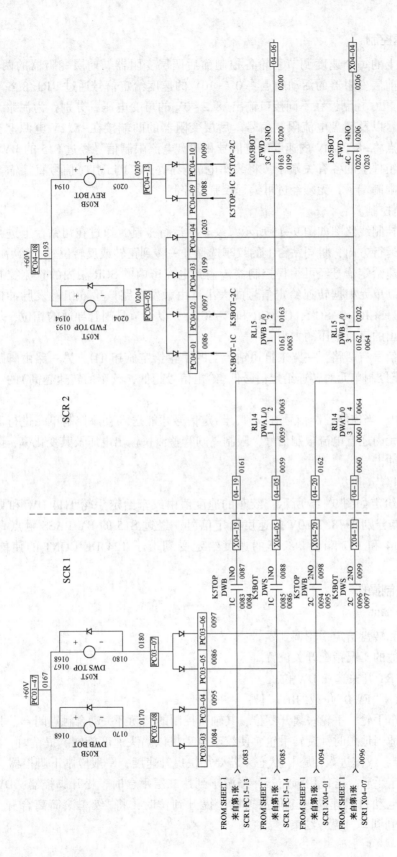

图9-14 绞车正/反转接触器控制电路及DWA和DWB串联运行控制电路

147

2. 绞车转速控制

司控台面板上的每个速度调节手轮各控制前后两层变阻器。前层变阻器的两端接在+10V电源上，各前层变阻器的活动触点将0~+10V的速度给定信号通过RR1/8各端子输至PLC输入端，由PLC控制，在不同接口输出-8.2~0V的可变电压，分别作为泥浆泵、转盘和绞车的给定信号以及转盘电流限制信号。后层变阻器的两端接在-8.2V电源上，各后层变阻器的活动触点将-8.2~0V的速度给定信号和转盘电流限制信号经过S15的BY PASS触点直接输至直流组件上的各有关端子。将绞车电流限制（DW I LIMIT）信号直接输至直流组件上的绞车电流限制端子，无须经过可编程控制器控制。

1）绞车转速控制

绞车的转速控制线路图如图9-15所示。绞车的运行控制，通过在司钻台上进行操作来完成。先确定其运行方向，将司钻台上的绞车选择开关转到正转或反转位置，然后顺时针旋转给定旋钮。转速给定信号经可编程控制器传输到电控房内的SCR柜内的直流控制单元进行调节，直流控制单元根据转速给定信号的大小，由触发电路产生6组触发脉冲信号（A+SCR、A-SCR、B+SCR、B-SCR、C+SCR和C-SCR），以调节晶闸管导通的相位，从而控制晶闸管整流桥输出的直流电压的大小。

绞车的转速信号有两路，一路来自司钻台上的手轮给定旋钮TH，另一路由脚踏控制器FTTH给出。直流控制单元对转速给定信号低（给定信号越低，绞车的转速越高）的一路进行调节控制。

在图9-15中，当使能控制信号有效时，给定信号才能送入直流控制单元进行调节。同时，直流控制单元内还有电流限制信号，限制晶闸管整流桥输出电压及其变化率，防止设备过载及大电流的冲击。

2）绞车转速给定

绞车的转速给定如图9-15所示，绞车的速度值由绞车给定手轮TH4 DW和脚踏开关FTTH的活动触点分别将-8.2~0V的速度给定信号，经过S15的BY PASS触点直接输至直流组件上的114和117端子。绞车的速度给定受到端子124 DE CONT的使能电路的控制。

3. 绞车的控制操作

1）绞车操作说明

（1）将绞车和转盘给定手轮调到零。

（2）选择合适的工况指配开关位置。

（3）将DW-RT开关选在DW位置。

（4）将S5置于"FWD"位或"REV"位。

（5）转动绞车手轮，手轮一离开零位，其轴所控制的微动开关动合触点闭合，驱动电磁阀，释放惯刹。适当地顺时针旋转手轮，使绞车电动机以猫头速度旋转。提钻时，将"绞车滚筒离合器"挂合，绞车进入"提升"状态。若要加快提升速度，一般应踏下脚控器，也可顺时针旋转DW给定手轮。若使用脚控器，当游车到达二层平台时，松开脚控器，DWA进入能耗制动状态，电动机迅速减速至猫头速度。提升到位时，将"绞车滚筒离合开关"扳到"分"位，启动盘刹刹车，提升结束。

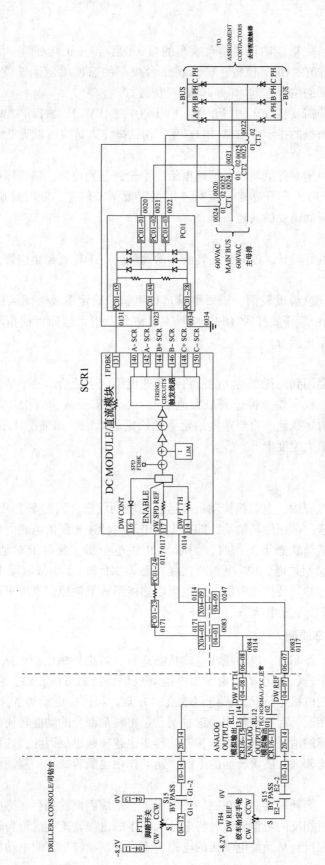

图9-15 绞车的转速给定控制线路图

2）绞车启动控制

（1）确认绞车准备完毕。确认司钻台绞车的"绞车启/停：正转/停止/反转（DW FWD/ OFF/REV）"开关的位置在"OFF"位置，确认司钻台绞车的速度给定手轮位置在起始位置，确认司钻台脚踏给定器的位置在起始（弹起状态）位置。

（2）根据正反转的需要将绞车的"启/停：FWD/OFF/REV"开关打到"FWD"或"REV"位置，司钻台上指示灯面板的指示灯"DW BLO"亮，司钻操作人员应可以听见绞车风机启动和运转的声音。

（3）绞车启动时，逆时针旋转绞车的速度给定手轮到起始位置，略作停顿，顺时针旋转手轮，通常在转过 30°时绞车开始启动运行。根据需要调节转速，顺时针旋转将加大给定值，逆时针则减小，得到需要的转速。

3）绞车停机控制

（1）停止绞车前做好确认，逆时针旋转绞车的速度给定手轮到起始位置，确认绞车停止运行。

（2）如果绞车电动机温度较高，需要继续运行风机。确定需要关闭风机时，将绞车的"启/停：FWD/OFF/REV"开关打到"OFF"位置，司钻台上指示灯面板的指示灯"DW BLO"熄灭，确认绞车风机停止运行。

4）能耗制动控制

注意：起钻时，会用到能耗制动功能。将绞车速度给定手轮给定一个低速上提，踩下脚踏给定器到最大位置，绞车快速提速到最大速度上升，在需要减速时松开脚踏给定器，3s后绞车以最大的动力力矩减速，直至速度给定手轮给定的低速。如果松开不足 3s 又踩下脚踏给定器，绞车保持最大速度上升。

四、能耗制动

绞车 DW 在起钻过程中，电动机拖动负载运行在电动状态，当游车上升到预定高度后，为迅速降低电动机转速，采用能耗制动，即产生与电动机转速相反的电磁力矩，使电动机转速快速下降。DW 在制动状态下工作时，切断 SCR 供电电源，此时绞车励磁电源（FIELD SUPPLY）向 DW 励磁绕组供电，DW 电枢绕组经接触器 K1 和 K2 串接制动电阻，电动机将吸收转轴上的机械能，然后转换成电能，经电阻以热能形式消耗掉。当绞车 DW 运行在电动状态时，DW 励磁电源处于充电状态。

1. 能耗制动的基本原理

能耗制动的原理：停车时，电动机在电动状态运行，若把外施电枢电压 U 突然降为零，需在电枢回路串接一个栅状电阻 R_b。由于惯性电动机仍保持原方向转动，感应电动势方向也不变，电动机处于发电机运行状态，电枢电流的方向 I_a 与感应电动势 E_a 相同，从而电动机的电磁转矩与转向相反，起制动作用。这种制动是将转动部分的动能转换成电能并消耗在栅状电阻上，随着动能的消耗，转速下降，制动转矩也越来越小。因此，这种制动方法在转速比较高时制动作用比较大，随着转速的下降，制动作用也随着减小。制动前后的电路如图 9-16 所示。

与电动状态相比，能耗制动时，在磁场的作用下，系统因惯性仍存在感应电动势，电动势将产生与电动状态时相反的电枢电流，将电动机产生的电磁转矩变成阻力转矩，即电磁转矩与电枢的旋转方向相反，从而使电动机的电磁转矩成为制动转矩，使电动机转速迅速下降或停转。这时电动机吸收转轴上的机械能，转换为电能后又进一步转换为热能消耗掉，故称为能耗制动。

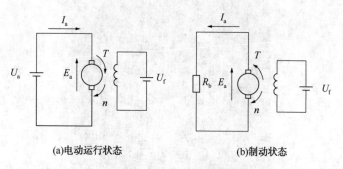

(a)电动运行状态　　　　(b)制动状态

图 9-16　能耗制动电路图

2. 绞车能耗制动

起钻过程为非生产性作业，希望尽可能快，通常都在绞车电动机的最大安全速度下运行。此时踏下脚踏控制器，使绞车电动机快速运转。相当多的旋转能量储存在绞车滚筒和驱动电动机里。在游车接近井架顶部的适当位置，此时采用能耗制动，切断电动机的电源，接入与大功率电阻（能耗制动电阻）相连，通过电阻消耗掉能量。旋转机械失去能量，电动机转速迅速降低到手轮控制的猫头速度。

绞车能耗制动系统主要由断路器（F1 和 F2）、接触器（K1 和 K2）、变压器、三相桥式整流堆、直流接触器和房外制动电阻等组成。绞车能耗制动原理图如图 9-17 所示。

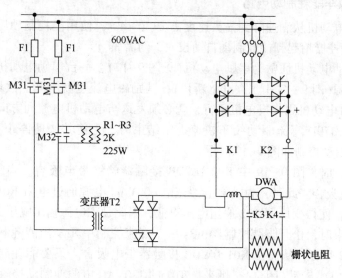

图 9-17　绞车能耗制动原理图

如图 9-17 所示，电动机 DWA 在制动状态时，断开晶闸管整流桥供电断路器，SCR 桥不输出电压，变压器 T2 的副边电压经整流后向 DWA 的串励线圈供电，产生磁场。由于惯性而旋转的 DWA 将电枢电流经接触器 K3 和 K4，使电流流过栅状制动电阻（阻值为 0.48Ω，能承受 300A 连续电流），该电流产生制动转矩。

能耗制动单元柜（DWDB 柜）外形尺寸是 600mm（宽）×600mm（深）×2200mm（高），如图 9-18 所示。

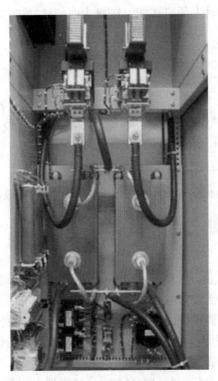

图 9-18　能耗制动单元柜

3. 6RA70 绞车能耗制动电路

通常，绞车电动机从满速降到猫头速度需要 30~40s，使用能耗制动后使速降时间减小到 12~18s。从脚控器抬起到能耗制动自动投入，约需 3s。

绞车能耗制动电动机通常为串励电动机（见图 9-17），一台串励电动机能耗制动，断开串励电动机的电源（图 9-17 中 K1、K2 断开），其励磁电流也就中断，磁场强度下降到"剩磁"值。如果此时电动机用作发电机运行，就必须发送与电动机电流同方向的电流通过串联的励磁线圈。在 ZJ70D 直流驱动绞车快速提钻结束时，为使其快速停止，采用能耗制动。ZJ70D 绞车能耗制动控制如图 9-19 所示。

绞车提升运行时，图 9-19 中 K02 DWDB 接触器始终带电吸合。当绞车风机运行后，MS01 接触器带电吸合。此时，为励磁电源充电 600VAC 电源通过电阻 R01、R02 和 R03 加到变压器 T02 上，使得变压器 T02 原边电压很低，因此励磁电源输出电压也很小。

绞车提升结束时，松开脚踏控制器，3s 后，直流控制单元发出能耗制动控制指令，继电器 K701、K702 吸合，从而使 K01 DWDB 接触器带电吸合。只要能耗制动电阻超温开关 DWDB RESISTOR OT 未动（闭合），则来自 T01 的 120VAC 电源使制动接触器 K02 DWDB 吸合接通，导致制动磁场控制电路中的继电器 MS01 接通；同时，MS02 接触器吸合，励磁电源变压器经变压器 T02 将 600V 电压变为 6V 电压供励磁电源。励磁电源向串励绕组提供和原励磁方向一致的电流，形成较大的磁场，电动机产生制动电磁力矩，使绞车能快速减小提升速度。

制动结束后，绞车速度回到猫头速度，绞车的提升速度又由给定手轮旋钮来控制。如果给猫头速度的绞车手轮转动角大于 90°，能耗制动功能失效。这时，直流控制单元发出控制指令，继电器 K701、K702 断开，电枢绕组与制动电阻断开，能耗制动结束。

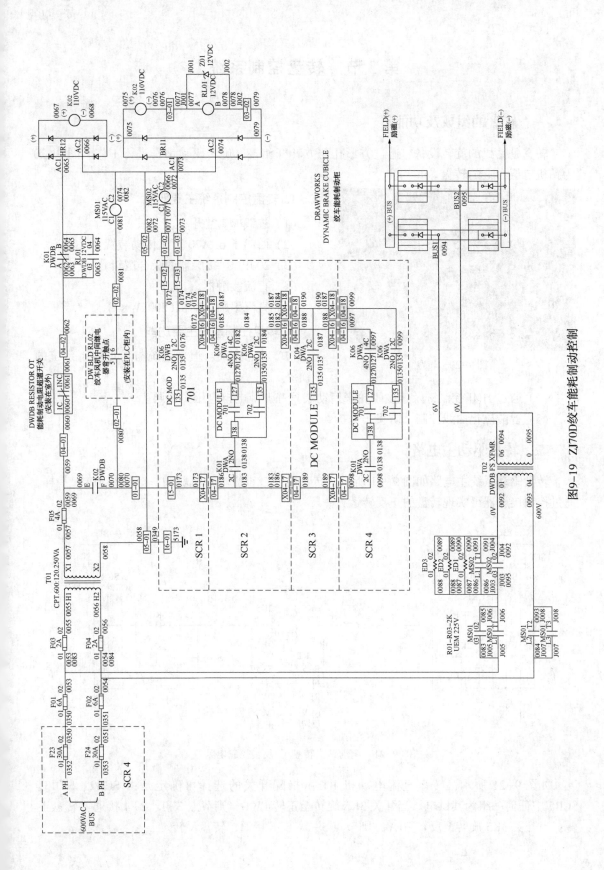

图9-19 ZJ70D绞车能耗制动控制

第3节　转盘控制系统

一、转盘的组成及功能

转盘是钻机的旋转设备，通过方形孔与方转杆相接，旋转驱动钻具进行工作。图9-20为钻机二层台上的转盘。

图9-20　转盘

1. 转盘控制系统主要部件

（1）进线 MT 空开。

（2）西门子 6RA70 直流传动装置。

（3）200PLC（接触器的吸合逻辑）。

（4）直流接触器。

（5）直流串励电动机（800kW×2）。

2. 转盘控制系统主要功能

（1）状态连锁：惯刹系统与转盘控制系统的连锁。

（2）通过 HMI 控制键及速度手轮来启动装置并调节电枢电压实现调速。

（3）智能磁化曲线控制，防飞车保护。

二、转盘驱动主电路

转盘驱动系统主电路如图9-21所示。转盘由一台直流电动机驱动，同绞车 DWA 一样，通过控制接触器可实现转盘的正反转运行。

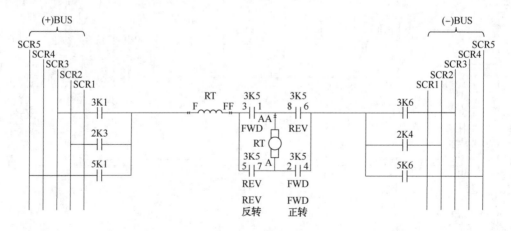

图9-21　电动钻机转盘正/反转控制电路

如图9-21所示，转盘直流电动机 RT 由指配开关的选择可确定是由 SCR2、SCR3、SCR5 中任何一组为其供电。当开关 3K5 旋转至正转 FWD，则节点 3-1、2-4 接通，转盘正转；当开关 3K5 旋转至反转 REV，则节点 5-7、8-6 接通，转盘反转。

三、转盘运行控制

1. 转盘运行状态控制

旋转司控台上的电流限制电位器时，检测 DC 组件 128 端（RT LIM）电压。该点电压应为 0（50A 时）到 $-8VDC$（最大电流限制）。如果没有电压，检测电流限制电位器，检测 DC 组件的 129 端（RT CONT）电压。当 SCR 断路器断开或断路器闭合且指配接触器断开时，129 端电压应为 $+10VDC$。在正常运行情况下，当转盘接触器闭合时，该电压应为 $-14VDC$（只有驱动转盘的 SCR 柜上才有 RT 使能信号）。转盘 RT 控制线路如图 9-22 所示。

在图 9-22 中，转盘 RT 电动机旋转方向的控制同绞车电动机旋转方向的控制相同，当控制电动机旋转方向的主接触器触点 RT-F 或 RT-R 闭合时，改变通入 RT 电动机电枢电流的方向，从而控制转盘 RT 电动机旋转方向。

在图 9-22（a）中，如果指配开关 S1 处在 4 点位置，则由 SCR5 柜向转盘供电。SCR5 中的 $-14V$ 电源经 154 号端子接到 SCR5 柜直流组件的手控电压开关（MANUAL VOLTS）上。经晶闸管断路器辅助动合触点，断路器闭合时它闭合。于是 $-14V$ 电源信号通过 SCR5 柜中输到可编程控制器的 ER1/4-06 端子，可编程控制器根据司钻台面板上各开关的位置确定输出信号的通路。此时，S6 置于 RT 位，S7 置于 ON 位，S15 置于 PLC 位，则由可编程控制器控制，可编程控制器使 ER1/7-04 将 $+24V$ 输至固态继电器 PC19 的 02 端。在图 9-22（b）中，当 PC19-02 端得到 $+24V$ DC 电压时，PC17-12 和 PC17-11 接通，将 $-14V$ DC 信号经 PC04-11 接至正转接触器线圈 K05T TOP FWD 负端，K05T TOP FWD 线圈正端接到 SCR3 柜中的 $+60V$ 电源上，正转接触器通电吸合，同时 K05T FDW 辅助动合触点 RT-F 闭合。$-14V$ DC 信号通过 RT 自锁保护按钮，接到主接触器 K01 RT 和 K06 RT 的线圈负端，使接触器线圈带电。这时，从 SCR5 柜到 RT 的主电路接通，同时 K01 RT 和 K06 RT 辅助动合触点闭合，将 $-14V$ 信号输至直流组件中的 129 端（RT CONT）（见图 9-22）。该信号即为转盘 RT 的使能信号，它将 130 端的 RT 给定信号和 128 端的 RT 限制信号解锁，于是转盘 RT 电动机可以正向转动（见图 9-23）。

2. 转盘转速控制

转盘的运行控制同绞车的运行控制基本相同，都是通过在司钻台上进行操作来完成的。转盘的给定信号也有两路，一路为转盘的转速给定信号，另一路为转盘的转矩给定信号。转盘的转速控制线路示于图 9-23 中。

在图 9-23 中，转盘的手轮给定 RT REF 给出一个 $-8.2 \sim 0V$ DC 信号，转速给定信号经 S15 BY PASS 送入直流模块；转盘电流限制信号 RT I LIM 给出一个 $-8.2 \sim 0V$ DC 信号，经 S15 BY PASS 送入直流模块，作为转盘电流限制值。RT CONT 控制信号作为转盘的给定信号的使能信号，它将 130 端的转盘给定信号解锁，产生相应的触发信号驱动转盘。

转盘操作步骤为：

（1）将绞车和转盘给定手轮调到零。

（2）选择合适的工况指配开关位置。

（3）将 DW-RT 开关选在 RT 位置。

（4）将 S5 置于"FWD"位或"REV"位。

（5）转动转盘手轮，手轮一离开零位，其轴所控制的微动开关动合触点闭合，驱动电磁阀，释放惯刹。顺时针旋转手轮，达到所要求的速度。

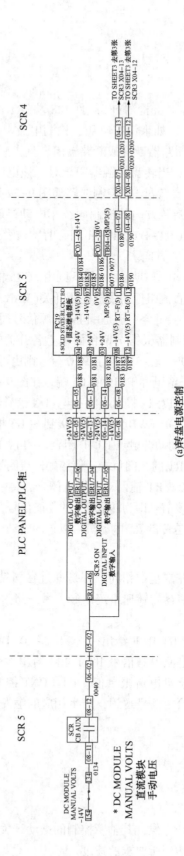

图9-22 转盘RT控制线路图

(a)转盘电源整制

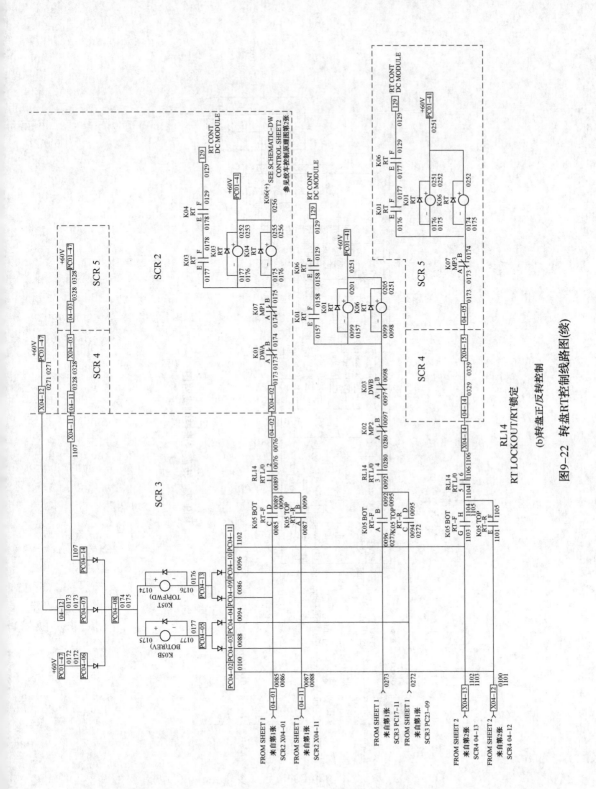

图9-22 转盘RT控制线路图(续)

(b)转盘正/反转整制

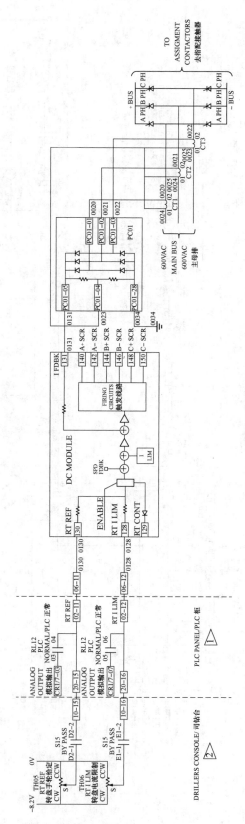

图9-23 转盘转速控制线路图

值得注意的是：①如果选择转盘 RT，只能用 RT 给定手轮控制转盘运转。这时 RT 电流限制可以调节，RT 电流表也显示数值。如果选择 RT，但用 DW 手轮控制，RT 不能运转。若选择了 DW 位置，同时将 RT 离合器挂上，用 DW 手轮控制，则 RT 可以运转，但电流限制为 DW 限制值，且不能调节。RT 电流表不显示数值，这样做不符合操作要求，应当禁止。②如果选择了 DW，但用 RT 手轮控制，则 DW 不能运转。③绞车在运行状态下，"绞车滚筒离合开关"在"合"位时不允许启动盘刹刹车。转盘运行时，也要求惯刹处于松开状态。否则，在 BY PASS 时会造成电动机堵转。

（6）根据需要，司钻可以随时改变转盘电流限制值。该值不宜太小，否则容易造成转速不稳定或堵转。

3. 转盘的控制操作

1）转盘启动控制

（1）确认转盘准备完毕。确认司钻台转盘的"转盘启/停：正转/停止/反转（RT FWD/OFF/REV）"开关的位置在"OFF"位置，确认司钻台转盘的速度给定手轮位置在起始位置，确认司钻台转盘电流限定手轮位置，根据需要，顺时针旋转转盘电流限定手轮，通常设定在量程的 80% 左右。

（2）根据正反转的需要，将转盘的"启/停：FWD/OFF/REV"开关打到"FWD"或"REV"位置，司钻台上指示灯面板的指示灯"RT BLO"亮，司钻操作人员应可以听见转盘风机启动和运转的声音。

（3）根据需要，逆时针旋转转盘的速度给定手轮到起始位置，略作停顿，顺时针旋转手轮，通常在转过 30° 时转盘开始启动运行。根据需要调节转速，顺时针旋转将加大给定值，逆时针则减小，得到需要的转速。

2）转盘停机控制操作

（1）停止转盘前做好确认，逆时针旋转转盘的速度给定手轮到起始位置，确认转盘停止运行。

（2）如果转盘电动机温度较高，需要继续运行风机，确定需要关闭风机时将转盘的"启/停：FWD/OFF/REV"开关打到"OFF"位置，司钻台上指示灯面板的指示灯"RT BLO"熄灭，确认转盘风机停止运行。

第 4 节　泥浆泵控制系统

一、泥浆泵的组成及功能

在钻井过程中，泥浆泵控制系统控制泥浆泵，把低压的泥浆压缩成高压泥浆，以高压向井底输送高黏度、大比重和含砂量较高的钻井液，用以冷却钻头、冲刷井底、破碎岩石，从井底返回时携带出岩屑。泥浆泵如图 9-24 所示。

1. 组成

（1）进线 MT 空开（2000A）。

（2）西门子 6RA70 直流传动装置（2000A）。

图 9-24　泥浆泵

（3）200PLC（接触器的吸合逻辑）。

（4）直流接触器。

（5）直流串励电动机（800kW×2）。

2. 功能

（1）泵压限幅控制，防止溢流阀泄压。

（2）智能磁化曲线控制，防飞车保护。

（3）链轮防滑报警及保护。

二、泥浆泵驱动主电路

1. 泥浆泵驱动系统

典型的泥浆泵供电电路图如图 9-25 所示。两台电动机 MP1A 和 MP1B 并联驱动一台泥浆泵运行，由 SCR1 或 SCR2 单元供电。当两台串励电动机由同一台 SCR 柜供电而驱动泥浆泵时，由于皮带轮松动或皮带断裂等故障可能使其中 1 台或 2 台电动机失去负载而超速。皮带轮滑动保护装置的作用就是检测串励电动机的电流，当电流过小转速超过速度限制值时，断开指配接触器，切断 2 台电动机电源，同时控制面板上的皮带轮滑动指示灯发亮。

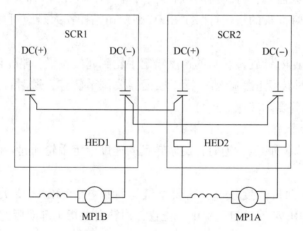

图 9-25　泥浆泵供电电路图

2. 泥浆泵控制

以 ZJ70D 直流钻机为例（见图 9-3），该系统采用 3 台泥浆泵，每台泥浆泵由两台直流电动机驱动。如泥浆泵 MP1 由 2 台电枢并联的直流电动机 MP1A、MP1B 驱动，可由 SCR1 柜或 SCR2 柜供电；泥浆泵 MP2 由 2 台电枢并联的直流电动机 MP2A、MP2B 驱动，可由 SCR3 柜或 SCR4 柜供电；泥浆泵 MP3 由 2 台电枢并联的直流电动机 MP3A、MP3B 驱动，可由 SCR5 柜或 SCR4 柜供电，具体供电方式由指配开关的选择位置来决定。如指配开关选择 4 点位置，则泥浆泵 MP1 由 SCR2 柜供电，泥浆泵 MP2 由 SCR3 柜供电，泥浆泵 MP3 由 SCR4 柜供电。相应地，连接 SCR2 柜与泥浆泵 MP1 电动机指配接触器的主接触点闭合，连接 SCR3 柜与泥浆泵 MP2 电动机指配接触器的主接触点也闭合，连接 SCR4 柜与泥浆泵 MP3 电动机指配接触器的主接触点闭合。ZJ70D 泥浆泵动力连接图如图 9-26 所示。

160

两台电动机对称地安装在泥浆泵两端，为使它们以同一转向拖动泥浆泵运转，必须使它们输出的电磁力矩方向相反，即一台电动机顺时针方向旋转，另一台电动机逆时针方向旋转。在图 9-26 中，MP1A 电动机的电枢电流方向是由 AA→A，MP1B 电动机的电枢电流方向是由 A→AA，而它们的励磁电流方向相同，都是由 F→FF。因此在磁场方向相同的条件下，电枢电流方向必须相反，才能保证旋转方向相反。

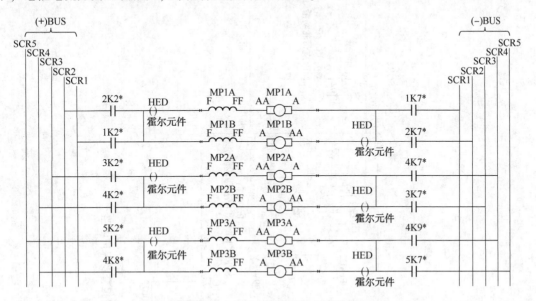

图 9-26　ZJ70D 泥浆泵动力连接图

在图 9-26 中，每台电动机的电流由霍尔效应元件 HED 测量，霍尔电势 V_H 的大小与磁感应强度 B 成正比，即与被测电流成正比。霍尔效应元件 HED 安有 4 个接线端子，2 个端子间通入 160mA 的控制电流（此时 2 端电压应为 0.7V），另 2 个端子间的输出电压为 V_H。因此，V_H 的大小反映电动机电流的数值。将 HED1 和 HED2 的两个 V_H 信号分别输至皮带轮防滑电路的输入端，即①、②两端和③、④两端进行比较，两个电流输出信号经二极管组成的"或"门，选择电势较小的一个（见图 9-27）。因为两台电动机由同一个 SCR 柜供电，它们承受同一个电压。皮带轮不打滑时，高速运转的泥浆泵正常工作。

3. 链轮防滑报警及保护电路

在泥浆泵驱动系统中，当两台串励电动机由同一台 SCR 并联驱动时，由于链轮故障可能使其中 1 台或 2 台电动机失去负载而超速（确保正电动机不因链轮打滑而飞车）。为此，链轮防滑报警及保护电路的作用就是检测串励电动机的转速，当转速超过速度限制值时，断开指配接触器，切断 2 台电动机电源，同时控制面板上的皮带轮滑动指示灯亮。链轮防滑报警及保护电路如图 9-27 所示。

如果某泥浆泵 2 台电动机中有 1 台或 2 台皮带轮防滑，将泥浆泵使能电路断开，那么该泥浆泵电动机将断电停机。如果泥浆泵在较低电压下低速运行，即使皮带轮防滑，由于电压反馈信号较低，泥浆泵将继续运行。这种工况不会引起电动机超速。

由于皮带轮防滑而使泥浆泵停止运转时，K1 的动断触点接通柜子面板上的防滑指示灯（SPROCKET SLIP），该指示灯可通过按压复位按钮（SPROCKET SLIP RESET）来熄灭。

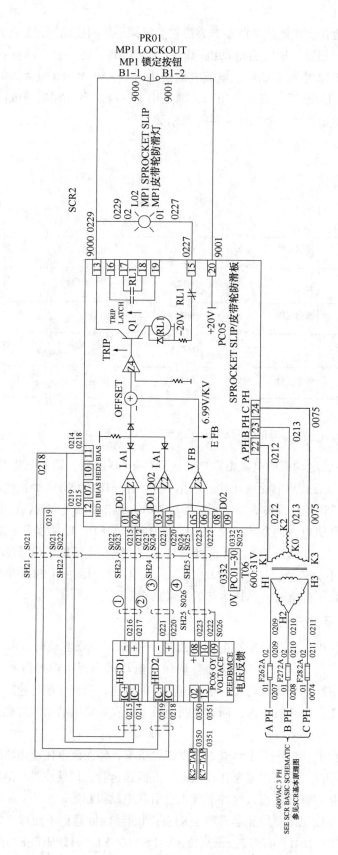

图9-27 链轮防滑报警及保护电路

三、泥浆泵运行控制

1. 泥浆泵运行状态控制

图9-28为泥浆泵MP1控制线路图。如果指配开关S1处在4点位置，则由SCR2柜向泥浆泵MP1供电。SCR2柜中的-14V电源经154号端子接到SCR2柜直流组件的手控电压开关（MANUAL VOLTS）上。经晶闸管断路器辅助动合触点（SCR CB AUX），断路器闭合时它闭合。于是-14V电源信号通过SCR2柜输到可编程控制器的ER1/4-03端子，可编程控制器根据司钻台面板上各开关的位置确定输出信号的通路。仍以S1置于4点位为例，S2、S3置于ON位，S15置于PLC位，则由可编程控制器PLC控制，可编程控制器使ER1/6-04将+24V输至固态继电器PC16的02端。当PC16-02端得到+24V DC电压时，PC16-12和PC16-11接通，令-14V DC信号通过SCR2柜中的MP1 L/0、常闭接点K06 DWA和K04 RT，将-14V信号接到主接触器K07 MP1和K02 MP1线圈的负端，接触器线圈的正端接+60V电源。这时从SCR2柜到MP1的主电路接通，K02 MP1和K07 MP1辅助动合触点闭合，将-14V信号输至直流组件中的124端（MP1 CONT），MP1 CONT信号即为泥浆泵MP1的使能信号，它将125端的泥浆泵MP1给定信号解锁（见图9-28），于是泥浆泵MP1电动机可以转动。

泥浆泵MP2、MP3电动机的控制电路同泥浆泵MP1电动机的控制电路相同，只是在这种指配状态下，泥浆泵MP2电动机由SCR3柜供电，泥浆泵MP3电动机由SCR4柜供电。

2. 泥浆泵转速控制

泥浆泵MP1的给定控制线路示于图9-29中。

泥浆泵双闭环调速的运行控制与绞车的运行控制相同，通过在司钻台上进行操作来完成。如图9-29所示，泥浆泵MP1的给定信号TH01 MP1 REF输入直流模块的125端子，通过MP1 CONT使能控制、限流等送入触发电路模块，由触发电路模块生成调节出发脉冲的相位（A+SCR、A-SCR、B+SCR、B-SCR和C+SCR、C-SCR）来调节直流电压。

速度给定受到使能电路的控制。以MP1为例（见图9-29）：当组件未被指配时，电路中①点为+5V，D48截止，从125端或126端来的速度给定信号失效。当组件被指配时，124端为-14V，图中①点电位为-14V，从125端来的速度给定信号变为负电位（-8.2~0V），从125端或126端来的速度给定信号有效。

绞车、转盘及泥浆泵的4个给定旋钮的手轮上各装有一个微动开关（MISRO SWITCH），微动开关（常闭）控制一个继电器，当手轮离开原始位置，则该触点断开。若因故断电，则继电器断开，又来电则继电器不能工作。由可编程控制器判断手轮不在零位，封锁给定信号。这4个微动开关控制各润滑泵的通断和联锁保护。

3. 泥浆泵的启/停控制

1）泥浆泵启动控制

（1）确认待运行的泥浆泵准备完毕，确认司钻台上待运行的泥浆泵的"启/停：ON/OFF"开关的位置在"OFF"位置，确认司钻台上待运行的泥浆泵的速度给定手轮位置在起始位置。

（2）将泥浆泵的"启/停：ON/OFF"开关打到"ON"位置，司钻台上指示灯面板的"MP1 BLO"指示灯亮，司钻操作人员应可以听见该泥浆泵风机启动和运转的声音。

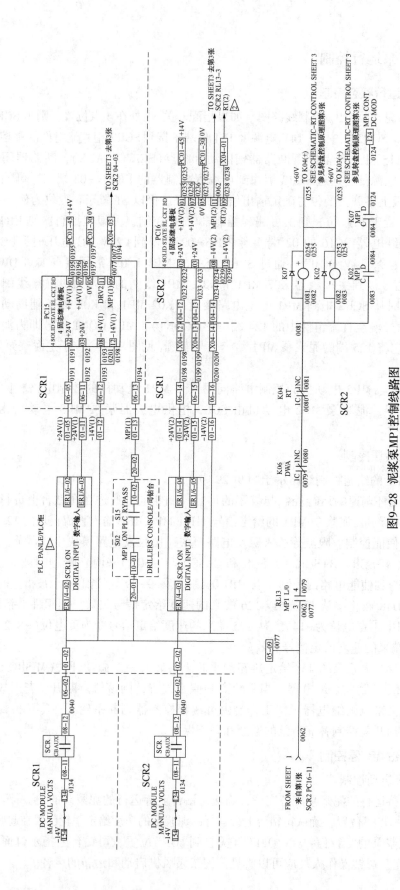

图9-28 泥浆泵MP1控制线路图

164

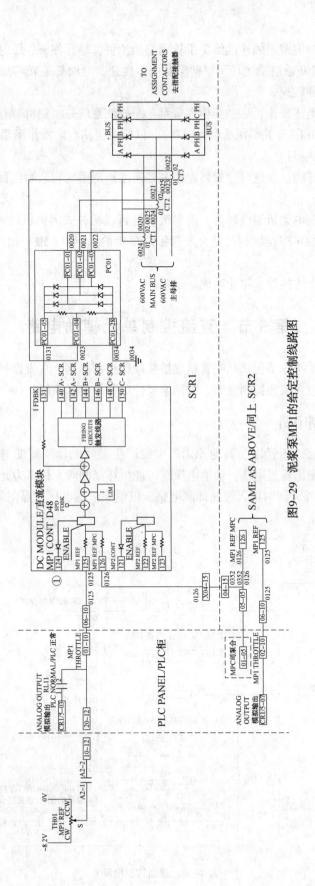

图9-29 泥浆泵MP1的给定控制线路图

（3）逆时针旋转泥浆泵的速度给定手轮到起始位置，略作停顿，顺时针旋转手轮，通常在转过 30°时泥浆泵开始启动运行。根据需要调节转速，顺时针旋转将加大给定值，逆时针则减小，得到需要的转速。

根据需要重复上述操作，启动其他泥浆泵。需要注意的是，钻机装有司泵台时，司泵台上的"启/停：ON/OFF"开关必须选在"ON"位，以便由司钻台来操作泥浆泵。

2）泥浆泵停机控制

（1）停泵前做好确认，逆时针旋转泥浆泵的速度给定手轮到起始位置，确认泥浆泵停止运行。

（2）如果泥浆泵电动机温度较高，需要继续运行风机，关闭风机时将泥浆泵的"启/停：ON/OFF"开关打到"OFF"位置，司钻台上指示灯面板的指示灯"MP1 BLO"熄灭，确认泥浆泵风机停止运行。

根据需要重复上述操作，停止其他泥浆泵。

第 5 节　直流控制单元辅助电路

每套直流控制系统除了包括晶闸管整流桥接触器控制电路、直流控制组件和皮带轮滑动防护电路外，还应包含浪涌抑制电路、脚踏速度控制和零位联锁保护。

一、浪涌抑制电路

由于电路的接通、断开以及其他原因，可能产生尖峰电压或瞬变电压(称浪涌电压)，导致晶闸管的输入端出现过电压，浪涌电压有可能损坏晶闸管元件。为此，在整流桥电路中接入 RLC 滤波电路外，同时加入浪涌抑制电路，以消除浪涌电压对晶闸管的损坏。图 9-30 所示为浪涌抑制电路。

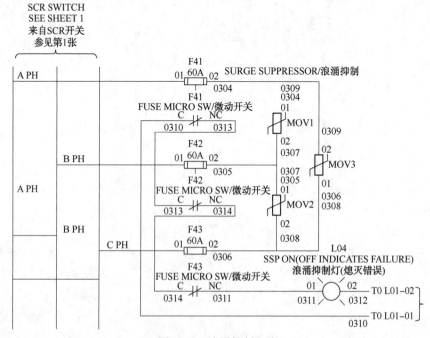

图 9-30　浪涌抑制电路

在图 9-30 中，接成三角形电路的 3 个压敏电阻 MOV1、MOV2 和 MOV3 以及带有微动开关的熔断器 F41、F42 和 F43 组成浪涌抑制电路。

每个 SCR 柜门上有一个绿色的浪涌抑制信号灯，反映瞬态交流浪涌抑制状态是否正常。当绿色的浪涌抑制信号灯是亮的（SSP ON），此时电路正常起作用；如果此信号灯熄灭，说明任意一条线路熔断器熔断，熔断器上的一些机械结构使信号灯开关分断（FUSE MICRO SW/微动开关），指示灯熄灭。

灯不亮时，也可以进行作业，然而电工维修部门需要提高警惕，应尽快进行检修，以免 SCR 元件可能被损坏。

二、脚踏速度控制

脚踏速度控制仅用于绞车，图 9-31 为 201 型脚踏控制器。安装在司钻控制房，采用不锈钢材料制成，充气正压防爆，控制器防喷淋。为了提高效率，用脚踏控制使绞车电动机快速运转。当司钻开始起钻时，首先少许转动手轮，使绞车处于拉紧猫头的转速。然后司钻踩下脚控器，取代手轮给定，绞车迅速提升。当绞车提升到所需位置时，司钻把脚从脚控器上移去，脚控器给定为零，手轮给定重新起控制作用，电动机转速又回到拉紧猫头的数值。

松开脚踏控制器后，在 10～15s 内，能耗制动会将绞车电动机的速度从全速降至预定的猫头速度。由单极接触器将直流电动机产生的电能输入能耗制动电阻中，绞车正常工作时能耗制动不工作。

三、零位联锁保护

零位联锁保护环节用来防止电动机在高电压下突然启动。如果使能电路信号在速度给定信号较高（较负）的状态下切换到-14V，零位联锁环节使速度给定信号无效。因此，司钻在切换工况

图 9-31　201 型脚踏控制器

指配开关以前，必须将手轮转到零位。只有当指配开关切换到某一工况以后，相应的调节手轮才起控制作用。

零位联锁（ZERO THROTTLE INTERLOCK）指示灯显示组件中电路的运行状态，即表明对 SCR 桥触发给定的抑制状态。当指示灯发光时，桥路电压为零。

在下面两种状态下指示灯发光：

（1）SCR 单元接通，但没有指配到任何直流电动机。

（2）司控台调节手轮回零以前，SCR 单元已指配到某一直流电动机上。当调节手轮回零，并且指配接触器接通后，指示灯熄灭。当转盘电流或绞车电流大于 1500A 时，触发脉冲被封锁，SCR 桥输出电压为零，组件面板上的过流指示灯和零位联锁指示灯发光。此时应检查过载原因和电流限制电路，然后使司钻台上的速度给定旋钮回零，重新启动电动机。

第10章 交流驱动系统的基本概念

电动钻机交流驱动系统是指由交流驱动控制系统实现对交流电动机驱动钻机设备的控制。本章主要讲述交流电动机的工作原理、特性及变频调速系统原理、控制方法，重点介绍目前钻机交流变频驱动系统中采用的矢量控制和直接转矩控制。

第1节 异步电动机的工作原理及其特性

一、异步电动机的工作原理

异步电动机是将交流电能转化为机械能，从结构上分为笼型和绕线型两类。异步电动机具有结构简单、坚固耐用、制造容易、维修方便、成本低廉等优点。随着变频调速的普及，异步电动机被应用于要求高精度、高速度控制的电力拖动系统中。

异步电动机的工作原理模型如图 10-1(a) 所示。图中 N-S 是一对可以旋转的磁极，转子由导条组成，两端闭合，形状为鼠笼型，如图 10-1(b) 所示。假设磁极以 n_0 转速顺时针旋转，形成一个旋转磁场，转子导体就会切割磁力线而生成感应电动势 e，方向如图 10-1(a) 所示。在感应电动势的作用下，闭合导体中就有电流流过，方向同电动势相同。载流导体在磁场中将受到一个电磁力的作用，由电磁力 F 所形成的电磁力矩使转子以一定的转速 n 旋转，旋转方向与磁场的旋转方向相同。转子转速 n 小于旋转磁场转速 n_0。常用转差率 s 来表征电动机的异步程度，s 定义为：

$$s = \frac{n_0 - n}{n_0} \times 100\% \tag{10-1}$$

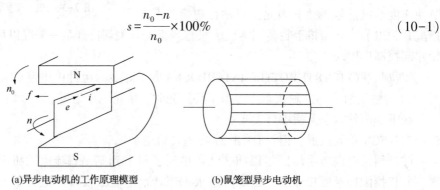

(a)异步电动机的工作原理模型　　　　(b)鼠笼型异步电动机

图 10-1　异步电动机工作原理模型

在异步电动机定子三相对称绕组中，通入三相对称交流电，气隙中便产生旋转磁场。旋转磁场的转速 n_0 与通入交流电的频率 f_1 成正比，与绕组极对数 p 成反比，则有：

$$n_0 = \frac{60f_1}{p} \tag{10-2}$$

二、异步电动机的机械特性

异步电动机的机械特性曲线如图 10-2 所示。图中表达了异步电动机的转速-转矩特性和转速-电流特性。机械特性曲线中有反映异步电动机工作特性的几个参量，分别为：

（1）启动转矩：异步电动机投入电网瞬间产生的电磁转矩称为启动转矩，通常启动转矩为额定转矩的 125% 以上。与之对应的电流称为启动电流，通常启动电流为额定电流的 6 倍左右。

（2）最大转矩：异步电动机所能产生的最大电磁转矩，表征了异步电动机的短时过载能力，此时对应的转差率称为临界转差率 s_m。

（3）空载电流：异步电动机在空载运行时的电流，此时异步电动机的转速接近于同步转速。

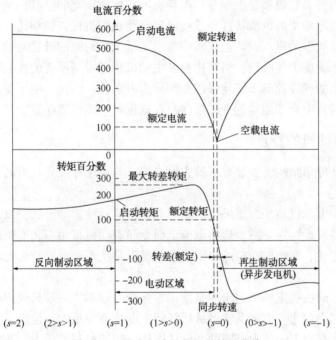

图 10-2　异步电动机的机械特性曲线

按照异步电动机转矩 T 的方向不同，异步电动机有 4 种工作状态，分别对应于 T-n 坐标平面上的 4 个象限：

状态 I：$n>0$，$T>0$，正向电动状态，工作于象限 I，能量从电动机传向负载。

状态 II：$n>0$，$T<0$，正向制动状态，工作于象限 II，能量从机械返回电动机。

状态 III：$n<0$，$T<0$，反向电动状态，工作于象限 III，能量由电动机传向负载。

状态 IV：$n<0$，$T>0$，反向制动状态，工作于象限 IV，能量由机械返回电动机。

异步电动机正常运行产生转矩，带动负载运行的区域称为电动区域。当异步电动机以高于同步转速的速度旋转运行称为回馈制动。此时，机械负载的旋转能量转换为电能，回馈到电源，即异步电动机将以异步发电机状态运行，当异步电动机拖动重力负载并运行于下降区域时，常会进入该区域运行。

将通入异步电动机的三相电源中的两相互换，旋转磁场的方向改变，从而改变异步电动机的旋转方向。而对于旋转状态下的异步电动机来说，将三相电源中的两相互换，旋转磁场的方向改变，此时异步电动机将会工作在制动状态，负载的旋转能量将被转换为电能，并消耗在异步电动机的转子电阻上。

异步电动机调速方法有许多，如变极调速、变转差率调速和变频调速等。前两种调速的转差损耗大、效率低，对电动机特性来说都有一定的局限性。变频调速是通过改变定子电源的频率来实现电动机调速的。在调速的整个过程中，从高速到低速可以保持较小的转差率，因而具有高效、调速范围宽(10%~100%)和精度高等性能，节电效果可达到20%~30%。

第 2 节　变频器专用电动机

变频器专用电动机(变频电动机)是专门为了满足变频器驱动需要而设计的，与此配套的变频器的各种内部参数也是根据专用电动机的特性而设定的，其控制性能要高于普通的异步电动机。变频电动机的机械特性和普通异步电动机的机械特性相比，具有更好的转矩特性。此外，由于变频电动机在设计上通常都考虑了低速运转时的散热问题、高速运转时的动态平衡和轴承的承受能力等问题，当使用标准电动机难以得到所需的性能时，应选用变频电动机。高性能要求的变频控制系统均采用变频异步电动机。但是，由于变频电动机需要和指定的变频器系列进行配合才能得到理想特性，在选用时应该加以注意。

一、变频电动机的特点

变频电动机从外形结构、安装要求等方面来说，与通用标准异步电动机一样，但两者设计有些差别。

通用标准异步电动机转子大多采用深槽、双笼槽或特殊槽等形式，以便得到高启动电阻和高漏电抗，提高启动转矩，减少启动电流。而变频电动机采用变频变压启动，不需采用高电阻方法启动，因此，变频电动机的转子电阻、槽形是从系统电源频率大小和变化范围来考虑设计的。

通常，异步电动机规定的额定频率是指正常运行的频率，一般只允许运行频率在额定频率附近的较小范围内变化。变频电动机的运行频率变化范围很大，规定了基值频率，允许运行频率在基值频率基础上做较大范围的变化，以适应变频控制的要求。通常，取变频电动机的基值频率作为其额定频率，按机械特性额定负载线确定长期运行极限。这样，变频电动机能适应变频调速控制系统的机械负载要求，变频电动机与逆变器也能达到优化匹配的要求。

变频电动机极数选择要比通用异步电动机的灵活些，通常在相同情况下，变频电动机极数要比通用异步电动机极数多。变频器用于普通异步电动机存在谐波电流、电压分量，谐波损耗较大，使电动机损耗增加、温升增高、输出功率下降。变频电动机铁心的磁通饱和程度低、铁心齿槽多、绕组漏抗低，绕组导线尺寸以不产生集肤效应为原则选择。绕组和铁心的设计兼顾了稳态和动态两者的要求，从而大大减少了谐波损耗，效率大幅度提高。为提高电动机热容量，变频电动机不仅采用较高绝缘等级，还采取特殊通风冷却方式，以满足变速下额定负载以及过载运行的要求。

二、变频电动机的要求

由于变频器输出的是脉宽调制波，对所供电的交流异步电动机造成了不良影响，因而对变频电动机提出一些特殊要求：

（1）由于变频器供电的电源中含有丰富的谐波，会造成电动机附加的发热、振动、噪声及扭矩波动；脉宽调制变频器的高载频化及开关器件的高速切换，对大地产生的高频漏电流通过轴承造成轴电流等不良影响。因此，变频调速异步电动机在设计时就要充分考虑这些因素，适应这些条件。

（2）变频器输出电压的脉宽调制波，其 dv/dt 很高。陡峭的电压前沿的传输，相当于行波沿动力电缆前进，输至电动机的进线端会发生反射波。这样的电压重复施加在电动机的输入端，极易引起绝缘的破坏，所以要求电动机的绝缘要加强。而且动力电缆的长度是受限制的，如果超过 100m，就必须加装正弦波滤波器（这样势必显著地增加投资和增大体积、重量）。当然，如果在变频器的输出端加装了正弦波滤波器，就可以使用普通电动机了。

（3）由于变频调速系统在开机之前要对异步电动机的参数进行自检，并以此为据进行系统优化，所以要求异步电动机的基本参数应符合设计要求，分散度不能太大。

因此，交流变频传动系统必须使用特殊设计的变频调速异步电动机，而不能使用普通交流异步电动机。

三、电动钻机用变频电动机的特点

与民用电动机相比，石油钻机的变频电动机的使用环境和运行条件有以下不同之处：

（1）调速范围宽。

（2）在沙尘环境下工作。

（3）工作在室外，四季环境变化剧烈。

（4）工作在易燃易爆环境中，要求防爆。

针对以上运行条件，石油钻机用变频电动机在结构上应具有以下特点：

（1）电动机机座与接线盒采用正压型防爆结构。

（2）由于电动机电源采用了 VVVF 逆变器系统，即电压型脉宽调制逆变器，其输出电压波形是矩形波，为了减少过渡过程的电流脉动，在设计时需要适当增大电动机的漏抗。

（3）电动机运行于谐波含量较高的矩形波电压下，由高次谐波造成的损耗不容忽视，为了减少高次谐波损耗，可将导体的截面积减小。

（4）电动机恒功率范围决定了电动机输出的最大转矩，而最大转矩又决定了电动机的漏抗，电压恒定时，最大转矩将与逆变器输出频率的平方成反比。在一般情况下，最大转矩对于运行时所需的转矩必须留有适当的余量，变频调速异步电动机的体积大小与所取转矩余量的大小存在很大关系，所以转矩余量既不能取得过大也不能取得过小，这一点在设计时也必须考虑。

（5）为了防止逆变器产生的高频电压对电动机的定子绝缘（主要是匝间绝缘）冲击而发生的疲劳损伤，电动机绝缘结构采用了耐电晕绝缘系统。

（6）逆变器供电时，加在电动机上的电压存在瞬时不平衡现象，而且开关频率较高，这样就可能在电动机内产生轴电流。当轴电流流过电动机的轴承时，就会使轴承发生电蚀而损坏。为了克服这一现象，在电动机结构设计中应尽可能减少电动机定子绕组与转子的耦合电容或采用绝缘轴承。

（7）由逆变器的高次谐波产生的旋转磁场与转子的转差较大（接近1），由此会在转子铁心上造成较大的损耗，并且石油钻机要求电动机具有较大的启动转矩，这些都会使转子鼠笼承受较大的热应力与机械应力。因此，电动机的转子导条必须采用能够长期耐受较高的热应力与机械应力的合金材料。

（8）转子导条与铁芯采用真空压力整体浸漆，以提高其冷却效果，并使转子导条与铁心之间部分绝缘，以减少转子导条与铁心之间可能出现的火花。转子导条与端环的连接采用了高频钎焊工艺，以提高焊缝的可靠性。

（9）为维护方便和提高电动机的冷却效果，电动机定子、转子之间的间隙比相同规格的民用电动机约大 1 倍。

钻机中常用的交流变频异步电动机，除进口及引进技术合资生产以外，国内研制的有永济 YJ 系列交流变频电动机规格，见表 10-1。

表 10-1　永济 YJ 系列交流变频电动机

型号	YJ13 YJ13A	YJ14 YJ14A	YJ19 YJ19A/A1 YJ19B/C	YJ21 YJ21A	YJ23	YJ27 YJ27A	YJ31	YJ31A
额定电压/VAC	550	550	600	660	600	380	690	690
额定电流/A	1040	582	517	850	714	510	960	1077
最大电流/A	1560	873	776	1280				
额定功率/kW	800	400	400	800	600	230	970	1100
额定转速/(r/min)	660	660	660	800	660	490	800	999
额定频率/Hz	33.5	33.4	33.5	40.5	33.5	33.5	40.6	50.5
绝缘等级/级	200	200	200	200	200	H	H	200
防护等级	正压防爆							
额定功率因数	0.86	0.86	0.81	0.86	0.85	0.74	0.9	0.9
额定效率/%	95	92.3	92.3	95	95	93	93	94
额定转矩/(N·m)	11575	5787	5787	9550	8684	4482	11575	10520
最大转矩/(N·m)	17360	8680	8680	14320	13000	4812	17362	
最高恒功转速/(r/min)	1060	1060	1060	1200	1060	1170	1083	1500
最高频率/Hz	54	55	55	61	54	55	60	76
冷却方式	强迫通风							
质量/kg	3100	2200	2200	3000	2650	2315	3100	3100
型号	YJ31B YJ31C/C1 YJ31D	YJ31E	YJ35/ YJ35A	YJ35H/ YJ35AH	YJ39/ YJ39A	YJ23A	YJ23A3/ YJ23A4	YJ13C1
额定电压/VAC	600	600	400	690	400	600	400	600
额定电流/A	826	575	776.3	574	556	600	1034	854
额定功率/kW	720	500	400	550	300	500	600	700
额定转速/(r/min)	600	540	687	794	653	660	672	661
额定频率/Hz	30.5	27.5	35	40.6	33.5	33.4	34	33.5

型号	YJ31B YJ31C/C1 YJ31D	YJ31E	YJ35/ YJ35A	YJ35H/ YJ35AH	YJ39/ YJ39A	YJ23A	YJ23A3/ YJ23A4	YJ13C1
绝缘等级/级	200	200	200	200	200	200	200	200
防护等级	正压防爆							
额定功率因数	0.9	0.9	0.805	0.848	0.853	0.83	0.89	0.83
额定效率/%	94	92.9	92	96	94	96	94	94
额定转矩/(N·m)	11400	8849	5557	6615	4388	7234	8526	10108
最大转矩/(N·m)	17100	13273	8335	9922	6582	10851	12789	15169
最高恒功转速/(r/min)	1180	784	1176	1984	1035	1060	1000	1200
最高频率/Hz	68	54	55	55	54	55	55	55
冷却方式	强迫通风							
质量/kg	3100		2390	3000	2315	2650		

第 3 节　变频调速的基本原理

异步电动机的转速由式(10-1)和式(10-2)可得：

$$n = \frac{60f_1}{p}(1-s) \tag{10-3}$$

式中，f_1 为电动机电源的频率，Hz；p 为电动机定子绕组的磁极对数；s 为转差率，一般为 0.01~0.06。

由式(10-3)可知，在转差率 s 变化不大的情况下，可以认为：调节电动机定子电源频率时，电动机的转速大致随之成正比变化。如果均匀地改变异步电动机的供电频率 f_1，便可平滑地调节异步电动机的转速 n。

异步电动机的电势方程为：

$$E_1 = 4.44f_1N_1k_{W1}\Phi_m \tag{10-4}$$

式中，E_1 为定子绕组中的感应电势，V；N_1 为定子绕组的匝数；k_{W1} 为定子绕组系数；Φ_m 为电动机气隙中的合成磁通，Wb。

当忽略定子绕组中的阻抗压降时，则有定子端电压为：

$$U_1 \approx E_1 = 4.44f_1N_1k_{W1}\Phi_m \tag{10-5}$$

由式(10-5)可知，若 U_1 不变，则定子供电频率 f_1 反比于气隙磁通 Φ_m。

异步电动机的电磁转矩公式为：

$$T = C_M\Phi_mI_2'\cos\phi_2 \tag{10-6}$$

式中，I_2' 为折算到定子侧的转子电流值，A；ϕ_2 为转子功率因数角，(°)；C_M 为转矩系数。

由式(10-5)可知，升高频率 f_1，则磁通 Φ_m 下降，由此电动机的电磁转矩 T 将减小。这样，在基频以下调速时，将会失去调速系统的恒转矩机械特性。同时，随着电动机极限转矩 T_{max} 的下降，有可能造成电动机堵转。反之，频率 f_1 下降，则磁通 Φ_m 将上升，这样又会使电动机磁路饱和，励磁电流将迅速上升，导致电动机铁损增加，造成电动机铁芯严重过热，不仅会使电动机输出效率大大降低，而且由于电动机过热，使得电动机绕组绝缘降低，严重时，有烧毁电动机的危险。因此，为了实现变频调速，在进行频率调节的同时，还要协调控制电动机的其他变量，保证变频调速方式的实际应用。

一、变频调速的基本原理

1. 恒磁通变频调速

当从基频(电动机额定频率)向下调速时，为了保持异步电动机的负载能力不变，应保持气隙主磁通 Φ 不变，这就要求在降低供电频率的同时降低感应电动势，保持 E_1/f_1 =常数，即保持电动势与频率之比为常数进行控制。这种控制又称为恒磁通变频调速，属于恒转矩调速方式。但是，E_1 难以直接检测和控制。当 E_1 和 f_1 的值较高时，定子的漏阻抗压降相对较小，如忽略不计，则可以近似地保持定子电压 U_1 和频率 f_1 的比值为常数，即认为 U_1/f_1 =常数。当频率较低时，U_1 和 E_1 都变小，定子漏阻抗压降(主要是定子电阻 r_1 的电压降)不能再忽略。在这种情况下，可以人为地适当提高定子电压，以补偿定子电阻压降的影响，使气隙磁通基本保持不变。

如果频率升高 f_1，磁通 Φ_m 减少，在一定的负载下有过电压的危险，这是不允许的。为此，通常要求磁通保持恒定，即：

$$\Phi_m = 常数 \qquad (10-7)$$

根据式(10-6)、式(10-7)，为了保持 Φ_m 恒定，必须保持定子电压和频率的比值不变，即：

$$\frac{E_1}{f_1} \approx \frac{U_1}{f_1} = 常数 \qquad (10-8)$$

式(10-8)是恒磁通变频原则所要遵循的协调控制条件。根据式(10-7)可知，当有功电流额定、Φ_m 为常数时，电动机的输出转矩 T 也恒定。

2. 恒功率变频调速

当从基频开始向上调速时，频率由额定值向上增大，电压 U_1 由于受额定电压 U_{1N} 的限制不能再升高，只能保持 $U_1 = U_{1N}$ 不变，这样必然会使主磁通随着 f_1 的上升而减小，相当于直流电动机基频以上的弱磁变频调速，即近似的恒功率调速方式。

电动机以 U_1/f_1 =常数恒定运行时，当定子频率 f_1 上升至额定频率 f_N 以上时，即电动机在额定转速以上运行时，如果仍按恒磁通变频调速，则应要求电动机的定子电压升高到额定电压以上。但是由于电动机绕组本身不允许耐受过高的电压，电动机定子电压必须限制在一定允许范围内，因而无法再保持恒磁通或恒转矩调速了。在这种情况下，可采用恒功率变频调速，此时气隙磁通 Φ_m 将随着频率 f_1 的升高而下降，与他励直流电动机电枢电压一定减弱磁通的调速方法类似。根据异步电动机转矩公式可知：

$$\Delta n = sn = \frac{60 f_0}{p_n} s = \frac{120 \pi r'_\tau T}{m p_n^2 U_1^2} f_1^2 \qquad (10-9)$$

式(10-9)说明，保持 U_1 为额定电压进行变频调速时，对应于同一转矩 T，转速降 Δn 随 f_1 的增加而平方倍增加，频率越高，转速降越大，即直线部分的硬度随 f_1 的增加而迅速降低。机械特性如图 10-3 所示。

由式(10-9)可知，当保持 U_1 为额定电压且 s 变化范围不大时，如果频率 f_1 增加，则转矩 T 减小，而同步机械角速度度($\Omega_s = 2\pi f_1/p_n$)将随频率升高而增大，即随着频率升高，转矩 T 减小，而转速增大。$P_M = T\Omega_s$ 可近似看作恒功率调速。

在恒转矩调速和近似恒功率调速下，定子电压和气隙磁通与 f_1 的关系如图 10-4 所示。

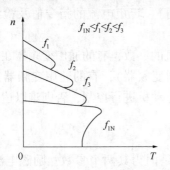
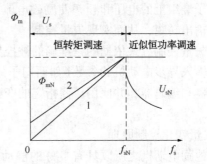

图 10-3　保持电压 U_1 为额定电压时
变频调速的机械特性

图 10-4　异步电动机变频调速的控制特性
1—不含定子压降补偿；2—含定子压降补偿

将上述两种情况综合起来，就是异步电动机变频调速时的基本控制方式。根据 U_1 和 f_1 的不同比例关系，将有不同的变频调速方式：

（1）保持 U_1/f_1 为常数，磁通也保持一个恒定的值，则保持转矩 T 为常数，为恒转矩调速。若采用比例控制方式，则适用于调速范围不太大或转矩随转速下降而减少的负载，例如风机、泥浆泵等；若采用恒磁通控制方式，则适用于调速范围较大的恒转矩性质的负载，例如升降机械、搅拌机、传送带等。

（2）近似保持功率 P 为常数的恒功率控制方式，适用于负载随转速的增高而变轻的地方，例如主轴传动、卷绕机等。

二、矢量控制变频调速原理

矢量控制 VC(Vector Control) 也称为磁场导向控制(Field-oriented control，FOC)，是一种利用变频器(VFD)控制三相交流电动机的新的控制思想和控制技术。

矢量控制的基本思想是，将异步电动机的定子电流分解为产生磁场的电流分量(励磁电流)和与其相垂直的产生转矩的电流分量(转矩电流)，并分别加以控制。在这种控制方式中必须同时控制异步电动机定子电流的幅值和相位，即控制定子电流矢量。由于处理时会将三相输出电流以矢量来表示，因此称为矢量控制。

1. 矢量变换控制的基本概念

矢量控制的基本原理是：通过测量和控制异步电动机定子电流矢量，根据磁场定向原理分别对异步电动机的励磁电流和转矩电流进行控制，从而达到控制异步电动机转矩的目的。该原理于 20 世纪 60 年代末由达姆斯塔特工业大学(TU Darmstadt)的 K. Hasse 提出。在 70 年代初由西门子工程师 F. Blaschke 在布伦瑞克工业大学发表的博士论文中提出三相电动机磁场定向控制方法，通过异步电动机矢量控制理论来解决交流电动机转矩控制问题。

早期的基于矢量控制的通用变频器，基本上采用的都是基于转差频率控制的矢量控制方式。其最大特点是，可以消除动态过程中转矩电流的波动，从而提高通用变频器的动态性能。

无速度传感器的矢量控制方式是基于磁场定向控制理论发展而来的。实现精确的磁场定向矢量控制需要检测异步电动机内磁通，然而要在异步电动机内安装磁通检测装置是很困难的。无速度传感器的矢量控制方式的基本控制思想是：根据输入的电动机的铭牌参数，按照转矩计算公式分别对基本控制量的励磁电流（或者磁通）和转矩电流进行检测，并通过控制电动机定子绕组上的电压和频率使励磁电流（或者磁通）、转矩电流的指令值及检测值达到一致，并输出转矩，从而实现矢量控制。

由于矢量控制方式依据的是准确的被控异步电动机的参数，有的通用变频器在使用时需要准确地输入异步电动机的参数（如西门子的矢量控制变频器），有的通用变频器需要使用速度传感器和编码器，并使用厂商指定的变频器专用电动机进行控制，否则难以达到理想的控制效果。

1）矢量变化控制原理

直流他励电动机之所以具有良好的静动态特性，是因为其两个参数：励磁电流 I_m 及电枢电流 I_a 是两个可以独立控制的变量，只要分别控制这两个变量，就可以独立地控制直流他励电动机的气隙磁通和电磁转矩。

在图 10-5 所示的直流他励电动机结构图中，若不考虑电枢反应的影响，可以看到 I_m 与 I_a 的确是两个相互独立的变量。直流电动机的电磁转矩为：

$$T = C_T \Phi_m I_a \tag{10-10}$$

将式（10-10）表示为图 10-5（b），式中的磁通 Φ_m 由励磁电流 I_m 产生，若忽略磁路非线性的影响，则 Φ_m 与 I_m 成正比而与 I_a 无关。在直流调速系统中（弱磁升速除外），一般主磁通 Φ_m 可以事先建立起来，而不参与系统的动态调节。

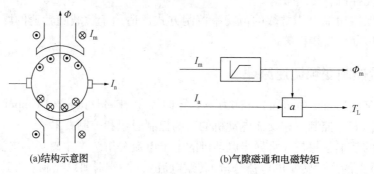

(a)结构示意图   (b)气隙磁通和电磁转矩

图 10-5 　直流他励电动机结构图

当负载转矩 T_L 发生变化时，只要调节电枢电流 I_a，即可调节电磁转矩 T，从而获得满意的动态特性。如采用转速/电流双闭环系统，还可以获得恒加/减速特性，且系统结构也不太复杂。

对于交流异步电动机，要把应用于直流电动机调速系统中的经典设计理论用于设计交流异步电动机的调速系统，就必须对交流电动机数学模型进行分析，得到近似的动态结构图，才能系统地设计有关参数，但建立异步电动机的准确数学模型相当困难。比如在异步电动机的调压调速系统中，所得到的动态结构图，就只能适用于机械特性段上某工作点附近的小范围内的稳定性判别和动态校正，而不能适合于大范围内运行。

在交流异步电动机中，电流、电压、磁通和电磁转矩各量是相互关联的，属于强耦合的状态。变频调速系统中有电压、频率两个独立的输入变量，且电压是三相的。因此，系统为多变量系统。在异步电动机中，转矩正比于主磁通与电流，而这两个物理量是同时变化的，决定了异步电动机数学模型中有两个变量的乘积项。因此，系统又为非线性系统。

2）矢量变换控制的概念

矢量控制理论的基本思想是：认为异步电动机和直流电动机具有相同的转矩产生机理，即电动机的转矩是磁场和与其相垂直的电流的乘积。矢量控制是以产生相同的旋转磁场为准则，建立三相交流绕组、两相交流绕组和旋转的直流绕组三者之间的等效关系，从而求出与异步电动机绕组等效的直流电动机模型。异步电动机交流绕组等效成旋转的直流绕组物理模型如图 10-6 所示。

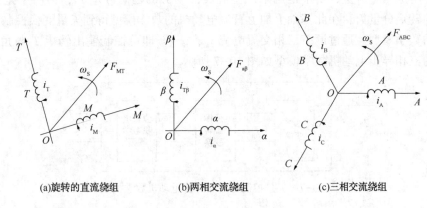

(a)旋转的直流绕组　　　　(b)两相交流绕组　　　　(c)三相交流绕组

图 10-6　异步电动机交流绕组等效成旋转的直流绕组物理模型

由三相异步电动机原理可知，当定子三相绕组空间上互差 120°，且通以时间上互差 120°的三相正弦交流电时，在空间上会建立一个角速度为 ω_S 的旋转磁场，如图 10-6(c)所示。事实上，空间上互相垂直的两相绕组 α、β，且在 α、β 绕组中通以互差 90°的两相平衡交流电流 i_α、i_β 时，也能建立一个以 ω_S 在空间旋转的旋转磁场，如图 10-6(b)所示。当该旋转磁场的大小和转向与三相绕组产生的合成磁场相同时，则认为 α、β 绕组与三相绕组等效。

在图 10-6(a)中，直流电动机的励磁绕组和电枢绕组在空间正交，将励磁绕组安放在图中所示的 M 轴，将电枢绕组安放在 T 轴。当这两个绕组通以直流电后，在空间形成一个固定的合成磁动势 F_{MT}。将 F_{MT} 与 $F_{\alpha\beta}$ 比较，当 $|F_{MT}| = |F_{\alpha\beta}|$ 时，其差异在 F_{MT} 是静止的，而 $F_{\alpha\beta}$ 是以 ω_S 在空间旋转的，如果让整个 MT 坐标轴以 ω_S 旋转起来，则此时 F_{MT} 与 $F_{\alpha\beta}$ 完全等效，即 MT 的直流绕组与 $\alpha\beta$ 交流绕组及 A—B—C 交流绕组等效。

在图 10-6(a)中，i_M 即相当于直流电动机的励磁电流分量，由它来产生直流电动机的磁场，而与磁场 Φ 垂直的分量 i_T 相当于直流电动机的电枢电流即转矩电流分量。调节 i_M 即可调节磁场的强弱，调节 i_T 即可在磁场恒定的情况下调节转矩的大小。

以定子为参照物，观察到的是一个以 ω_S 旋转的直流坐标系 MT，当旋转的 MT 为参照时，则观察到 F_{MT} 的是一个"静止"的 MT 直流坐标系，与直流电动机等效。这种等效就相当于观察者站到铁芯上与坐标系一起旋转，这时，观察者看到的便是一台直流电动机。通过对旋转坐标系上直流量中的磁场电流分量和转矩电流分量的控制，然后经过相应的坐标反变换，达到对静止坐标系上三相交流量的控制，就能控制电动机的转矩，从而达到控制异步电动机的目的。

矢量变换控制就是基于上述设想，借用直流调速系统设计中所使用的一些经典理论来进行交流调速系统的设计。

2. 矢量变换控制原理

由于异步电动机的数学模型是一个高阶、非线性、强耦合的多变量系统，很难通过分析方法来求解，通常都采用坐标变换的方法来加以改造。

矢量变换控制的基本思想是，通过数学上的坐标变换方法，把交流三相绕组 A、B、C 中的电流 i_A、i_B、i_C 变换到两相静止绕组 α、β 中的电流 i_α、i_β，再由数学变换把 i_α、i_β 变换到两相旋转绕组 M、T 中的直流电流 I_M 和 I_T。实质上就是通过数学变换把三相交流电动机的定子电流分解成两个分量，一个是用来产生旋转磁动势的励磁分量 I_M，另一个是用来产生电磁转矩的转矩分量 I_T，在此基础上加上直流电动机的数学模型得到矢量变换控制的三相异步电动机的数学模型。通过调节三相交流电流 i_A、i_B、i_C 即可控制输出转矩 T_e 与角速度 ω_1。矢量控制的三相异步电动机数学模型如图 10-7 所示。

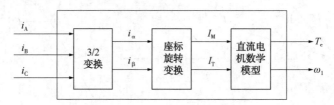

图 10-7　矢量控制的三相异步电动机数学模型

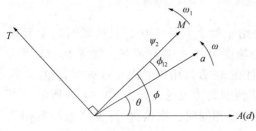

图 10-8　磁场定向的 MT 坐标系

1）磁场定向控制

图 10-8 中的二相旋转 MT 坐标系，虽然随定子磁场同步旋转，但 M、T 轴与旋转磁场的相对位置是可以任意选取的，即有无数个 MT 坐标系可供选用。对 M 轴加以取向，将它与旋转磁场的相对位置固定下来，就称为磁场定向控制。设 M 轴为沿转子总磁链 ψ_2 方向的轴（ψ_2 已折算至定子侧，故也与旋转磁场同步旋转），如图 10-8 所示。

由于将 M 轴固定在 ψ_2 方向上，所以转子磁链在 T 方向上就没有分量，即：

$$\psi_{m2} = \psi_2$$
$$\psi_{T2} = 0 \tag{10-11}$$

磁链方程为：

$$L_m I_{m1} + L_r I_{m2} = \psi_2$$
$$L_m I_{T1} + L_r I_{T2} = 0 \tag{10-12}$$

可得：

$$
\begin{bmatrix} u_{m1} \\ u_{t1} \\ 0 \\ 0 \end{bmatrix} =
\begin{bmatrix}
R_1 + L_s P & -\omega_1 L_s & L_m P & -\omega_1 L_m \\
\omega_1 L_s & R_1 + L_s P & \omega_1 L_m & L_m P \\
L_m P & 0 & R_2 + L_s P & 0 \\
\omega_{12} L_m & 0 & \omega_{12} L_r & R_2
\end{bmatrix}
\begin{bmatrix} I_{m1} \\ I_{T1} \\ I_{m2} \\ I_{T2} \end{bmatrix} \tag{10-13}
$$

转矩方程为:

$$T = n_p \frac{L_m}{L_r} I_{T1} \psi_2 \tag{10-14}$$

式(10-14)与直流电动机的转矩公式相比, I_{T1} 类似直流电动机的电枢电流。至此可以看到,采用磁场定向控制,定子三相电流被变换为两个直流分量 I_{m1} 与 I_{T1} , I_{m1} 被称为励磁分量, I_{T1} 被称为转矩分量。

当需要励磁与转矩分别控制,即要求 I_{m1} 、 I_{T1} 为某一数值时,对坐标系进行反变换,去控制 i_A 、 i_B 、 i_C 即可实现。

$$\begin{bmatrix} I_m \\ I_T \end{bmatrix} = \begin{bmatrix} \sqrt{3} I_1 \cos(\phi_1 - \phi_0) \\ \sqrt{3} I_1 \sin(\phi_1 - \phi_0) \end{bmatrix} \tag{10-15}$$

由式(10-13)第三行及式(10-12)得:

$$I_{m2} = -\frac{1}{R_2} P \psi_2 \tag{10-16}$$

再将式(10-16)代入式(10-13)第三行,得:

$$I_{m1} = \frac{R_2 + L_r P}{L_m R_2} \psi_2 = \frac{1 + T_2 P}{L_m} \psi_2 \tag{10-17}$$

式中, $T_2 = L_r / R_2$ 为转子时间常数。

由式(10-13)第四行及式(10-12)的第一个式子,得:

$$0 = \omega_{12} L_m I_{m1} + \omega_{12} L_r I_{m2} + R_2 I_{T2} = \omega_{12} \psi_2 + R_2 I_{T2} \tag{10-18}$$

所以:

$$\omega_{12} = -\frac{R_2}{\psi_2} I_{t2} \tag{10-19}$$

考虑磁场定向,将式(10-12)的第二个式子代入上式,并考虑 $T_2 = L_r / R_2$,得:

$$\omega_{12} = -\frac{L_m I_{t1}}{T_2 \psi_2} \tag{10-20}$$

转差频率控制系统可根据式(10-20)来实现。

2) 三相异步电动机磁通的检测和估算

为了实现磁场定向控制,必须准确地检测和运算出实际异步电动机的内部磁通矢量,这是磁场定向控制的关键问题。能否准确地检测和运算出磁通会直接影响到整个调速系统的控制精度。磁通检测可分为直接和间接两种检测方法。直接检测可用霍尔元件直接测气隙磁密,但因存在着工艺和技术上的问题,在低速时有较大的脉动分量,因此实用系统中多采用间接检测法,利用直接测得的定子电压、电流和转速信号,通过数学模型估算出转子磁通的大小及相位。

(1) 在二相静止坐标系上的转子磁通观测模型。

由实测的三相定子电流通过 3/2 变换可以得到二相静止坐标系上的等效电流 i_D 和 i_Q ,可得出转子磁链在二相静止坐标系上的观测模型为:

$$\psi_{\mathrm{d}} = \frac{1}{T_2 p + 1}(L_{\mathrm{m}} i_{\mathrm{D}} + \omega T_2 \psi_{\mathrm{q}})$$

$$(10\text{-}21)$$

$$\psi_{\mathrm{q}} = \frac{1}{T_2 p + 1}(L_{\mathrm{m}} i_{\mathrm{Q}} - \omega T_2 \psi_{\mathrm{d}})$$

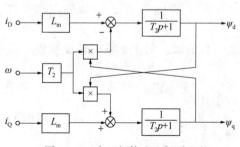

图 10-9　在二相静止坐标系上的
转子磁通运算框图

式(10-21)构成的转子磁通观测器如图 10-9 所示。根据 ψ_{d} 和 ψ_{q}，可以很容易地计算出转子磁链的大小和方向。

（2）在磁场定向二相旋转坐标系上的转子磁通观测模型。

图 10-9 是在磁场定向二相旋转坐标系上的转子磁通观测器的运算框图。检测三相定子电流 i_{A}、i_{B}、i_{C}，经 3/2 变换变成二相静止坐标系电流 i_{D} 和 i_{Q}，再经二相静止到二相同步旋转变换，并按转子磁场定向，可得 MT 坐标系下的电流 i_{m1} 与 i_{T1}，再求得 ψ_2 和 ω_{12}，最后将 ω_{12} 与实测转速 ω 相加即得 ω_1，ω_1 的积分即为 ϕ 角，于是 ψ_2 和 ϕ 均得到估算。在磁场定向二相旋转坐标系上的转子磁通运算框图如图 10-10 所示。

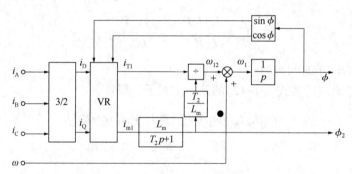

图 10-10　在磁场定向二相旋转坐标系上的转子磁通运算框图

以上两种磁通观测器的运算参数都依赖于电动机参数 T_2 和 L_{m}，故异步电动机的参数变化将会影响到磁通估算的精确度。

3. 矢量变换变频调速系统

矢量变换控制过程框图如图 10-11 所示。

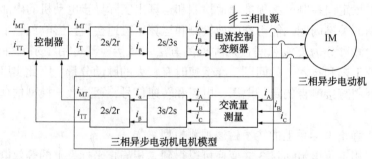

图 10-11　矢量变换控制过程框图

180

在图 10-11 中，通过对三相异步电动机数学模型建立的原理：首先将定子三相交流电流 i_A、i_B、i_C 经式（10-22）完成三相轴系到两相轴系的变换（$3s/2s$ 变换），得到二相静止坐标系上的电流 i_α、i_β；然后按照转子磁场定向，经式（10-23）完成两相静止坐标转换到两相旋转坐标变换（$2s/2r$ 变换），如图 10-12 所示；可得到 MT 旋转坐标系上电流 i_{MT}、i_{TT}，控制输出转矩 T_e 与角速度 ω_1。

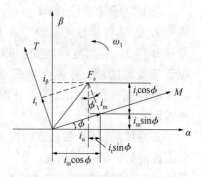

图 10-12 两相静止坐标转换到两相旋转坐标变换

$$\begin{bmatrix} i_\alpha \\ i_\beta \end{bmatrix} = \sqrt{\frac{2}{3}} \begin{bmatrix} 1 & -\dfrac{1}{2} & -\dfrac{1}{2} \\ 0 & \dfrac{\sqrt{3}}{2} & -\dfrac{\sqrt{3}}{2} \end{bmatrix} \begin{bmatrix} i_A \\ i_B \\ i_C \end{bmatrix} \quad (10\text{-}22)$$

$$\begin{bmatrix} i_{MT} \\ i_{TT} \end{bmatrix} = \sqrt{\frac{2}{3}} \begin{bmatrix} \cos\phi & -\sin\phi \\ \sin\phi & \cos\phi \end{bmatrix} \begin{bmatrix} i_\alpha \\ i_\beta \end{bmatrix} \quad (10\text{-}23)$$

以磁链开环的转差型矢量变频调速系统为例，其原理框图如图 10-13 所示。

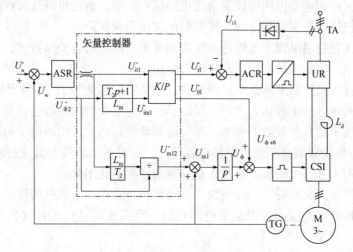

图 10-13 转差型矢量变频调速系统原理框图

ASR—速度调节器；ACR—电流调节器；K/P—直角坐标/极坐标变换器；

TG—转速检测；UR—可控整流器；CSI—电流源型逆变器

系统特点如下：

（1）速度调节器 ASR 的输出是定子电流转矩分量的给定信号，与双闭环直流调速系统的电枢电流给定信号相当。

（2）定子电流励磁分量给定信号和转子磁链给定信号 $U_{\phi 2}{}^*$ 之间的关系是式（10-17）建立起来的，其中的比例微分环节是使 i_{m1} 在动态过程中获得强迫励磁效应，以克服实际磁通的滞后。

（3）$U_{it1}{}^*$ 及 $U_{im1}{}^*$ 经直角坐标到极坐标变换器合成后产生定子电流幅值给定信号 $U_{i1}{}^*$ 和相角给定信号 $U_{\theta 1}{}^*$，前者经电流调节器 ACR 控制定子电流的大小，后者则控制逆变器换相的触发时刻，以决定定子电流的相位。

（4）转差频率给定信号 $U_{\omega 12}{}^*$ 和 $U_{it1}{}^*$、$U_{\psi 2}{}^*$ 的关系符合另一个矢量控制关系式（10-20）。

（5）定子频率信号 $=U_{\omega 1}+U_{\omega 12}$。由 $U_{\omega 1}$ 积分产生决定 M 轴（转子磁链方向）相位角 ϕ 的信号 U_ϕ，随着坐标的旋转，ϕ 角应不断增大，积分的结果正是如此。在实际电路中，ϕ 是从 0 到 2π 周而复始地变化的。θ_1 角作为定子电流矢量和 M 轴的夹角叠加在 ϕ 角上面，以保证及时的相位控制。转差型矢量控制系统 M、T 坐标的磁场定向是由给定信号确定并靠矢量控制方程来保证的，并没有实际进行转子磁通检测，这种情况属于间接的磁场定向控制。

矢量控制（转子磁场定向控制）从理论上解决了交流调速系统的静、动态性能问题，其动态性能好、调速范围宽。但在实际的应用过程中，电动机转子磁链是难以准确观测或者测量的，矢量控制的交流电动机经过等效变换就变成了近似直流电动机的控制，使交流电动机的控制得到解耦，但交流调速系统的特性受电动机参数（主要是转子电阻和电感）的影响较大。此外，在模拟直流电动机控制过程（矢量控制的核心思想）中，所用矢量旋转坐标变换异常复杂，使得实际控制效果难以达到理论分析的结果。

综上所述，在矢量空间内，将直流标量作为电动机外部的控制量，通过坐标变换，转换成交流量去控制交流电动机的运行，矢量控制方式使异步电动机的高性能控制成为可能。矢量控制变频器不仅在调速范围内可以与直流电动机相媲美，而且可以直接控制异步电动机转矩的变化，所以已经在许多需精密或快速控制的领域得到应用。

由于在进行矢量控制时需要准确地掌握控制对象电动机的有关参数进行运算，故矢量控制变频器最好采用厂家指定的专用电动机配套使用。

目前，在新型矢量控制变频器中已经增加了"参数自调整"功能。带有这种功能的变频器在驱动异步电动机进行正常运转之前，可以自动地对电动机的参数进行辨识，并根据辨识结果调整控制算法中的有关参数。例如，在交流驱动的钻机中采用西门子的矢量控制变频器 SINAMICS S120，该变频器在驱动控制钻机运行前，先对电动机的参数进行辨识，从而使矢量控制变频器可用于普通电动机，实现矢量控制变频器的通用化。

按照钻机的实际工况需要，一般将绞车、转盘和自动送钻电动机的传动系统设计成有速度传感器的矢量控制方式，而将泥浆泵电动机的传动系统设计成无速度传感器的矢量控制模式。

三、直接转矩控制变频调速原理

直接转矩控制（Direct Torque Control，DTC）是一种变频器控制三相电动机转矩的方式，其原理是依据测量到的电动机电压及电流，去计算磁链和转矩的估测值。与矢量控制不同，直接转矩控制不采用解耦的方式，在算法上不存在旋转坐标变换，而是通过检测电动机定子电压和电流，借助瞬时空间矢量理论计算电动机的磁链和转矩，并根据与给定值比较所得差值，实现磁链和转矩的直接控制，因此具有结构简单、转矩响应快以及对参数鲁棒性好等优点，但同时也带来了转矩脉动、低速时性能下降的缺点。

直接转矩控制是欧洲 ABB 公司的专利。ABB 公司的 ACS600、ACS800 和 ACS880 系列变频器均采用直接转矩控制模式。直接转矩控制（DTC）是利用空间矢量、定子磁场定向的分析方法，直接在定子坐标系下分析交流电动机的数学模型，计算和控制电动机的定子磁链和转矩。采用离散的两点式调节器（Band-Band 控制），把转矩检测值与转矩给定值做比较，使转矩波动限制在一定的容差范围内，容差的大小由频率调节器来控制，并产生脉宽调制信号，直接对逆变器的开关状态进行控制，以获得高动态性能的转矩输出。

与传统控制相比，DTC 控制是转矩控制与功率开关控制同时运行，没有单独的电压和频率的脉宽调制调节器；输出的开关控制完全基于电动机的磁通状态，通过激活电动机辨识运行达到最佳的电动机控制精度。

1. 直接转矩控制的结构与特点

1）直接转矩控制的基本结构

鉴于大惯量负载的运动系统在启动、制动时需要快速瞬态转矩响应，1985 年德国鲁尔大学的 Depenbrock 教授研制了直接自控制系统，并提出了直接转矩控制 DTC 理论。该控制理论是直接采用转矩模型和电压型磁链模型，以及电压空间矢量控制脉宽调制逆变器，实现转速和磁链的 Bang-Bang 控制，在很大程度上解决了矢量控制中计算控制复杂、特性易受电动机参数影响的问题。但要说系统一点不受电动机参数的影响，那是不可能的，毕竟计算磁链要用到定子电阻。

目前，直接转矩技术的磁链轨迹控制方案多采用德国 Depenbrock 教授提出的六边形方案和日本 Takahashi 教授提出的圆形方案。其中，磁链圆形的直接转矩控制的基本思想是：在准确观测定子磁链的空间位置和大小并保持其幅值基本恒定以及准确计算负载转矩的条件下，通过控制电动机的瞬时输入电压来控制电动机定子磁链的瞬时旋转速度，以改变它对转子的瞬时转差率，达到直接控制电动机输出转矩的目的。DTC 控制结构图如图 10-14 所示。

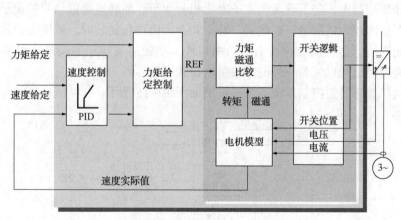

图 10-14　DTC 控制结构图

直接转矩控制的转速调节器的输出作为电磁转矩的给定信号 REF，在 REF 后面设置转矩控制环，以抑制磁链变化对转速的影响，从而使转速和磁链系统近似解耦。

直接转矩磁场定向所用的是定子磁链，只要知道定子电阻就可以把它观测出来，避开了在矢量控制技术中控制性能易受转子参数变化影响的问题。当然，定子磁链观测的准确性是DTC 技术实现的关键。定子磁链无论其幅值还是相位，若出现较大的误差，控制性能都会变坏，甚至出现不稳定。

2）直接转矩控制系统特点

DTC 系统分别直接控制电动机的转矩（转速）和磁链，而矢量控制借助于对定子电流矢量的控制，将其分解成转矩分量和磁链分量两部分，所以矢量控制又称为间接转矩控制。两种控制策略从总体控制目的上看，都能获得较高的静、动态性能，但在具体控制方法实现上，DTC 系统和 VC 系统有所不同。

（1）DTC 系统中转矩和磁链的控制采用 Bang-Bang 控制器，也叫离散滞环控制器。在脉宽调制逆变器中直接用这两个控制信号产生电压的 SVPWM 波形，从而避开了将定子电流分解成转矩和磁链分量，省去了矢量旋转变换和电流控制，简化了控制器的结构。

（2）DTC 系统选择定子磁链作为被控量，而不像 VC 系统那样选择转子磁链，计算磁连的电压模型不受转子参数变化的影响，提高了控制系统的鲁棒性。

（3）由于转矩和磁链直接采用了转矩反馈的 Bang-Bang 控制，理论上在加减速或负载变化的动态过程中，可以获得快速的转矩响应。但实际应用时必须注意限制过大的冲击电流，以免损坏功率开关器件，因此实际的转矩响应也是有限的。

总而言之，直接转矩控制之所以响应快，一方面是因为直接转矩控制采用离散滞环控制器，而矢量控制采用的是 PI 连续控制器；另一方面是因为直接转矩控制无须进行从静止至旋转的复杂的一系列坐标运算，采用了电压空间矢量对三相脉宽调制做统一处理，所以能够精确、快速地控制。

2. 直接转矩控制的基本原理

异步电动机的转速是通过转矩来控制的，异步电动机中产生的转矩为：

$$T_e = \frac{3}{2} p_n \psi_s i_s \qquad (10\text{-}24)$$

式中，ψ_s 为定子磁链空间矢量，Wb；i_s 为定子电流空间矢量，A；p_n 为电动机极对数。

在直接转矩控制中，定子磁通用定子电压积分而得，而转矩是以估测的定子磁通向量和测量的电流向量内积为估测值。在磁通、转矩和参考值进行比较时，若磁通或转矩和参考值的误差超过允许值，会切换变频器中的功率器件，使磁通或转矩的误差可以尽快缩小。因此，直接转矩控制也可以视为一种磁滞或继电器式控制。

异步电动机直接转矩控制系统的组成框图如图 10-15 所示。

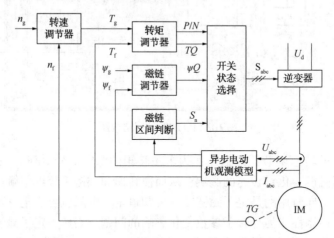

图 10-15　异步电动机直接转矩控制系统的组成框图

如图 10-15 所示，直接转矩控制系统从功能上可分为两个部分。

第一部分：电动机状态观测。通过电流、电压和转速反馈值观测异步电动机的运行状态，如转矩反馈值 T_f、磁链反馈值 Ψ_f 和磁链运行区间信号 S_n，观测单元包括三相到两相的变换、转矩观测、磁链观测、磁链运行区间判断等。

第二部分：比较选择。反馈值（T_f、Ψ_f）与给定值（T_g、Ψ_g）比较后经调节器通过 Bang-Bang 控制形成转矩调节信号 TQ、零电压矢量 P/N 和磁链调节信号的 ΨQ，开关状态选择单

元根据信号 ΨQ、TQ、P/N 和 S_n 去选择控制逆变器的开关状态，输出相应的 U_s，实现异步电动机的转矩和转速调节。

1）转矩–转速调节原理

（1）转矩调节。

转矩调节的任务是实现对转矩的直接控制，为了控制转矩，转矩调节必须具备两个功能：①转矩两点式调节器（Bang–Bang 控制器）直接调节转矩；②P/N 调节器在调节转矩的同时控制定子磁链的旋转方向。

转矩调节器原理如图 10-16 所示，它由转矩两点式调节器和 P/N 调节两部分组成，调节器由施密特触发器构成，容差分别为 $\varepsilon_{P/N} > \varepsilon_m$。输入是转矩给定值 T_g 与转矩反馈值 T_f 的差，即 $T_g - T_f$，输出则是调节信号 P/N 和 TQ。只有在转矩给定值变化较大时，P/N 调节器才参与调节。具体的调节过程如图 10-17 所示。

当 P/N 和 TQ 信号都为"1"态时，选择正转的工作电压，转矩迅速上升。在 t_0 时刻，转矩上升到容差上限 $+\varepsilon_m$，TQ 信号变为"0"态，施加零电压，于是定子磁链静止不动，但由于转子磁链继续旋转，所以转矩以较小的斜率慢慢下降。t_1 时刻转矩给定值从 T_{g1} 突然下降到 T_{g2}，此时 P/N 和 TQ 的容差上限都在实际转矩之下，因此 P/N 和 TQ 信号都变为"0"态，施加反转的电压，使得转矩以较大的斜率下降。到 t_2 时刻，转矩到达容差下限 $-\varepsilon_m$ 处，于是 TQ 信号变为"1"态，而 P/N 和 TQ 信号仍为"0"态，这时施加零电压，定子磁链静止不动，因而转矩又缓慢下降。到 t_3 时刻，转矩到达 P/N 调节器的容差下限 $-\varepsilon_{P/N}$ 处，P/N 信号变为"1"态，此时 TQ 信号仍为"1"态，施加正转的电压，则转矩又迅速增加。t_4 时刻，P/N 信号变为"1"态，此时 TQ 信号仍为"0"态，施加零电压，转矩又缓慢下降，重复 $t_0 \sim t_1$ 的过程。以上分析了转矩调节器在转矩给定值变化较大时一个完整的转矩调节过程。

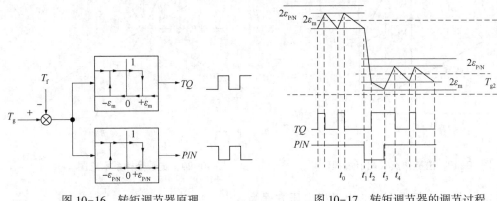

图 10-16 转矩调节器原理　　　　图 10-17 转矩调节器的调节过程

转矩调节器的两个输出信号状态与定子磁链矢量的运转状态之间的关系已归纳到表 10-2 中。

表 10-2 转矩调节器的状态与定子磁链矢量的运转状态的关系

TQ	P/N	ψ_s	TQ	P/N	ψ_s
0	1	静止	0	0	反转
1	1	正转	1	0	静止

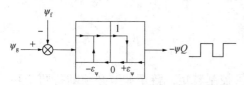

图 10-18　磁链调节器原理

（2）磁链调节。

磁链调节的任务是对磁链量进行调节，以维持磁链幅值在允许的范围内波动。磁链调节器也是由施密特触发器构成的，对磁链幅值进行两点式调节，容差为$\pm\varepsilon_\psi$，如图 10-18 所示。输入是磁链给定值与磁链反馈值的差，输出则是磁链调节信号$-\psi Q$。

磁链调节的过程见图 10-19，定子磁链在由点 1 向前运动的过程中，由于定子电阻压降的影响，幅值慢慢降低；到达 2 点时，磁链幅值下降到容差的下限$-\varepsilon_\psi$，此时磁链调节信号$-\psi Q$ 变为"1"态，施加$-120V$ 电压，磁链由 2 点运动到 3 点，幅值增加；到达 3 点时，磁链幅值上升到容差的上限$+\varepsilon_\psi$，此时磁链调节信号$-\psi Q$ 变为"0"态，$-120V$ 电压断开，磁链由于定子电阻压降的影响又慢慢降低，重复以前过程。由分析可知，磁链调节的作用使得磁链在运动过程中始终在$\pm\varepsilon_\psi$波动，保证了磁链幅值的恒定。

2）直接转矩磁链观测模型

在直接转矩控制中，采用空间矢量的分析方法，在定子静止 $\alpha\beta$ 坐标系下描述异步电动机的方程和模型。定子坐标系的分布如图 10-20 所示，空间矢量在 α 轴上的投影称为 α 分量，在 β 轴上的投影称为 β 分量。

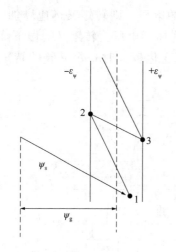

图 10-19　磁链两点式调节过程

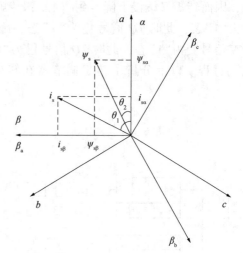

图 10-20　定子坐标系示意图

在定子 α-β 坐标系下异步电动机电压方程为：

$$
\begin{bmatrix} u_{s\alpha} \\ u_{s\beta} \\ 0 \\ 0 \end{bmatrix} = \begin{bmatrix} R_s & 0 & 0 & 0 \\ 0 & R_s & 0 & 0 \\ 0 & 0 & R_r & 0 \\ 0 & 0 & 0 & R_r \end{bmatrix} \begin{bmatrix} i_{s\alpha} \\ i_{s\beta} \\ i_{r\alpha} \\ i_{r\beta} \end{bmatrix} + \begin{bmatrix} p & 0 & 0 & 0 \\ 0 & p & 0 & 0 \\ 0 & 0 & p & 0 \\ 0 & 0 & -\omega_r & p \end{bmatrix} \begin{bmatrix} \psi_{s\alpha} \\ \psi_{s\beta} \\ \psi_{r\alpha} \\ \psi_{r\beta} \end{bmatrix}
\tag{10-25}
$$

磁链方程为：

$$\begin{bmatrix} \psi_{s\alpha} \\ \psi_{s\beta} \\ \psi_{r\alpha} \\ \psi_{r\beta} \end{bmatrix} = \begin{bmatrix} L_s & 0 & L_m & 0 \\ 0 & L_s & 0 & L_m \\ L_m & 0 & L_r & 0 \\ 0 & L_m & 0 & L_r \end{bmatrix} \begin{bmatrix} i_{s\alpha} \\ i_{s\beta} \\ i_{r\alpha} \\ i_{r\beta} \end{bmatrix} \qquad (10-26)$$

（1）转矩观察模型。

电磁转矩的估计值为：

$$T_e = p_n \psi_s i_s = p_n (\psi_{s\alpha} i_{s\beta} - \psi_{s\beta} i_{s\alpha}) \qquad (10-27)$$

根据式（10-27）构成的转矩观测模型框图如图 10-21 所示。

（2）磁链观测模型。

异步电动机定子磁链观测模型通常采用全速范围内都实用的高精度磁链模型，称为 $u-n$ 模型，也叫电动机模型。$u-n$ 模型由定子电压、电流和转速来获得定子磁链，所用的数学方程式如下：

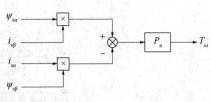

图 10-21　异步电动机转矩观测模型

$$\left.\begin{array}{l} T_r \dfrac{d\psi_{r\alpha}}{dt} + \psi_{r\alpha} = L_m i_{s\alpha} + T_r \omega_r \psi_{r\beta} \\[2mm] T_r \dfrac{d\psi_{r\beta}}{dt} + \psi_{r\beta} = L_m i_{s\beta} + T_r \omega_r \psi_{r\alpha} \end{array}\right\} \qquad (10-28)$$

$$\left.\begin{array}{l} \psi_{s\alpha} = \int (u_{s\alpha} - i_{s\alpha} R_s)\,dt \\[2mm] \psi_{s\beta} = \int (u_{s\beta} - i_{s\beta} R_s)\,dt \end{array}\right\} \qquad (10-29)$$

$$\left.\begin{array}{l} \psi_{s\alpha} \approx \psi_{r\alpha} + L_\sigma i'_{s\alpha} \\[2mm] \psi_{s\beta} \approx \psi_{r\beta} + L_\sigma i'_{s\beta} \end{array}\right\} \qquad (10-30)$$

式中，$T_r = L_r/R_r$ 为转子的时间常数；$L_\sigma = L_{s\sigma} + L_{r\sigma}$ 中，$L_{s\sigma}$ 为定子漏感，$L_{r\sigma}$ 为转子漏感。

由以上 3 组方程构成 $u-n$ 模型，如图 10-22 所示。模型中电流调节器 PI 单元的作用是，强迫电动机模型电流和实际的电动机电流相等。

3. 直接转矩变频调速系统

1）基于占空比控制技术的异步电动机直接转矩控制系统

基于占空比控制技术的异步电动机直接转矩控制系统如图 10-23 所示。由检测到的三相电流和电压经过 3s/2s 变换，转换为静止两相坐标系下的电流和电压。经过定子磁链、磁链角、转矩计算单元得到实际的定子磁链 $\psi_{s\alpha}$、$\psi_{s\beta}$ 和转矩值 T_e。与基本的异步电

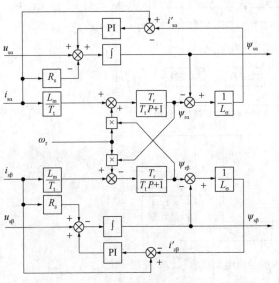

图 10-22　异步电动机定子磁链 $u-n$ 模型图

187

动机直接转矩控制系统相比，新系统中增加了占空比产生的部分。在每个周期开始时，对定子磁链与电磁转矩进行估算。测量得到的实际转速值与给定转速值经过单神经元速度控制器得到参考转矩值。计算出的定子磁链幅值 $\psi_{s\alpha}$、$\psi_{s\beta}$ 与转矩值 T_e 分别与它们的参考值(ψ_s^* 和 T_θ^*)相比较，误差经过各自的滞环比较器得到误差等级(T_Q 和 ψ_Q)。在电压矢量选择表中，根据 T_Q 和 ψ_Q 以及定子磁链矢量的位置，选择出工作电压矢量 u。占空比则由所设计的占空比控制器得出，其推导是借助于电磁转矩方程及合成电压矢量的思想得到的。

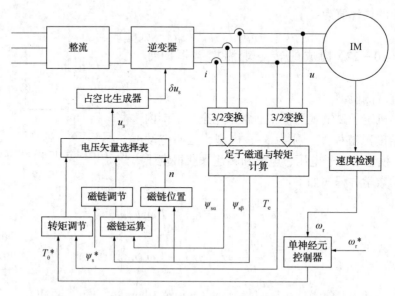

图 10-23　基于占空比控制技术的异步电动机直接转矩控制系统

2）基于空间矢量调制技术的异步电动机直接转矩控制系统

基于空间矢量调制技术的异步电动机直接转矩控制系统如图 10-24 所示。

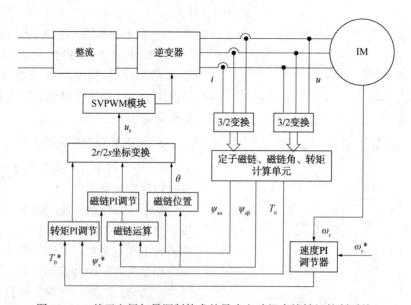

图 10-24　基于空间矢量调制技术的异步电动机直接转矩控制系统

在图 10-24 中，与基于占空比控制技术的异步电动机直接转矩控制系统相同的是：检测三相电流和电压经定子磁链、磁链角、转矩计算单元得到实际的定子磁链 $\psi_{s\alpha}$、$\psi_{s\beta}$ 和转矩值 T_e。将计算出的值与给定磁链、转矩做比较，得到磁链和转矩的误差。

磁链的误差经过 PI 调节器得到 u_{sd}，转矩的误差经过 PI 调节器得到 u_{sq}。经过 2r/2s 变换得到 u_α 和 u_β，再输入 SVPWM 模块中，通过计算得到相邻的工作电压矢量及零电压矢量的作用时间，以控制逆变器各个开关的导通与关断，从而可以得到精确消除磁链和转矩误差的电压信号。

综上所述，基于 PI 调节的直接转矩控制与按定子磁场定向的矢量控制相似，但二者是有区别的。定子磁场定向的矢量控制基于同步旋转坐标系，定向于定子磁链 d 轴，q 轴磁链为 0，另外还要对 d 轴方向上的磁链和 q 轴方向上的电流进行解耦。而基于 PI 调节的直接转矩控制并不需要，只需要使转矩输出和定子磁链反馈通过 PI 调节的方法来跟随给定即可，因此比较容易实现，并且相对于传统的直接转矩控制可以提高开关频率，降低了在低速下的转矩脉动。但是在这种方法中需要选取合适的 PI 参数，否则会影响控制系统的动、静态性能。

第 4 节　变频调速时的机械负载特性

负载种类不同，其转矩 T 与转速 n 的关系也不同，选用变频器应根据负载特性正确选择，以发挥变频器的性能。负载在运行过程中受工况变化和工件状态变化等的影响，呈现的负载特性是变化的，因此应根据工艺的要求和可能发生的工况变化及工件可能出现的状态，确定主要的负载特性，以此作为选择变频器的依据，并根据其他可能出现的特性，确定应采取的措施，必要时应选用相应的可选件协调运行。

一、变频调速时电动机的转矩特性

由电动机理论可知，对异步电动机进行调速控制时，异步电动机的主磁通应保持额定值不变。若磁通太弱，铁芯利用不充分，在同样的转子电流下，电磁转矩小，异步电动机的负载能力下降；而磁通太强，则处于过励磁状态，使励磁电流增大，此时负载能力也要下降，否则会因定子电流的负载分量不能太大，导致异步电动机过热。异步电动机的气隙磁通（主磁通）是定子、转子合成磁动势产生的，电动机运行时应使气隙磁通保持恒定。

由式(10-5)可见，若异步电动机端电压 U_1 不变，则随着电源频率 f_1 的升高，气隙磁通 Φ 将减小。又从转矩公式(10-7)可以看出，磁通 Φ 的减小势必导致异步电动机允许输出转矩 T 下降，降低电动机的出力；同时，异步电动机的最大转矩也将降低，严重时会使电动机堵转。若维持端电压 U_1 不变，而减小 f_1，则气隙磁通 Φ 将增加。这就会使磁路饱和，励磁电流上升，导致铁损急剧增加，这也是不允许的。

在采用变频器驱动的异步电动机调速控制系统中，异步电动机的输出转矩特性与电网供电时的异步电动机输出（转速-转矩曲线等）不同，决定了变频器的输出特性。其中，变频器输出的 U/f 值决定异步电动机连续额定输出，而变频器的最大输出电流将决定异步电动机瞬间最大输出转矩。图 10-25 给出了异步电动机在 U/f 控制方式变频器驱动下的异步电动机转矩特性。

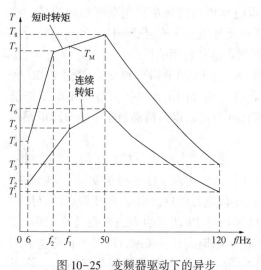

图 10-25　变频器驱动下的异步
电动机转矩特性

图 10-25 中：

（1）当频率为 50Hz、4 极电动机且额定转矩为 100% 时，由于变频器的输出电压不会高于电网电源电压，当异步电动机在额定频率 50Hz 以上运转时，由于 U/f 比值减小，输出转矩会变小。从另一角度来说，由于异步电动机定子绕组阻抗的电压降增大，作用在转子绕组上的感应电动势将减小，其转矩按转速的反比规律减小。

（2）当变频器的输出频率在 $f_1 \sim 50Hz$ 区间变化时，输出电压通常保持不变，呈恒转矩特性，但由于转速的降低，将导致异步电动机冷却能力下降，致使温升增大，运行转矩也将下降。

（3）当变频器的输出频率在 $6 \sim f_2$ 区间变化时，异步电动机冷却能力进一步下降，而且异步电动机定子绕组的阻抗压降的相对影响增大，使得运转转矩大幅度下降，运转频率越低，变频器输出电压越低，异步电动机内部压降的影响越大，运行转矩也将较大幅度下降。

（4）当在低频下，如 6Hz 以下启动、运行时的转矩，是由变频器最大输出电流或瞬间过电流能力决定的。

二、变频器驱动恒转矩负载

恒转矩负载的特点是，当转速发生变化时，要求转矩保持恒定。与直接由电网供电时相比，由于谐波的影响，电动机的温升要增高；由于低速时电动机的冷却风扇降速，冷却效果变差，会发生过热现象，使得转矩提升受到限制。因此，如需要在低速区长时间保持恒转矩，对电动机的轴功率应降低使用，或根据运行频率的不同，对负载转矩做相应的折扣，使电动机容量适当增大。

高性能矢量控制变频器具有全程自动转矩增强功能，只有在电动机加速时提高 U/f 的比值，而当稳速运行时，按运行电流比例增加 U/f 值，实现自动调整 U/f 值，满足负载转矩的需要。

三、变频器驱动泵类负载

泵类负载的特点是，负载转矩随转速按二次方关系发生变化，随着转速的降低，转矩也变小。例如：风机、泵等流体机械，在低速下负载（流量、流速）小，所需转矩也小；随着转速的增加，流量、流速加大，所需转矩越来越大，其转矩大小以转速的二次方的比例增减。对于泵类负载来说，多属长期工作制，其特点是启动转矩小、运行稳定，随着转速的降低，所需转矩以二次方的比例下降，所以低频时的负载电流很小，异步电动机也不会发生过热现象。因此，一般的风机、泵类设备很适合采用 U/f 控制的变频器进行驱动。

由于负载的飞轮转矩 GD^2 很大，必须慎重设定加、减速时间，也应注意在再启动时可能出现超出预想的大启动转矩、过电流跳闸等情况。另外，应对风机、泵的最高转速加以限制，不要设置在靠近工频运行，因为当某些原因发生时，会使异步电动机超过基频转速运转，这样负载所需的动力随转速的提高而急剧增加，极易超出异步电动机和变频器的容量，导致运行中发生过热现象。

四、变频器驱动恒功率负载

恒功率负载的特点是，输出功率为恒定值，与转速无关，转矩随转速反比变化，转速越高转矩越小。对于恒功率特性的负载，在工频以上频率范围内，变频器输出为恒定电压控制，电动机产生的转矩与负载转矩变化趋势相反。由于电动机产生的转矩为磁通与转子电流的乘积，所以在驱动恒功率负载时，为了确保低速高转矩，需要加大磁通量和异步电动机的定子电流和转子电流。

第11章　变频控制系统

在钻机变频驱动控制中，主要有以 ABB 公司为代表的直接转矩控制技术(DTC)和以西门子公司为代表的矢量控制技术(VC)两大流派。

目前，电动钻机交流调速控制模块主要采用的是西门子的多传动变频器 S120 系列柜式 6SL3720-X，单传动变频器为 G150 系列和 ABB 公司的 ABB ACS880 系列变频器。

第1节　钻机变频驱动系统的组成

变频系统可以分成整流环节、中间滤波和逆变环节 3 个主要环节，钻机变频驱动系统结构如图 11-1 中 A 模块所示。

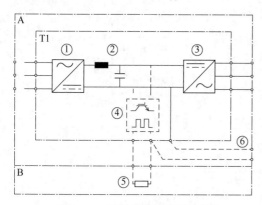

图 11-1　钻机变频驱动系统结构

在图 11-1 中，A 为变频驱动柜；T1 为驱动模块；B 为制动电阻柜。变频器各组成部分的功能为：①整流器，将工频电源变换为直流电源；②中间滤波，整流器和逆变器之间的直流中间电路，对直流电压进行稳压的"中间滤波"部分；③逆变器，将直流电转换为交流电；④制动斩波器，用户在需要时获取并安装制动电阻；⑤制动电阻；⑥直流电缆连接母线。

其中，①主回路实现给异步电动机提供变压变频的电力变换电路。主电路由 3 部分组成：整流电路、中间电路和逆变电路。②控制回路包括控制主板及其接口与检测电路、故障报警与显示电路、风机控制回路等。目前，交流钻机常采用 ABB 公司的 BCU 和 ZCU 控制器，以及西门子公司的 CU320 控制器。

一、整流电路

SCR 整流桥是由 6 个二极管/晶闸管构成的三相全波整流电路，主要用于脉宽调制变频器，其电路结构如图 11-2 所示。整流输出的直流电压 U_d 经电容滤波后送至逆变器。整流器输入电流为电容的充电电流，其谐波含量较大。一般在交流侧输入端串联电抗器，使网侧功率因数接近于 1。

如图 11-3 所示，触发角 $\alpha=30°$、90°时 SCR 整流桥 U_d 的输出波形。

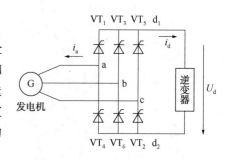

图 11-2　整流器电路结构

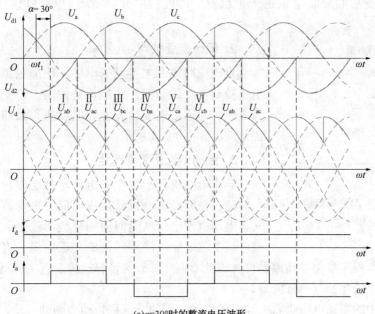

(a)α=30°时的整流电压波形

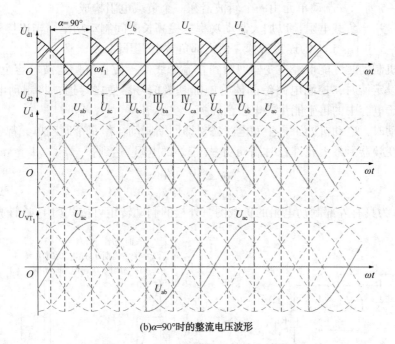

(b)α=90°时的整流电压波形

图 11-3 SCR 整流桥 U_d 的输出波形

二、中间电路

直流母线是由整流单元供电，经中间电路供电给逆变器的直流电压系统。中间电路主要通过接入大电容来实现滤波功能，通过制动电阻吸收电动机的再生电能。

1. 滤波电路

虽然整流电路可以从交流电源得到直流电压，但是这种电压含有频率为电源频率 6 倍的纹波，则逆变后的交流电压也产生纹波。因此，用大容量电容对整流后输出电压进行滤波。

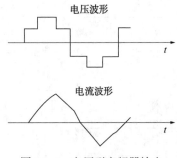

图 11-4　电压型变频器输出
电压波形和电流波形

2. 电压型变频器

直流电路接入大容量的电容，使加在负载上的电压值不受负载变动的影响，基本保持恒定。逆变输出电压波形为方波，而输出电流的波形经电动机负载的滤波后接近于正弦波，如图 11-4 所示。

3. 制动单元和制动电阻

异步电动机处于再生发电制动状态时，传动系统中所存储的机械能经电动机转换成电能，逆变器的 6 个晶闸管又将电动机发出的电能回馈到直流母线上。因为回馈到直流母线上的电能不能再回馈给交流电源，直流母线电压升高，电压升高会损害变频器功率器件，因此要将此部分能量释放掉。直流回路中的制动电阻和制动单元用于消耗掉这部分能量。

直流回路中的制动电阻吸收电动机的再生电能的方式称为动力制动，动力制动单元的原理图如图 11-5 所示，制动单元由一个斩波器和一个负载电阻构成。

可以外接一个负载电阻，以加大制动功率或提高长时间制动功率。当连接外部制动电阻时，将图 11-5 中 H_1 与 H_2 的连接拆掉，使内部负载电阻开路。

当电动机制动时，能量经逆变器回馈到直流母线侧，使直流侧滤波电容上的电压升高。当该值超过设定值时，控制电路给晶体管施加基极信号，使之导通，将制动电阻与电容并联，则存储于电容中的再生能量经电阻消耗掉。

动力制动时，电动机处于再生发电状态，即回馈制动，但每个制动单元都各有自己的负载电阻。在变频器上最大允许长时制动功率(带外部电阻)达到：

$$P_{DBMAX} \leqslant 0.6 P_{CONV}$$
$$P_{20MAX} \leqslant 2.4 P_{CONV} \tag{11-1}$$

图 11-6 为具有外部制动电阻的负载图。外接的制动转矩可按式(10-4)计算。

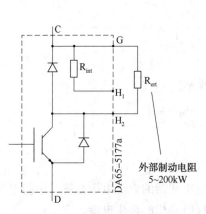

图 11-5　具有外部制动电阻的
制动单元原理图

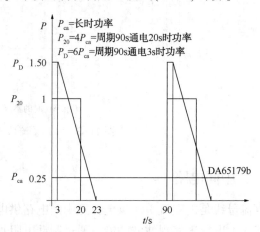

图 11-6　具有外部制动电阻的负载图

194

1）制动转矩 T_B

$$T_B = \frac{(GD_m^2 + GD_L^2)(n_1 - n_2)}{375 t_s} - T_L \qquad (11-2)$$

式中，GD_m 为电动机飞轮矩，$N \cdot m^2$；GD_L 为负载飞轮矩，$N \cdot m^2$；T_L 为负载转矩，$N \cdot m$；n_1 为制动开始转速，r/min；n_2 为制动结束转速，r/min；t_s 为制动电阻在一个工作制周期内工作的时间，s。

2）制动电阻 R_B

在附加制动电阻进行制动的情况下，电动机内部的有功损耗部分折合成制动转矩，大约为电动机额度转矩的20%。由此，可用下式计算制动电阻：

$$R_B = 9.55 \frac{U_C^2}{(T_B - 0.2 T_N) n_1} \qquad (11-3)$$

式中，U_C 为直流回路电压，V；T_B 为制动转矩，$N \cdot m$；T_N 为电动机额定转矩，$N \cdot m$。

三、逆变器

逆变电路是与整流电路相对应，把直流电变成交流电称为逆变。逆变器接成三相桥式电路，组成三相交流变频电源。图11-7所示为由电力电子开关 $S_1 \sim S_6$ 组成的三相逆变器主电路。电力电子开关选择绝缘栅双极型晶体管IGBT。在一个周期中，控制各个开关导通和关断时间，则可得到不同的输出频率。

绝缘栅双极型晶体管IGBT是一种结合了大功率晶体管和场效应晶体管二者特点的复合型器件。它既有场效应器件的工作速度快、驱动功率小的特点，又具备了大功率晶体管的电流能力大、导通压降低的优点。其驱动简单、容易保护，不用缓冲电路，开关频率高。图11-8为其等效电路及其电路图符号。

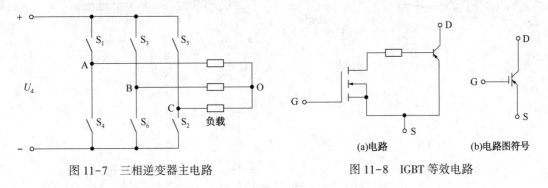

图11-7 三相逆变器主电路　　　　图11-8 IGBT等效电路

在钻机变频传动系统中，采用矢量控制的变频器有如下优点：

（1）全数字化，具有多种控制方式；配以制动单元可实现四象限运行，调速范围大，控制精度高，动态性能好。

（2）参数改变方便灵活，有些参数可在线修改。

（3）完善的自诊断、自保护功能。防止故障进一步扩大，缩短故障维修时间。

（4）完善的自优化功能。

（5）强大灵活的通信功能，通过USS协议或Profibus-DP协议，使变频器可以在本地或远程进行控制、监测和参数设置，并和PLC构成现场总线网络控制系统。

（6）开关量输入、输出及模拟量输入、输出口供系统灵活选用。

（7）保护功能齐全，具有开机自检、电源电压检测、逆变器温度过热保护、缺相保护、直流母线电压高、直流母线电压低、电动机堵转、过流、通信中断等故障保护和外部故障停机功能。

第 2 节　ABB ACS880 变频器

交流电动钻机多传动控制系统中使用较多的是 ABB ACS880-07 系列变频器，在单传动控制系统中使用较多的是 ABB ACS880-01 系列变频器。ACS880 系列变频器可支持交流感应电动机、永磁同步电动机、伺服电动机以及新型同步磁阻电动机。在电动机从停机状态变成最大转矩和速度的状态时，DTC 可在无须编码器或位置传感器的情况下控制电动机。DTC 可提高设备的过载承受能力，提供大启动转矩，减少设备承受的机械应力。

一、ACS880 控制单元

ACS880 电动机是基于直接转矩控制（DTC）实现变频调速的。ACS880 控制单元采用半导体开关控制，实现电动机的定子磁通和转矩的精确控制。只有在实际转矩和定子磁通值与给定值不同并超过允许的磁饱和现象时，开关频率会发生改变。ACS880-07 控制单元与电源的连接图如图 11-9 所示。

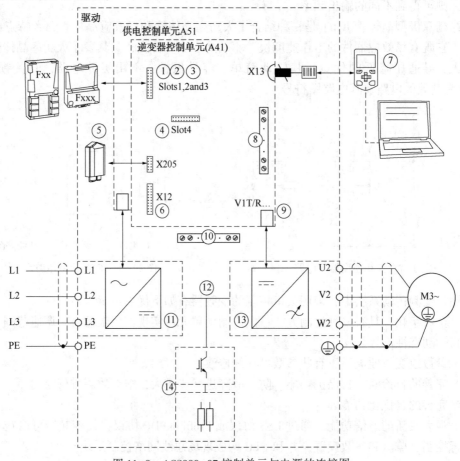

图 11-9　ACS880-07 控制单元与电源的连接图

在图 11-9 中，①②③④为模拟和数字 I/O 扩展模块、反馈接口模块和现场总线通信模块；其中，模拟和数字 I/O 扩展模块可选插槽 1、2 和 3；反馈接口模块（如速度反馈）可选插槽 1、2 和 3；现场总线通信模块可选插槽 1、2 和 3；RDCOxx DDCS 通信选件模块（标准设备）可选插槽 4；附加模块可安装于已连接到 4 号槽 RDCO 模块的可选 FEA-03 扩展适配器上。⑤为存储单元。⑥为 FSO-xx 安全功能模块连接。⑦为控制盘和 PC 连接。⑧为逆变器控制单元上的端子排。可将这些端子选择性地接线到传动辅助控制柜中的端子排 X504。⑨为每个逆变器模块的光纤链路。类似地，每个供电模块也将通过光缆连接到供电控制单元。⑩为传动机柜中所安装客户连接的端子排。⑪为供电装置，由一个或多个供电模块构成。⑫为直流中间链路。⑬为变频器装置（由一个或多个逆变器模块构成）。⑭为可选制动斩波器（+D150）和电阻器（+D151）。

ACS880 传动采用 BCU-x2 控制单元分别进行控制。供电控制单元的命名为 A51，逆变器控制单元的命名为 A41。在 ZJ90DB 中，采用 ACS880 变频器控制单元 BCU-X2 的 IO 口接线，如图 11-10 所示。

在图 11-10 中，在外部控制中，控制地为 EXT1，传动为速度控制。参考信号连接到模拟输入 AI1 上。转矩给定值通过模拟输入 AI2 给出，通常作为电流信号，范围是 0~20mA（对应于额定电动机转矩的 0~100%）。

启动（0）/停止（1）信号连接到数字输入 DI1，正向（0）/反向（1）信号连接到 DI2。通过 DI3，可以选择速度控制来代替转矩控制，也可以通过 LOC/REM 键（控制盘或 PC）改为本地控制。DI4 激活恒速 1（默认 300r/min）。DI5 控制加速/减速时间设置 1 和 2 之间的切换。

二、ACS880 主要控制方式

ACS880 有两种主要控制方式：外部控制和本地控制。控制地的选择可通过控制盘上的 LOC/REM 键或者通过 PC 工具来完成的，如图 11-11 所示。

在图 11-11 中，当变频器处于外部控制下，控制命令输入方式有：

（1）由数字和模拟的 I/O 端口或扩展 I/O 模块输入。

（2）由 PLC 通过现场总线接口发出控制命令，通过内置的现场总线、可选现场总线适配器模块或外部控制器接口（DDCS）接收。

（3）可由主/从链路或内置的总线接口（EFB）输入。

当变频器处于本地控制模式时，控制指令从控制盘上的按键或者从安装了 Drive Composer 的 PC 工具上发出。对于本地控制，可以使用转速和转矩控制模式；当使用标量电动机控制模式时，可以使用频率控制模式。

每个控制地的控制模式（本地、外部 1 和外部 2），运行模式可以根据每个外部控制单独选择，也可在两个外部控制模式间自由地快速切换，例如转速和转矩控制。

三、ACS880 整流单元

ACS880 可采用单传动驱动和多传动驱动。逆变单元通过控制接口控制 ACS880-07 单传动驱动柜。ACS880-307 多驱动器可由一个整流单元（供电电源单元）和多个逆变器单元组成的驱动系统驱动。

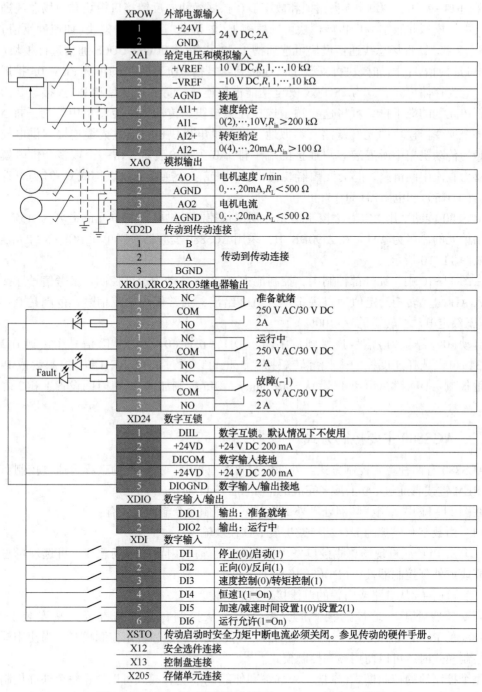

XPOW	外部电源输入	
1	+24VI	24 V DC,2A
2	GND	
XAI	**给定电压和模拟输入**	
1	+VREF	10 V DC,$R_1$1,…,10 kΩ
2	−VREF	−10 V DC,$R_1$1,…,10 kΩ
3	AGND	接地
4	AI1+	速度给定
5	AI1−	0(2),…,10V,R_{in}>200 kΩ
6	AI2+	转矩给定
7	AI2−	0(4),…,20mA,R_{in}>100 Ω
XAO	**模拟输出**	
1	AO1	电机速度 r/min
2	AGND	0,…,20mA,R_L<500 Ω
3	AO2	电机电流
4	AGND	0,…,20mA,R_L<500 Ω
XD2D	**传动到传动连接**	
1	B	
2	A	传动到传动连接
3	BGND	
XRO1,XRO2,XRO3继电器输出		
1	NC	准备就绪
2	COM	250 V AC/30 V DC
3	NO	2A
1	NC	运行中
2	COM	250 V AC/30 V DC
3	NO	2 A
1	NC	故障(−1)
2	COM	250 V AC/30 V DC
3	NO	2 A
XD24	**数字互锁**	
1	DIIL	数字互锁。默认情况下不使用
2	+24VD	+24 V DC 200 mA
3	DICOM	数字输入接地
4	+24VD	+24 V DC 200 mA
5	DIOGND	数字输入/输出接地
XDIO	**数字输入/输出**	
1	DIO1	输出:准备就绪
2	DIO2	输出:运行中
XDI	**数字输入**	
1	DI1	停止(0)/启动(1)
2	DI2	正向(0)/反向(1)
3	DI3	速度控制(0)/转矩控制(1)
4	DI4	恒速1(1=On)
5	DI5	加速/减速时间设置1(0)/设置2(1)
6	DI6	运行允许(1=On)
XSTO	传动启动时安全力矩中断电流必须关闭。参见传动的硬件手册。	
X12	安全选件连接	
X13	控制盘连接	
X205	存储单元连接	

图 11-10 ACS880 变频器控制单元 BCU-X2 的 IO 口接线

ZJ90DB 系统选用 2 台整流单元(DSU1、DSU2),输出电流及功率,超范围报警在司钻台触摸屏显示。直流整流单元将交流母排上的 600VAC 交流电转换成 810VDC,输出到公共直流母排上。

ACS880 整流单元通过二极管供电控制程序控制 DxD 供电模块或 DxT 供电模块,实现整流。

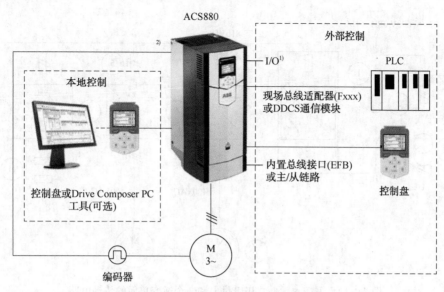

图 11-11　ACS880 的两种主要控制模式

（1）DxD 模块。二极管-二极管整流模块的控制程序在 ZCU 控制单元上运行。DxD 模块不需要任何控制脉冲，整流桥连接到输入电源线路时自动运行。因此，该程序的主要功能是控制主接触器合/分闸。

（2）DxT 模块。二极管-晶闸管模块的控制程序在控制单元 BCU 上运行。控制程序控制主接触器或断路器以及晶闸管的触发脉波。控制程序可以控制具有一个或并联 DxT 模块的 6 脉冲二极管供电单元、具有两个或更多 DxT 模块的 12 脉冲二极管供电单元。

在 6 脉冲并联二极管供电单元中，所有模块的晶闸管有相同的触发脉波。在 12 脉冲二极管供电单元中，触发脉冲之间存在 30° 相差，因为 12 脉冲变压器在绕组之间存在 30° 相移。

二极管-晶闸管 DxT 和普通二极管-二极管 DxD 桥之间的主要区别在于可控性。DxD 无法控制二极管的导通，但 DxT 可以通过控制晶闸管的导通，即通过受门极电流和晶闸管承受电压方向来控制晶闸管导通或截止。通过控制晶闸管导通角，调节输出直流电压。无须在供电单元或逆变器单元中增加额外的充电电路，即可限制上电时传动的交流电流。因此，在钻机驱动控制中多采用 6 脉冲二极管供电单元。下面以二极管-晶闸管 DxT 模块为例，阐述供电单元 DSU 主电路和控制。

1. ACS880 二极管供电单元(DSU)

在交流变频驱动钻机中，单传动变频驱动采用的是 ACS880-07，多传动变频采用的是 ABB ACS880-307。其中，ZJ90DB 采用的 ABB ACS880-307 为多传动柜体式整流单元。

ABB ACS880 采用 6 脉冲二极管供电和 3 个逆变单元的传动示例如图 11-12 所示。

在图 11-12 中，①为主隔离开关；②为交流熔断器；③为主隔离开关；④为整流模块，包括电抗器、整流器和直流熔断器；⑤为逆变器直流熔断器(含或不含直流开关)；⑥为逆变器模块；⑦为电动机；⑧为辅助电压开关；⑨为辅助变压器；⑩为制动斩波器，在必要时将回馈能量从变频器的中间直流电路引到制动电阻器，斩波器在直流电压超过最大限制时运行，电压上升一般是由高惯性电动机减速(制动)引起的；⑪为制动电阻器。

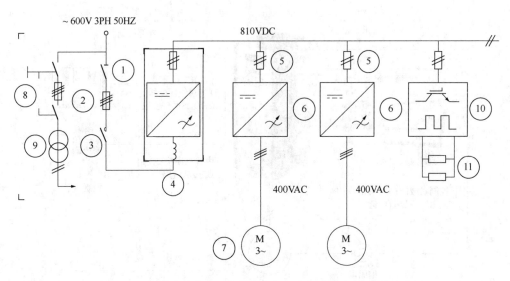

图 11-12 采用 6 脉冲二极管供电和 3 个逆变单元的传动电路

1）ABB ACS880-07 单传动单元

在图 11-12 中，②为交流熔断器。外形尺寸 1×D8T+2×R8i（6 脉冲），仅在进线柜（ICU）内装有交流熔断器。外形尺寸 2×D8T+2×R8i 及更大外形尺寸（6 脉冲）和 4×D8T+n×R8i（12 脉冲）供电模块柜中的每个供电模块均装有交流熔断器。如果存在可选主接触器（+F250），则会在进线柜（ICU）中安装附加的共用交流熔断器。

2）ABB ACS880-307 多传动单元

在图 11-12 中，①为主隔离开关（Q1），选件+F253；③为主隔离开关（Q2）；④为整流模块（T01）；⑥为逆变器模块（T11）；⑨为辅助变压器（T21），选件+G344。

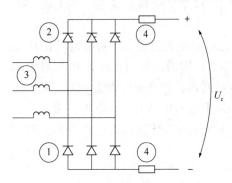

图 11-13　ABB ACS880 整流器桥
主电路的简图

2. ACS880 整流主电路

ABB ACS880 为二极管供电单元（Diode supply unit，DSU）。其中，ACS880-07、ACS880-307 均采用二极管-晶闸管整流桥，整流桥可将三相交流电整为直流电，通向传动的中间直流回路。ABB ACS880 整流器桥主电路的简图如图 11-13 所示。

在图 11-13 中，①为二极管，二极管以周期性顺序将交流导通到底部的直流母线（-）；②为晶闸管，晶闸管以周期性顺序将交流导通到上部的直流母线（+）；③为主交流电抗器；④为直流熔断器。整流桥上半桥采用晶闸管脉冲触发，其有两种控制模式：充电模式和正常模式。

在充电模式中，在主电合闸后运行周期很短；供电控制程序会将晶闸管触发角从 170° 逐渐向 0° 调节，同时向位于逆变模块中的中间电路电容器充电。

在正常模式下，晶闸管触发角为 0°；晶闸管作为二极管运行。

3. ACS880 六脉冲二极管供电进线单元(ICU)接线

在 ABB 系列变频器中，ACS880 单传动式整流单元采用 ACS880-07 系列，多传动柜体式整流单元常用 ACS880-307 系列。ACS880-107 整流装置进线柜接线如图 11-14 所示。

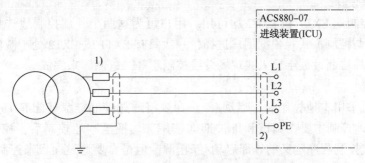

图 11-14　ACS880-107 整流装置进线柜接线

ABB 系列变频器的 ACS880 整流单元基本是六脉冲二极管供电，其接线如图 11-15 所示。

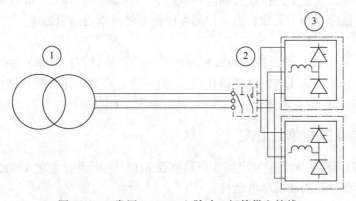

图 11-15　常用 ACS880 六脉冲二极管供电接线

4. 二极管供电单元 DSU 控制

二极管供电单元 DSU 控制有两个主要控制：外部和本地。控制位置将通过控制盘或 PC 工具内的 Loc/Rem 键进行选择。ACS880 二极管供电单元 DSU 控制方式如图 11-16 所示。

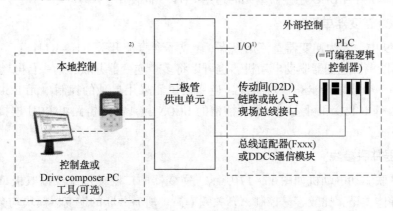

图 11-16　ACS880 二极管供电单元 DSU 控制方式

1）外部控制

当供电单元采用外部控制时，启动/停止命令将通过 I/O 端子（数字和模拟输入）、现场总线接口（通过嵌入式现场总线接口或可选现场总线适配器模块）、可选 I/O 扩展模块或传动间通信链路来发送。

两个外部控制地 EXT1 和 EXT2 均可用。用户可为这两个外部控制地选择控制信号（例如启动和停止）与控制模式。根据用户选择，一次只有 EXT1 或 EXT2 处于激活状态。EXT1/EXT2 之间的选择将通过数字输入或现场总线控制字等二进制源来完成。

2）本地控制

当供电单元采用本地控制时，启动/停止命令将通过控制键盘或配有 Drive composer 的 PC 来发送。本地控制主要在调试和维护期间使用。切换至本地控制后，控制盘的 Start 和 Stop 键便会替代控制程序定义的外部启动/停止源。但是，要通过面板来控制供电单元的开关，则仍须在控制程序内启动"运行使能"和"启动使能"命令。

用户可通过运行使能、启动使能和启动/停止命令来控制二极管供电单元的运行。当控制程序中所有命令都有效时，通过继电器输出（默认为继电器输出 RO3）控制供电单元的主接触器。接触器将二极管整流桥连接到电源线路，二极管供电单元开始整流。如果启动/停止命令或运行使能命令处于无效状态，控制程序便会将继电器输出断电，随即主接触器也将断开。

二极管供电单元 DSU 通过控制面板和现场总线控制装置与控制单元 BCU 连接。控制单元通过控制面板、现场总线和继电器输出读取 DSU 状态信息，用外部接线的紧急停止按钮停止装置（如果装置配备有紧急停止选项）。电源单元 I/O 控制接口在内部使用。

四、ACS880 逆变单元 INU

在 ZJ90DB 钻机驱动中，逆变电路实现将直流 810V 电压逆变为交流 400V，用于驱动泥浆泵电动机、转盘电动机和绞车电动机。

在带有 BCU 控制单元的逆变单元中，对于包含供电单元和一个逆变单元的传动，通过逆变单元控制供电单元。逆变单元可发送控制字给定到供电单元，使两个单元的控制来自一个控制程序的接口。在逆变器单元的 DDCS 通信端口与供电单元 DSU 的 DDCS 控制器端口之间连接光缆。例如，在 DSU 中，插槽 3A 与 ZCU 控制单元一同使用，在逆变器单元中，与 BCU-12 控制单元中 RDCO 连接器单元的通道 CH1 一同使用。

1. ACS880 逆变器单元

在图 11-9 中，⑤为逆变器直流熔断器（含或不含直流开关 R1i～R11i）；⑥为逆变器模块（T11），可以一台逆变器驱动电动机，也可以将多个逆变器并联驱动一台电动机。

逆变器由一个或多个 R8i 模块组成，逆变器单元采用单独的控制单元 BCU。控制单元 BCU 包含带有基本 I/O 和可选 I/O 模块插槽的 BCON 板。光纤链路将 BCU 连接到每个逆变器模块。

2. 逆变器并联接线

逆变器并联驱动电动机如图 11-17 所示。逆变器中广泛使用绝缘栅双极型晶体管，是一种压控半导体类型，比较容易控制，开关频率高。所有并联的逆变器模块均会单独接线到电动机中，并将在电缆引线孔处使用 360°接地。

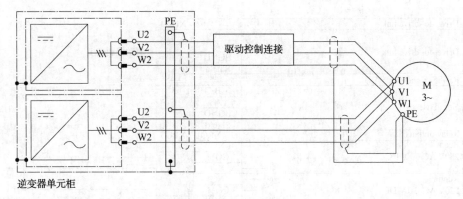

图 11-17　逆变器并联驱动电动机

3. 逆变控制单元 A41

ACS880 传动采用 BCU-X2 控制单元。传动的供电和逆变器单元由专用 BCU-X2 控制单元分别进行控制。这两个控制单元均位于辅助控制单元 ACU 柜内，并通过光缆连接到功率模块（例如，分别为供电模块和逆变器模块）。逆变器控制单元 A41 的 I/O 接线图如图 11-18 所示。

在图 11-18 中，I/O 接线图说明如下：

（1）驱动控制连接 XD2D。

驱动控制连接 XD2D 是一种菊花链式 RS-485 传输线路，它允许与一个主传动以及多个从传动进行基本的主/从通信。通过设置控制单元上的开关 D2D TERM 为开，来启用驱动控制连接端部逆变器上的终端电阻。在中间位置逆变器上，禁用终端电阻。

（2）电动机温度传感器 PTC 输入（DI6）。

PTC 传感器连接到该输入，以便进行电动机温度测量。也可将传感器连接到 FEN-xx 编码器接口模块。保持电缆屏蔽层的传感器端不连接，或通过数毫微法的高频率电容器（例如：3.3nF/630V）将其间接接地。如果屏蔽层位于同一接地线路上，且端点之间无明显压降，则也可将屏蔽层直接在两端接地。

（3）安全转矩取消（XSTO，XSTO OUT）。

转矩取消（STO）功能：要启动传动，必须接通两条连接（连接到 IN1 和 IN2 的 OUT1）。XSTO 输入仅充当逆变器控制单元（A41）上的实际安全转矩取消输入。将供电控制单元（A51）上的 IN1 或 IN2 端子断电并不会停止供电装置，但也不会形成实际的安全功能。

XSTO OUT 连接器连接到一个逆变器模块的 STO IN 连接器上。如逆变器单元由多个模块组成，把一个模块的 STO OUT 连接器连接到下一个模块的 STO IN 连接器上，使所有模块成为设备链的组成部分。多个 R8i 的 XSTO 接线如图 11-19 所示。

（4）启动联锁输入 DIIL（XDI：7）。

数字输入/输出 DIO1 和 DIO2（XDIO：1 和 XDIO：2）通过参数选择的输入/输出模式，可将 DIO1 配置为 24V、频率为 0~6kHz 的矩形波信号（带 4μs 硬件滤波），可将 DIO2 配置为 24V、频率为 0~6kHz 的矩形波频率输出。

五、ACS880 制动单元

在电动钻机中，绞车和自动送钻的传动系统中使用了能耗制动的功能，可以自动投入制动运行，工作可靠，制动迅速平稳，实现了快速停车与零速额定转矩的"悬停"功能。

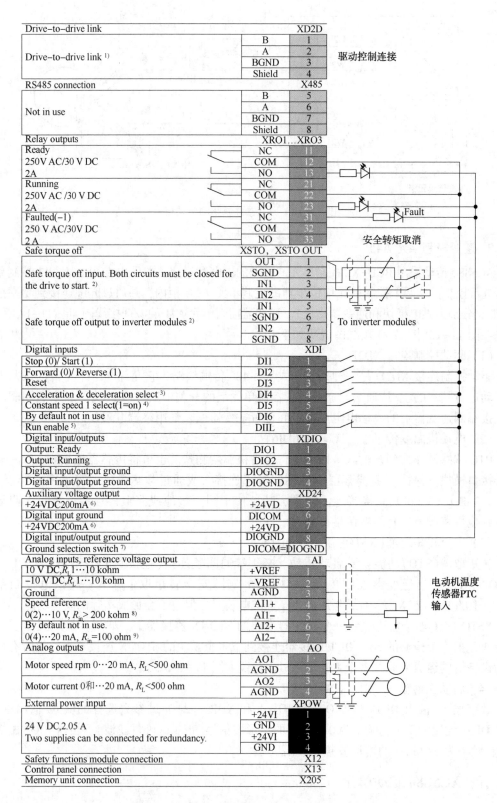

Drive-to-drive link		XD2D	
Drive-to-drive link [1]	B	1	驱动控制连接
	A	2	
	BGND	3	
	Shield	4	
RS485 connection		X485	
Not in use	B	5	
	A	6	
	BGND	7	
	Shield	8	
Relay outputs		XRO1…XRO3	
Ready	NC	11	
250V AC/30 V DC	COM	12	
2A	NO	13	
Running	NC	21	
250V AC /30 V DC	COM	22	
2A	NO	23	
Faulted(−1)	NC	31	Fault
250 V AC/30V DC	COM	32	
2 A	NO	33	安全转矩取消
Safe torque off		XSTO, XSTO OUT	
	OUT	1	
Safe torque off input. Both circuits must be closed for the drive to start. [2]	SGND	2	
	IN1	3	
	IN2	4	
	IN1	5	
Safe torque off output to inverter modules [2]	SGND	6	To inverter modules
	IN2	7	
	SGND	8	
Digital inputs		XDI	
Stop (0)/ Start (1)	DI1	1	
Forward (0)/ Reverse (1)	DI2	2	
Reset	DI3	3	
Acceleration & deceleration select [3]	DI4	4	
Constant speed 1 select(1=on) [4]	DI5	5	
By default not in use	DI6	6	
Run enable [5]	DIIL	7	
Digital input/outputs		XDIO	
Output: Ready	DIO1	1	
Output: Running	DIO2	2	
Digital input/output ground	DIOGND	3	
Digital input/output ground	DIOGND	4	
Auxiliary voltage output		XD24	
+24VDC200mA [6]	+24VD	5	
Digital input ground	DICOM	6	
+24VDC200mA [6]	+24VD	7	
Digital input/output ground	DIOGND	8	
Ground selection switch [7]	DICOM=DIOGND		
Analog inputs, reference voltage output		AI	
10 V DC,R_L 1…10 kohm	+VREF	1	
−10 V DC,R_L 1…10 kohm	−VREF	2	电动机温度传感器PTC输入
Ground	AGND	3	
Speed reference	AI1+	4	
0(2)…10 V, R_{in}> 200 kohm [8]	AI1−	5	
By default not in use.	AI2+	6	
0(4)…20 mA, R_{in}=100 ohm [9]	AI2−	7	
Analog outputs		AO	
Motor speed rpm 0…20 mA, R_L<500 ohm	AO1	1	
	AGND	2	
Motor current 0和…20 mA, R_L<500 ohm	AO2	3	
	AGND	4	
External power input		XPOW	
24 V DC,2.05 A	+24VI	1	
Two supplies can be connected for redundancy.	GND	2	
	+24VI	3	
	GND	4	
Safety functions module connection		X12	
Control panel connection		X13	
Memory unit connection		X205	

图 11-18 ACS880 逆变控制单元 A41 的 I/O 接线图

204

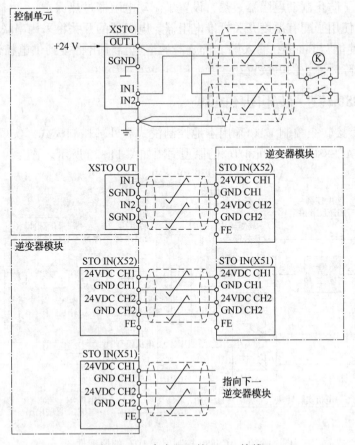

图 11-19   多个 R8i 的 XSTO 接线

在执行能耗制动及钻具的悬停功能时，能耗制动柜内能耗制动系统不仅控制直流母排上的电压，同时将反馈的电能消耗在电阻箱的电阻上。能耗制动柜内设有电阻箱温度监控，可在司钻台及 VFD 房内监控实时温度。电阻箱配散热风机。

1. ABB ACS880 制动电阻容量

为了快速停车、正反转及零速额定转矩的"悬停"，ACS880-07 内置制动器制动斩波器（+D150），通过制动单元的制动电阻 D151 来消耗减速电动机产生的能量。在减速时，电动机产生能量返回驱动器，驱动器中的电压中间直流链路开始上升。斩波器将制动电阻连接到电路中的电压超过控制程序。电阻损耗的能量消耗降低了电压，直到电阻器可以断开。

在选择定制制动电阻时，当制动电阻连接到驱动直流回路时，定制电阻的负载容量高于其消耗的瞬时最大功率所需的电阻器的容量。

$$P_r > \frac{U_{DC}^2}{R} \tag{11-4}$$

式中，P_r 为定制电阻器的负载容量，kW；U_{DC} 为驱动直流回路电压，V；R 为实际制动电阻，$R \geqslant R_{min}$ 默认电阻的电阻，Ω。

2. 制动电阻器过热保护

将电阻器安装于传动模块外可充分冷却的位置。制动斩波器可防止其自身和电阻器电缆出现热过载。为了防止制动电阻器过热，设置了制动电阻器过热保护。

选件+D151使用了配有温度开关标准电阻器。电阻器的开关将采用串联接线，并连接到制动斩波器的"使能"（Enable）输入端。斩波器的继电器输出将接到供电控制单元，从而可在出现斩波器故障时停止供电装置。

六、ACS880转速-转矩闭环控制

ACS880的直接转矩控制DTC采用本地控制模式和外部控制模式，实现速度-转矩双闭环控制。其中，ACS880控制单元DTC的原理框图如图11-20所示。

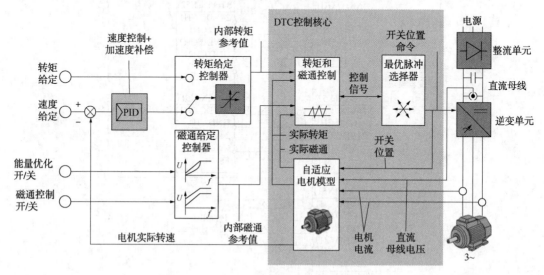

图11-20　ACS880控制单元DTC的原理框图

在图11-20中，速度控制+加速度补偿作为外环，采用PID控制；转矩控制内环采用直接转矩控制。

1. 速度控制+加速度补偿

ACS880控制单元速度控制原理框图如图11-21所示。

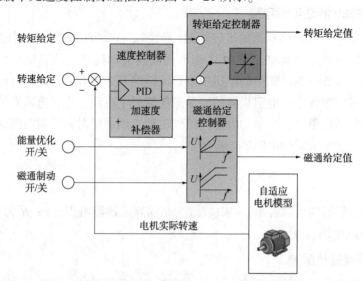

图11-21　ACS880控制单元速度控制原理框图

1）速度控制器

速度控制器由一个 PID 调节器和一个加速补偿器组成。外部的转速给定信号与来自电动机模型的实际转速进行比较计算，计算出来的差值（速差）送到 PID 调节器和加速补偿器。速度控制器的输出是 PID 控制器和加速补偿器的输出的和。

转矩控制器的给定值来自 PID 速度控制器的输出，速度控制器的简化方框图如图 11-22 所示。

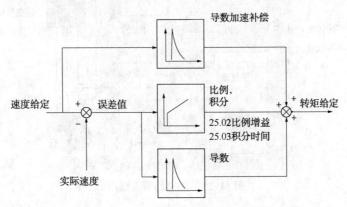

图 11-22　速度控制器的简化方框图

在图 11-22 中，当自动调节程序结束后，自动转入速度控制器的比例增益（25.02 比例增益）速度控制器的积分时间（25.03 积分时间）及电动机的机械时间常数（25.37 机械时间常数）等参数。速度控制器的增益、积分时间和微分时间仍可以手动调节。

25.01 转矩给定速度控制（只读参数）：显示传送至转矩控制器的速度控制器输出。

25.02 比例增益：定义速度控制器的比例增益（K_p）。增益过大可能会引起速度振荡。速度偏差恒定时，误差值经过 PI 控制后，由速度控制器输出。

在转矩给定控制器里，速度控制的输出由转矩和直流母线的电压限制。这种情况也适用于有外部转矩信号使用的速度控制。该功能块的内部转矩给定送到了转矩比较器。

2）磁通给定控制器

磁通给定控制器将一个电动机定子磁通的绝对值送到磁通比较器中。通过控制和修改该绝对值可实现变频器的许多功能，如磁通优化和磁通制动等。

2. 转矩控制

转矩控制器的给定值来自速度控制器或直接来自外部转矩给定源。转矩控制既可以采用有反馈的转矩控制，也可以采用无反馈的转矩控制。例如，泥浆泵采用无反馈的转矩控制，但是当与反馈装置（例如编码器）一起使用时会得到更好的动态性和准确性；另外，绞车控制或转盘控制等控制场合使用反馈装置。DTC 的原理框图如图 11-23 所示。

1）电压电流的测量

电动机控制需要测量直流电压和电动机两个相电流。定子磁通可以通过在矢量空间电压来计算。电动机转矩计算电动机的定子磁通和转子电流的向量积，利用辨识的电动机模型来改进定子磁通值。

在正常情况下，电动机的两相电流、直流电压和变频器功率元件的导通位置是同时测量的，并送给自适应电动机模型，用于计算实际转速、实际转矩和实际磁通。

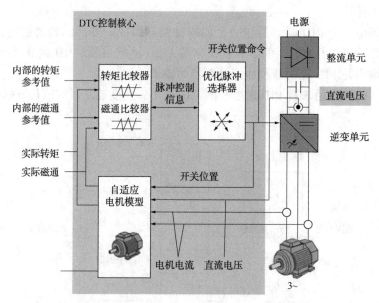

图 11-23 DTC 的原理框图

2）自适应电动机模型

来自电动机的测量信息反馈到电动机模型。在运行 DTC 传动装置之前，首先将电动机铭牌数据输入变频器，再进行电动机识别运行，获取需要的电动机参数，如定子电阻、公共阻抗、饱和系数等，并将参数自动输入到电动机模型里。

由于电动机模型参数的识别也可以在不转动电动机转子的情况下进行，即电动机的识别运行可以在零速下完成，此项技术使得 DTC 传动应用更为广泛。但如果控制精度要求比较高，电动机的识别运行还是要在非零速下完成。

在静态精度要求低于 0.5% 的时候，DTC 传动装置不需要编码器或测速机，事实上 0.5% 的静态精度能够满足大部分工业应用的要求。不需要速度反馈是 DTC 传动装置区别于其他交流传动的一个重要特性。

事实上，电动机模型是 DTC 传动在低速下能够有良好特性的关键。电动机的轴速度也是在自适应电动机模型中完成的，作为速度控制器的实际速度。

电动机模型的输出控制信号实际转矩（Actual Torgue）和实际磁通（Actual Flux）就直接作为转矩和磁通控制的实际转矩与实际磁通，转矩控制的给定值来自转矩给定控制器（Torgue Reference Controller）输出或直接来自外部转矩给定源。转矩给定控制器输出由速度控制器输出和转矩给定值决定。磁通控制的给定由磁通给定控制器（Flux Reference Controller）输出或直接来自外部磁通给定源。

定子磁通可以通过矢量空间电压来计算。电动机转矩通过电动机的定子磁通和转子电流的向量积计算。利用辨识的电动机模型来改进定子磁通值。实际电动机轴速度不需要用于电动机控制。通过激活电动机辨识运行达到最佳电动机控制精度。

3）转矩比较器和磁通比较器

转矩比较器和磁通比较器共同输出送到优化脉冲选择器，控制功率元件导通的脉冲。在比较器里，转矩和磁通的实际值与给定值每 $25\mu s$ 比较一次，同时转矩和磁通的实际状态是通过双滞环的控制模式计算出来的，以保证运算精度和控制器的稳定。

4）优化脉冲选择器

优化脉冲选择器作为变频器半导体元件触发脉冲的控制装置，保证了变频器能够有精确的转矩输出。正确的开关脉冲组合决定了每一个控制周期。对于开关脉冲的控制，没有一个固定的格式。

DTC 的理念是"just-in-time"开关，根据实际控制状态及时调节半导体元件的开关，使得半导体元件的每一次开关动作都是必要和有用的，而不像传统的脉宽调制，多达 30% 的半导体元件开关动作是没有必要的。极高的开关频率是 DTC 控制成功的基础。电动机的主控制参数每秒更新 40000 次，这样就允许轴端的输出可以有相当快的响应，也保证了电动机模型能够及时更新其所需信息。

较快的处理速度带来了很高的控制特性，包括：没有编码器时的静态精度达到 ±0.5%，转矩的响应时间低于 2ms。

3. ACS880 直接转矩控制

ACS880 转速和转矩控制的控制链图如图 11-24 所示。

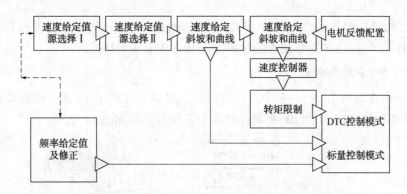

图 11-24　ACS880 转速和转矩控制的控制链图

在图 11-24 中，采用速度-转矩双闭环控制。

1）速度控制模式

电动机按照变频器给定转速旋转。这种模式既可用估算值作为转速反馈值，也可用编码器或旋转变压器测得转速作为反馈值，得到更高的转速精度。

在本地控制模式和外部控制模式下，都可以使用速度控制模式，同样也适用于直接转矩控制 DTC 和标量电动机控制模式。

2）转矩控制模式

ACS880 电动机控制基于直接转矩控制 DTC，利用空间矢量、定子磁场定向的分析方法，直接在定子坐标系下分析异步电动机的数学模型，计算与控制异步电动机的磁链和转矩。只有在实际转矩和定子磁通值与给定值不同并超过允许的磁饱和现象时，开关频率才会发生改变。DTC 的控制效果不取决于异步电动机的数学模型是否能够简化，而是取决于转矩的实际状况，即不需要模仿直流电动机的控制。由于它省掉了矢量变换方式的坐标变换与计算，以及为解耦而简化异步电动机数学模型，没有通常的脉宽调制信号发生器，所以它的控制结构简单，控制信号处理的物理概念明确，系统的转矩响应迅速且无超调，是一种具有高静、动态性能的交流调速控制方式。

第 3 节　西门子 S120 变频器

西门子 S120 变频器是一种带有矢量控制和伺服控制功能的模块化传动系统，可用于实现复杂传动应用的单机和多机变频调速柜。

一、S120 控制单元

SINAMICS S120 的中央控制单元可实现驱动器的智能控制、闭环控制，也可实现矢量控制、伺服控制及 V/f 控制等不同的控制方法。另外，控制单元还可实现驱动轴的转速控制、转矩控制，以及驱动器的其他智能功能。

SINAMICS S 系统的控制单元 CU320-2 PN 和 CU320-2 DP 设计用于多个驱动器的运行。其可以控制的驱动器的数量取决于：要求的性能；要求的扩展功能；要求的闭环/开环控制方式(伺服、矢量和 V/f)；可实现对单个/多个电源模块或电动机模块的开环及闭环控制功能。

西门子变频器控制单元 CU320-2 可以用于控制变频器的通信、电动机的开环和闭环控制。基本控制形式有：V/f 特性曲线的频率控制和磁场定向闭环控制。

1. CU320-2 DP 控制单元

控制单元 CU320-2 DP 是一个中央控制模块，可以实现对单个/多个电源模块或电动机的开环与闭环控制。CU320-2 DP 控制操作面板及接口说明如图 11-25 所示。

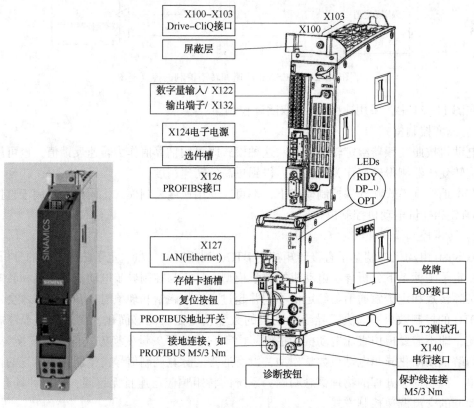

图 11-25　CU320-2 DP 控制操作面板及接口说明

控制单元 CU320-2 DP 的运算能力的提高程度与功率单元和系统组件的个数成比例，并与所需要的动态响应有关系。使用 SIZER 工具，可对 CU320-2 DP 控制单元的运算能力和利用率进行计算。通过功能扩展，可以充分利用 CU320-2 DP 控制单元的全部运算性能。对于控制 4 轴以上的 CU320-2 DP 控制单元，都需要进行性能扩展。控制单元 CU320-2 DP 接线系统图如图 11-26 所示。

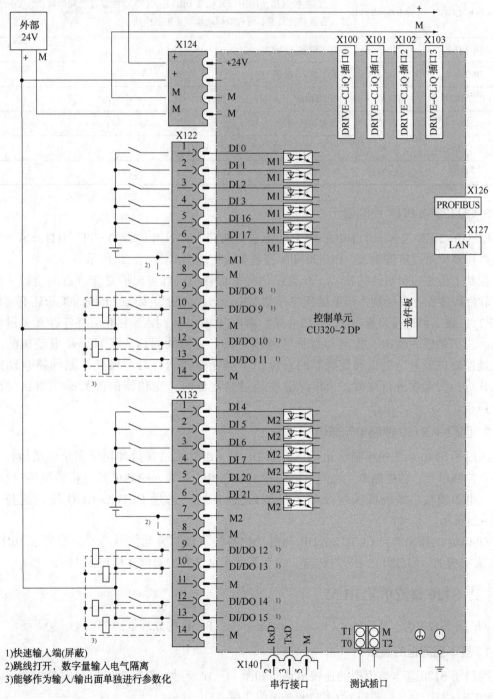

1)快速输入端(屏蔽)
2)跳线打开，数字量输入电气隔离
3)能够作为输入/输出面单独进行参数化

图 11-26　CU320-2 DP 接线系统图

如图 11-26 所示，CU320-2 DP 通过接口与其他设备连接。接口电路使用的端子及其功能如表 11-1 所示。

表 11-1　CU320-2 DP 的接口使用的端子及功能

接口	端子	功能
DRIVE-CLiQ	X100-103	发送/接收数据，用于与其他带 DRIVE-CLiQ 口的装置之间的通信，如逆变装置、有源整流装置、编码器模块和端子扩展模块
DI/DO	X122	数字量输入/输出
DI/DO	X132	数字输入/输出
PROFIBUS	X126	PROFINET
LAN	X127	以太网网口
串行接口 RS232	X140	发送/接收数据（如用于连接 AOP30 操作面板）
电子电源	X124	电压 DC 24V（20.4~28.8V）

2. CU320-2 PN　控制单元

CU310-2 PN 包含 2 个 PROFINET 外部通信接口、LAN（以太网）-TTL/HTL/SSI、编码器接口和模拟量设定值输入。CU320-PN 控制单元接线图如图 11-27 所示。

控制主板是控制回路的核心，其数字信号处理器（DSP）实现了对变频器的全数字化控制，软件程序保存在控制主板上的程序存储器中。与控制主板接口的外围附加板还有通信板（CBP2）、数字测速接口板（DTI）和简易操作面板（PMU）等。控制主板还有各种开关量输入输出、模拟量输入输出、检测与保护等外围电路，它们共同构成了对异步电动机的高性能矢量控制以及对电动机和变频器的自保护。当变频器运行时，风机控制回路自动启动风机并对柜内温度进行检测，当柜内温度超过规定值时，变频器的简易操作面板发出警告并停机。

3. 西门子 S120 控制单元通信

西门子 S120 系统的控制单元 CU320-2 DP 和 CU320-2 PN 设计用于多个驱动运行。采用多个控制单元，各控制单元之间可以通过 PROFIBUS 互联。控制单元与相关组件（电动机模块、电源模块、编码器模块及端子模块）之间的通信通过 DRIVE-CLiQ 接口进行，如图 11-28所示。

ZJ90DB 的控制单元 CU320-2 DP 与电动机各模块控制驱动信号的通信是通过 DRIVE-CLiQ 来实现的。CU320-2 DP 与转盘、绞车及泥浆泵之间的通信连接如图 11-29 所示。

二、S120 整流单元 BLM

西门子 S120 基本整流单元（Basic Line Module，BLM）的原理框图如图 11-30 所示。

1. 基本整流柜的连接

西门子 S120 基本整流柜的连接示意图如图 11-31 所示。整流柜的控制由基本整流装置的 DRIVE-CLiQ 端与控制单元 CU320-2 通信实现。

如图 11-31 所示，对 ZJ90DB 钻机：进线电网电压为 600VAC（L1、L2、L3），经进线电抗器送至整流柜的 X1 端子（U1、V1、W1），通过整流电路输出 810VDC。其中，DCP/DCN 经直流熔断器 N52 送至直流母线，另一路经降压后作为内部电源，提供 24VDC 送至端子 X9。端子 X9-3 和 X9-4 作为分路接触器控制输出，端子 X9-5 和 X9-6 作为预充电控制输出。

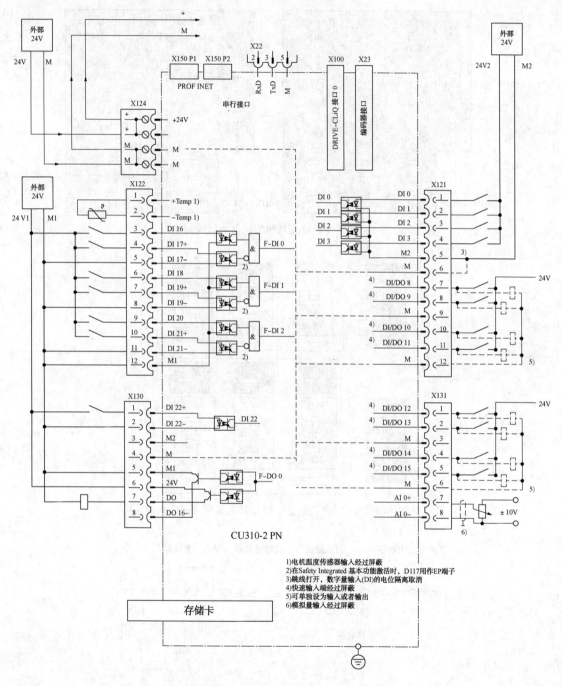

图 11-27　CU320-PN 控制单元接线图

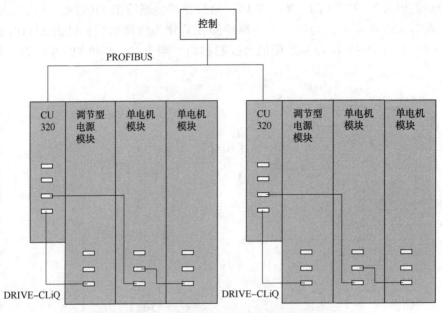

图 11-28　控制单元与相关组件之间的通信

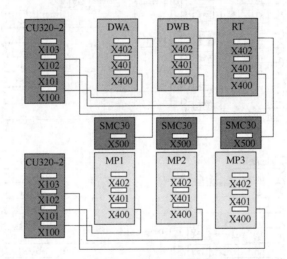

图 11-29　CU320-2 DP 与转盘、绞车及泥浆泵之间的通信连接

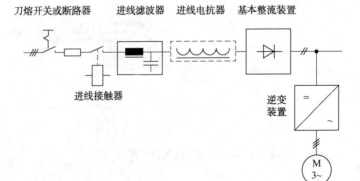

图 11-30　整流逆变系统框图

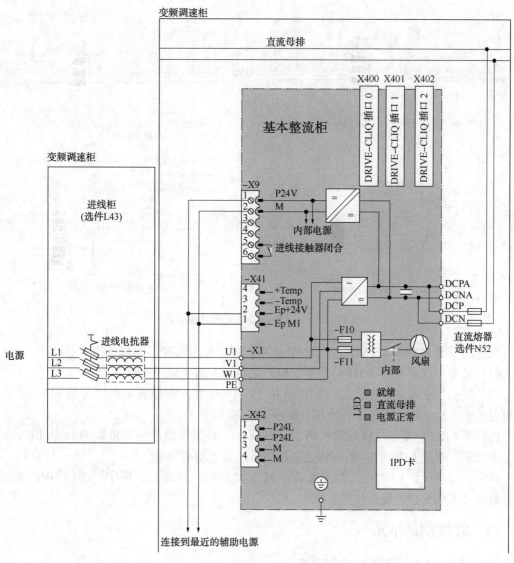

图 11-31　基本整流柜的连接示例

2. 进线柜和整流柜连接

根据进线柜的输入电流的不同，进线柜与整流柜的连接方法也不同：

(1) 进线柜输入电流<800A 时，接线如图 11-32(a)所示。

(2) 进线柜输入电流>800A 时，接线如图 11-32(b)所示。

(3) 1800A<进线柜输入电流<2000A 时，接线如图 11-32(c)所示。

(4) 进线柜输入电流>2000A 时，接线如图 11-32(d)所示。

ZJ90DB 钻机，其整流单元的功率为 3361kW，进线柜的电压为 600V AC。因此，进线柜和整流柜之间的连接采用图 11-32(d)的连接方式。

三、S120 逆变单元(MOMO)

逆变柜是通过直流母线供电的，应用了 IGBT 技术的三相逆变器逆变 400V AC 驱动交流变频电动机。

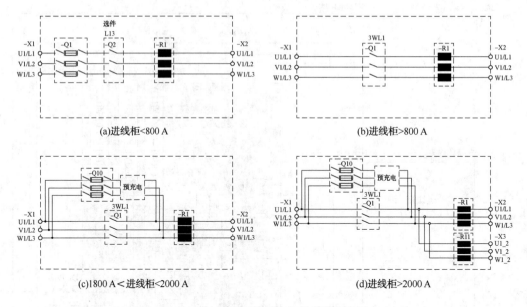

图 11-32　进线柜与整流柜的连接示意图

在传动系统 SINAMICS S120 变频调速柜中，可以使用两种不同规格的逆变柜：

（1）低功率范围 1.6~107kW 的逆变柜，采用书本型变频调速柜。

（2）装柜型变频调速柜，其功率范围在 75~1200kW，变频调速柜均为 SINAMICS S120 装柜型的逆变柜。更大的功率可通过并联逆变柜来实现。

西门子 S120 逆变柜连接示例如图 11-33 所示，直流母线经逆变模块的 DCP/DCN 端连接至逆变柜，通过 IGBT 技术的三相逆变器向所连接电动机供电。

其中，控制单元 CU320-2 与逆变器的通信如图 11-34 所示。图中，通过 DMC 驱动模块，最多可实现 5 台逆变模块的控制。

四、S120 制动单元

1. 西门子 S120 系列的中央制动柜

中央制动柜中的制动电阻用来消耗传动机组的再生电能。每个中央制动柜上只应连接一个制动电阻。制动电阻的功率与中央制动柜的额定制动功率相匹配。制动电阻连接在制动模块上，位于机柜外部或配电设备区域以外，以便将所产生的损耗热量排出，并借此减少空气调节能耗。恒温器可以监控制动电阻是否过热。

西门子 S120 采用独立的中央制动柜，可提供较大的制动功率。为了提高制动功率，可最多连续并联 4 个中央制动柜。西门子 S120 系列的中央制动柜和制动电阻连接系统接线如图 11-35 所示。

中央制动柜包含：

（1）制动模块：（T30）制动模块设置有控制端子 X2、复位键 S1、阈值开关 S2、制动电阻监控 S3、制动电阻连接端子 X5（端子 X5-1 和端子 X5-2）和制动电路接通比 PD。

（2）电容模块。

（3）与熔断器的 AC230V 连接。

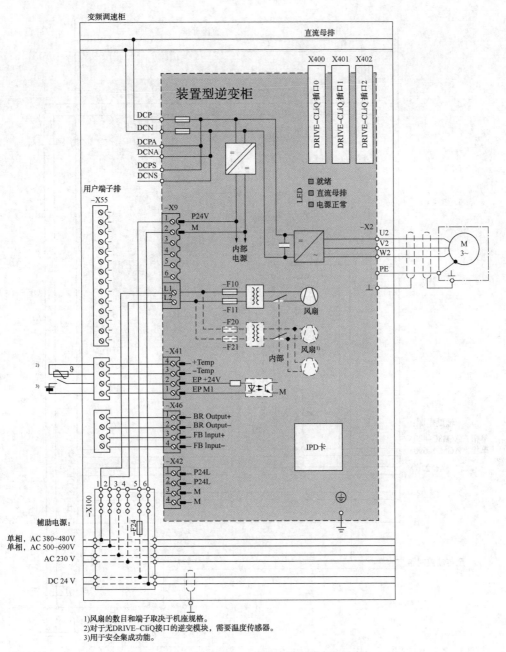

1)风扇的数目和端子取决于机座规格。
2)对于无DRIVE-CLiQ接口的逆变模块，需要温度传感器。
3)用于安全集成功能。

图 11-33　西门子 S120 装置逆变柜连接示例

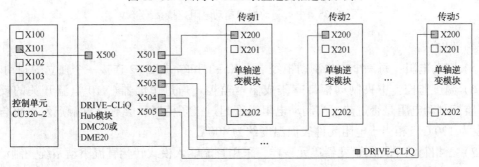

图 11-34　控制单元 CU320-2 与逆变器的通信

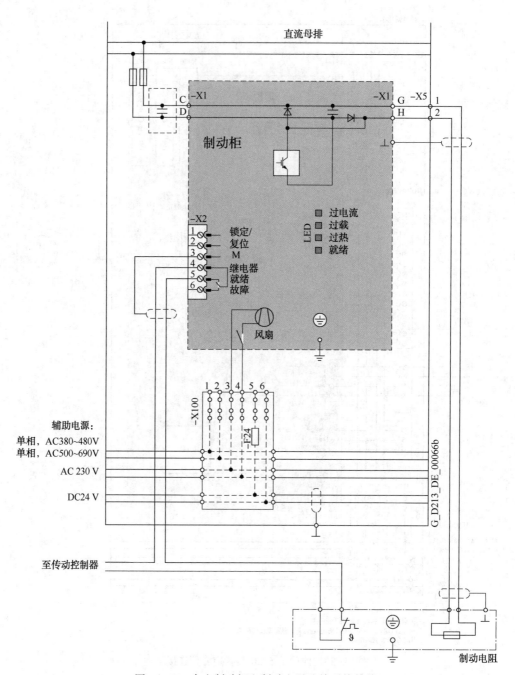

图 11-35 中央制动柜和制动电阻连接系统接线

（4）保护罩。

（5）制动电阻：每一个中央制动柜经端子 X5-1 和端子 X5-2 连接一个独立的制动电阻。

（6）温度监控：中央制动柜带有集成温度监控。通过恒温器（X10 恒温开关的反馈触点）来监控制动电阻是否过热，当制动电阻温度超过极限值时，会有浮置触点发出报告。触发温度为 120℃，相当于电阻元件表面温度约为 400℃。

（7）三相制动单元同逆变器单元一样，采用直流输入模式转化直流驱动系统。制动单元由 BCU 控制单元实现制动程序控制。

218

2. 制动单元并联

为了提高所需的制动功率，可将几个制动单元柜并联运行，但需要特殊设计，使得它们在并联运行时具有良好的负载分配。配置柜体时，应将制动单元柜安装在直流回路中功率最大的逆变器柜旁，最好能靠近整流柜。通过并联运行来增加制动功率时，不允许将几个制动单元柜紧靠在一起安装，必须确保将功率较大的逆变柜安装在两个制动单元之间。如果需要进行长时制动，应避免将制动单元柜安装在具有较小内部直流电容的小逆变柜旁边。因为在制动过程中，所产生的直流电流可能会使小逆变器的直流电容和制动单元本身的直流电容超负荷，故而造成这些单元的寿命显著缩短。

另外，还需要注意确保位于制动单元柜旁边的逆变柜上的直流侧开关不能与直流回路长期断开，只允许短时间断开，例如，在进行维护和维修时允许短时间断开。如果需要较长时间的断开，则应禁止或拆掉制动单元。

五、S120 转速–转矩闭环控制

电动钻机的交流传动系统均采用磁场定向的矢量控制方式。按照钻机的实际工况需要，泥浆泵传动系统采用磁场定向无速度传感器矢量控制；一般将绞车、转盘和自动送钻电动机的传动系统设计为磁场定向有速度传感器矢量控制，使得系统的动态性能及静态指标较高。

1. 不带编码器的矢量控制 SLVC

在不带编码器的矢量控制（Sensorless Vector Control，SLVC）中，实际磁通或电动机的实际转速原则上须通过一个具有矢量变换的电动机模型计算得出，转速控制器根据计算出的转速实际值控制电动机转速。不带编码器的矢量控制原理图如图 11-36 所示。

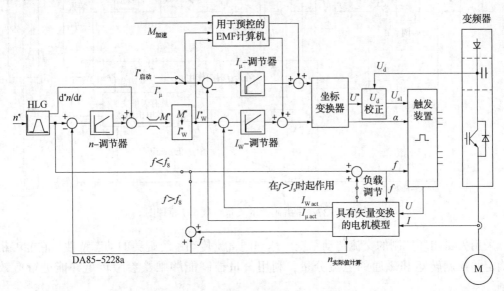

图 11-36　不带编码器的矢量控制原理图

如图 11-36 所示，不带编码器的矢量控制采用转速/转矩双闭环控制，转速控制为外环，转矩控制为内环。转速的实际值是根据电动机模型计算出来的。通过矢量变换的电动机模型将交流三相绕组 A、B、C 中的电流 i_A、i_B、i_C 变换到两相静止绕组 α、β 中的电流 i_α、i_β，即实现 3/2 变换；再由坐标旋转变换把 i_α、i_β 变换到两相旋转绕组 M、T 中的直流电流

$I_{\mu\text{act}}$ 和 I_{wact}，作为转矩与转速实际值。

2. 带编码器的矢量控制

在带编码器的矢量控制（Vector Control，VC）运行中，转速控制器根据编码器提供的实际值控制，实现电动机转速的闭环控制。带编码器矢量控制的优点如下：

（1）转速可在闭环中降至 0Hz（静止状态）。

（2）可在额定转速范围内保持恒定转矩。

（3）相对于不带编码器的转速控制，由于直接测量转速并且集成输入电流分量来建模，驱动的动态特性显著提升。

（4）转速控制的精度更高。

如图 11-37 所示，带编码器的矢量控制采用的转速/转矩双闭环控制，转速控制为外环，转矩控制为内环。n^* 为转速的给定值，转速的实际值是速度编码器采用实际电动机转速，经 PI 运算以后作为定子电流转矩分量的给定信号；两相旋转绕组 M、T 中的直流电流 $I_{\mu\text{act}}$ 和 I_{wact}，通过矢量变换的电动机模型变换、旋转计算得到，作为转矩与转速实际值。I_{μ}^* 为转子磁链给定信号，I_W^* 为转矩给定信号。坐标变换器输出送至 U_d 校正环节送给触发装置，实现脉宽调制触发脉冲信号的产生。

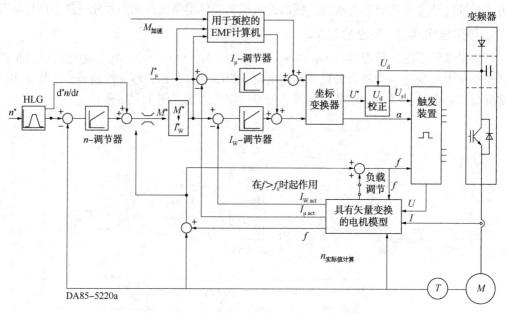

图 11-37　带编码器的矢量控制 VC 原理图

采用矢量闭环控制的交流传动系统可达到同直流传动系统媲美的动态特性。它能够精确地确定并控制转矩和磁通的电流分量，利用矢量控制能够维持参考转矩并能进行有效的限制。

3. 转速控制器

带编码器 VC 和无编码器 SLVC 的控制技术具有相同的转速控制器结构，转速控制器包括以下组件：

（1）PI 控制器。

（2）转速控制器前馈控制。

220

（3）软化功能组件。

转矩设定值由 PI 控制器的输出和前馈控制器的输出的总和构成，并由转矩设定值上/下限制（r1538 和 r1539）。转速控制器原理图如图 11-38 所示。

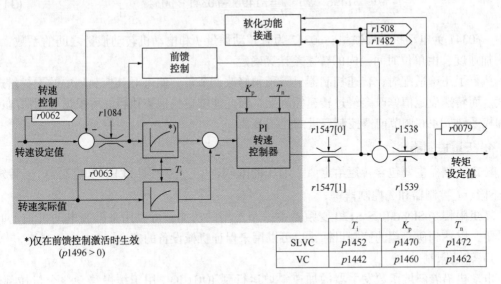

图 11-38　转速控制器原理图

在图 11-38 中，转速控制器从设定值通道接收设定值 r0062，在带编码器转速控制（VC）中直接从转速实际值编码器接收实际值 r0063；在无编码器转速控制（SLVC）中间接通过电动机模型接收。控制偏差通过 PI 控制器增益，并同前馈控制一起生成转矩设定值。可通过自动转速控制器优化（p1900＝1，旋转测量）确定转速控制器的最优设置。

在图 11-39 中，在转速控制中实现加速度前馈控制，前馈控制模块的原理图如图 11-39 所示。

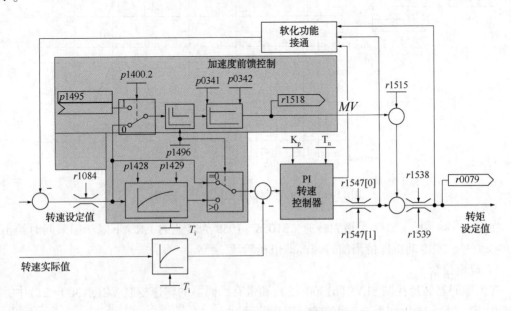

图 11-39　加速度前馈控制（的转矩设定值）

如图 11-39 所示，通过转速设定值计算加速转矩，该值将通过软化功能（优化后）返回到转速控制器设定值输入端，可以提高转速环的控制特性。转矩设定值 MV 计算为：

$$MV = p1496 \cdot J \cdot \frac{\mathrm{d}n}{\mathrm{d}t} = p1496 \cdot p0341 \cdot p0342 \cdot \frac{\mathrm{d}n}{\mathrm{d}t} \tag{11-5}$$

式中，$p0341$ 为电动机转动惯量；$p0342$ 为总转动惯量 J 和电动机转动惯量之间的系数；$\mathrm{d}n/\mathrm{d}t$ 为加速度，由单位时间段内的转速差计算确定。

执行了正确适配时，转速控制器只需稍稍修改调节量，便可对其控制环中的干扰量进行补偿。而转速设定值修改会绕过转速控制器，因此能够更快地被执行。可根据应用情况，通过加权系数 $p1496$ 调节前馈控制变量的控制效果。

4. 矢量控制器

转矩控制器主要包含转矩给定值、电压的限幅（$V_{\mathrm{dc\_max}}$ 控制器和 $V_{\mathrm{dc\_min}}$ 控制器）、转矩上限/下限、I_{q} 控制器和 I_{d} 控制器等。

转矩限幅是 SINAMICS S120 变频器中一个常用的功能，可以用来限制电动机轴上的输出转矩，以达到所希望的控制目标，也可以用来保证机械设备的安全。

1）转速限制

电动机沿着斜坡函数发生器的加速斜坡运行到 JOG（JOG 用于缓慢移动一个机械部件）设定值，斜坡以最大转速 $p1082$ 为基准，JOG 信号取消后，电动机便沿着设置的斜坡函数发生器的减速斜坡停止旋转。通过 JOG 控制转速的限制的流程图如图 11-40 所示。

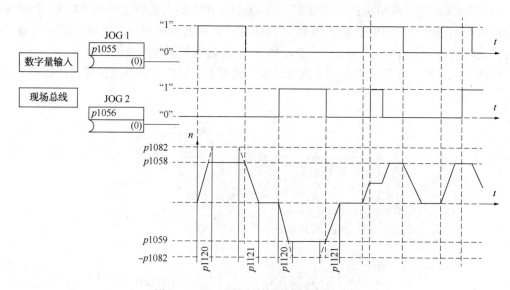

图 11-40　JOG 控制转速的限制的流程图

在图 11-40 中，$p1082$ 为最大转速，$p1058/p1059$ 为转速的上限/下限。如果同时给出两个 JOG 信号，则电动机保持当前转速，即恒速阶段。

2）转矩控制

在无编码器转速控制 SLVC（$p1300=20$）和带有编码器的转速控制 VC（$p1300=21$）中，可通过 BICO 参数 $p1501$ 切换至转矩控制（跟随驱动）。

当通过 $p1300=22$ 或 $p1300=23$ 直接选择了转矩控制时，不可在转速控制和转矩控制间进行切换。其中，转速/转矩控制如图 11-41 所示。

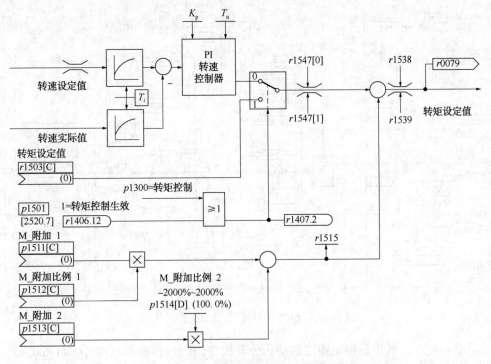

图 11-41　S120 的转速/转矩控制示意图

在 ZJ90DB 中，采用 S120 中 PI 转速控制器的控制器原理示意图，接线如图 11-42 所示。

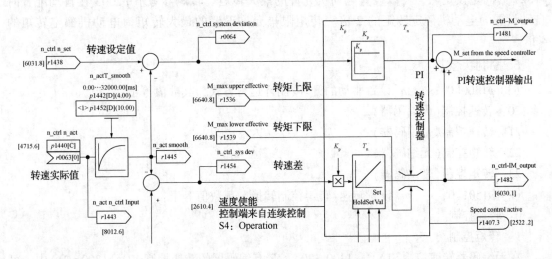

图 11-42　S120 的 PI 转速控制器

转速限制下，超出最大转速（$p1082$）时，转速限制控制器会降低转矩限值，防止驱动继续加速。"真正的"转矩控制（转速自动设置）仅在闭环控制中可行，在不带编码器的矢量开环控制（SLVC）中不可行。

两个转矩设定值($r0079$)和受限方式与转速控制中的转矩设定值($r1538/r1539$)一样，如图 11-43 所示。

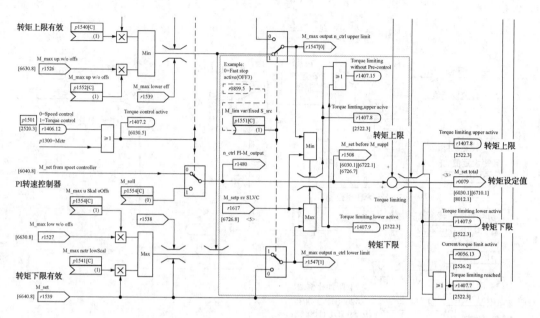

图 11-43　S120 的转速/转矩设定值接线图

在开环控制中，转矩设定值通过启动积分器改变（积分时间 $\propto p1499 \times p0341 \times p0342$）。因此，接近静止状态范围的无编码器转矩控制只适用于需要加速转矩而不需要负载转矩的应用场合（例如运行驱动）。对于带编码器的转矩控制则无此限制。

其中，转矩控制通过 $p1522$、$p1523$ 可以连接外部的连接器来设定转矩限幅，$p1520$、$p1521$ 为固定设定值，可以设置电动机允许的最大转矩。转矩参考值 $p2003$ 在自动配置时自动设置为电动机额定转矩的 2 倍。转矩限幅允许设置的最大转矩为电动机额定转矩的 4 倍。

5. 控制状态字

（1）$p1300[0, \cdots, n]$ 设置驱动的开环/闭环运行方式，其数值等于：

20：转速控制（无编码器）。

21：转速控制（带编码器）。

22：转矩控制（无编码器）。

23：转矩控制（带编码器）。

（2）$p1501[0, \cdots, n]$ 设置转速/转矩控制转换，其数值等于：

0：转速控制。

1：转矩控制。

在无编码器转速控制 SLVC（$p1300 = 20$）和带有编码器的转速控制 VC（$p1300 = 21$）中，可通过 BICO 参数 $p1501$ 切换至转矩控制。

当通过 $p1300 = 22$ 或 $p1300 = 23$ 直接选择了转矩控制时，不可在转速控制和转矩控制间进行切换。转矩设定值或转矩附加设定值可通过 BICO 参数 $p1503$（CI：转矩设定值）或 $p1511$（CI：转矩附加设定值）输入。附加转矩在转矩控制和转速控制时都生效。根据此特性，可在转速控制中通过转矩附加设定值来实现转矩的前馈控制。

在 0Hz 左右的低频区内，模型无法足够精确地计算出电动机转速。因此，在低频范围内，矢量控制会从闭环切换为开环。在电动机模型中低于开环/闭环切换转速 $p1755$ 的转速区中，只有转矩设定值大于负载转矩时，无编码器的转矩闭环控制才是有效的控制方式。驱动必须能够跟踪转矩设定值 $p1499$ 和由此产生的转速设定值 FUP 6030。在不带编码器的运行中，绞车在提升钻具，即电动机驱动反向负载，此时电动机必须在转速开环控制中启动，为此必须设置 $p1750.6=0$（电动机堵转时进入开环控制）。此时，静态转矩设定值 $p1610$ 必须大于最大可能出现的负载转矩。

第 12 章　电动钻机交流驱动控制

目前，电动钻机交流驱动控制系统使用较多的是 ABB 公司 ACS880 系列的直接转矩控制变频调速 DTC 和西门子系列矢量控制变频调速 VC。其中，西门子采用的多传动变频器为 S120 系列柜式 6SL3720-X 和单传动变频器为 G150 系列。ABB 系列变频器的单传动（整流单元和逆变单元）常用的柜体式传动 ACS880-07 系列，基本是 6 脉冲居多。多传动柜体式整流单元常用 ACS880-307 系列，逆变单元常用 ACS880-107 系列。

第 1 节　钻机的交流驱动控制

ZJ90DB 钻机是成套的交流变频电驱动钻机，采用机电数字一体化设计，充分发挥先进的数控电传动优势，简化机械结构，是目前国内真正实现全数字控制的钻机，具备自动化、智能化、信息化功能。

目前，ZJ90DB 钻机的驱动控制主要采用的是 ACS880 直接转矩控制方式和 S120 的矢量变频控制方式。因此，本章以全数字控制的钻机 ZJ90DB 为例，介绍交流变频驱动系统。

一、ZJ90DB 钻机的交流驱动

1. ZJ90DB 传统系统组成

ZJ90DB 钻机配备 5 台 CAT3512 1900kVA 600V 50Hz 数控电喷主柴油发电机组加 1 台 450kW 辅助发电机组，向 5+2 套交流变频控制柜和 6 套整流柜提供电源，并通过一台 2000kVA 600V/400V 50Hz 变压器向 MCC 和生活用电设施供电，为钻机提供可靠动力保障。

泥浆泵选用 3 台型号为 F-1600HL（1200kW）的高压泥浆泵，分别由单台基频功率为 1400kW 的交流变频电动机驱动。配备 2 台 1100kW 绞车（间隙工况），分别由单台基频功率 1400kW 交流变频电动机驱动，可实现无级调速。绞车刹车采用"液压盘式刹车+电动机能耗制动"，液压盘式刹车仅作为游动系统安全定位和紧急制动使用，实现了绞车刹车系统的自动控制，可避免因误操作或断电引起的溜钻、顿钻事故，操作平稳，安全可靠。还配有 2 台 75kW 交流变频电动机实现自动送钻控制。转盘由 1 台 900kW 交流变频电动机独立驱动，有较大的调速范围和较强的超扭矩能力，转盘控制系统具备完善的监控和过扭保护的功能，保护扭矩值可在 0~100% 范围内任意设置。转盘惯刹采用气控盘式静液制动，并与电气传动连锁控制，响应速度快，电动机与惯刹联合工作，性能可靠。

ZJ90DB 电动钻机采用多传动变频系统，由公共 810V 直流母排、单一输入功率连接，针对几个逆变器采用公共的制动方式。ZJ90DB 电动钻机传统系统动力单线如图 12-1 所示。

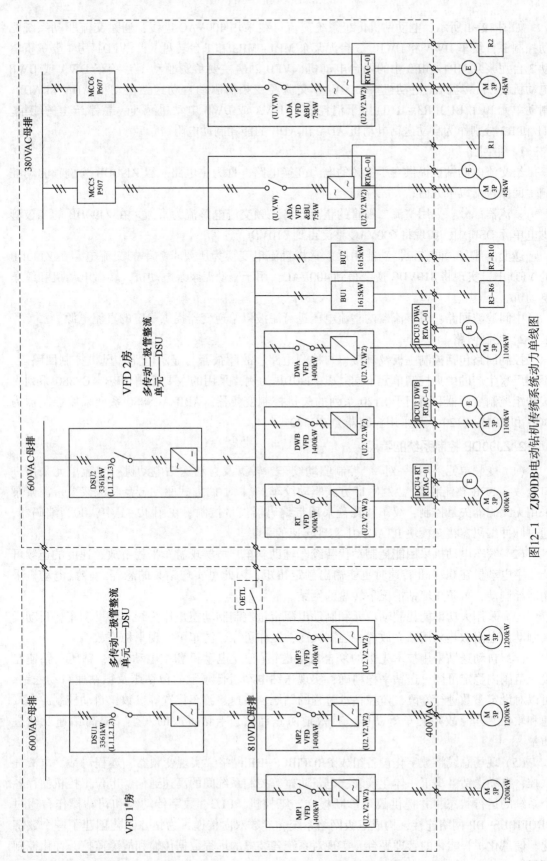

图12-1 ZJ90DB电动钻机传动系统动力单线图

如图 12-1 所示，电动钻机传统系统交流母线采用 400VAC 进线，通过交流驱动系统驱动控制 2 台绞车 DWA 和 DWB、3 台泥浆泵 MP1~MP3 和 1 台转盘 RT。VFD1#房主要负责驱动 3 台泥浆泵 MP1~MP3 中的两台电动机，VFD 2#房主要负责驱动 1 台绞车 DWA 或 DWB 电动机、1 台转盘 RT 电动机。3800VAC 交流经变频器驱动自动送钻电动机 ADA 和 ADB。制动单元 BU1/BU2(R3~R10)用于消耗绞车 DWA 或 DWB 电动机减速、悬停产生的能量。R1 和 R2 分别作为自动送钻电动机 ADA 和 ADB 的能耗制动电阻。

1）主回路

给交流电动钻机提供变压变频的电力变换电路，称为主电路。以 ZJ90DB 为例，驱动控制主回路包括以下方面。

整流器部分：采用整流二极管的整流器将工频交流电整流为直流。在 ZJ90DB 的二极管供电单元 DSU 中，实现将 600VAC 整流得到 810VDC。

逆变器部分：同整流器功能相反，它将直流电变换为所要求频率的交流电。在 ZJ90DB 的 VFD 中，实现将 810VDC 逆变得到 400VAC，用于驱动泥浆泵电动机、转盘电动机和绞车电动机。

中间滤波回路：对整流器的整流电压进行滤波以给逆变器提供稳定的直流电源。

2）控制回路

控制回路包括控制主板及其接口与检测电路、故障报警与显示电路、风机控制回路等。不同厂家生产的中央控制单元不同。以 ZJ90DB 为例，采用的主要是由 ABB ACS880 系列直接转矩控制变频器和西门子 S120 系列的矢量控制变频器。ABB ACS880 系列采用控制器为 BCU 和 ZCU，S120 系列采用控制器为 CU320。

2. ZJ90DB 控制系统的特点

（1）变频单元采用"一对一"控制驱动绞车、转盘及自动送钻电动机；整流单元采用进口全数字 SCR 整流装置，"2 对 1"方式驱动绞车，"1 对 1"方式驱动转盘和泥浆泵。泥浆泵采用无编码器矢量控制，绞车、转盘采用带编码器矢量控制。在图 12-1 中，Ⓔ为编码器，通过脉冲编码器接口模块 RTAC-01 实现转速的采集。

（2）绞车电动机采用能耗制动代替绞车辅助刹车，可实现游车平稳下放、速度的连续可调。主电动机在 0r/min 转速时也能输出额定扭矩，因此可实现钻具的悬停。转盘电动机采用能耗制动，可防止堵钻情况下转盘的倒钻。

（3）采用大功率能耗制动单元和制动电阻定量控制制动扭矩作为绞车辅助刹车，自动投入制动，电阻散热采用独立放置、强制风冷，工作可靠，游车可实现平稳下放。

（4）自动送钻采用技术先进的复合自动送钻(独立电动机和主电动机)，钻压、钻速在设定范围内稳定可调，送钻平稳精确，实现送钻电动机低频下的恒钻压及恒钻速自动送钻。可以对设定参数进行修改，监控钻进过程的钻压、钻速、游车位置等参数，自动控制游车减速和软停、紧急故障刹车等功能，有效地防止溜钻、卡钻事故的发生，提高钻速及钻进质量。

（5）现场总线将数字化设备组成 PROFIBUS-DP 网络，实现变频器、远程司钻、电液气联控、自动送钻、马丁一体化仪表、电子防碰等控制系统间的高速通信，上位工控机储存各个系统的运行状态，并提供故障诊断报文。工控机、PLC、数字传动级和司钻操作台通过 PROFIBUS-DP 网络连接，构成三级网络系统，参数双向传递，为钻井工艺创建了一个数字化、信息化、智能化的管理平台，实现对系统各装置的远程数据传输和故障监控，优化控制和检测整个钻井过程。

（6）一体化远程司钻操作台具有钻机操作和钻井参数（悬重、钻压、井深、转盘转速、转盘扭矩、泵冲、泵压、泥浆池液位、出口流量、吊钳扭矩、总泵冲、吨公里和大钩位置等）实时显示、电气系统运行监控与显示、故障显示、报警等完善功能。

（7）自动游车位置控制系统通过编码器、控制器可以对游车运行高度进行全过程监控，当游车超过安全区域时，系统自动控制游车减速和软停，有效地防止游车上碰下砸事故的发生。

（8）钻机配置 DQ90BSC 顶驱，能有效提高钻井时效和在地层复杂井段、钻井事故多发区钻进时的安全性。

ZJ90DB 电动钻机传统系统电缆连接如图 12-2 所示。

在图 12-2 中，VFD1#房主要完成绞车、转盘、自动送钻和泥浆泵的驱动控制，以及与司钻房通信。VFD2#房主要完成绞车、转盘、自动送钻的驱动输出和编码器控制。VFD1#房与 VFD2#房通过光纤连接组成主/从机链路。

以 ZJ90DB 交流变频电动钻机为被控对象，以 ABB 公司的 ACS880 和西门子 S120 两种型号为主，介绍交流驱动控制系统中变频回路、整流回路、中间回路、逆变回路及变频器控制回路。

ABB 驱动控制系统可从数字输入端、模拟输入端、司钻台、MCC 配电房和 RPBA-01 通信模块获取控制命令。可编程逻辑控制 PLC 通过 PROFIBUS 网络实现 ZJ90DB 钻机的驱动控制。

本小节以 ZJ90DB 为对象，介绍泥浆泵 MP 控制、绞车 DW 控制、转盘控制 RT 以及直接转矩控制 DTC 和自动送钻控制。

二、ZJ90DB 的变频控制柜

ZJ90DB 系统选用 6 台变频控制柜采用"一对一"变频控制，实现对 3 台泥浆泵、2 台绞车和 1 台转盘变频驱动。

1. 绞车变频控制柜

在 ZJ90DB 传动系统中，由 2 台 1400kW 变频器驱动 2 台 1100kW 的绞车交流变频电动机（每台电动机带一只防爆编码器，随电控系统提供并安装，交流变频电动机厂提供安装接口）。

绞车控制系统采用有速度反馈的闭环控制方案，游动系统的悬重、速度等通过程序发出控制信号，使主电动机以设定的速度控制滚筒运行，实现绞车起下钻控制。

2. 转盘变频控制柜

转盘 900kW 交流变频器单独驱动钻机转盘的 1 台 800kW 的交流变频电动机，但是当转盘/顶驱电动机供电的变频装置故障时，系统将通过指配指令在不改动任何接线的情况下，指配绞车两台变频装置中的一台为转盘电动机供电。

转盘控制系统采用有速度反馈的闭环控制方案，PLC 经总线采集到转盘电动机的运行参数，计算出转盘转速、转矩，并在触摸屏上显示。PLC 通过编程可设定转盘转矩，控制电动机的运行参数，使转矩动态工作在设定范围内。转盘 VFD 控制系统主要功能如下：

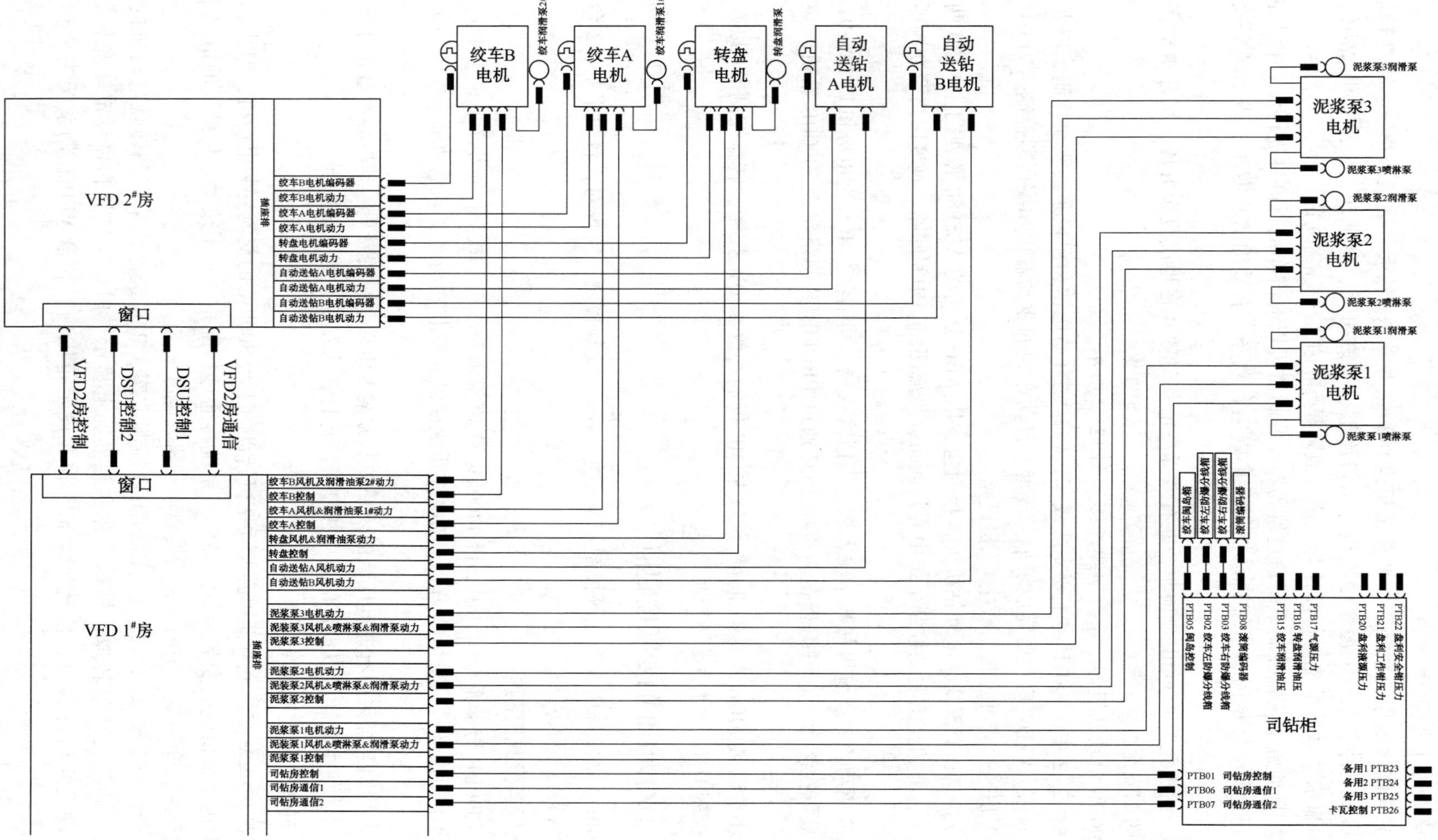

图12-2 ZJ90DB电动钻机传统系统电缆连接

（1）实现转盘的正、反转和参数显示功能。

（2）实现输出电流、扭矩限制（扭矩限制可调，便于司钻操作）等保护功能。

（3）转盘速度控制回零时，惯性刹车必须动作。

（4）变频器系统具有自诊断功能。

（5）通过扭矩限制可以实现反扭矩释放功能。

3. 泥浆变频控制柜

由 3 台 1400kW 的交流变频柜可分别驱动 3 台 1200kW 的交流变频电动机泥浆泵。PLC 通过采集泥浆泵电动机的电压、电流、频率及泵冲等信号，通过计算将泵功率、泵冲（或流量）、泥浆泵的运行速度给定显示在触摸屏上，完成相应的保护。

第 2 节　泥浆泵控制系统

在泥浆泵主从控制中，大功率泥浆泵尤其是 90DB 和 120DB 的泥浆泵都由两台电动机来驱动。ZJ90DB 中配备 3 台大功率 1200kW 的泥浆泵，泥浆泵控制中采用两台电动机通过皮带轮共同驱动，每台电动机都由一个逆变柜驱动控制。这就需要在两台逆变柜之间做主从控制，以实现泥浆泵的负荷有两台电动机共同承担。采用 Profibus 总线实现泥浆泵的主从控制，主控单元 CU320-2 DP 与整流模块的通信连接如图 12-3 所示。

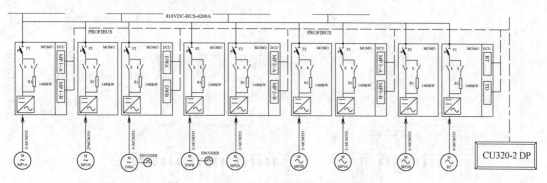

图 12-3　CU320-2 DP 与整流模块的通信

ZJ90DB 泥浆泵驱动控制的电路如图 12-4 所示。

在图 12-4 中，控制系统通过 PLC 柜送出的控制信号实现无编码器的转速控制，控制信号还包括风压控制、油压控制和锁定控制。以泥浆泵 MP2 控制为例，MCC 柜 P205、P204 和 P203 分别实现风机、润滑泵和喷淋泵的启/停控制。泥浆泵 MP1 和 MP2 的控制通信模块在传动控制柜 DCU1 柜，泥浆泵 MP3 的控制通信模块在传动控制柜 DCU2 柜，MP1～MP3 通信模块的站地址号分别为 7、8 和 9。RPBA-01 是 ABB PROFIBUS-DP 通信模块，插入逆变单元 A41 标有 SLOT1 的插槽内。通过 RPBA-01 将泥浆泵连接到 PROFIBUS 网络上。通信基于 DDCS 协议，它采用数据集，一个数据集包含 3 个 16 位字。通过 RPBA-01 通信模块可实现：

（1）向泥浆泵传动单元发送控制命令（启动、停止、允许运行等）。

（2）向泥浆泵传动单元发送速度或转矩给定信号。

（3）向传动系统（速度）的 PID 调节器发送一个过程实际值或一个过程给定信号。

（4）从传动单元读取状态信号和实际值。

（5）改变传动参数。

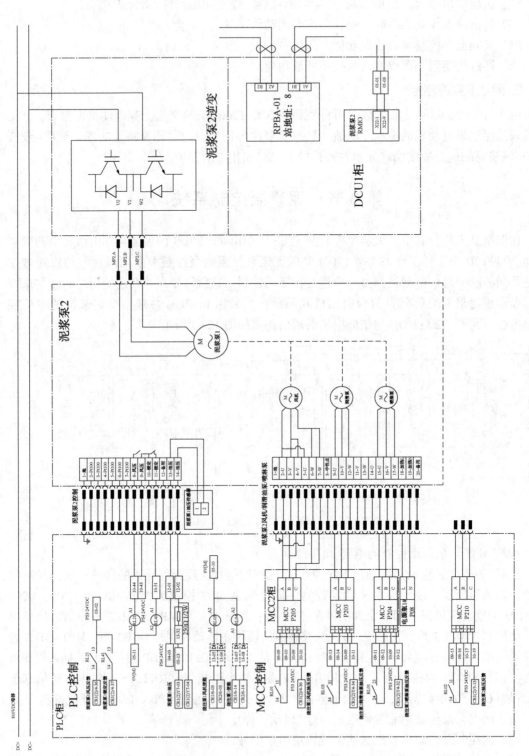

图12-4　ZJ90DB 泥浆泵驱动控制

（6）对传动单元进行故障复位。

PLC 控制命令通过 XD2D 送至 VFD 1#房（依次包含泥浆泵 MP1～MP3 的控制单元），然后送至 VFD 2#房（依次包含转盘 DCU3 和自动送钻 ADA/ADB）。

在电动机温度的检测控制中，模拟输出通过传感器供给 9.1mA 的恒定励磁电流。传感器电阻随着电动机温度上升而增加，施加到传感器上的电压也增加。将传感器测量的电压送至逆变控制单元 A41 的模拟量输入口（AI+），一方面作为防止电动机过热的保护，另一方面温度测量功能通过模拟量输入来读取电压，并将它转化成摄氏度。

第 3 节　绞车控制系统

绞车控制系统采用有速度反馈的闭环控制方案。ZJ90DB 绞车型号为 JC90DB，功率为 2210kW。ZJ90DB 绞车驱动控制图如图 12-5 所示。

在图 12-5 中，RTAC-01 为脉冲编码器接口模块，实现电动机速度和位置的检测。RP-BA-01 是 ABB PROFIBUS-DP 通信模块，RMIO 为主接口板。

1. 脉冲编码器接口模块 RTAC-01

脉冲编码器接口模块 RTAC-01 给数字脉冲编码器连接提供了一个接口，以获取绞车电动机轴精确的速度或位置（角度）方面的反馈信息。

其中，编码器各端子的说明如表 12-1 所示。

表 12-1　编码器各端子的说明

端子名	标记	说明
X1-2	0V	编码器电源（地）
X1-3	V_{OUT}	编码器电源电压选择
X1-5	V_{IN}	端子 5 和端子 6 相连：24V
X1-6	+24V	
X2-2	SHLD	用于编码器电缆屏蔽层接地，内部连接到机座上
X2-3/X2-4	A+/A-	最大信号频率：200kHz
		信号电平：+15V 时，"1">7.6V，"0"<5V
X2-5/X2-6	B+/B-	+24V 时，"1">12.2V，"0"<8V
		输入通道，与逻辑电路、电源和地隔离。
		当传动单元正转时，通道 A 应超前通道 B90°（电角度）
X2-7/X2-8		通道 Z：每转输入一个脉冲（只用于定位）

2. 通信模块 RPBA-01

绞车 A 和 B 的通信模块的站地址号为 4 和 5。通过 RPBA-01 将泥浆泵连接到 PROFIBUS 网络上。PLC 分别采集绞车电动机的电压、电流、频率、速度（参考值）参数，通过 PROFIBUS 向绞车 DWA、DWB 发送控制字（命令字）、给定值。RPBA-01 接收到数据后，向绞车 DWA、DWB 传动控制单元发送相应控制命令和给定值。通过 RPBA-01 通信模块可实现绞车系统的主要控制功能有：

（1）绞车的正、反转功能。

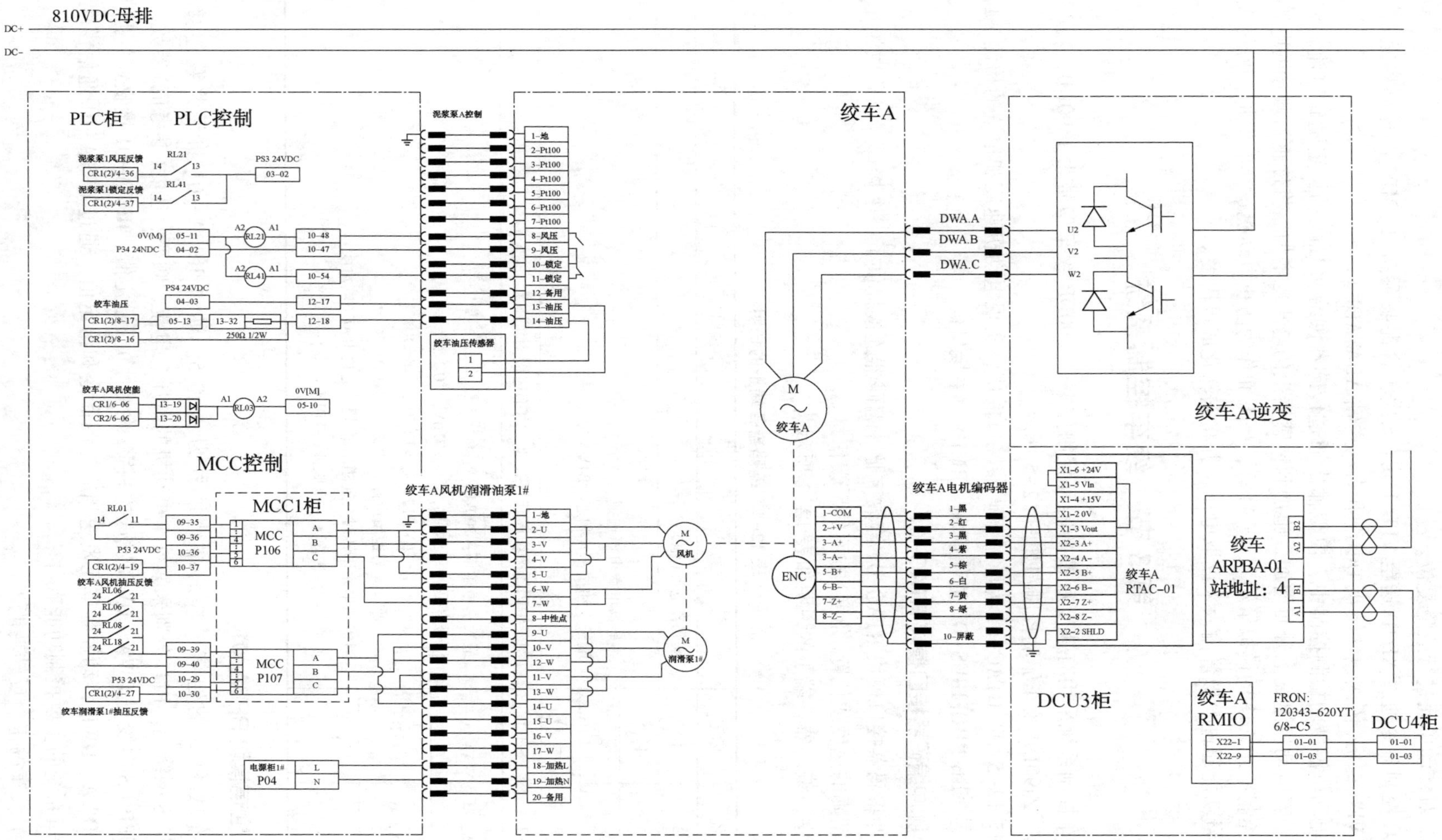

图12-5　ZJ90DB绞车驱动控制

234

（2）绞车能耗制动功能。

（3）输出电流、钩速等保护功能。

（4）零速悬停功能。

（5）自动送钻功能。

在绞车驱动控制系统中，MCC 除了实现风机、润滑泵的启停控制外，还具有油泵油压超限检测、报警功能，并显示在司钻台触摸屏上。

3. 绞车驱动逆变柜并联驱动控制

对于 ZJ90DB 和 ZJ120DB 使用的大功率绞车电动机，需要有两个逆变柜并联来驱动一个绞车电动机，几个绞车电动机是机械上同轴，共同驱动一个滚筒。绞车主从调试：在完成对所有绞车的单机调试以后，就可以进行绞车的主从调试了。绞车的主从控制在原理上与泥浆泵的主从控制相同，只是绞车的主从控制更加灵活，任何一个绞车既可以做主，也可以做从，完全由操作人员决定。

在 ZJ90DB 驱动系统中，双绞车主从控制：主从控制效果除了由主、从装置的参数设置、电动机优化的结果决定之外，在很大程度取决于主、从装置之间转矩给定的传输速率。ZJ90DB 及以上的钻机都是双绞车配置，两个绞车可以由一个 BCU 或 CU320 统一控制，转矩给定可以通过 RPBA-01 或 DRIVE-CLiQ 通信在两个绞车之间进行直接传输，大大提高了数据传输的可靠性和快速性。

绞车进行主从控制时，主从同时接收到启动命令，主装置进行速度控制，从装置接收主装置的转矩给定进行转矩控制，从而实现绞车负载的平均分配。绞车对动态响应和稳定性的要求都比较高，因此在空载的情况下，要进行比较细致的调试，反复调节主装置速度调节器的比例增益和积分时间，从而使主、从装置的输出转矩和实际速度尽可能保持一致，在某些情况下甚至需要重新对绞车进行单机调试，以保证双绞车运行的可靠性。

在 ZJ120DB 驱动系统中，驱动系统总共包括 4 个绞车电动机，在绞车负荷达到一定程度时，需要实现 4 个绞车的主从控制，即一个绞车作为主，其余作为从。为了实现 4 个绞车的主从控制，所采取的方法是完全通过 PROFIBUS 通信网络将主装置的转矩给定传输到从装置，由于转矩给定的传输会有很大的延迟，就很难保证 4 个绞车输出相同的转矩，因此要想将绞车系统调试到稳定状态比较困难；所以建议用户最好将 4 个绞车分成两组，如 DWA 和 DWB 为一组，DWC 和 DWD 为一组，每一组都由一个 CU320-2 控制（一个 CU320-2 无法同时控制 4 个绞车）。每组内的绞车之间的转矩传输是通过 DRIVE-CLiQ 通信来实现的，不同组的转矩传输是通过 DWA 和 DWC 来实现的，绞车 DWA 和 DWC 要有两组命令数据。

例如，如果选择 DWB 作为主驱动，则 DWA 的第一组命令数据组有效，通过 DRIVE-CLiQ 通信，DWA 从装置接收 DWB 主装置的转矩给定进行转矩控制；而如果选择 DWC 作为主，则 DWA 的第二组命令数据组有效，通过 PROFIBUS-DP 网络，DWA 从装置接收 DWC 主装置的转矩给定进行转矩控制。绞车 DWB 和 DWD 的转矩给定分别来自 DWA 和 DWC，这样就大大缩短了转矩给定在 4 个绞车之间的传输时间，从而保证多绞车主从控制的性能。

第 4 节　转盘控制系统

在 ZJ90DB 驱动控制系统中，转盘型号为 ZP495，由 1 台 900kW 交流变频电动机独立驱动。ZJ90DB 转盘驱动控制如图 12-6 所示。转盘控制系统采用有速度反馈的闭环控制方案。

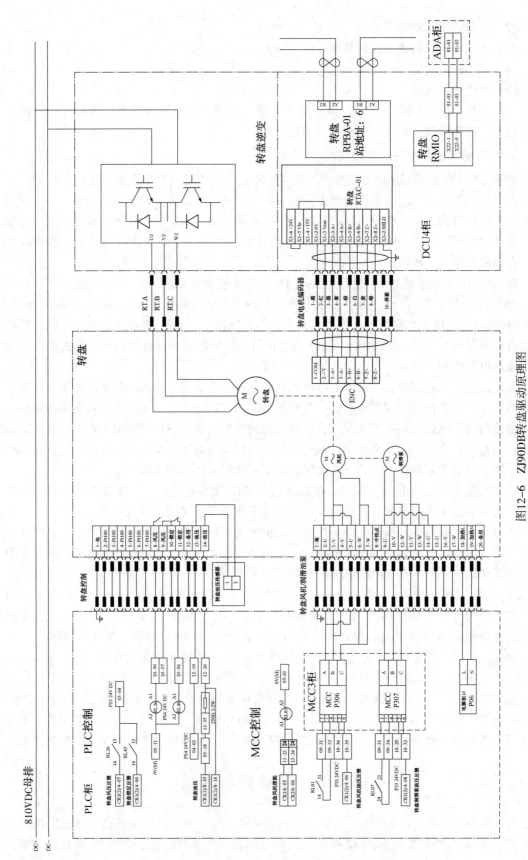

图12-6 ZJ90DB转盘驱动原理图

236

在图 12-6 中，MCC3 柜的 P306 实现风机的控制，P307 主要实现润滑泵的控制。PLC 经总线采集到转盘电动机的运行参数、风压信号，计算出转盘转速、转矩，并在触摸屏上显示。PLC 通过编程可设定转盘转矩，控制电动机的运行参数，使转矩动态工作在设定范围。通过转盘油压传感器检测油压信号通过转盘控制端子送至 PLC。

模块 RTAC-01 为脉冲编码器接口模块，通过转盘电动机编码器获取转盘电动机轴精确的速度或位置(角度)方面的反馈信息。RTAC 编码器电源连接的端子(X1)，用于给 24VDC 和 15VDC 的编码器提供电源。RTAC 编码信号的端子块(X2)，有 3 组相互隔离的输入通道，其中：

(1) 两组输入通道 A、B 间有 90°相位差，即当传动单元正转时，通道 A 应超前通道 B 90°(电角度)。

(2) 一组零脉冲输入通道 Z，每转输入一个脉冲(只用于定位)。

在图 12-6 中，转盘驱动控制单元 RMIO 主控板与自动送钻 ADA 柜的连接如图 12-7 所示。

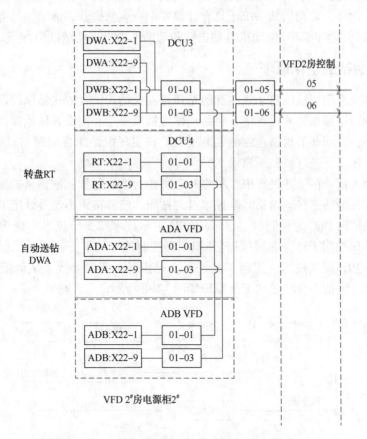

图 12-7　转盘 RMIO 与自动送钻 ADA 的连接

通过 RPBA-01 通信模块可实现的转盘系统的主要功能有：
(1) 实现转盘的正、反转和参数显示功能。
(2) 实现输出电流、扭矩限制(扭矩限制可调，便于司钻操作)等保护功能。
(3) 转盘速度控制回零时，惯性刹车必须动作。
(4) 通过扭矩限制可以实现反扭矩释放功能。

转盘调试过程与泥浆泵的单机调试过程相同。若采用西门子变频控制，对转盘的调试都是在空载的条件下完成的，主要是进行电动机的静态辨识和动态测量。在空载调试完毕后，需要按照工况的要求对转盘转矩进行限幅。

在实际钻机的驱动控制中，为了确保当转盘的逆变柜出现故障时，可将一台泥浆泵作为转盘的备份。以 ZJ70DB 为例，一般将泥浆泵 MP3 作为转盘 RT 的备用。当采用泥浆泵代替转盘驱动时，将转盘的电动机电缆接到相应泥浆泵上，并进行参数组的切换，切换到第二套 DDS 驱动数据组，就可以完成对转盘的控制。

第 5 节 自动送钻控制系统

随着钻机钻井技术不断发展，对钻井工艺的要求越来越高，自动送钻技术也由此应用到钻井工业中，并在钻井过程中起着越来越重要的作用。

电动钻机自动送钻系统采用变频控制技术，利用变频器的悬停和能耗制动功能，实现钻具的平稳送钻。此外，自动送钻系统还具有起放井架、应急提升和活动钻具等功能。电动钻机自动送钻系统具有主(绞车)电动机自动送钻和辅助电动机自动送钻两种模式。

一、自动送钻的工作原理

自动送钻系统采用恒钻压自动送钻和恒钻速自动送钻相结合的送钻原理。

恒钻压自动送钻是在钻井过程中，将钻压作为被控变量，使钻具钻压保持恒定，并根据当前的钻压大小，自动调节送钻速度的钻井过程。在实现恒钻压自动送钻时监控送钻速度，使其在某一限定速度下进行恒钻压自动送钻。

恒钻速自动送钻是在钻井过程中，将送钻速度作为被控变量，使钻具的送钻速度保持恒定的钻井过程。在恒钻速自动送钻时监控当时的钻压，使其钻压不超过设定的限定值。

自动送钻系统以 PLC 为控制核心，采用 PID 控制技术和变频技术实现速度闭环，利用软件 PID 实现钻压控制闭环，在钻压-转速双闭环控制的作用下，使钻压控制更加稳定。由于采用的是软件 PID 控制技术，控制参数可以在触摸屏上实时修改，从而能够很好地适应不同的地层工况。恒钻压自动送钻工作原理如图 12-8 所示。

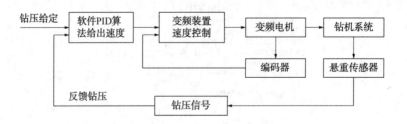

图 12-8 恒钻压自动送钻工作原理图

在图 12-8 中，给定钻压设定为钻井过程的设定钻压，即目标钻压；反馈钻压为实际测量的钻压，反馈钻压的闭环控制是外环，用于稳定钻压。两者的差值经过 PLC 的软件 PID 算法计算，产生变频装置的给定速度，变频器采用由速度反馈的矢量控制或直接转矩控制。作为内循环，随着钻具的下放，实际钻压将增大，通过悬重传感器采集回悬重信号，经过 PLC 处理产生新的反馈钻压。由于实际钻压增大，给定钻压与反馈钻压的差将减小，下放速度减小，使反馈钻压逐渐逼近给定钻压，在内、外循环相互作用下实现稳定的钻压控制。

二、自动送钻系统的硬件组成

自动送钻系统可通过配置的液压盘刹接口单元，实现对液压盘刹装置的自动控制，控制钻柱自动给进，从而实现自动送钻。自动送钻系统由以下硬件组成：辅助变频电动机或者主(绞车)变频电动机、编码器、辅助变频器或主(绞车)电动机变频器、PLC、触摸屏、悬重传感器及连接电缆等。系统还可以配备立管压力传感器和转盘扭矩传感器。自动送钻系统连接图如图12-9所示。

系统自动与手动送钻模式可由司钻选择。当选择自动送钻模式时，系统所需原始参数应提前设置，仅需正确输入一个目标钻压后，然后按下控制屏确定方框，将自动且有控制地释放盘刹，

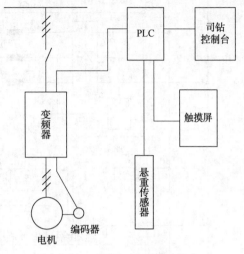

图12-9 自动送钻系统连接图

直到滚筒开始转动，下放钻具，逐渐增加钻压到目标值。司钻很容易调节钻压的目标值。在自动送钻过程中，系统同时监测刹车压力、转数、扭矩、泵压等信号，实现紧急状态报警功能。

自动送钻系统代替司钻工使用盘刹手柄送钻，可以大大降低工人的劳动强度，而且操作简便、使用安全，可以提高钻井质量，延长钻头寿命。

在ZJ90DB钻机传动系统中，自动送钻B变频器内部整流单元、逆变单元和制动单元连接，即自动送钻变频器传动系统接线如图12-10所示。

在图12-10中，自动送钻系统包括变频驱动控制单元和能耗制动单元。变频驱动单元包括整流、逆变和中间(电容滤波)3个环节，实现自动送钻电动机变频驱动控制。利用变频器的悬停和能耗制动功能，实现钻具的平稳送钻。

电动机能耗制动以能耗制动代替了电磁刹车或其他辅助刹车，不仅使钻台重量减轻，还节省了钻台空间，减少了投资。

三、自动送钻控制

送钻电动机的自动送钻系统可以控制钻机的转速及钻压，实现送钻电动机在低频下的正常工作，可以对设定参数进行修改，监控钻进过程的钻压、转速、游车的位置等参数，自动控制游车减速和软停，及紧急故障刹车等功能，有效地防止溜钻、卡钻事故的发生，提高转速及钻进质量。

1. 恒速送钻启动

恒速送钻就是使钻具以一定的速度匀速钻进，或作为绞车的备用设备提升、下放钻具和井架。具体要求如下：

(1)确保绞车风机关闭，绞车的离合器松开。

(2)自动送钻离合处于松开状态，送钻手轮处于零位。

(3)将"送钻控制"开关由"停"位置转到"恒速"位置，这时送钻电动机风机应当启动，

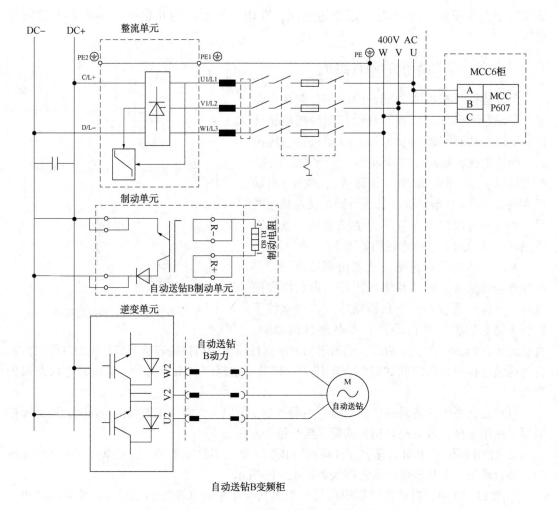

图 12-10　自动送钻变频器传动系统接线

与其对应的电动机风机运行灯要点亮。若系统正常，自检通过，则送钻变频柜启动，与其对应运行灯要点亮，表示准备工作就绪，可以开始工作。这时电动机已经通电，转速为"零"（具有较小的蠕动速度），但没有挂离合器。

（4）将"自动送钻离合开关"扳到"合"位置，可听到气路和自动送钻离合动作的声音，这时电动机已经加载进入"零速度憋电动机"状态，再迅速松开所有机械刹车（包括盘刹和驻车制动等），电动机就以"悬停"方式提着钻具正式投入工作了。

（5）操作送钻给定手轮，就可使送钻电动机按选择的方向和转速运行。恒速送钻只使用手轮进行给定。

（6）若要改变送钻的运行方向，首先应把给定手轮转到零位，然后把开关转到反转位置，再转动给定手轮即可，不必停止电动机和变频柜。

2. 恒速送钻停止

恒速送钻停车时的操作步骤为：

（1）将"送钻给定"手轮回到零位，电动机产生强烈的制动作用，使转速迅速回零并悬停。

240

（2）实施机械抱闸，进入"零速度憋电动机"状态，然后迅速将"自动送钻离合开关"扳到"离"位置，电动机进入无负载空转运行状态。

（3）将"送钻控制"开关扳到"停"位置，这时风机停止运转，各个运行指示灯熄灭，同时送钻变频柜就由运行状态转入停机状态，送钻传动系统全部转入停机状态。

3. 恒压送钻启动

恒压送钻操作使用于正常钻进时的恒钻压自动送钻，代替司钻工使用盘刹手柄进行手动送钻，可将钻压波动控制在±1t(10kN)或更小的范围，提高钻井质量。恒压送钻操作只能在PLC总线系统正常时才能使用。恒压送钻不需要方向选择开关。具体要求如下：

（1）将"正常/应急"转换开关置于"正常"位置。待PLC总线系统自检正常。

（2）把触摸屏画面翻至"自动送钻"画面的一页，将钻具提悬（钻头离开井底）并处于静止状态，按下触摸屏画面上"悬重测量"的软按键，则PLC系统将自动记录最初钻具总重量（最初悬重）。

（3）在画面上将钻压给定值设为0吨。将"送钻控制"开关由"停"位置转到"恒压"位置，这时送钻电动机风机应当启动，与其对应的电动机风机运行灯点亮。

（4）若系统正常，自检通过，则送钻变频柜启动，与其对应运行灯点亮，表示准备工作就绪，可以开始工作。这时电动机已经通电，但没有挂离合器。然后将"自动送钻离合开关"扳到"合"位置，可听到气路和自动送钻离合动作的声音，自动送钻离合器挂合，这时电动机已经加载进入"恒钻压自动送钻"状态，再迅速松开所有机械刹车（包括盘刹和驻车制动等），电动机就提着钻具处于悬停状态。

（5）在画面上输入所需要的钻压给定值，送钻电动机迅速下放钻具，同时实际钻压就按照设定的时间（一般几十秒到2min）从零升到设定的给定钻压值，并以该钻压值恒钻压钻进。

（6）转盘的启动在送钻电动机启动之前或之后均可以。恒压送钻只使用画面进行钻压设定。

4. 恒压送钻停车

恒压送钻停车时的操作步骤为：

（1）在画面上将"钻压设定"值设定为零，电动机自动提起钻具并悬停。

（2）待电动机悬停之后，要实施机械抱闸，系统进入"零速度憋电动机"状态，然后迅速将"自动送钻离合开关"扳到"离"位置，电动机进入无负载空转运行状态。

（3）将"送钻控制"开关扳到"停"位置，风机停止运转，各运行指示灯熄灭，同时送钻变频柜由运行状态转入停机状态，送钻传动系统全部转入停机状态。

注意事项如下：

（1）送钻电动机在运转状态（速度不为零）时，严禁机械抱闸，否则会造成电动机堵转、变频柜跳闸和机械损伤等事故。

（2）送钻电动机不允许长时间处于"零速度憋电动机"状态，即不允许电动机通电后给定手轮处于零位而没有松开机械刹车。

（3）送钻电动机不允许长时间处于"悬停"状态，这样不利于电动机的正常运行，也不利于安全生产。如果要求10min以上不工作，应关掉变频柜电源。

（4）绞车和自动送钻不能同时工作。

四、ZJ90DN 自动送钻控制柜 BU1/BU1

自动送钻控制系统采用恒钻压和恒钻速，钻压控制精度高，运行平稳，该系统是针对钻井过程被控制对象的多变量、时变性、强扰动、时滞性等特点，以现代控制理论和智能控制理论为基础，采用自学习控制方法实现对参数的自校正及参数优化。主要的功能有恒钻压控制、恒钻速控制、游车位置控制、游车自动软停等，减少钻头磨损，保证钻井质量，操作简便、运行可靠，降低生产成本，提高钻井效率。

自动送钻控制柜通过一台 400V、75kW 交流变频电动机来实现自动送钻，并配有能耗制动电阻，控制系统采用有速度和悬重反馈的闭环控制方案。PLC 经 PROFIBUS 总线采集到自动送钻电动机的运行参数和给定信号，PLC 通过编程可设定电动机转矩，控制电动机的运行参数，使钻机钻进动态工作在设定范围。送钻 VFD 及控制系统主要实现钻机钻进时的恒压/恒速驱动控制。

在 ZJ90DB 驱动控制系统中，自动送钻采用 400VAC 供电，通过整流单元、中间电路和逆变电路，驱动电动机自动送钻电动机。ZJ90DB 自动送钻 A 驱动原理图如图 12-11 所示。

在图 12-11 中，RTAC-01 为脉冲编码器接口模块，实现电动机速度和位置的检测；RPBA-01 PROFIBUS-DP 为通信模块，实现传动设备数据的快速、准确交换；RMIO 为主接口板，为 I/O 扩展接口。在 PLC 柜中，自动送钻 A 的 CR1/6-08 和 CR2/6-08 将+24VDC 数字信号输出，作为自动送钻 A 风机的使能控制信号 RL08；接点 RL08 经 MCC1 柜内 P102-1 和 P102-4 实现自动送钻风机的使能控制。

五、自动送钻的参数设置

自动送钻系统可以用主(绞车)电动机送钻，也可以用辅助送钻电动机送钻。从司钻台的硬件开关或触摸屏上可选择主电动机(DW)、辅助电动机(AD)。送钻模式选择开关可选择恒速上提(UP)、恒压送钻(ADP)、恒速下放(DOWN)。

从司钻台的硬件开关或触摸屏上选择恒速上提或恒速下放送钻方式后，启动送钻电动机，给定送钻速度，给定限制钻压，就可进行恒钻速自动送钻。

从司钻台的硬件开关或触摸屏上选择恒压送钻方式后，将钻头下放到井底，启动泥浆泵、转盘或顶驱；点击"钻压复位"按钮，使实际钻压归零；启动送钻电动机，给定送钻钻压，给定限制速度，就可进行恒钻压自动送钻。

在恒压送钻时，可通过触摸屏设定和调节送钻系数等参数。自动送钻系数调整画面如图 12-12 所示。

图 12-12 中灰色框为显示参数，是自动送钻的过程值，不能修改，白色框为可设定参数，此界面设置参数均为参数的百分比。"钻压给定"为钻井的设定钻压的百分数；"钻压反馈"为实际反馈的钻井钻压，为显示参数；"死区值"表示给定钻压和反馈钻压差小于该值时，保持当前的下放速度，不再调节，只有当差值大于"死区值"时才自动调节；"输出上限"为最大下放输出量；"输出下限"为最大上提输出量，如果不允许上提，可以将该值设为0；"采样周期"为调节周期时间；"输出"为调节器的输出。

在实现自动送钻的过程中，随着地层的不同，自动送钻调节系数将会有不同的变化，以实现更好的送钻，因此需要调节送钻系数。主电动机送钻时，系数值为 0.1~0.9；辅助电动机送钻时，系数值为 0.2~0.8。

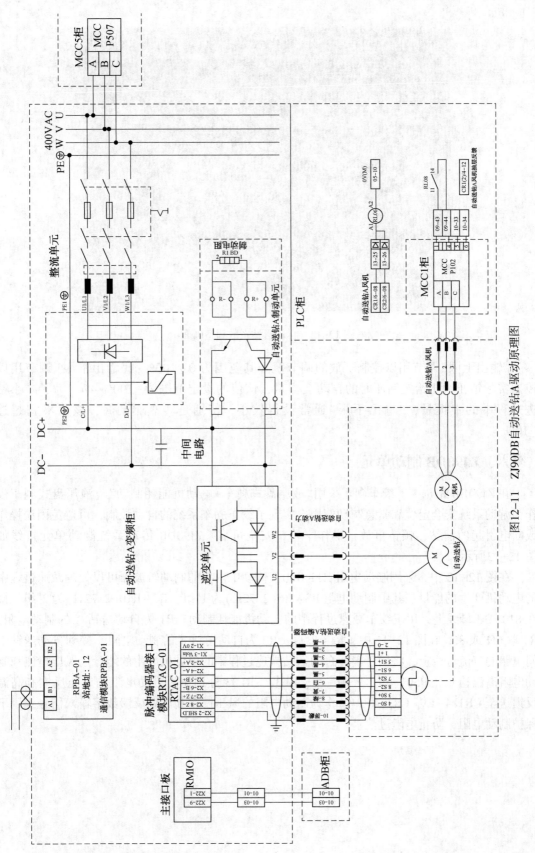

图12-11 ZJ90DB自动送钻A驱动原理图

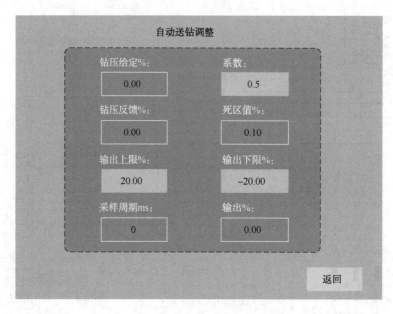

图 12-12　自动送钻系数调整画面

　　"输出上限"调节用以控制下放的调节量，其范围为 $0 \sim 100\%$；"输出下限"调节用以控制实际钻压大于给定钻压时的自动上提量，该值的设定范围为 $-100\% \sim 0$。为了减小钻进过程中的上提量，"输出下限"通常设得较小，特别是转盘驱动时，该值不宜超过 -10%。

六、ZJ90DB 制动单元

　　在 ZJ90DB 钻机中，绞车刹车采用"液压盘式刹车+电动机能耗制动"。液压盘式刹车仅作为游动系统安全定位和紧急制动使用，实现了绞车刹车系统的自动控制，可避免因误操作或断电引起的溜钻、顿钻事故，操作平稳，安全可靠。ZJ90DB 传动系统制动单元接线如图 12-13 所示。

　　在图 12-13 中，采用制动电阻 R1~R10，传动中内置的制动斩波器可以处理减速过程中的电动机产生的能量。其中制动电阻 R3~R6(2.72Ω)为 1#组，R7~R10(2.72Ω)为 2#组，接在 810VDC 母线上，用于绞车减速过程中的电动机能耗制动。R1 为自动送钻 A 的制动电阻，R1 取 6Ω 或 8Ω(在图 12-11 中，R1=8Ω)；R2 为自动送钻 B 的制动电阻，接到自动送钻中间电路的直流母线上，将用于消耗自动送钻减速过程中的电动机产生的能量。风压检测和制动电阻高温检测经 PS01-19、PS01-20、RL32、RL33 分别作为制动电阻的风压反馈和高温反馈送至 CR1/4-13、CR1/4-14，作为制动电阻的风压反馈和高温反馈数字输入信号，用于保护制动电阻，防止电阻过热。

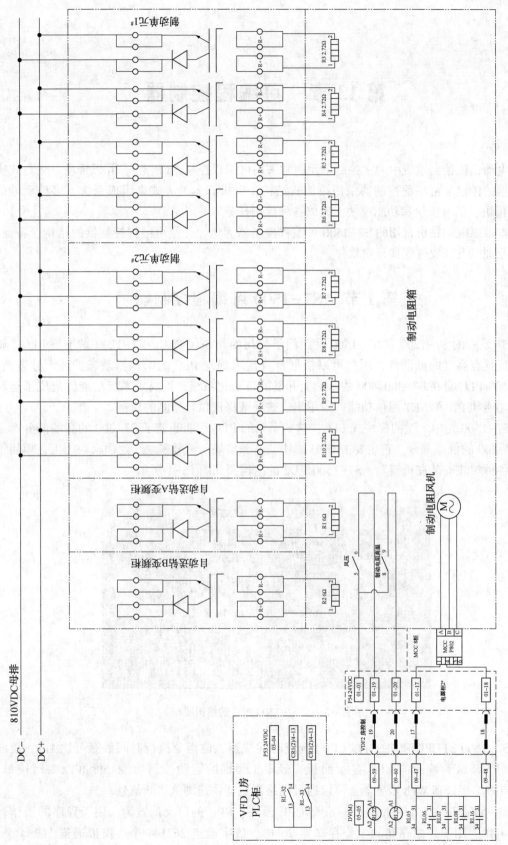

图12-13 ZJ90DB传动系统制动单元接线

第 13 章　可编程控制器

电动钻机控制系统中的主控制单元通常采用可编程控制器(PLC),并以现场总线方式实现数据的传输。可编程控制器采用模块式结构,以搭积木的方式来组成系统,多种型号的CPU模块、信号模块和功能模块能完成各种控制任务。

本章以电动钻机常用的S7-1500可编程控制器为例,介绍可编程控制器的结构、特征、基本原理以及开发过程和开发软件。

第 1 节　S7-1500 可编程控制器

S7 系列的 S7-1200 和 S7-1500 是西门子公司的新一代 PLC。S7-1200 是小型 PLC,硬件组成具有高度的灵活性,用户可以根据自身需求确定 PLC 的结构,系统扩展十分方便。S7-1500 PLC 是在 S7-300/400 的基础上开发的自动化系统,提高了系统功能,集成了运动控制功能和 PROFINET 通信功能,采用集成式屏蔽保证信号检测的质量。

S7-1500 是中大型的模块式 PLC,这一系列的 PLC 性能涵盖了 S7-300 的高端部分产品和 S7-400 的低端部分。它主要由 CPU 模块、电源模块、信号模块、通信模块、工艺模块组成,各种模块安装在机架上。S7-1500 PLC 的结构图如图 13-1 所示。

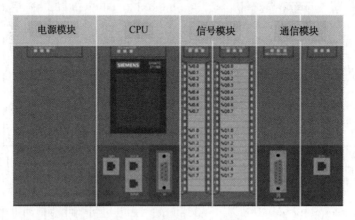

图 13-1　S7-1500 PLC 的结构图

S7-1500 的 CPU 模块(简称 CPU)响应时间快速,位指令执行时间最短可达 1ns。集成有可用于调试和诊断的 CPU 显示面板、最多 128 轴的运动控制功能、标准以太网接口、PROFINET 接口和 Web 服务器,可以通过网络浏览器快速浏览诊断信息。

S7-1500 现在有 6 种型号的标准型 CPU 模块。CPU 的最大配置为:用于程序的工作存储器 4MB、用于数据存储的工作存储器 20MB、数字通道 262144 个、模拟通道 16384 个、

2048 个定时器和 2048 个计数器、位存储 16kB、过程映像输入 32kB 和过程映像输出 32kB。插槽式装载存储器(SIMATIC 存储卡)最大 32GB。集成了系统诊断功能，CPU 即使处于停止模式，也不会丢失系统故障和报警信息。

S7-1500 的编程软件 TIA 博途功能强大，使用方便。TIA 博途可以对控制器、HMI 和驱动设备进行同步组态，并提供统一的操作方案。它将所有面向未来的硬件组件集成到框架中，实现统一的数据保存，确保了整个项目中的数据稳定性。用 TIA 博途软件平台对故障安全功能进行工程设计时，相同的编程组态环境能够节约时间，提高安全性。

一、S7-1500 可编程控制器的组成

S7-1500 PLC 是模块化结构的 PLC，它由以下几部分组成：

(1) 中央处理单元(CPU)。主要有标准型 CPU 模块、紧凑型控制器、ET 200SP CPU 模块和故障安全控制器(F CPU)等，各种 CPU 模块有不同的性能。例如，有的 CPU 集成了一个带 2 端口交换机的 PROFINET 接口，有的 CPU 集成了数字量、模拟量输入/输出和高速计数功能。CPU 前面板上有状态与故障显示 LED、模式选择开关等。

(2) 电源模块。S7-1500 的电源模块分为 PS 电源模块(系统电源模块)和 PM 电源模块(负载电源模块)。系统电源模块专门为背板总线提供内部所需的系统电源，具有诊断报警和诊断中断功能。系统电源模块有 PS 25W 24V DC、PS 60W 24/48/60V DC 和 PS 60W 120/230V AC/DC 3 种型号，一个机架最多可以使用 3 个 PS 电源模块。负载电源模块通过外部接线可以为模块、传感器和执行器等提供稳定、可靠的 24V DC 供电，输入电压为 120/230V AC 自适应。负载电源模块可以不安装在机架上，可以不在博途中组态，模块具有输入抗过压性能和输出过压保护功能。负载电源有 24V/3A 和 24V/8A 2 种型号。

(3) 信号模块。信号模块既可以用于中央机架集中式处理，也可以通过 ET 200MP 分布式处理，中央机架最多可以安装 32 个模块。在 S7-1500 的模块型号中，BA(Basic) 为基本型，ST(Standard) 为标准型，HF(High Function) 为高性能型，HS(High Speed) 为高速型，SRC(Source input NPN) 为源型输入。

信号模块主要有数字量输入模块 DI、数字量输出模块 DQ、数字量输入/输出模块 DI/DQ、模拟量输入模块 AI、模拟量输出模块 AQ、模拟量输入/输出模块 AI/AQ。

(4) 通信模块。用于 PLC 之间、PLC 与计算机和其他智能设备之间的通信，它可以减轻 CPU 处理通信的负担，并减少对通信功能的编程工作。通信模块主要有点对点通信模块、PROFIBUS 模块、PROFINET 模块、以太网模块。

(5) 接口模块。接口模块用于连接 S7-1500 的 I/O 设备，用于在上位控制器和 I/O 模块之间交换数据。在 ET 200MP 分布式 I/O 系统中，通过 PROFINET 或 PROFIBUS 与控制器进行数据通信。接口模块主要有 IM155-5 DP 标准型 PROFIBUS 接口模块、IM155-5 PN 标准型和高性能型 PROFINET 接口模块。

(6) 工艺模块。工艺模块用于高速计数和测量，以及快速信号预处理，可以实现频率、周期和速度的测量功能；也可以对各种传感器进行快速计数、测量和位置记录。工艺模块主要有计数模块、位置检测模块、基于时间的 IO 模块和称重模块等。

二、S7-1500 可编程控制器的系统结构

系统电源模块(PS)或者负载电源模块(PM)一般安装在机架的最左边,CPU 模块紧靠电源模块。S7-1500 用背板总线将除电源模块之外的各个模块连接起来。背板总线集成在模块上,模块通过 U 形总线连接器相连,每个模块都有一个总线连接器,都插在各模块的背后。安装时先将总线连接器插在 CPU 模块上,并固定在导轨上,然后依次装入各个模块,如图 13-2所示。

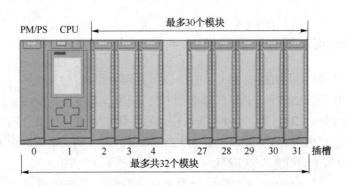

图 13-2　S7-1500 的模块、导轨和总线连接器的连接结构

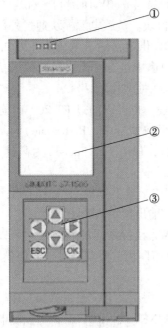

图 13-3　CPU 1516-3 PN/DP
(带前面板)的正视图
①—指示 CPU 当前操作模式和
诊断状态的 LED 指示灯;
②—显示屏;③—操作员控制按钮

中央机架最多 32 个模块,插槽号为 0~31。与 S7-300/400 相比,S7-1500 没有扩展机架,要用分布式 I/O 来实现扩展。0 号槽可以放置系统电源模块(PS)或者负载电源模块(PM),在 STEP 7 中,无须组态负载电源模块(PM)。0 号槽的系统电源模块(PS)通过背板总线向 CPU 和 CPU 的右侧模块供电。S7-1500 中最多可使用 3 个系统电源模块(PS),一个系统电源模块(PS)插入 CPU 的左侧,其他两个系统电源模块(PS)插入 CPU 的右侧。

在图 13-2 中,机架最左边是 0 号槽,最右边是 31 号槽。电源模块总在 0 号槽的位置,中央机架的 1 号槽是 CPU 模块,这两个槽被固定占用,从 2 号槽开始依次插入信号模块、工艺模块和通信模块,模块之间不能有空槽。因为模块是用总线连接器连接的,所以槽号是相对的,在机架导轨上并不存在物理槽位。

三、S7-1500 可编程控制器的 CPU 模块

1. CPU 的显示屏和 LED 指示灯

图 13-3 是 CPU 1516-3 PN/DP 的正视图。
S7-1500 产品系列的所有 CPU 均配有纯文本信息显示屏。显示屏显示了所有连接模块的订货号、固件版本和序列号信息,此外还可以设置 CPU 的 IP 地址,以及其他网络设置。CPU 的显示屏具有下列优点:

（1）显示屏可显示纯文本形式的诊断消息，可缩短停机时间。

（2）通过更改 CPU 和所连接 CM/CP 的接口设置（例如 IP 地址），可以在工厂调试和维护，无须编程设备。

（3）可读/写访问强制表和监控表，对用户程序或 CPU 中各变量的当前值进行监视和更改，缩短了停机时间。

（4）在现场，可通过 SIMATIC 存储卡，备份和恢复 CPU 组态；将 SIMATIC 存储卡转换为程序存储卡，不需要其他 PG/PC。

（5）对 F-CPU 可显示安全模块的状态和 F 模块的故障安全参数。

CPU 上配有 3 个 LED 指示灯——RUN/STOP（绿色/黄色）、ERROR（红色）和 MAINT（黄色）指示灯，用于指示当前的操作状态和诊断状态。表 13-1 列出了各种指示灯组合的含义。

表 13-1　CPU 的操作模式和诊断状态指示灯含义

RUN/STOP	ERROR	MAINT	含义
灭	灭	灭	CPU 电源缺失或不足
灭	闪	灭	发生错误
绿亮	灭	灭	CPU 处于运行模式
绿亮	闪	灭	诊断事件未决
绿亮	灭	亮	设备要求维护；有激活的强制作业；PRO Flenery 暂停
绿亮	灭	闪	组态错误
黄/绿亮	闪	灭	发生错误
黄亮	灭	闪	固态更新已完成
黄亮	灭	灭	CPU 处于停机状态
黄亮	灭	闪	SIMATIC 存储卡上的程序错误；CPU 检测到错误状态
黄闪	灭	灭	CPU 在停机期间执行内部活动；从 SIMATIC 存储卡下载用户程序
黄/绿闪	灭	灭	启动（从 STOP 转换为 RUN）
黄/绿闪	闪	闪	CPU 正在启动；启动、插入模块时测试 LED 灯；LED 指示灯闪烁测试

CPU 的每个端口都配有一个 LINK RX/TX LED（绿色/黄色）指示灯，表 13-2 列出了各指示灯的含义。

表 13-2　LINK RX/TX LED 指示灯含义

LINK RX/TX LED 指示灯	含义
灭	PROFINET 设备的 PROFINET 接口与通信伙伴之间没有以太网连接；当前未通过 PROFINET 接口收发任何数据；没有 LINK 连接
绿闪	CPU 正在执行 LED 指示灯闪烁测试
绿亮	PROFINET 设备的 PROFINET 接口与通信伙伴之间有以太网连接
黄/绿闪	当前正在向以太网上的通信伙伴接收数据或发送数据

2. CPU 的操作模式

通过 CPU 上的模式选择开关、CPU 的显示屏和 TIA 博途软件，可以切换 CPU 的操作模式：

（1）RUN 运行模式，CPU 执行用户程序。

（2）STOP 停止模式，不执行用户程序。

（3）STARTUP 启动模式。与 S7-300/400 相比，S7-1500 的启动模式只有暖启动（Warm Restart）。暖启动是 CPU 从停止模式切换到运行模式的一个中间过程。在这个过程中将清除非保持性存储器的内容，清除过程映像输出，启动组织块 OB，更新过程映像输入等。如果启动条件满足，CPU 将进入运行模式。

（4）MRES 存储器复位模式，CPU 将执行存储器复位或 CPU 被复位为出厂设置。CPU 必须处于 STOP 模式才能进行存储器复位，复位会删除工作存储器中的内容以及保持性和非保持性数据；诊断缓冲区、时间、IP 地址被保留；随后 CPU 通过已装载的项目数据（硬件配置、代码块和数据块以及强制作业）进行初始化，CPU 将此数据从装载内存复制到工作存储器。

可通过 3 种方式执行 CPU 存储器复位：使用模式选择开关或模式选择键；使用显示屏；使用 STEP 7 软件。

使用模式选择开关执行 CPU 存储器复位时，按以下步骤操作：

（1）将模式选择开关设置到 STOP 位置，RUN/STOP LED 指示灯点亮为黄色。

（2）将模式选择开关设置到 MRES 位置，并保持在此位置，直至 RUN/STOP LED 指示灯第二次点亮并保持约 3s 时间，然后松开选择开关。

（3）在接下来 3s 内，将模式选择开关切换回 MRES 位置，然后重新返回到 STOP 模式。CPU 将执行存储器复位。

使用模式选择键执行 CPU 存储器复位时，按以下步骤操作：

（1）按 STOP 模式选择键，STOP ACTIVE 和 RUN/STOP LED 指示灯呈黄色点亮。

（2）按下操作模式按钮 STOP，直至 RUN/STOP LED 指示灯第二次点亮，并在 3s 后保持在点亮状态，然后松开按键。

（3）在接下来 3s 内，再次按 STOP 模式选择键，CPU 将执行存储器复位操作。

使用显示屏执行 CPU 存储器复位时，点击菜单命令：设置→复位→M 存储器复位，并按"确定"（OK）键进行确认，CPU 将执行存储器复位操作。

通过 STEP 7 执行 CPU 存储器复位时：打开 CPU 的"在线工具"（Online Tools）任务卡；在"CPU 控制面板"（CPU control panel）窗格中，单击"MRES"按钮；在确认提示窗口中，单击"确定"（OK），CPU 设置为 STOP 模式并执行存储器复位操作。

3. 存储卡

SIMATIC 存储卡基于 FEPROM，具有保持功能，用于存储用户程序和某些数据。可将存储卡的类型设置为程序卡或固件更新卡。程序卡用作 CPU 的外部装载存储器，它包含 CPU 中的完整用户程序。CPU 将用户程序从装载存储器传输到工作存储器，用户程序在工作存储器中运行。也可将 CPU 和 I/O 模块的固件文件保存在 SIMATIC 存储卡中，这样便可借助于专用的 SIMATIC 存储卡来执行固件更新。

4. 通信接口

PN 是 PROFINET 的简称，是西门子公司的一种工业以太网标准。DP 是 PROFIBUS 总线的一种。S7-1500 CPU 集成了一个带 2 端口交换机的 PROFINET 接口，有的 CPU 还集成了以太网接口和 DP 接口。PROFINET 接口集成了等时同步实时(IRT)功能，可作为 PROFINET IO 控制器、PROFINET IO 设备(分布式现场设备)和 Web 服务器，可实现 SIMATIC 通信和开放式 IE 通信，有介质冗余功能。DP 接口可用于 PLC 与其他带 DP 接口的设备之间进行快速循环数据交换的 PROFIBUS-DP 现场总线通信。

四、S7-1500 可编程控制器的输入/输出模块

输入/输出模块统称为信号模块，包括数字量输入模块、数字量输出模块、数字量输入/输出模块、模拟量输入模块、模拟量输出模块和模拟量输入/输出模块。

信号模块有集成的短接片，简化了接线操作。全新的盖板设计、双卡位可以最大化扩展电缆存放空间。自带电路接线图，接线方便。模拟量模块 8 通道转换时间低至 125μs；模拟量输入模块具有自动线性化特性，适用于温度测量和限值监测。

S7-1500 的模块型号中的 BA(Basic)为基本型，它的价格便宜，功能简单，需要组态的参数少，没有诊断功能。ST(Standard)为标准型，中等价格，有诊断功能。HF(High Feature)为高性能型，功能复杂，可以对通道组态，支持通道级诊断。高性能型模拟量模块允许较高的共模电压。HS(High Speed)为高速型，用于高速处理，有等时同步功能。

S7-1500 的模块宽度有 25mm 和 35mm 两种。25mm 宽的模块自带前连接器，接线方式为弹簧压接；35mm 宽的模块的前连接器需要单独订货，统一采用 40 针前连接器，接线方式为螺丝连接或弹簧连接。

1. 数字量模块

S7-1500 的数字量输入/输出模块包括 DI(数字量输入)模块 SM521、DQ(数字量输出)模块 SM522 和 DI/DQ(数字量输入/输出)模块 SM 523。DI 模块型号中的 SRC 为源型输入，无 SRC 的为漏型输入。数字量输入模块的主要技术特性如表 13-3 所示。

表 13-3　数字量输入模块的主要技术特性

数字量 输入模块	DI 16×24V DC BA	DI 16×24V DC HF	DI 16×24V DC SRC BA	DI 16×230V AC BA	DI 16×(24~125)V UC HF	DI 32×24V DC BA	DI 32×24V DC HF
典型功耗	1.6W	2.6W	2.8W	4.9W	2.2W/24 VDC 6W/125 VAC	3W	4.2W
输入点数	16	16	16	16	16	32	32
额定输入 电压	直流 24V	直流 24V	直流 24V	交流 120/230V	交直流 24~125V	直流 24V	直流 24V
诊断中断	否	是	否	否	是	否	是
等时同步模式	否	是	否	否	否	否	是
通道间电气 隔离	否	否	否	否	是	否	是

数字量输入模块 DI 32×24VDC BA 的端子分配和方框图如图 13-4 所示。

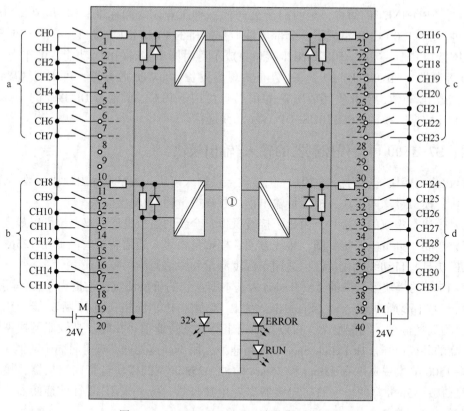

图 13-4　DI 32×24VDC BA 端子分配方框图

　　在图 13-4 中，①为背板总线接口，M 为接地。CH0~CH31 表示总共 32 个输入通道，每个通道都有一个通道状态 LED 指示灯(绿色)，灯亮表示输入信号为"1"状态，灯灭表示输入信号为"0"状态。模块还有 RUN 状态 LED 指示灯(绿色)和 ERROR 错误 LED 指示灯(红色)，两个灯都灭时，表示背板总线上电压缺失或过低；绿灯闪烁/红灯灭时，表示模块正在启动；绿灯亮/红灯灭时，表示模块准备就绪；绿灯闪烁/红灯闪烁时，表示硬件缺陷。

　　数字量输出模块的主要技术特性如表 13-4 所示。

表 13-4　数字量输出模块的主要技术特性

数字量 输出模块	DQ 32×24V DC/0.5A BA	DQ 16×24V DC/0.5A BA	DQ 16×230V AC/1A ST Triac	DQ 16×230V AC/2A ST 继电器	DQ 8×24V DC/2A HF	DQ 8×230V AC/2A ST Triac	DQ 8×230V AC/2A ST 继电器
典型功耗	3.8W	2.2W	11.1W	5W	5.6W	10.8W	5W
输出点数	32	16	16	16	8	8	8
额定输出 电压	直流 24V	直流 24V	交流 120/230V	交流 24~230V 直流 24~120V	直流 24V	交流 120/230V	交流 24~230V 直流 24~120V

数字量 输出模块	DQ 32×24V DC/0.5A BA	DQ 16×24V DC/0.5A BA	DQ 16×230V AC/1A ST Triac	DQ 16×230V AC/2A ST 继电器	DQ 8×24V DC/2A HF	DQ 8×230V AC/2A ST Triac	DQ 8×230V AC/2A ST 继电器
输出类型	晶体管源型	晶体管源型	双向可控硅	继电器	晶体管	双向可控硅	继电器
诊断中断	否	否	否	是	是	否	是
等时同步 模式	否	否	否	否	否	否	否
通道间电气 隔离	否	否	否	否	否	是	是

数字量输出模块 DQ 32×24VDC/0.5A BA 的端子分配和方框图如图 13-5 所示。

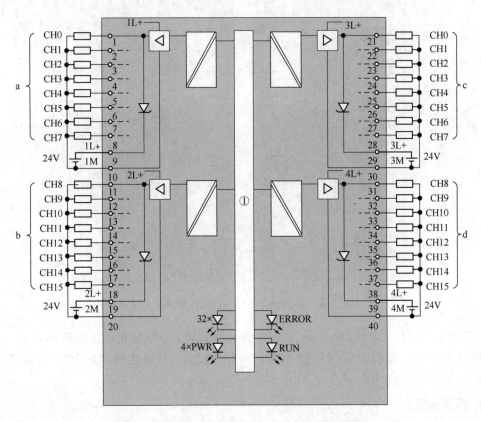

图 13-5　DQ 32×24VDC/0.5A BA 端子分配方框图

在图 13-5 中，①为背板总线接口，1L+、2L+、3L+、4L+为电源电压 24VDC，1M、2M、3M、4M 为接地。每个输出通道都有一个通道状态 LED 指示灯(绿色)，灯亮表示输出信号为"1"状态，灯灭表示输出信号为"0"状态。模块有 RUN 状态 LED 指示灯(绿色)和 ERROR 错误 LED 指示灯(红色)，两个灯都灭时，表示背板总线上电压缺失或过低；绿灯闪烁/红灯灭时，表示模块正在启动；绿灯亮/红灯灭时，表示模块准备就绪；绿灯闪烁/红灯闪烁时，表示硬件缺陷。模块还有 POWER 电源电压 LED 指示灯（绿色）PWR1/PWR2/PWR3/PWR4，灯亮表示有电源电压 L+ 且电压正常，灯灭表示电源电压 L+ 过低或缺失。

　　数字量输出模块 DQ 16×230VAC/1A ST Triac 的端子分配和方框图如图 13-6 所示。

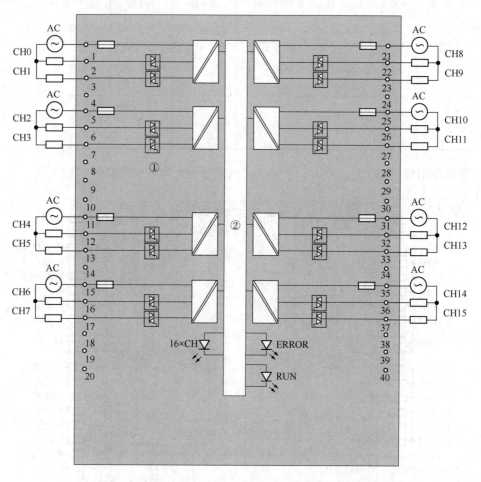

图 13-6　DQ 16×230VAC/1A ST Triac 端子分配方框图

　　数字量输出模块 DQ 16×230VAC/2A ST 继电器的端子分配和方框图如图 13-7 所示。

　　图 13-7 中的模块有 MAINT 维护 LED 指示灯（黄色），灯亮表示维护中断"限值警告"未决，灯灭表示没有维护中断。

2. 模拟量模块

　　S7-1500 的模拟量输入/输出模块包括 AI（模拟量输入）模块 SM531、AQ（模拟量输出）模块 SM532 和 AI/AQ（模拟量输入/输出）模块 SM534。模块型号中的 U 表示电压，I 表示电流，R 表示电阻，RTD 表示热电阻，TC 表示热电偶。模拟量模块的分辨率均为 16 位（包括符号位）。HS 高速型模块的转换速度极快。模拟量输入模块的主要技术特性如表 13-5 所示。

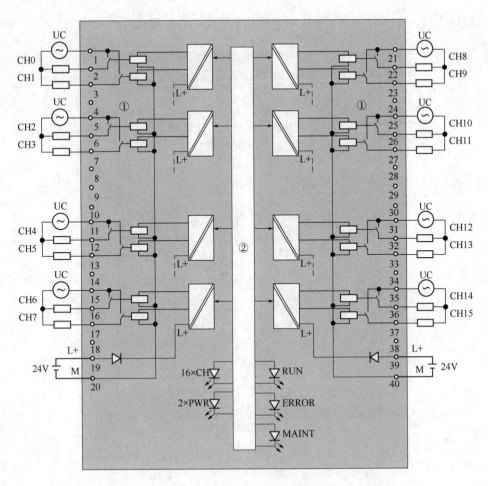

图 13-7 DQ 16×230VAC/2A ST 继电器端子分配方框图

表 13-5 模拟量输入模块的主要技术特性

模拟量输入模块	AI 8×U/I HF	AI 8×U/I HS	AI 8×U/I/R/RTD BA	AI 8×U/I/RTD/TC ST	AI 4×U/I/RTD/TC ST
输入数量	8	8	8	8	4
分辨率	符号位+15 位				
测量方式	电压、电流	电压、电流	电压、电流、电阻、热电阻	电压、电流、热电阻、热电偶	电压、电流、热电阻、热电偶
测量范围	每个通道任意选择				
诊断中断	是	是	是	是	是
等时同步模式	否	是	否	否	否
最大屏蔽电缆长度	800m	800m	200m；50mV 时 50m	U/I：800m RTD：200m TC：50m	U/I：800m RTD：200m TC：50m

模拟输入模块 AI 8×U/I HF 电压测量的端子分配和方框图如图 13-8 所示。

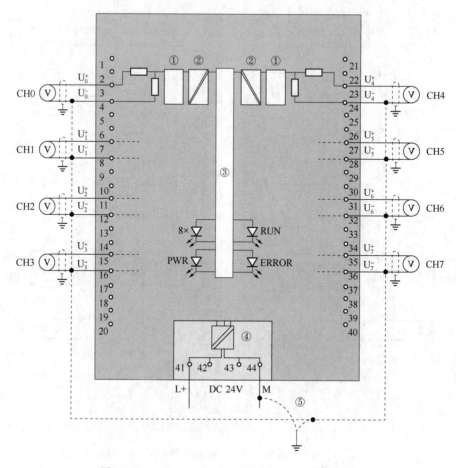

图 13-8　AI 8×U/I HF 电压测量的端子分配方框图

在图 13-8 中，①为模数转换器（ADC），②为电气隔离，③为背板总线接口，④为模块供电单元，⑤为等电位连接电缆。每个通道都有一个通道状态 LED 指示灯（绿/红），灯灭表示禁用通道，绿灯亮表示通道已组态并且组态正确，红灯亮表示存在通道错误或诊断报警。模块有 RUN 状态 LED 指示灯（绿色）和 ERROR 错误 LED 指示灯（红色），两个灯都灭时，表示背板总线上电压缺失或过低；绿灯闪烁/红灯灭时，表示模块正在启动；绿灯亮/红灯灭时，表示模块已组态；绿灯亮/红灯闪烁，表示模块错误；绿灯闪烁/红灯闪烁时，表示硬件缺陷。

模拟输入模块 AI 8×U/I HF 用于电流测量的 2 线制变送器的端子分配和方框图如图 13-9 所示。

在图 13-9 中，①为 2 线制变送器的连接器，②为模数转换器（ADC），③为电气隔离，④为背板总线接口，⑤为模块供电单元，⑥为等电位连接电缆。

S7-1500 的模拟量输出模块 SM 532 用于将 CPU 传送来的数字信号转换为电流信号或电压信号，其主要组成部分是 D/A 转换器。模拟量输出模块的主要技术特性如表 13-6 所示。

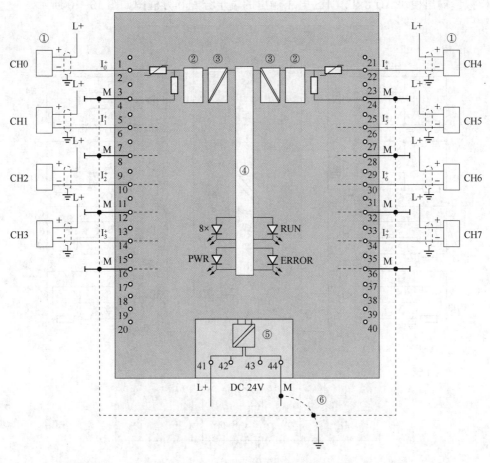

图 13-9　AI 8×U/I HF 用于电流测量的 2 线制变送器的端子分配方框图

表 13-6　模拟量输出模块的主要技术特性

模拟量输出模块	AQ 8×U/I HS	AQ 4×U/I HF	AQ 4×U/I ST	AQ 2×U/I ST
输出数量	8	4	4	2
分辨率	符号位+15 位			
输出类型	电压、电流	电压、电流	电压、电流	电压、电流
输出方式	电压：0~10V、1~5V、−10~10V 电流：0~20mA、−20~20mA、4~20mA			
转换时间 （每通道）	50 μs	125 μs	0.5ms	0.5ms
诊断中断	是	是	是	是
等时同步模式	是	是	否	否
最大屏蔽电缆长度	200m	电流输出时 800m 电压输出时 200m	电流输出时 800m 电压输出时 200m	电流输出时 800m 电压输出时 200m

模拟量输出模块 AQ 8×U/I HS 电压输出的端子分配和方框图如图 13-10 所示。

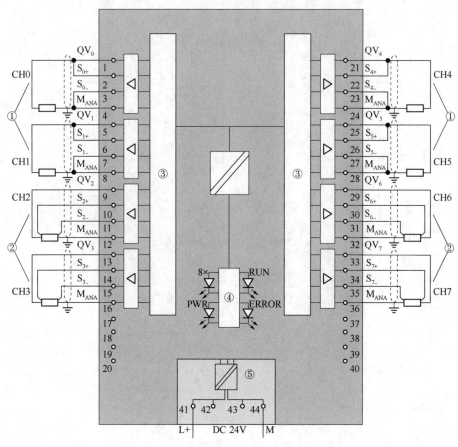

图 13-10　AQ 8×U/I HS 电压输出的端子分配方框图

在图 13-10 中，①为 2 线制连接，②为 4 线制连接，③为数模转换器（DAC），④为背板总线接口，⑤为模块供电单元。指示灯的含义如前所述。

模拟量输出模块 AQ 8×U/I HS 电流输出的端子分配和方框图如图 13-11 所示。

在图 13-11 中，①为电流输出的负载，②为数模转换器（DAC），③为背板总线接口，④为模块供电单元。指示灯的含义如前所述。

五、分布式 I/O

西门子的 ET 200 是基于现场总线 PROFIBUS-DP 和 PROFINET 的分布式 I/O，可以分别与经过认证的非西门子公司生产的 PROFIBUS-DP 主站或 PROFINET IO 控制器协同运行。

在组态时，STEP 7 自动分配 ET 200 的输入/输出地址。DP 主站或 IO 控制器的 CPU 分别通过 DP 从站或 IO 设备的 I/O 模块的地址直接访问它们。

ET 200MP 和 ET 200SP 是专门为 S7-1200/1500 设计的分布式 I/O，它们也可以用于 S7-300/400。

1. ET 200SP 分布式 I/O

1）ET 200SP 简介

SIMATIC ET 200SP 分布式控制器集 S7-1500 的优势与 ET 200SP 的设计紧凑及高密度通

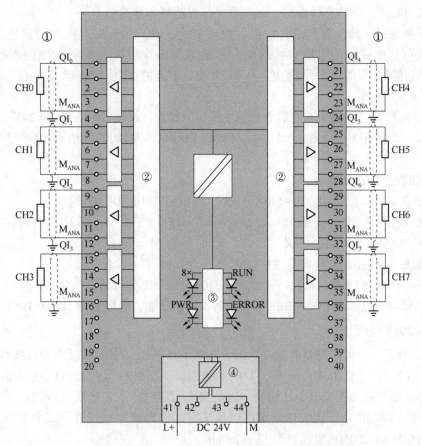

图 13-11　AQ 8×U/I HS 电流输出的端子分配方框图

道于一身，是新一代分布式 I/O 系统，支持 PROFINET 和 PROFIBUS。它具有体积小、使用灵活、性能突出的特点，最多可带 64 个 I/O 模块，每个数字量模块最多 16 点。用标准 DIN 导轨安装，采用直插式端子，无须工具单手可以完成接线。模块、基座的组装方便，各个负载电势组的形成无须 PM-E 电源模块。有热拔插、状态显示和诊断功能。

ET 200SP 一个站点的基本配置包括 IM 通信接口模块，各种 I/O 模块、功能模块和对应的基座单元。最右侧是用于完成配置的服务模块，它无须单独订购，随接口模块附带。基座单元为 I/O 模块提供可靠的连接，实现供电及背板通信等功能。

ET 200SP 配有 CPU，可进行智能预处理，以减轻上一级控制器的负荷压力，而且其 CPU 也可用作单独的设备。使用故障安全型 CPU 时，可以实现安全工程应用，安全程序的组态和编程方式与标准 CPU 相同。

2）ET 200SP 的接口模块

IM 155-6 PN 接口模块有基本型、标准型和高性能型，分别支持 12、32 和 64 个模块，高性能型支持系统冗余。IM 155-6 DP 高性能型接口模块支持 32 个模块。

PROFINET 接口模块可选多种总线适配器。对于标准应用，在中度的机械振动和电磁干扰条件下，可选用 BA2×RJ45 总线适配器，它带有两个标准的 RJ45 接口。

3）ET 200SP 的 I/O 模块和工艺模块

ET 200SP 具有多种 I/O 模块，输入时间短，模拟量模块的精度高，丰富的种类可以满足不同的应用需要。模块有标准型、基本型、高性能型和高速型。

不同模块通过不同的颜色进行标识，DI 为白色，DQ 为黑色，AI 为淡蓝色，AQ 为深蓝色。模块可热插拔，正面带有接线图。电能测量模块可以实现各种电能参数的测量。有 16 点、8 点和 4 点的数字量模块，8 点、4 点、2 点的 AI 模块，以及 4 点、2 点的 AQ 模块。

ET 200SP 有类似于 S7-1500 的 3 种工艺模块。计数器模块 TM Count 1×24V 和定位模块 TM PosInput，均只有 1 个通道；TM Timer DIDO 10×24V 带时间戳模块有 10 个数字量输入、输出点。

4）ET 200SP 的通信模块

ET 200SP 支持串行通信、IO-LINK、AS-i 和 PROFIBUS-DP 通信。

CM PtP 串行通信模块支持 RS-232/RS-422/RS-485 接口，以及自由口、3964（R）、Modbus RTU 主/从、USS 通信协议。

CM 4×IO-LINK 主站模块符合 IO-LINK 规范 V1.1，有 4 个接口。

CM AS-i MasterST 模块符合 AS-i 规范 V3.0，最多 62 个从站。

CM DP 模块可以实现 PROFIBUS-DP 主站和从站功能，最多支持 125 个 DP 从站。

2. ET 200MP 分布式 I/O

ET 200MP 是一个可扩展且高度灵活的分布式 I/O 系统，用于通过现场总线将过程信号连接到中央控制器。ET 200MP 分布式 I/O 系统由以下组件构成：接口模块（PROFINET 或 PROFIBUS）、数字量和模拟量 I/O 模块、通信模块（点对点）、工艺模块（计数、位置检测）、系统电源。ET 200MP 分布式 I/O 系统可以像 S7-1500 系统那样安装在安装导轨上。带 IM 155-5 PN ST 的 ET 200MP 配置如图 13-12 所示。

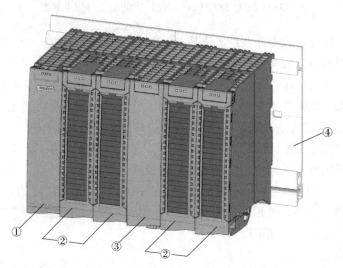

图 13-12　带 IM 155-5 PN ST 的 ET 200MP 配置图
①—接口模块；②—I/O 模块；③—系统电源；④—安装导轨

ET 200MP 是一种模块化、可扩展和通用的分布式 I/O 系统。ET 200MP 提供与 S7-1500 相同的系统优势，中央控制器通过 PROFINET 或 PROFIBUS 访问 ET 200MP 的 I/O 模块。ET 200MP 网络组成如图 13-13 所示。

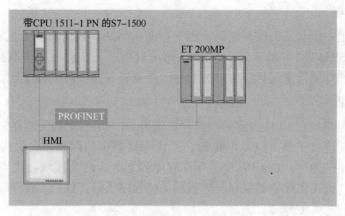

图 13-13　ET 200MP 网络组成图

第 2 节　S7-1500 CPU 的存储器

S7-1500 CPU 的存储器分为四大部分：装载存储器、工作存储器、保持性存储器和其他(系统)存储区。装载存储器位于 SIMATIC 存储卡上，工作存储器、保持性存储器和其他(系统)存储区位于 CPU 上。S7-1500 CPU 的存储器如图 13-14 所示。

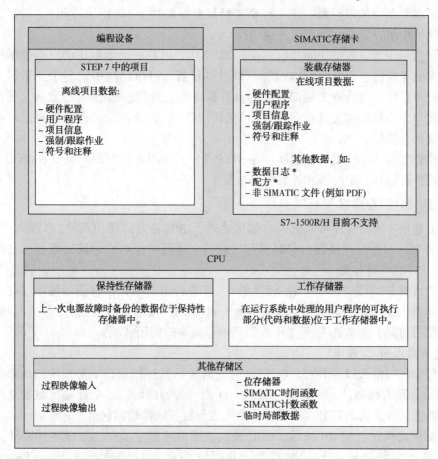

图 13-14　S7-1500 CPU 存储器

1. 装载存储器

装载存储器是一个非易失性存储器，用于存储代码块、数据块、工艺对象和硬件配置。装载存储器位于 SIMATIC 存储卡上。STEP 7 将项目数据从编程设备下载到装载存储器中，然后再复制到工作存储器中运行，所以装载存储器类似于计算机中的硬盘。

2. 工作存储器

工作存储器是集成在 CPU 内部的高速存取的 RAM，是一个易失性存储器，用于存储代码和数据块，不能进行扩展。CPU 断电时，工作存储器中的内容将会丢失，所以工作存储器类似于计算机中的内存。在 CPU 中，工作存储器划分为两个区域：代码工作存储器和数据工作存储器。代码工作存储器保存与运行相关的程序代码，数据工作存储器保存数据块和工艺对象中与运行相关的部分。

3. 保持性存储器

保持性存储器是非易失性存储器，用于在发生电源故障时保存有限数量的数据。保持性存储器具有断电保持功能，用来防止在 PLC 电源关断时丢失数据。暖启动后，保持性存储器中的数据保持不变，存储区复位时其值被清除。

可以用下列方法设置变量的断电保持属性：

（1）全局数据块的变量。在全局数据块中，可以根据"优化块访问"属性中的设置，将块中单个变量定义为具有保持性，也可以将所有变量都定义为具有保持性。"优化块访问"已激活，可在数据块的声明表中定义单个变量具有保持性；"优化块访问"未激活，可在数据块的声明表中统一定义全部变量的保持性。

（2）函数块中背景数据块的变量。在 STEP 7 中，可将一个函数块的背景数据块中的变量定义为具有保持性。根据"优化块访问"属性的设置，可以将块中的各个变量定义为具有保持性，也可以统一将所有变量都定义为具有保持性。"优化块访问"已激活，可在函数块的接口中将单个变量定义为具有保持性；"优化块访问"未激活，可在背景数据块中统一定义全部变量的保持性。

（3）位存储器、定时器和计数器：在 STEP 7 中，可以通过"保持"按钮在 PLC 变量表中定义保持性位存储器、定时器和计数器的数量。

4. 其他(系统)存储区

除了上述用于用户程序和数据的存储区之外，CPU 还可以使用其他(系统)存储区。其他(系统)存储区包括位存储器、定时器和计数器、过程映像和临时局部数据，这些数据区的大小与 CPU 的类型有关。

可在项目树中"资源"选项卡的"程序信息"下查看当前项目的存储器使用情况，也可在 CPU 的显示屏上使用箭头键选择"诊断"菜单，从"诊断"菜单选择"已使用存储器"命令，显示存储器使用情况。在 Web 服务器中也能显示存储器的使用情况。

1）过程映像输入/输出

用户程序访问输入(I)和输出(Q)信号时，通常不直接扫描数字量模块的端口，而是通过位于 CPU 系统存储器的一个存储区域对 I/O 模块进行访问，这个存储区域就是过程映像区。过程映像区分为两个部分：过程映像输入区和过程映像输出区。

在启动模式执行启动 OB 块后，CPU 进入扫描循环程序，在扫描循环开始时，CPU 读取数字量输入模块的输入信号的状态，并将它们存入过程映像输入区（Process Image

Input，PII）。在扫描循环中，用户程序计算输出值，并将它们存入过程映像输出区（Process Image Output，PIQ）。在循环扫描结束时，将过程映像输出区的内容写入数字量输出模块。采用过程映像区处理输入信号和输出信号的好处在于：在 CPU 的一个扫描周期中，过程映像区可以向用户程序提供一个始终一致的信号。如果在一个扫描周期中输入模块上的信号发生变化，过程映像区中的信号状态在当前扫描周期会保持不变，直到下一个 CPU 扫描周期过程映像区才更新，这样就保证了 CPU 在执行用户程序过程中数据的一致性。

在 S7-300/400 PLC 中，有的 CPU 的过程映像区是固定的；而在 S7-1500 CPU 中，所有地址区都在过程映像区中，地址空间为 32KB。访问数字量模块与模拟量模块的方式相同，输入都是以关键字符"%I"开头，例如%I0.6、%IW168；输出都是以关键字符"%Q"开头，例如%Q1.0、%QW。

在 I/O 点的地址或符号地址的后面附加"：P"，用户程序可以不经过过程映像区而直接访问某个 I/O 端口。使用"：P"快速读写 I/O 端口也称为立即读、立即写。直接访问 I/O 端口，允许的最小数据类型为位信号。

2）位存储器区

位存储器区（M 存储器）用来存储运算的中间操作状态或其他控制信息，可以用位（M）、字节（MB）、字（MW）或双字（MD）读/写位存储区。

3）S5 定时器和 S5 计数器

定时器的地址标识符为"T"，计数器的地址标识符为"C"。对 S7-1500 而言，所有型号 CPU 的 S5 定时器和 S5 计数器的数量都是 2048 个。存储区中掉电保持的定时器和计数器的个数可以在 CPU 中通过表量表来设置。

4）数据块

数据块（Data Block）简称 DB，用来存储代码块使用的各种类型的数据，包括中间操作状态或函数块 FB 的背景信息。数据块可以按位（DBX）、字节（DBB）、字（DBW）、双字（DBD）访问。

5）临时存储器

临时存储器用于存储代码块被处理时使用的临时数据。临时存储器类似于 M 存储器，二者的主要区别在于：M 存储器是全局的，而临时存储器是局部的。

第 3 节　TIA 博途软件

TIA 博途（Totally Integrated Automation Portal）软件将全部自动化软件工具整合在一个开发环境之中，为全集成自动化的实现提供了统一的开发平台。这一概念一直以来是西门子自动化技术和产品的发展理念。

TIA 博途软件包含 TIA 博途 STEP 7，可用于 SIMATIC S7-1200、SIMATIC S7-1500、SI-MATIC S7-300/400 和 WinAC 控制器的组态及编程。

TIA 博途中的 STEP 7 Safety 适用于故障安全自动化系统的工程组态，支持所有 S7-1200F/1500F-CPU。

TIA 博途中的 WinCC 是用于西门子的 HMI、工业 PC 和标准 PC 的组态软件。WinCC 基本版用于组态精简系列面板；WinCC 精智版用于组态所有面板，包括精简面板、精智面板和移动面板；WinCC 高级版用于组态所有面板以及运行 TIA 博途 WinCC Runtime 高级版的 PC；WinCC 专业版用于组态所有面板以及运行 TIA 博途 WinCC Runtime 高级版的 PC，或运行 SCADA 系统的 TIA 博途 WinCC Runtime 专业版的 PC。

TIA 博途中的 SINAMICS Startdrive 用于配置和调试西门子 SINAMICS 系列驱动产品，支持运动控制功能，使控制器与驱动装置之间完美协同。

TIA 博途结合面向运动控制的 SCOUT 软件，还可以实现对 SIMOTION 运动控制器的组态和程序编辑，用于精密运动控制（如伺服电动机的控制）。

TIA 博途软件具有以下特性：

（1）使用统一操作概念的集成工程组态，过程自动化和过程可视化"齐头并进"。

（2）通过功能强大的编辑器和通用符号实现一致的集中数据管理。变量一旦创建，就在所有编辑器中都可调用，更改或纠正变量的内容将自动更新到整个项目中。

（3）完整的库概念，可以反复使用已存在的指令及项目的现有组件。

（4）多种编程语言，可以使用 5 种不同的编程语言来实现自动化任务。

（5）更加丰富的调试工具。在优化原有的调试功能外，还增加了很多新功能，如跟踪功能，可以基于某个 OB 块的循环周期采样记录某个变量的变化状况。

（6）更好的程序保护措施。程序的加密功能更加强大，一段程序可以和 SD 卡上的序列号绑定，也可以与 CPU 序列号绑定。加密的程序即便整体复制，也无法在其他 PLC 上运行。

1. TIA 博途软件的使用

TIA 博途软件提供了两种启动视图：项目视图和博途视图。博途视图以向导的方式来组态新项目，可以概览自动化项目的所有任务；项目视图则是硬件组态和编程的主界面。

双击桌面上的 TIA 博途图标，打开启动画面，即博途视图。在博途视图中可以打开现有的项目、创建新项目、移植项目、关闭项目等。打开现有项目后，可打开设备与网络、PLC 编程、可视化（HMI）和在线诊断等。博途视图如图 13-15 所示。

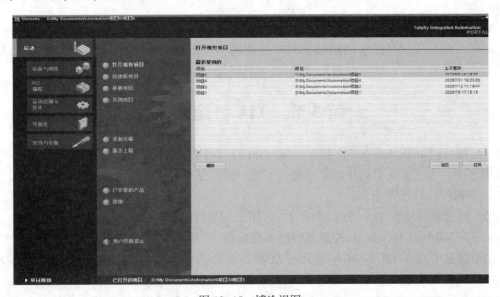

图 13-15　博途视图

项目视图如图 13-16 所示。在项目树区域列出了所有站点项目数据的详细分类，包括设备组态、程序块、工艺对象、PLC 变量等；详细视图区域提供了项目树中选中对象的详细信息；设备视图区域用于硬件组态，列出插入模块的详细信息，包括 I/O 地址以及设备类型和订货号等；浏览模块的属性选项可显示和修改选中对象的对属性，信息选项可显示所选对象和操作的详细信息，以及编译后的报警信息，诊断选项可显示系统诊断事件和组态的报警事件。硬件目录区域可以选择要插入的模块；信息区域显示模块的图形和详细信息。

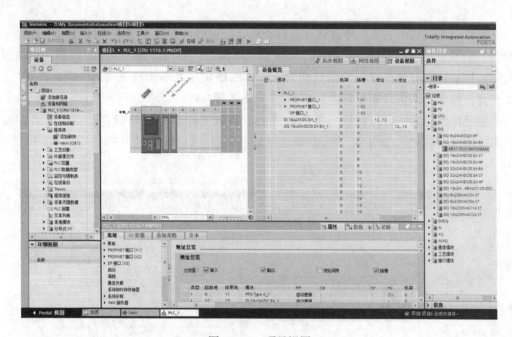

图 13-16　项目视图

2. 硬件组态

打开 TIA 博途软件并切换到项目视图，执行菜单命令"项目"→"新建"，在出现的"创建新项目"对话框中，输入项目名称并设置保存项目的路径，单击"创建"按钮，生成项目。双击项目树中的"添加新设备"，在出现的对话框中单击"控制器"按钮，选择需要的 CPU 类型，这里选择 CPU 1516-3PN/DP，设备名称默认为"PLC_1"，CPU 的固件版本要与实际硬件的版本一致。

打开项目树中的"PLC_1"文件夹，双击"设备组态"，打开设备视图，可以看到 1 号插槽中的 CPU 模块。将 I/O 模块或其他模块放置到机架的插槽时，先选中插槽，然后在硬件目录中双击选中的模块，即可将模块添加到机架插槽上；或者使用拖放的方式，将模块从硬件目录中直接拖放到机架的插槽中。机架中带有 32 个插槽，按实际需求及配置规则将硬件分别插入相应的槽位中，完成硬件组态。

S7-1500 的硬件组态应注意以下几点：

（1）中央机架最多有 32 个模块，插槽号为 0~31 共 32 个插槽，CPU 占用 1 号插槽，不能更改。

（2）插槽 0 可以放入负载电源模块 PM 或系统电源模块 PS，负载电源模块没有背板总线接口，所以可以不用组态。如果将一个系统电源模块插入 0 号槽，则该模块可以向 CPU 和 CPU 右侧的模块供电。

（3）CPU 右侧的插槽中最多可以插入 2 个系统电源模块，这样在主机架上最多可以插入 3 个系统电源模块。所有模块的功耗总和决定了系统电源模块的数量。

（4）从 2 号插槽起，可以依次插入信号模块、通信模块和工艺模块，模块间不能有空槽。PROFINET 通信模块和 PROFIBUS 通信模块的个数与 CPU 的型号有关。

（5）S7-1500 不支持中央机架的扩展，如果需要配置更多的模块，则需要使用分布式 I/O。

在硬件组态过程中，TIA 博途软件会自动检查配置的正确性。当在硬件目录中选择一个模块时，机架中允许插入该模块的槽位边缘会呈现蓝色，不允许插入该模块的槽位边缘颜色无变化。用鼠标拖放模块时，若拖放到禁止插入的槽位，鼠标指针变为 ⊘ (禁止放置)；若拖放到允许插入的槽位，则鼠标指针变为 （允许放置)。

完成硬件组态后，可以在设备视图右方的设备概览视图中读取所有硬件组态的详细信息，包括模块、机架、插槽号、输入/输出地址、类型、订货号、固件版本等，如图 13-17 所示。

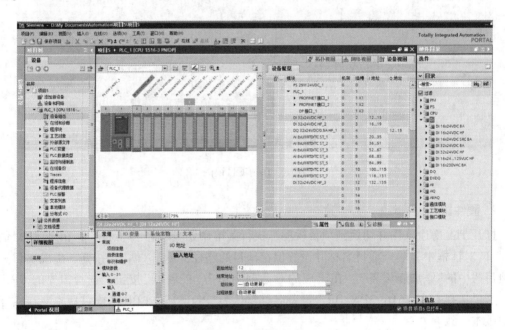

图 13-17　硬件组态

3. 编辑程序

组织块（OB）是操作系统与用户程序的接口，由操作系统调用，用于循环程序处理、中断程序的执行、PLC 的启动和错误处理等。组织块的程序由用户编写。不同类型的 CPU 支持的组织块数量不同，一个组织块可以编写的最大程序容量也与 PLC 的型号有关，具体参数可查阅 CPU 的技术手册。

程序循环组织块 OB1 是用户程序中的主程序。CPU 循环执行操作系统程序，在每一次循环中，操作系统程序调用一次 OB1，因此 OB1 中的程序是循环执行的。允许有多个程序循环 OB，默认的是 OB1，其他的程序循环 OB 的编号应大于等于 123，如图 13-18 所示。

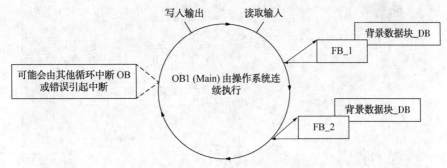

图 13-18　PLC 程序的执行过程

双击项目树的文件夹"PLC_1 \ 程序块 \ Main [OB1]"，打开主程序，如图 13-19 所示。选中项目树中的"默认变量表"，可在下面的详细视图中显示该变量表中的变量，可以将其中的变量直接拖放到梯形图中使用。在程序区可以直接使用常用的指令（例如常开触点、常闭触点、线圈、打开分支、关闭分支等），也可以在指令列表里选择所需的指令。

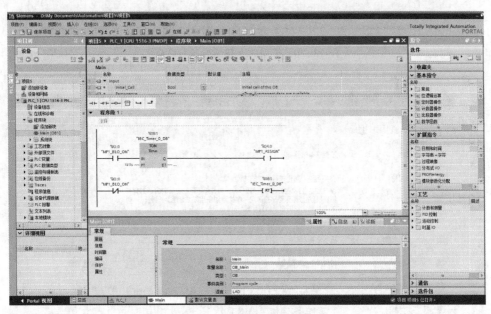

图 13-19　编辑程序

4. 用户程序的下载

打开菜单，选择"在线 \ 下载到设备"，打开"扩展的下载到设备"对话框，如图 13-20 所示。

从下拉列表中选择 PG/PC 接口的类型、PG/PC 接口（实际使用的网卡）、接口/子网的连接（使用哪个以太网接口）；单击"开始搜索"按钮，经过一段时间后，在"目标子网中的兼容设备"列表中选择 CPU，单击"下载"按钮，出现"下载预览"对话框，如图 13-21 所示。

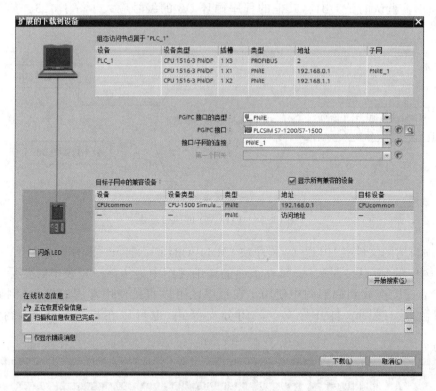

图 13-20　扩展的下载到设备对话框

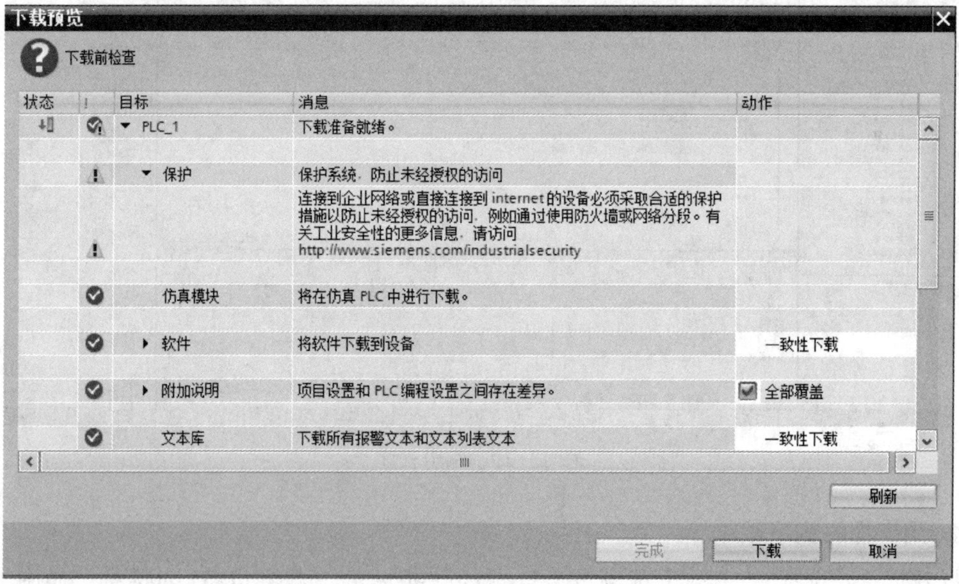

图 13-21　下载预览对话框

　　编程软件会对项目进行编译，编译成功后，勾选"全部覆盖"，单击"下载"按钮，开始下载。下载结束后，出现"下载结果"对话框，如图 13-22 所示。勾选"全部启动"，单击"完成"按钮，PLC 切换到 RUN 模式，RUN/STOP LED 指示灯变为绿色。

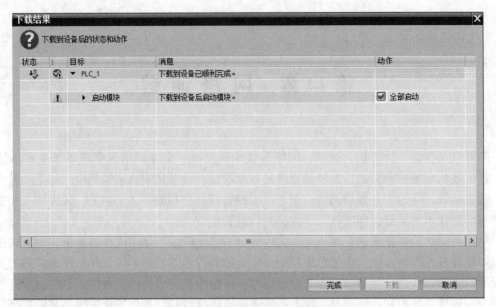

图 13-22　下载结果对话框

第14章 网络通信

随着自动控制、计算机、通信、网络等技术的发展，企业的信息集成系统正在迅速扩大，将覆盖从现场控制到监控、经营管理的各个层次，以及从原料采购到生产加工的各个环节。这意味着，通过工业通信网络，企业可实现管理和控制的一体化功能。强大的工业通信网络与信息技术的结合，彻底改变了传统的信息管理方式。

纵观自动化控制系统的发展历史，大致可分为3个阶段：集中式控制系统、集散式控制系统和现场总线控制系统。现场总线控制系统是随着智能芯片技术的发展而逐渐成熟的。通过标准的现场总线通信接口，现场的I/O信号、传感器及变送器的设备可以直接连接到现场总线上。现场总线控制系统通过总线电缆传递所有数据信号，替代了原来的多芯模拟信号传输电缆，大大降低了布线的成本，提高了通信的可靠性。

本章介绍网络通信的基本概念，结合S7-300和S7-1500可编程逻辑控制器，介绍电动钻机控制系统中MPI通信、PROFIBUS、PROFINET以及工业以太网等总线。

第1节 网络通信的基本概念

一、开放系统互联参考模型

如果没有一套通用的计算机网络通信标准，要实现不同厂家生产的智能设备之间的通信将会很困难。为了解决这个问题，1984年国际标准化组织（ISO）提出了开放系统互联的参考模型，即OSI模型。该模型自下而上分别为物理层、数据链路层、网络层、传输层、会话层、表示层和应用层。OSI参考模型的上三层通常称为应用层，用来处理用户接口、数据格式和应用程序的访问；下四层负责定义数据的物理传输介质和网络设备。OSI参考模型提供了大多数协议栈共有的基本框架，如图14-1所示。

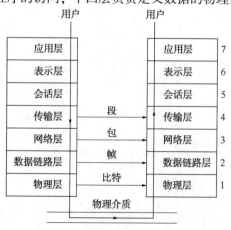

图 14-1 OSI 参考模型及传输过程

1. 物理层

物理层定义了传输介质的类型、连接器类型和信号发生器的类型，规定了物理连接的电气、机械功能特性，以及如电压、传输速率、传输距离等的特性。RS-232C、RS-422A、RS-485等就是物理层标准的例子。

2. 数据链路层

数据以帧（Frame）为单位传送，每一帧包含一定数量的数据和必要的控制信息，例如同步信息、地址信息、差错控制和流量控制信息等。数据链路层负责在两个相邻节点间的链路上，实现差错控制、数据成帧、同步控制等。

3. 网络层

网络层定义设备间通过逻辑地址(IP 地址)传输通信量，连接位于不同域的设备，主要功能是报文包的分段、报文包阻塞的处理和路由的选择。

4. 传输层

传输层的信息传递单位是报文(Message)，它的主要功能是建立会话连接，分配服务访问点(SAP)，允许数据进行可靠(TCP 协议)或不可靠(UDP 协议)的传输，向上一层提供一个端到端的数据传送服务。

5. 会话层

会话层负责建立、管理和终止表示层的实体间的通信会话，处理不同设备应用程序间的服务请求和响应。

6. 表示层

表示层用于应用层信息内容的形式变换，例如数据加密/解密、信息压缩/解压和数据兼容，把应用层提供的信息变成能够共同理解的形式。

7. 应用层

应用层作为 OSI 的最高层，是用户及应用程序的接口和协议对网络访问的切入点，为用户的应用服务提供信息交换，为应用接口提供操作标准。

数据经过封装后通过物理介质传输到网络上，接收设备除去附加信息后，将数据依次交付给上一层。

不是所有的通信协议都需要 OSI 参考模型中的全部 7 层，例如有的现场总线通信协议只采用了 7 层协议中的第 1 层、第 2 层和第 7 层。

二、IEEE802 通信标准

IEEE(国际电工与电子工程师学会)的 802 委员会颁布的 IEEE802 标准，把 OSI 参考模型的数据链路层分解为逻辑链路控制层(LLC)和媒体访问层(MAC)。数据链路层是一条链路两端的两台设备进行通信时所共同遵守的规则和约定。

IEEE802 的媒体访问控制层对应于 3 种已建立的标准，即带碰撞检测的载波监听多点接入协议(CSMA/CD)、令牌总线(Token Bus)和令牌环(Token Ring)。

1. CSMA/CD

CSMA/CD(Carrier Sense Multiple Access with Collision Detection)的意思是载波监听多点接入/碰撞检测。"多点接入"表示许多计算机以多点接入的方式连接在一根总线上；"载波监听"是指每一个站在发送数据之前先要检测一下总线上是否有其他计算机在发送数据，如果有则暂时不要发送数据，即先听后发；"碰撞检测"就是计算机边发送数据边检测信道上的信号电压大小。当几个站同时在总线上发送数据时，总线上的信号电压摆动值将会增大(互相叠加)。每一个正在发送数据的站，一旦发现总线上出现了碰撞，就要立即停止发送，然后等待一段随机时间后再次发送，即边发边听。

2. 令牌总线

这种介质访问技术的基础是令牌。令牌是一种特殊的帧，用于控制网络结点的发送权，只有持有令牌的结点才能发送数据。由于发送结点在获得发送权后就将令牌删除，在总线上不会再有令牌出现，其他结点也不可能再得到令牌，保证总线上某一时刻只有一个结点发送数据。因此，令牌总线技术不存在争用现象，它是一种典型的无争用型介质访问控制方式。

3. 令牌环

令牌环介质访问技术类似于令牌总线。在令牌环上，最多只能有一个令牌绕环运动，不允许两个站同时发送数据。令牌环从本质上看是一种集中控制式的环，环上必须有一个中心控制站负责环的工作状态的检测和管理。

4. 主从通信方式

主从通信方式是 PLC 常用的一种通信方式。主从通信网络只有一个主站，其他的站都是从站。在主从通信中，主站是主动的，主站首先向某个从站发送请求帧，该从站接收到请求帧后才能向主站返回响应帧。主站按事先设置好的轮询顺序对从站进行周期性的查询，并分配总线的使用权。每个从站在轮询表中至少要出现一次，对实时性要求较高的从站可以在轮询表中出现几次，还可以用中断方式来处理紧急事件。

PROFIBUS-DP 的主站之间的通信为令牌方式，主站和从站之间为主从方式。

第 2 节　全集成自动化

西门子公司在 1996 年提出了全集成自动化（TIA）的概念。全集成自动化基于西门子丰富的产品系列和优化的自动化系统，遵循工业自动化领域的国际标准，着眼于满足先进自动化理念的所有需求，并结合系统完整性和对第三方系统的开放性，为各行业应用领域提供整体的自动化解决方案。

全集成自动化以一致的软件和硬件接口，将企业的供应链、生产现场和管理层无缝地整合在一起，实现企业信息系统的横向和纵向的集成，其优异特性充分体现在 3 个方面：统一的数据管理、统一的编程和组态、统一的通信。全集成自动化的开放性体现在对所有类型的现场设备开放；对办公系统开放并支持 Internet；对新型自动化结构开放。在通信协议的选择方面，全集成自动化采用国际公认的开放协议，如 PROFIBUS、工业以太网、PROFINET等，因此全集成自动化系统具有极强的兼容性。

SIMATIC NET 是西门子的工业通信网络解决方案的通称。一般而言，工厂的通信网络可划分为 3 层，即管理层、控制层和现场层，如图 14-2 所示。

一、现场层通信网络

现场层通信网络处于工业网络系统的最底层，主要功能是连接现场设备，包括分布式 I/O、传感器、变送器、驱动器、执行机构和开关设备等，完成现场设备控制及设备间连锁控制。主站（PLC 或其他控制器）负责总线通信管理及与从站的通信。总线上所有设备生产工艺控制程序存储在主站中，由主站执行。

对现场层通信网络，PROFIBUS、PROFINET、工业以太网是主要的解决方案，同时 SIMATIC NET 也支持诸如 AS-Interface 等总线技术。

二、控制层通信网络

控制层通信网络介于管理层和现场层之间。控制层用来完成主生产设备之间的连接，实

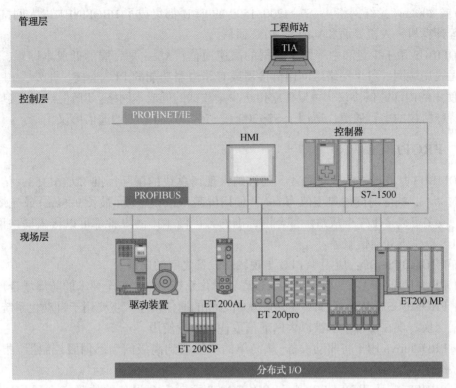

图 14-2　SIMATIC NET

现控制层设备的监控，包括生产设备状态的在线监控、设备故障报警及维护等，通常还具有诸如生产统计、生产调度等生产管理功能。这一层数据传输速度不是最重要的，但是应能传送大容量的信息。

对控制层通信网络，所使用的主要解决方案是 PROFIBUS、PROFINET 和工业以太网。

三、管理层通信网络

管理层通信网络用于企业的上层管理，为企业提供生产、经营、管理等数据，通过信息化的方式来优化企业的资源，提高企业的管理水平。

生产操作员工作站通过集线器与办公管理网连接，将生产数据送到管理层。管理网作为工厂主网的一个子网，通过交换机、网桥或路由器等设备连接到工厂主干网，将生产数据集成到工厂管理层。

管理层通常采用 PROFINET 和符合 IEEE802.3 标准的工业以太网，即 TCP/IP 通信协议标准的 IT 技术。

第 3 节　SIMATIC 通信网络

一、SIMATIC NET

西门子的工业通信网络 SIMATIC NET 的顶层为工业以太网，它是基于 IEEE802.3 国际标准的开放式网络，可以集成到互联网。网络规模可达 1024 个站，距离最远可达 1.5km(电气网络)或 200km(光纤网络)。S7-1200/1500 的 CPU 都集成了 PROFINET 以太网接口，可以与编程计算机、人机界面和其他 S7 PLC 通信。

PROFIBUS 用于少量和中等数量数据的高速通信；AS-i 是底层的低成本网络；IWLAN 是工业无线局域网。各个网络之间用链接器或有路由器功能的 PLC 连接。此外，MPI 是 SI-MATIC 使用的内部通信协议，可以建立传送少量数据的低成本网络。PPI(点对点接口)通信是用于特殊协议的串行通信，适用于 S7-200 和 S7-200 SMART 的通信协议。

二、PROFIBUS

PROFIBUS 是开放式的现场总线，已被纳入现场总线的国际标准 IEC 61158。传输速率最高 12Mbit/s，响应时间的典型值为 1ms，使用屏蔽双绞线电缆(最长 9.6km)或光缆(最长 90km)，最多可以接 127 个从站。符合该标准的各厂商生产的设备都可以接入同一网络中。PROFIBUS 提供下列通信服务：

(1) PROFIBUS-DP：应用于 PLC 与现场层设备之间的通信。

(2) PROFIBUS-PA：主要用于面向过程自动化系统中本质安全要求的防爆场合。

(3) PROFIBUS-FMS：定义了主站和从站之间的通信模型，主要用于自动化系统中控制层的数据交换。现在已基本上被以太网通信取代，很少使用。

(4) PROFIdrive 用于将驱动设备(从简单的变频器到高级的动态伺服控制器)集成到自动控制系统中。

(5) PROFIsafe 用于 PROFIBUS 和 PROFINET 面向安全设备的故障安全通信。可以用 PROFIsafe 很简单地实现安全的分布式解决方案。不需要对故障安全 I/O 进行额外布线，在同一条物理总线上传输标准数据和故障安全数据。

(6) 可以将 PROFIBUS 用于冗余控制系统，例如通过两个接口模块，将 ET 200 远程 I/O 连接到冗余自动化系统的两个 PROFIBUS 子网。

S7-300 和 S7-1500 可编程控制器可以通过通信处理器或集成在 CPU 上的 PROFIBUS-DP 接口连接到 PROFIBUS-DP 网络上。

三、PROFINET

PROFINET 是由西门子和 PROFIBUS 国际组织推出的，基于工业以太网技术的自动化总线标准。PROFINET 是开放的、标准的、实时的工业以太网标准。PROFINET 为自动化通信领域提供了一个完整的网络解决方案，囊括了诸如实时以太网、运动控制、分布式自动化、故障安全以及网络安全等自动化领域，并且作为跨厂商的通信技术，可以完全兼容工业以太网和现有的现场总线技术(例如 PROFIBUS 总线)。PROFINET 具有以下特点：

(1) 实时性强。

(2) 控制器可以同时作为 IO 控制器和 IO 设备。

(3) 可以使用无线网络进行通信。

(4) 使用 TCP/IP 和 IT 标准，集成了 Web 功能，可以查看报文的出错率。

(5) 通信数据量大。

(6) 数据传输方式为全双工，没有终端电阻的限制。

(7) 可无缝链接其他现场总线，实现全集成现场总线系统。

借助 PROFINET IO 可实现 PROFINET，实现 SIMATIC 中现场设备之间的通信。作为

PROFINET 的一部分，PROFINET IO 是用于实现模块化、分布式应用的通信概念，通过多个节点的并行数据传输可更有效地使用网络。PROFINET IO 以交换式以太网全双工操作和 100Mbit/s 带宽为基础。PROFINET IO 分为 IO 控制器、IO 设备和 IO 监视器。

四、其他以太网通信服务

S7-1200/1500 CPU 内置 Web 服务器，以便用户通过计算机来访问它们的 Web 服务器。通过 HTTP(S) 进行数据交换，例如进行故障诊断。

时间同步功能通过 PROFINET/工业以太网接口和网络时间协议(NTP)来同步 CPU 的实时时钟的时间。通过 DP 接口，CPU/CM(通信模块)/CP(通信处理器)作为时间主站或时间从站，也可以同步时间。

五、PLC 与编程设备和 HMI 的通信

通过 S7-1200/1500 集成的 PROFINET 或 PROFIBUS 通信接口，PLC 可与编程设备和 HMI(人机界面)通信，包括下载、上传硬件组态和程序，在线监测 S7 站点，进行测试和诊断。HMI 设备可以读取或改写 PLC 的变量。与编程设备和 HMI 通信的功能集成在 CPU 的操作系统中，不需要编程。

六、S7 通信

S7 通信是 S7 PLC 优化的通信功能，它用于 S7 PLC 之间、S7 PLC 和 PC 之间的通信。S7 通信服务可用于 PROFIBUS-DP 和工业以太网。

七、点对点通信

S7-1200/1500 支持使用自由口协议的点对点(Point-to-Point, PtP)通信，可以通过用户程序定义和实现选择的协议。点对点通信具有很大的自由度和灵活性，可以将信息直接发送给外部设备(例如打印机)，也可以接收外部设备(例如条形码阅读器)的信息。

S7-1200 的点对点通信使用 CM 1241 通信模块和 CB 1241 通信板。它们支持 ASCII、USS 驱动、Modbus RTU 主站协议和 Modbus RTU 从站协议。CPU 模块的左边最多可以安装 3 块通信模块。串行通信模块的电源由 CPU 提供，不需要外接的电源。

S7-1500 的点对点通信模块可以在主机架或 ET 200MP I/O 系统中使用，可以使用 3964 (R)、Modbus RTU(仅高性能型)或 USS 协议，以及基于自由口的 ASCII 协议。有 CM PtP RS422/485 基本型和高性能型、CM PtP RS232 基本型和高性能型这 4 种模块。

ET 200SP 的 CM PtP 串行通信模块支持 RS-232/RS-422/RS-485 接口，以及自由口、3964(R)、Modbus RTU 主/从、USS 多种协议。

八、MPI 通信

MPI 是多点接口(Multi Point Interface)的简称，S7-300 CPU 都集成了 MPI 通信接口，MPI 的物理层是 RS-485。PLC 通过 MPI 能同时连接运行 STEP 7 的编程器、计算机、人机界面(HMI)及其他 SIMATIC S7、M7 和 C7。MPI 通信适用于通信速率要求不高、通信数据量不大、小范围、小点数的现场级通信，是一种简单经济的通信方式。STEP 7 的用户界面提供了通信组态的功能，使得通信组态非常简单。

联网的 CPU 可以通过 MPI 接口实现全局数据(GD)服务,周期性地相互进行数据交换。MPI 网络最多可以连接 32 个节点,最大通信距离为 50m,但是可以通过中继器来扩展长度。

九、AS-i 通信

AS-i 是执行器——传感器接口(Actuator Sensor Interface)的简称,位于自动控制系统的最底层,用来连接带有 AS-i 接口的现场二进制设备,例如传感器和执行器。

在电动钻机电控系统中,使用 AS-i 总线对井场 MCC 各用电单元进行操作和监控。

CP 343-2 通信处理器是用于 S7-300 和分布式 I/O ET 200M 的 AS-i 主站,它最多可以连接 62 个数字量或 31 个模拟量 AS-i 从站,每个从站的最大数据为 4bit。通过 AS-i 接口,每个 CP 最多可以访问 248 个 DI 和 186 个 DO。通过内部集成的模拟量处理程序,也可以处理模拟量值。S7-1200 和 ET 200SP 通过通信模块,支持基于 AS-i 网络的 AS-i 主站协议和 ASIsafe 服务。

DP/AS-i 网关(Gateway)用来连接 PROFIBUS-DP 网络和 AS-i 网络。

第 4 节　MPI 通信

MPI(Multi Point Interface)通信是当通信速率要求不高、通信数据量不大时,可以采用的一种简单经济的通信方式。MPI 通信可使用 PLC S7-200/300/400、操作面板 TP/OP 及上位机 MPI/PROFIBUS 通信卡,如 CP5512/CP5611/CP5613 等进行数据交换。MPI 网络的通信速率为 19.2kbit/s~12Mbit/s,通常默认设置为 187.5kbit/s。MPI 网络最多可以连接 32 个节点,最大通信距离为 50m,但是可以通过中继器来扩展长度。

一、MPI 网络结构

西门子 PLC S7-200/300/400 CPU 上的 RS485 接口不仅是编程口,同时也是一个 MPI 的通信接口,不需要额外的硬件投资,就可以实现 PG/OP、全局数据通信以及少量数据交换的 S7 通信等功能。其网络上的节点通常包括 S7PLC、TP/OP、PG/PC、智能型 ET200S 以及 RS485 中继器等网络器件。

二、通过中继器来扩展 MPI 网络长度

MPI 最大通信距离为 50m,也可以使用 RS485 中继器进行扩展,扩展的方式有两种:

(1)两个站点之间没有其他站。在这种方式下,MPI 站到中继器距离最大为 50m,两个中继器之间的最大距离为 1000m,最多可以连接 10 个中继器,所以两个站之间的最大距离为 9100m。

(2)如果在两个中继器之间也有 MPI 站,那么每个中继器只能扩展 50m。MPI 的通信接口为 RS485 接口,需要使用 PROFIBUS 总线连接器(带终端电阻)和 PROFIBUS 电缆。在 MPI 网络上最多可以有 32 个站,但当使用中继器来扩展网络时,中继器也占节点数。

三、设置 MPI 参数

设置 MPI 参数可分为两部分:PLC 侧和 PC 侧的 MPI 参数设置。

1. PLC 侧的参数设置

在硬件组态时可通过点击"Properties"按钮来设置 CPU 的 MPI 属性,包括地址及通信速

率，具体操作如图 14-3 所示。

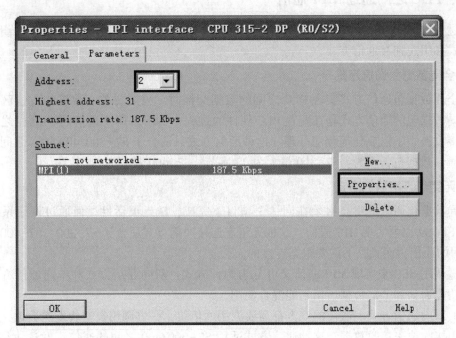

图 14-3　MPI 网络参数设置

　　建议在通常应用中不要改变 MPI 通信速率。在整个 MPI 网络中通信速率必须保持一致，且 MPI 站的地址不能冲突。

2. PC 侧的参数设置

　　在 PC 侧同样也要设置 MPI 参数，在"控制面板"-"Set PG/PC Interface"中选择所用的编程卡，访问点选择"S7ONLINE"，例如用 PC A-dapter 作为编程卡，如图 14-4 所示。设置完成后，将 STEP 7 中的组态信息下载到 CPU 中。PC 侧的 MPI 通信卡的类型有：

　　（1）PC Adapter（PC 适配器）：一端连接PC 的 RS232 口或通用串行总线（USB）口，另一端连接 PLC 的 MPI 接口，它没有网络诊断功能，通信速率最高为 1.5Mbit/s。

　　（2）CP5512 卡：用于笔记本电脑编程和通信，具有网络诊断功能，通信速率最高可达 12Mbit/s。

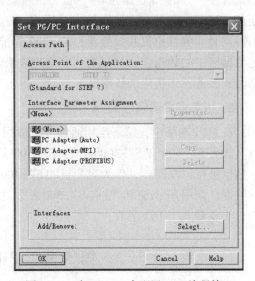

图 14-4　在 PG/PC 中配置 MPI 编程接口

　　（3）CP5611 PCI 卡：用于台式计算机编程和通信，此卡具有网络诊断功能，通信速率最高可达 12Mbit/s。

　　（4）CP5613 PCI 卡：用于台式计算机编程和通信，此卡具有网络诊断功能，通信速率最高可达 12Mbit/s，并带有处理器，可保持大数据量通信的稳定性，一般用于 PROFIBUS 网络，同时也具有 MPI 功能。

四、PLC 之间通过 MPI 通信

通过 MPI 实现 PLC 到 PLC 之间的通信方式有 3 种：全局数据包通信方式、无组态连接通信方式和组态连接通信方式。

1. 全局数据包通信方式

以全局数据包通信方式实现 PLC 之间的数据交换时，只需要关心数据的发送区和接收区。全局数据包的通信方式是在配置 PLC 硬件的过程中，组态所要通信的 PLC 站之间的发送区和接收区，不需要任何程序处理。这种通信方式只适合于 S7-300/400 PLC 之间的相互通信，通信数据包长度为：S7-300 最大为 22 字节，S7-400 最大为 54 字节。

2. 无组态连接通信方式

全局数据包通信的组态必须在同一个项目下完成，缺乏灵活性。而通过调用系统功能 SFC65～SFC69 也可实现 MPI 通信，这种无组态连接通信方式适合于 S7-300、S7-400 和 S7-200 之间的通信，而且是不需要组态连接的。

通过调用 SFC 来实现 MPI 通信又可分为两种方式：双向通信方式和单向通信方式。调用系统功能通信和全局数据通信不能混合使用。

（1）双向通信方式。通信的双方都需要调用通信块，一方调用发送块发送数据，另一方就要调用接收块来接收数据。这种通信方式适用 S7-300/400 之间的通信，发送块是 SFC65（X_SEND），接收块是 SFC66（X_RCV）。

（2）单向通信方式。单向通信只在一方编写通信程序，即客户机与服务器的访问模式。编写程序一方的 CPU 作为客户机，无须编写程序一方的 CPU 作为服务器，客户机调用 SFC 通信块访问服务器。这种通信方式适合 S7-300/400/200 之间的通信。S7-300/400 的 CPU 可以同时作为客户机和服务器，S7-200 只能作为服务器。SFC67（X_GET）用来将服务器指定数据区中的数据读回并存放到本地的数据区中，SFC68（X_PUT）用来将本地数据区中的数据写到服务器中指定的数据区。

3. 组态连接通信方式

在 MPI 网络中，组态连接通信方式适用于 S7-400 之间以及 S7-400 与 S7-300 之间的通信。如果 S7-400 和 S7-300 通信，S7-300 只能做服务器，S7-400 用来做客户机对 S7-300 的数据进行读写操作。作为客户机的 S7-400 侧编程时，调用 SFB14（GET）来读取 S7-300 侧的数据，调用 SFB15（PUT）向 S7-300 站发送数据。在 MPI 网络上调用系统功能块通信，数据包长度最大为 160 字节。

第 5 节　PROFIBUS 总线

PROFIBUS 是属于单元级和现场级的 SIMATIC 网络，适用于传输中小量的数据，是目前国际上通用的现场总线标准之一。它以其独特的技术特点、严格的认证规范、开放的标准、众多厂商的支持和不断发展的应用行规，已被纳入现场总线的国际标准 IEC 61158 和欧洲标准 EN 50170，并于 2001 年被定为我国的国家标准 JB/T 10308.3—2001。

PROFIBUS 是不依赖生产厂家的、开放式的现场总线。不同厂家开发的符合 PROFIBUS 协议的产品，均可以连接在同一个 PROFIBUS 网络上。PROFIBUS 用于分布式 I/O 设备、传

动装置、PLC 和基于 PC 的自动化系统，网络的物理传输介质可以是屏蔽双绞线、光纤或无线传输，网络结构如图 14-5 所示。

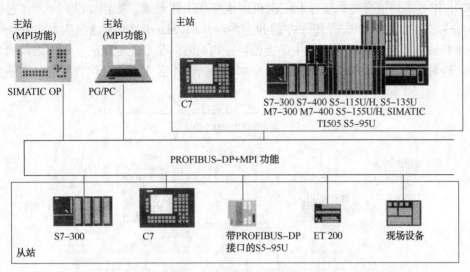

图 14-5　PROFIBUS 网络结构

在电动钻机电气控制系统中，使用 PROFIBUS 总线，连接柴油发电机组及控制单元，直流驱动柜或变频驱动柜，司钻控制房中的 PLC 从站、显示屏和触摸屏等设备，完成钻井工艺的逻辑控制功能、保护功能、监控功能及其他辅助功能。

一、PROFIBUS 的协议结构和类型

PROFIBUS 协议采用 ISO/OSI 模型的第 1 层、第 2 层和第 7 层。在 PROFIBUS 中，第 2 层称为现场总线数据链路层（FDL），其中的介质存取控制（MAC）子层具体控制数据传输的程序，MAC 必须确保在任何一个时刻只有一个站点发送数据。3 种 PROFIBUS（DP、FMS、PA）均使用一致的总线存取协议。PROFIBUS 协议结构如图 14-6 所示。

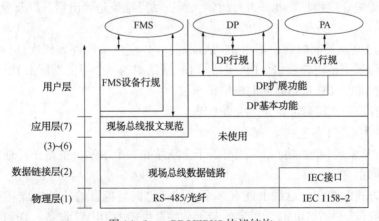

图 14-6　PROFIBUS 协议结构

PROFIBUS 协议的设计满足介质控制的两个基本要求：

（1）在自动化系统中主站之间的通信，必须保证在确切限定的时间间隔中，任何一个站点有足够的时间来完成通信任务。

（2）在 PLC 或 PC 和简单的 I/O 设备（从站）之间的通信，应尽可能简单快速地完成数据的实时传输，因通信协议增加的数据传输时间应尽量少。

PROFIBUS 采用混合的总线存取控制机制来实现上述要求，如图 14-7 所示。它包括主站（Master）之间的令牌（Token）传递方式和主站与从站（Slave）之间的主-从方式。令牌实际上是一条特殊的报文，它在所有的主站上循环一周的时间是事先规定的。主站之间构成令牌逻辑环，令牌传递仅在各主站之间进行。令牌按令牌环中各主站地址的升序在各主站之间依次传递。

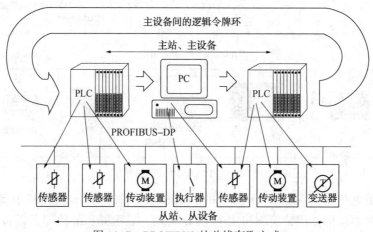

图 14-7　PROFIBUS 的总线存取方式

当某主站得到令牌报文后，该主站可以在一定时间内执行主站工作。在这段时间内，它可以依照主-从通信关系表与所有从站通信，也可以依照主-主通信关系表与所有主站通信。令牌传递程序保证每个主站在一个确切规定的时间内得到总线控制权（令牌）。

在总线初始化和启动阶段，主站介质存取控制 MAC 通过辨认主站来建立令牌环，首先自动判别总线上所有主站的地址，并将它们的地址记录在主站表中。在总线运行期间，从令牌环中去掉有故障的主动节点，将新上电的主动节点加入令牌环中。PROFIBUS 介质存取控制还可以监视传输介质和收发器是否有故障，检查站点地址是否出错，以及令牌是否丢失或有多个令牌。

DP 主站与 DP 从站间的通信基于主-从原理，DP 主站按轮询表依次访问 DP 从站，主站与从站周期性地交换用户数据。DP 主站与 DP 从站间的一个报文循环由 DP 主站发出的请求帧（轮询报文）和由 DP 从站返回的响应帧组成。

这种总线存取方式可以实现下列系统配置：

（1）纯主-主系统（多主站）。

（2）纯主-从系统（单主站）。系统有若干个从站和一个主站，主站循环地发送信息给从站或由从站获取信息。

（3）两种方式的结合。总线上连有多个主站，它们与各自的从站构成相互独立的子系统。每个子系统包括一个 DPM1、指定的若干从站及可能的 DPM2 设备。任何一个主站均可以读取 DP 从站的数据，但是只有一个指定的 DPM1 允许对 DP 从站写入数据。

从用户角度来看，PROFIBUS 提供了 3 种通信协议类型：DP、FMS 和 PA。

（1）PROFIBUS-DP。使用了 OSI 参考模型的第 1 层和第 2 层，这种精简的结构保证了数据的高速传送，特别适合 PLC 与分布式 I/O 和现场设备之间的高速循环数据通信。在

PROFIBUS 现场总线中，PROFIBUS-DP 的应用最广。

（2）PROFIBUS-FMS。使用了 OSI 参考模型的第 1 层、第 2 层和第 7 层，应用层包括 FMS（现场总线报文规范）和 LLI（底层接口）。FMS 包含应用协议和提供的通信服务，LLI 建立各种类型的通信关系，并给 FMS 提供不依赖于设备的对第 2 层的访问。

在 FMS 处理单元级（PLC 和 PC）的数据通信时，数据传输速度不是最重要的，但是应能传送大容量的信息。

（3）PROFIBUS-PA。使用扩展的 PROFIBUS-DP 协议进行数据传输，它执行规定现场设备特性的 PA 设备行规。传输技术依据 IEC1158-2 标准，确保本质安全和通过总线对现场设备供电。使用 DP/PA 耦合器和 DP/PA LINK 可以轻松地将 PA 设备集成到 PROFIBUS-DP 网络之中。

二、PROFIBUS 总线和总线终端器

PROFIIBUS 总线符合 EIA RS485 标准，PROFIBUS RS485 的传输程序是以半双工、异步、无间隙同步为基础的。传输介质可以是光缆或屏蔽双绞线，电气传输每一个 RS485 传输段为 32 个站点和有源网络元件，在总线的两端各有一套有源的总线终端电阻，结构如图 14-8 所示。

西门子总线终端一般都配有终端电阻，PROFIBUS 总线连接器使用 9 针 D 型连接器。D 型连接器插座连接总线站，D 型连接器插头与总线电缆相连，如图 14-9 所示。总线终端和针脚的定义见表 14-1。

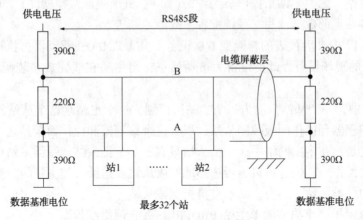

图 14-8　RS485 总线段的结构

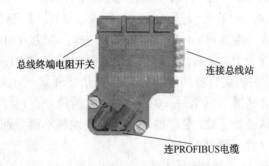

图 14-9　PROFIBUS 总线连接器

表 14-1　PROFIBUS 接口针脚定义

针脚号	信号名称	说明	针脚号	信号名称	说明
1	SHIELD	屏蔽或功能(地)	6	VP	供电电压正端
2	M24	24V 输出电压(地)	7	P24	正 24V 输出电压
3	RXD/TXD-P	接收/发送数据正端, B 线	8	RXD/TXD-N	接收/发送数据负端, A 线
4	CNTR-P	方向控制信号正端	9	CNTR-N	方向控制信号负端
5	DGND	数据基准电位(地)			

PROFIBUS 总线连接器上都有终端电阻,并有 ON/OFF 开关。在网络的终端站点,需要将终端电阻开关设置为"ON";网络的中间站点,需要将终端电阻开关设置为"OFF"。

PROFIBUS 总线的传输速率为 9.6kbit/s～12Mbit/s,使用屏蔽双绞线电缆时最长通信距离为 9.6km,使用光缆时最长 90km,最多可以接 127 个从站。

三、PROFIBUS-DP 网络

PROFIBUS-DP 网络是 RS485 串口通信,半双工,支持光纤通信,每个网络理论上最多可连接 127 个物理站点,其中包括主站、从站以及中继设备。典型的 PROFIBUS-DP 系统由 3 类站点设备组成:

(1)一类主站。一类主站指 PLC、PC 或可做一类主站的控制器。一类主站完成总线通信控制与管理。

(2)二类主站。二类主站指操作员工作站(如 PC 机加图形监控软件)、编程器、操作员接口等,完成各站点的数据读写、系统配置、故障诊断等。

(3)从站。以 PLC 为代表的智能型 I/O 设备;分布式 I/O;驱动器、执行器、传感器等 PROFIBUS 接口的现场设备,此类设备为被动站点,由主站在线完成系统配置、参数修改、数据交换等功能。

在 DP 网络中,一个从站只能为一个主站所控制,这个主站是这个从站的一类主站;如果网络上还有编程器和操作面板控制从站,那么这个编程器和操作面板是这个从站的二类主站。另一种情况是,在多主网络中,一个从站只有一个一类主站,一类主站可以对从站执行发送和接收数据操作,其他主站只能可选择地接收从站发送给一类主站的数据。这样的主站也是这个从站的二类主站,二类主站不直接控制该从站。

图 14-10 显示了一个典型的单主站 PROFIBUS-DP 网络结构图。

在图 14-10 中,①为 PROFIBUS-DP 网络;②为 DP 主站,用于对连接的 DP 从站进行寻址,与现场设备交换输入和输出信号;③为编程设备/PC,是用于调试和诊断的 PG/PC 设备,属于 2 类 DP 主站;④为 PROFIBUS-DP 网络结构;⑤为 HMI(人机界面),是用于操作和监视功能的设备;⑥为 DP 从站,分配给 DP 主站的分布式 IO、阀门、变频器等设备;⑦为智能 DP 从站,指带有智能设备功能的 CPU 或通信处理器。

在设计 PROFIBUS-DP 通信网络时,0 默认是 PG 的地址,1～2 为主站地址,126 为软件设置地址的从站的默认地址,127 是广播地址。这些地址不再分配给从站,故 DP 从站最多可连接 124 个,站号设置一般为 3～125。

每个物理网段最多有 32 个物理站点设备,物理网段两终端都需要设置终端电阻或使用有源终端电阻。网络的通信波特率与网段通信的距离具有一定的对应关系,一般设置为

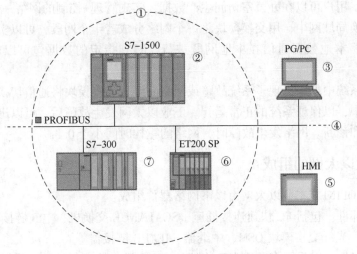

图 14-10　PROFIBUS-DP 网络结构图

1.5Mbit/s，最长通信距离不大于 200m。

　　每个网段的通信距离或者设备数如果超限，需要增加 RS485 中继器进行网络拓展，中继器最多可级联 9 个；每个中继设备（RS485 中继器、OLM、OBT）也作为网络中的一个物理站点，但没有站号。

　　在 STEP 7 软件中进行 PROFIBUS-DP 网络组态时，建议按照从小到大的顺序设置从站站号，且应该连续。

第 6 节　工业以太网

　　工业以太网（Industrial Ethernet，IE）是遵循 IEEE802.3 国际标准的开放式、多供应商、高性能的局域和单元网络。工业以太网已经广泛地应用于控制网络的最高层，并且越来越多地在控制网络的底层即现场设备层使用。

　　西门子的工控产品已经全面地使用 PROFINET。S7-300/400 的各级 CPU 和 SINAMICS 变频器的 G120 系列、S120 系列都有集成的 PROFINET 以太网接口。新一代小型 PLC S7-1200、大中型 PLC S7-1500、新一代人机界面也都有集成的以太网接口。分布式 I/O ET 200SP、ET 200S、ET 200MP、ET 200M、ET 200Pro 等都有 PROFINET 通信模块或集成的 PROFINET 通信接口。

　　工业以太网采用 TCP/IP 协议，可以将自动化系统连接到企业内部互联网、外部互联网和因特网，实现远程数据交换以及管理网站与控制网络的数据共享。

一、工业以太网的特点

　　工业以太网的特点如下：

　　（1）10M/100Mbit/s 自适应传输速率，最多 1024 个节点，网络最大范围为 150km。

　　（2）可以用于严酷的工业环境，用标准导轨安装，抗干扰能力强；能方便地组成各种网络拓扑结构，可以采用冗余的网络拓扑结构。

　　（3）可以通过以太网将自动化系统连接到办公网络和因特网，实现全球性的远程通信。

无须专用软件，用户可以在办公室访问生产数据，实现管理+控制的网络一体化。

（4）在交换局域网中，用交换模块将一个网络分成若干个网段，可以实现在不同的网段中的并行通信。本地数据通信在本地网段进行，只有指定的数据包可以超出本地网段的范围。

（5）冗余系统中如果出现子系统故障或网络断线，交换模块将通信切换到冗余的后备系统或后备网络中，以保证系统的正常运行。工业以太网发生故障后，可以迅速发现故障，实现故障的定位和诊断。网络发生故障时，网络的重构时间小于0.3s。

二、工业以太网的组成

典型的 PROFINET 工业以太网由以下网络器件组成：

（1）连接部件：包括 FC 快速连接插座、SCALANCE 交换机、电气链接模块 ELM、电气交换模块 ESM、光纤交换模块 OSM、中继器、IE/PB 链接器等。

（2）通信媒体可以采用直通或交叉连接的 TP 电缆、快速连接双绞线、工业双绞线、光纤和无线通信。

（3）S7-1500 CPU 集成的第一个以太网接口（X1 口）可以作为 PROFINET IO 控制器和 IO 设备，支持 S7 通信、X1 口作为 IO 控制器支持等时同步、RT、IRT、MRP 和优先化启动。

S7-1500 CPU 集成的以太网接口（X2 口和 X3 口）支持 S7 通信、开放式用户通信和 Web 服务器，还支持 MODBUS TCP 协议。

（4）S7-1500 的 PROFINET 模块为 CP1542-1，以太网模块为 CP1543-1。

（5）PG/PC 的工业以太网通信处理器：用于 PCI 总线的 CP1612A2 和 CP1613A2，用于 PCIe 总线的 CP1623 和 CP1628。CP1613A2 和 CP1623 可用于冗余系统。

对快速性和冗余控制有特殊要求的系统，应使用西门子的交换机和网卡，反之可以使用普通的交换机、路由器和网卡。

三、TP 电缆与 RJ-45 连接器

西门子的工业以太网可以采用双绞线、光纤和无线方式进行通信。

TP 电缆是 8 芯的屏蔽双绞线，直接连接电缆两端的 RJ-45 连接器采用相同的线序，用于 PC、PLC 等设备与交换机（或集线器）之间的连接。交叉连接电缆两端的 RJ-45 连接器采用不同的线序，用于直接连接两台设备的以太网接口。

四、光纤

光纤通过光学频率范围内的电磁波，沿光缆传输数据，不受外部电磁场的干扰，没有接地问题，重量轻，容易安装。光纤是由两层折射率不同的玻璃组成的，内层为光内芯，直径在几微米至几十微米，外层的直径为 0.1~0.2mm。一般内芯玻璃的折射率比外层玻璃的大 1%。根据光的折射和全反射原理，当光线射到内芯和外层界面的角度大于产生全反射的临界角时，光线透不过界面，全部反射。

五、中继器和集线器

中继器又称为转发器，是对信号进行再生和还原的网络设备。中继器仅工作在物理层，

适用于完全相同的两个网络的互联，主要功能是通过对数据信号的重新发送或者转发，以扩大网络传输的距离。集线器(Hub)是一个多端口的中继器，它发送数据时都是没有针对性的，而是采用广播方式发送。也就是说，当它要向某节点发送数据时，不是直接把数据发送到目的节点，而是把数据包发送到与集线器相连的所有节点。

六、交换机

交换机工作于数据链路层，它能够对连接到自身端口的设备进行相应的识别。通过对每台设备的物理地址(MAC 地址)进行记录和识别，就不需采用广播方式发送数据。交换机能够直接通过记录的 MAC 地址找到相应的地点，并且通过一个临时性专用的数据传输通道来完成两个节点之间不受外来干扰的数据传输。节点之间的数据通过交换机转发，当单个站出现故障时，仍然可以进行数据交换。

第7节　PROFINET

PROFINET 由 PROFIBUS 国际组织推出，是基于工业以太网的开放的现场总线。PROFINET 为自动化通信领域提供了一个完整的网络解决方案，囊括了诸如实时以太网、运动控制、分布式自动化、故障安全以及网络安全等当前自动化领域的内容，可以将分布式 I/O 设备直接连接到工业以太网，实现从公司管理层到现场层的直接的、透明的访问。

综上所述，以太网是一种局域网规范，工业以太网是应用于工业控制领域的以太网技术，PROFINET 是一种在工业以太网上运行的实时技术规范。

通过代理服务器(例如 IE/PB 链接器)，PROFINET 可以透明地集成现有的现场总线系统(例如 PROFIBUS、AS-i 等)，保护对现有系统的利用，实现现场总线系统的无缝集成，如图 14-11 所示。

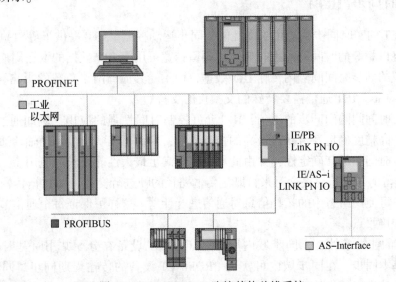

图 14-11　PROFINET 连接其他总线系统

使用 PROFINET IO，现场设备可以直接连接到以太网，与 PLC 进行高速数据交换。PROFIBUS 各种丰富的设备诊断功能同样也适用于 PROFINET。

使用故障安全通信的标准行规 PROFIsafe，PROFINET 用一个网络就可以同时满足标准应用和故障安全方面的应用。PROFINET 支持驱动器配置行规 PROFIdrive，后者为电气驱动装置定义了设备特性和访问驱动器数据的方法，用来实现 PROFINET 上的多驱动器运动控制通信。

PROFINET 使用以太网和 TCP/UDP/IP 协议作为通信基础，对快速性没有严格要求的数据使用 TCP/IP 协议，响应时间在 100ms 数量级，可以满足工厂控制级的应用。

一、实时通信(RT)

PROFINET 的实时通信功能适用于对信号传输时间有严格要求的场合，例如用于传感器和执行器的数据传输。通过 PROFINET，分布式现场设备可以直接连接到工业以太网，与 PLC 等设备通信。其响应时间与 PROFIBUS-DP 等现场总线相同或更短，典型的更新循环时间为 1~10ms，完全能满足现场层的要求。PROFINET 的实时性可以用标准组件来实现。

使用实时通信的 PROFINET IO 可使用设备中的标准以太网以及任意工业交换机作为基础架构部件，不需要特殊的硬件支持。如果想要使用提供附加的 PROFINET 功能，如拓扑识别、诊断等，必须使用支持 PROFINET 标准的交换机。在设备集成的 PROFINET 接口和 PROFINET 交换机中(如 SCALANCE 系列)可执行 PROFINET 功能。

使用存储并转发方法时，交换机将完整地存储帧，并将它们排成一个队列。如果交换机支持国际标准 IEEE802.1Q，那么根据其在队列中的优先级存储数据，这些帧随后将有选择地转发给可访问已寻址节点的特定端口(存储并转发)。

在直通交换方式过程中，并不是将整个数据包临时存储在缓冲区中，而是在目标地址和目标端口已经确定后，马上将整个数据包直接传输到目标端口。这样通过交换机传输数据包所需的时间最短，且不受帧长度的影响。当目标段与下一个交换机的端口之间的区段已被占用时，数据将按照"根据优先级的存储并转发过程"临时存储。

二、等时同步(IRT)

PROFINET 的实时同步功能用于高性能的同步运动控制。IRT 提供了等时执行周期，以确保信息始终以相等的时间间隔进行传输。预留带宽可用于 IRT 数据的发送周期。预留带宽可确保在预留的同步时间间隔内传输 IRT 数据，而不受其他高网络负载的影响。IRT 的响应时间为 0.25~1ms。IRT 通信需要特殊的交换机的支持。

通过预留时间间隔内同步的通信，IRT 允许控制时间性强的应用，例如通过 PROFINET 的运动控制；高精度确定性可获得最高的控制质量，因而可精确定位运动轴。通过预留带宽实现最短响应时间和最高确定性，并由此用于需要满足最大性能要求的应用。

IRT 除预留的带宽外，还会对来自既定传输路径的帧进行交换，对数据传输进行进一步优化。为此，可使用组态中的拓扑信息对通信进行计划。这样可保证每个通信节点处所有数据帧的发送和接收点。

IRT 通信的前提条件是，同步域内所有 PROFINET 设备在分配共用时基时具有同步周期。通过此基本同步，在同步域内可实现 PROFINET 设备的传输周期同步。同步主站指定用于与同步从站进行同步的时钟，IO 控制器或 IO 设备可以用作同步主站。同步主站和同步从站始终是一个同步域中的设备。在同步域中会保留带宽以用于 IRT 通信。可以在不占用预留带宽的情况下，进行实时和非实时通信。

PROFINET 能同时用一条工业以太网电缆满足 3 个自动化领域的需求，包括集成化领域、实时自动化领域和同步实时运动控制领域。

　　PROFINET 使用电缆最多 126 个节点，网络最长 5km。使用光纤可大于 1000 个节点，网络最长 150km。无线网络最多 8 个节点，每个网段最长 1000m。

　　图 14-12 显示了 PROFINET 中常用的设备。

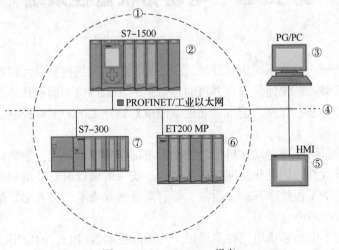

图 14-12　PROFINET 设备

　　在图 14-12 中，①为 PROFINET IO 系统；②为 IO 控制器，用于对连接的 IO 设备进行寻址和控制；③为编程设备/PC，是用于调试和诊断的 PG/PC 设备；④为 PROFINET/工业以太网；⑤为 HMI（人机界面），是用于操作和监视功能的设备；⑥为 IO 设备，可以是具有集成 PROFINET IO 功能的分布式 IO、阀门、变频器和交换机等设备；⑦为智能 IO 设备，指带有智能设备功能的 CPU 或通信处理器。

第 15 章　电动钻机监控系统

电动钻机的监测与控制系统由管理级、中心控制级和现场控制单元级组成。系统采用现场总线技术来实现数据的快速传输，并可通过触摸屏、工控机、远程计算机实现监控、故障报警、参量修改、诊断、存储、记录等功能，完成对钻井工况的逻辑控制、保护及其他辅助功能。

通过网络结构就可实现电动钻机电气控制系统的全集成自动化。全集成自动化具有高度的集成统一性和开放性、标准化的网络体系结构、统一的编程组态环境和高度一致的数据集成。它能提高钻井的工作效率和钻井质量，显著降低钻井成本，大大缩短钻井的周期，从而全面提升钻井企业的核心竞争力。

本章主要介绍了电动钻机电气控制系统中可编程控制器(PLC)的应用，分析和列举了电动钻机的典型逻辑控制和电动钻机的总线结构。

第 1 节　电动钻机中可编程控制器的应用

在电动钻机电气控制系统(简称"电控系统")中，有许多钻机运行参数需要采集、处理和显示，比如司钻台上泥浆泵的导通-断开选择、绞车速度给定、转盘转矩、发电机的运行状态等。这些运行参数的采集、处理和显示需要可编程控制器(PLC)的 CPU 模块、输入/输出模块、功能模块等多个模块。整个电气控制系统使用现场总线把各个单元连接起来。下面以 ZJ90DB 电动钻机电控系统为例，介绍一下 S7-1500 PLC 的应用，如图 15-1 所示。

ZJ90DB 电动钻机 VFD 房 PLC 柜中的 S7-1500 PLC 需要采集的数字量输入变量有 48 个，包括：发电机 1 ~发电机 4 的运行参数；绞车、转盘、泥浆泵等电动机的风机反馈信号和风压反馈信号；喷淋泵、润滑泵、灌注泵和补给泵的反馈信号等。数字量输出变量有 13 个，包括：绞车、转盘、泥浆泵等的风机使能信号；灌注泵和补给泵的使能信号等。模拟量输入变量有 11 个，包括：绞车、转盘、泥浆泵的油压信号；发电机 1 ~发电机 4 的温度信号等。

在图 15-1 中，PLC 采用菲尼克斯(PHOENIX)TRIO 系列电源，输出是直流 24V、5A。CR(CENTRAL RACK)为装在 PLC 柜里的中央机架，CR1/1 为中央机架 1 的 1 号槽，在该位置安装了一个 CPU 模块，型号是 CPU 1513-1 PN。CPU 模块的 PROFINET 接口通过 RJ45 插头和 PROFINET 总线连接到工业以太网交换机 SCALANCE XB213-3 上。在 2 号和 3 号槽的位置安装了数字量输入模块，型号是 DI32×24VDC HF，有 32 个直流输入点，额定输入电压为 24VDC。在 4 号槽的位置安装了数字量输出模块，型号是 DO32×24VDC/0.5A HF，有 32 个输出点，额定输出电压 24VDC，每个通道的额定输出电流为 0.5A。在 5 号和 6 号槽的位置安装了模拟量输入模块，型号是 AI8×U/I/RTD/TC ST，有 8 个模拟量输入，16 位精度。

图 15-2 是数字量输入模块的应用电路。

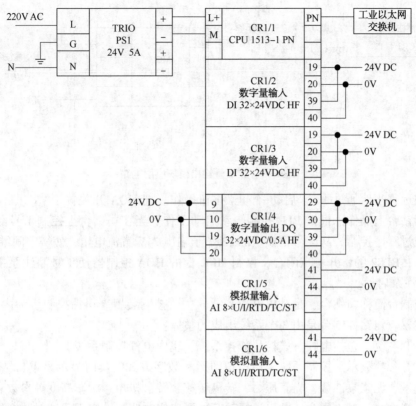

图 15-1　PLC 柜中的 S7-1500 PLC 的结构

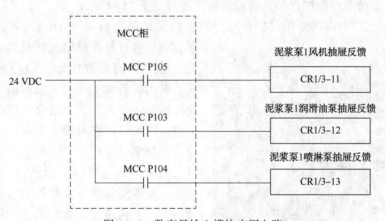

图 15-2　数字量输入模块应用电路

　　在图 15-2 中，虚线框表示 MCC 柜，MCC 柜用于控制和保护 AC380V/220V 用电设备，如风机、泵、照明、生活用电等。当泥浆泵 1 的风机、润滑油泵、喷淋泵的 MCC 柜操作手柄旋转到合闸位置时，主断路器合闸，同时辅助常开触点闭合，24V 直流电压信号送入数字量输入模块的相应端子，PLC 因此获得了泥浆泵 1 的风机、润滑油泵和喷淋泵所处的工作状态。CR1 表示装在 PLC 柜里的中央机架 1，3~11 表示装在 3 号槽位置的模块的 11 端子，3~12 表示模块的 12 端子，3~13 表示模块的 13 端子。

　　图 15-3 是数字量输出模块的应用电路。

　　1 号灌注泵属于 HOA(HAND OR AUTO)型供电单元，把 HOA 开关置于"H"(手动)位，

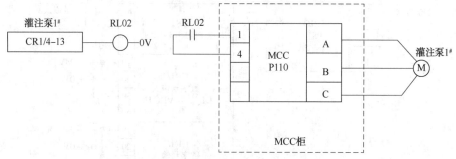

图 15-3 数字量输出模块应用电路

电动机可在远程当地通过手动"启动-停止"按钮操作。把 HOA 开关置于"A"（自动）位，电动机可在司钻台上操作，根据 PLC 控制自动启动工作。当在司钻台上控制 1 号灌注泵启动时，PLC 经过程序控制，从 4 号槽模块的 13 端子输出 24V 直流电压，使得中间继电器 RL02 的线圈通电，RL02 的常开触点闭合，控制 MCC 柜的 HOA 控制器使 1 号灌注泵主接触器吸合，1 号灌注泵启动。

司钻控制台简称司钻台，是钻机电控系统的主要控制装置。司钻控制台为内压防爆式，并有减压装置。司钻控制台是由 3 个系统组成的整体：

（1）控制系统。包括电控、气控、液控系统、室内电气控制系统。

（2）钻井参数显示。控制系统采用模拟图形和数字方式，实时显示悬重、钻压、钻速、泥浆返回流量、泥浆泵冲数、立管压力、转盘转速、转盘扭矩、游车高度等参数。

（3）监视系统。对二层台、井口、振动筛、泵房实时监视，实现司钻对监视位置情况的实时掌握，根据情况合理操作和通信。司钻控制台如图 15-4 所示。

分布式 I/OET 200MP 装在司钻台里，通过总线将司钻台与 VFD 房内各控制柜连接起

图 15-4　司钻控制台

来。司钻通过操作触摸屏和司钻台上的转换开关、给定手柄和按钮等可以控制绞车、泥浆泵、转盘的各种工况，完成对钻井中各工艺状况的控制，以及在紧急情况下使各变频柜停止工作。司钻可以在触摸屏上进行绞车电机的启停、正反转控制、调速控制、自动送钻控制等。触摸屏上还可以显示悬重、钻压、钻时、钻速、泥浆池体积、立管压力、转盘转速、转盘扭矩、大钩速度、大钩高度、猫头压力等钻井参数。

在司钻控制台上装有泥浆泵的启动开关、转盘的正转反转开关、自动送钻的上提下放、绞车的启动、防碰释放、灌注泵和计量泵的启动等，这些开关量都是通过数字量输入模块把信号传送给 PLC 的。

在司钻控制台上，盘刹控制、风动卸扣上扣、系统报警、减速箱挡位控制等，这些操作都是由数字量输出模块的输出信号来控制的。

司钻台上的泥浆泵速度给定、绞车速度给定、转盘速度给定、转盘转矩限制、绞车油压、自动送钻速度给定、盘刹工作钳压力、安全钳压力等，这些给定值都是通过模拟量输入模块把信号送入PLC的。

现以转盘(RT)为例，说明转盘的正转运行操作。首先在触摸屏的主操作画面点击"转盘"进入转盘操作画面；调节转盘调速手轮，将转盘转速回零；将转盘转向开关扳到"正转"位置；再在转盘操作画面，通过转盘力矩限制区域的直接给定框对转盘力矩进行设定；确认系统各发电机工作正常，再点击转盘控制区域的风机"启动"按钮、润滑泵"启动"按钮，再点击转盘"启动"按钮，此时可观察到转盘状态区域"转盘运行""风机运行""润滑泵运行"指示灯变亮，转盘开始运行；点击转盘"启动"前根据环境温度选择是否点击加热器"启动"，给润滑油加热；根据需要，通过转盘力矩限制区域的直接给定框进行转盘力矩限制值给定；根据需要，通过转盘调速手轮进行转盘速度给定，转盘开始按照给定速度运转。若要改变转盘的运行方向，首先应把给定手轮转到零位，然后把方向选择开关转到反转位置，再转动给定手轮即可，不必要停止电动机和变频柜。

在手动送钻操作中，首先操作上扣工具接好方钻杆，确认系统运行正常，绞车电机正常启动运行；然后将绞车速度手柄缓慢往"起升"方向推，同时缓慢放松刹车手柄，使之复位，使游车缓慢上行一段距离；逐渐放松速度手柄，使之缓慢复位，逐渐减小起升速度，直至最后手柄回零，同时拉紧盘刹工作刹车手柄，盘刹刹死，钻工提出卡瓦；启动转盘后，将绞车速度手柄缓慢往"下降"方向拉，送钻正式开始；观察钻井参数显示屏(或指重表)上显示的钻压值，调节绞车速度手柄位置，给定不同送钻速度，使之按要求变化。在送钻过程中，一定要注意钻井仪表参数的变化，随时采取相应的措施，以防止钻井卡钻、钝钻、溜钻等事故。

司钻操作还具备多重安全保护功能，包括：

(1)天车防碰功能。天车防碰主要有三重保护，它们分别是天车过圈防碰阀控制、井架防碰天车装置和数显防碰控制。数显防碰控制是通过电控系统滚筒编码器测量绞车滚筒的转角，实时显示游车当前提升高度和速度等参数，并根据系统设置，当游车运行到设定的预警高度时，系统会自动减速；而当游车继续运行时，若游车到达系统设定的紧急高度，系统将自动发出声光报警，如司钻未刹车，系统将自动使绞车的速度手柄给定为零；同时系统PLC会自动断开阀岛盘刹控制阀的控制信号，盘刹控制阀关闭排气，盘刹刹车，从而使游动系统停止上升，以防止发生游车碰撞事故。数显防碰控制除了上防碰天车以外，同样具有下防砸钻台面功能。

(2)主电机与送钻电机互锁保护功能。在钻机运行过程中，主电机和自动送钻电机不能同时启动，否则自动送钻电机的离合将不能挂合，电机的速度为零，同时盘刹将刹车制动，以保护电机和滚筒。

(3)钻机还具有断电保护、转盘自动惯性刹车保护、钻机电控系统故障保护、钻机气压过低保护、润滑油压过低或过高保护等。

第2节　电动钻机的逻辑控制

本节将以ZJ50D、ZJ50DB电动钻机以及西安石油大学建设的电动钻机电气控制模拟试验平台为例，介绍可编程控制器在电动钻机中的逻辑控制，包括指配关系的实现、风机的控制、司钻控制台上运行状态的指示和报警、基于ABB变频器的转盘控制等。

一、钻井泵风机的控制逻辑关系

以 MP1 为例介绍风机的控制逻辑。

当 MP1 选择开关至 ON 位置时，将 24V DC 信号送入 PLC 的数字量输入 DI 模块，PLC 根据程序"MP1-ON-SW"为 1，则"MP1-BLO-ASSIGN"为 1。于是 PLC 将 115VAC 通过数字量输出 DQ 模块接到 MCC 房中的风机中间继电器 KA，KA 动合触点闭合，通过 HOA 控制器使风机接触器 KM 吸合，风机运转。同时 KM 的辅助动合触点闭合，将 24VDC 信号送入 PLC 的数字量输入 DI 模块，使得"MP1 BLO ON"为 1(见图 15-5)。

图 15-5　MP1 风机启动程序

风机运转后，"MP1 BLO ON"为 1，经过接通延时定时器(S_ODT)，输出"MP1-ASSIGN"为 1。逻辑关系为：当风机运转后，经过 5s 的延时，MP1 的指配状态为 1(见图 15-6)。

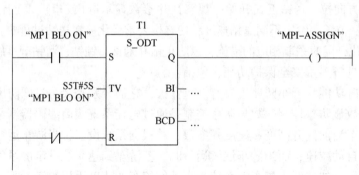

图 15-6　MP1 风机状态程序

当 MP1 选择开关至 ON 位置，即"MP1-ON-SW"为 1 时，如果风机运转，即"MP1 BLO ON"为 1，则"MP1 BLO ON ALARM"为 0，不发出报警信号；如果风机关断，即"MP1 BLO ON"为 0，则"MP1 BLO ON ALARM"为 1，发出报警信号(见图 15-7)。

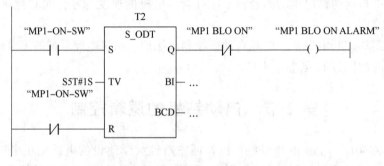

图 15-7　MP1 风机报警程序

二、SCR 房中的 PLC 和司钻控制台中的 PLC 之间的通信故障逻辑关系

机架故障或分布式 I/O 的站故障时,"OB82 ACTIVE"为 1。诊断中断时,"OB86 AC-TIVE"为 1。当"OB82 ACTIVE"为 1 或"OB86 ACTIVE"为 1 时,"COMM LOSS ALARM"置位,变为 1 并保持,说明 SCR 房中的 PLC 和司钻控制台中的 PLC 之间的通信有故障。通信正常时,"COMM LOSS ALARM"为 0(见图 15-8)。

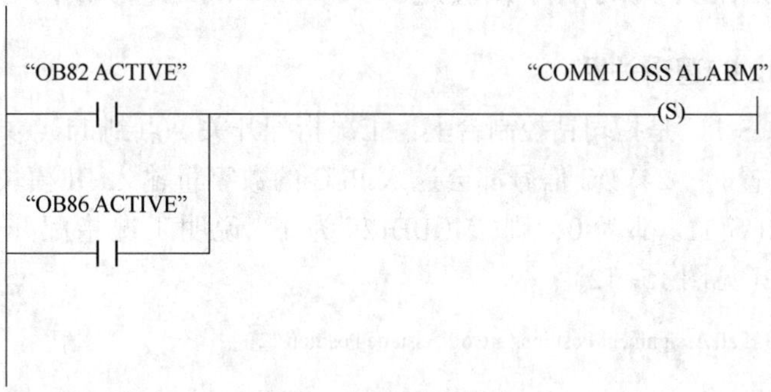

Network 20:Communication Loss Logic

```
"OB82 ACTIVE"                          "COMM LOSS ALARM"
───┤ ├───┬───                              ──(S)──

"OB86 ACTIVE"  │
───┤ ├───────┘
```

图 15-8 通信故障程序

在"COMM LOSS ALARM"为 1 的情况下,当"OB82 ACTIVE"为 0(机架或分布式 I/O 的站的故障已排除),且"OB86 ACTIVE"为 0(诊断中断故障已排除),"MODE12"为 1(指配关系为方式 12),"RESET BIT 1"为 1(见图 15-9)。

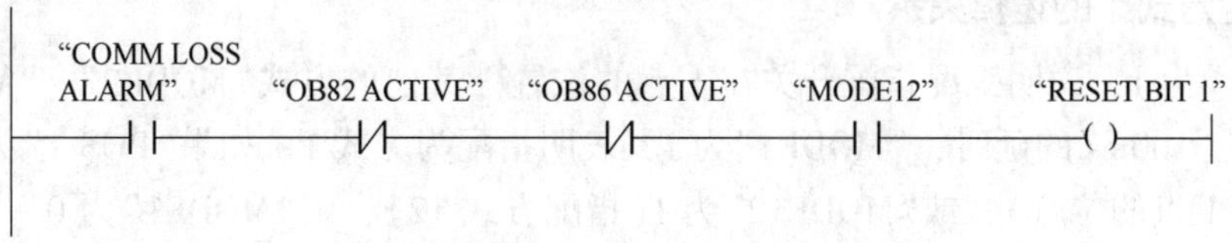

Network 21:

```
"COMM LOSS
ALARM"      "OB82 ACTIVE"  "OB86 ACTIVE"   "MODE12"      "RESET BIT 1"
──┤ ├─────────┤/├───────────┤/├──────────┤ ├────────────( )──
```

图 15-9 故障复位条件 1 程序

"DWA/RT-FWD-SW"和"DWA/RT-REV-SW"为 0(DWA/RT 的方向选择开关既不在正转位置也不在反转位置),"MP1-ON-SW"和"MP2-ON-SW"为 0(MP1 和 MP2 的导通断开选择开关都在 OFF 位置),"RESET BIT 2"为 1(见图 15-10)。

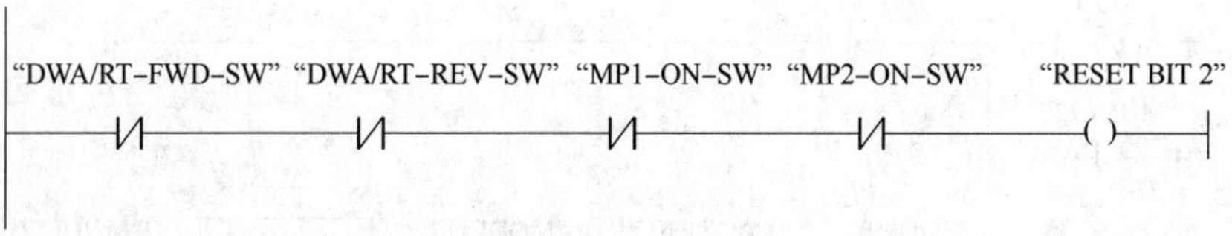

Network 22:

```
"DWA/RT-FWD-SW" "DWA/RT-REV-SW"  "MP1-ON-SW"  "MP2-ON-SW"     "RESET BIT 2"
───┤/├───────────┤/├──────────────┤/├──────────┤/├─────────────( )──
```

图 15-10 故障复位条件 2 程序

"RESET BIT 1"为 1,同时"RESET BIT 2"也为 1 时,"COMM LOSS ALARM"复位,变为 0 并保持,说明通信已正常(见图 15-11)。

Network 23:

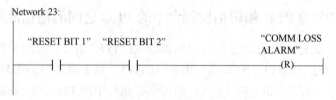

图 15-11 通信故障复位程序

三、读工况指配开关的信号，确定方式 1~12 的逻辑关系

1. 确定方式 12 的逻辑关系

"POS 1"~"POS 11"是指司钻控制台上，工况指配开关 1 点到 11 点共 11 个位置，指配开关转到每一个位置时，24VDC 信号都会送入 PLC 的数字量输入 DI 模块相应的输入端子。如果"POS 1"~"POS 11"都为 0，则"MODE12"为 1，说明工况指配开关在 12 点的位置（OFF），为方式 12（见图 15-12）。

Network 18:If all Assignment Positions are off,Assume Position 12

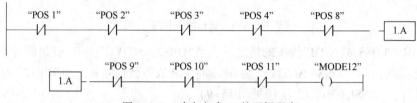

图 15-12 确定方式 12 的逻辑程序

2. 确定方式 1 的逻辑关系

"POS 1"为 1，说明工况指配开关在 1 点的位置，其他的方式"MODE2"~"MODE11"都为 0，则经过 100ms 的延时，"MODE1"为 1，表明指配为方式 1。如果"POS 1"为 0（工况指配开关不在 1 点的位置），或"MODE12"为 1（指配方式 12），则"MODE1"为 0，表明指配不为方式 1（见图 15-13）。

Network 19:Assignment Model

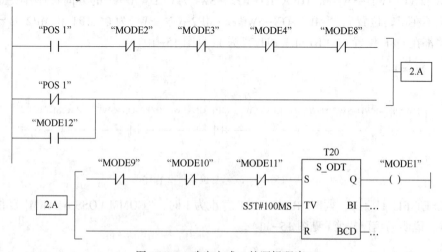

图 15-13 确定方式 1 的逻辑程序

四、钻井泵的指配逻辑关系

在电动钻机电控系统中，主电路直流接触器线圈的额定电压为 74VDC，所有接触器线圈的正端接+60V 电源，线圈的负端则经过许多控制触点、PLC 和固态继电器连接到−14V 电源上。只有当司钻操作满足绞车、转盘或钻井泵运行的条件后，−14V 电源才能接到被指配的接触器线圈的负端，接触器才能闭合，相应的 SCR 柜和相关功能的直流电动机才能接通。

下面以 MP1 指配给 SCR1 为例，说明钻井泵的指配逻辑关系。工况指配关系如表 15-1、图 15-14 所示。

表 15-1　工况指配关系表

起下钻				OFF		钻进		
SCR1	SCR2	SCR3		OFF		SCR1	SCR2	SCR3
DWB	DWA/RT	MP2	11	12	1	DWS	MP1	MP2
DWB	MP1/MP2	DWA/RT	10		2	MP1	MP2	DWS
MP1/MP2	DWA/RT	DWB	9	↑	3	MP1	DWA/RT	MP2
MP1/MP2	—	DWA/RT	8		4	MP1	MP2	DWA/RT

Network 4:Assign MP1 to SCR1

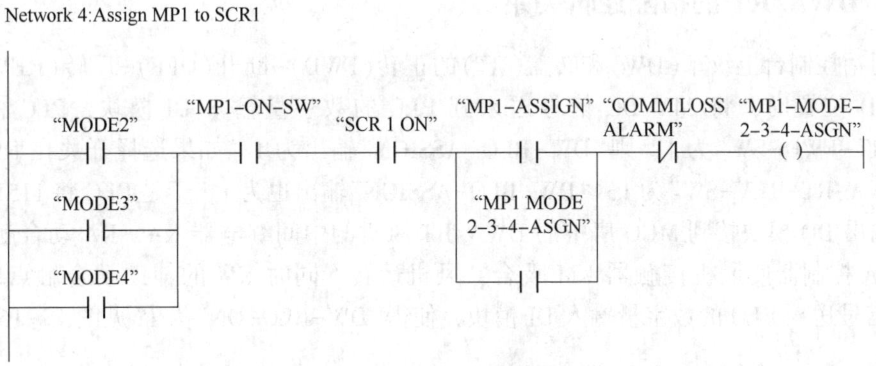

图 15-14　MP1 指配逻辑程序

从工况指配关系中可以看到，司钻控制台上的工况指配开关在 2 点、3 点、4 点中任意一个位置时，均可满足把 MP1 指配给 SCR1，相应所确定的方式为方式 2、方式 3、方式 4，即"MODE2""MODE3""MODE4"为 1。

司钻控制台上的 MP1 导通断开选择开关至 ON 位置时，"MP1-ON-SW"为 1。

SCR1 中的−14V 电源经 SCR1 柜直流组件的手控电压开关（MANUAL VOOLTS）、SCR1 断路器的辅助动合触点，送入 PLC 的数字量输入 DI 模块的输入端，此信号即为"SCR 1 ON"。当手控电压开关闭合、SCR1 断路器闭合时，其辅助触点也闭合，−14V 电压信号送入 DI 模块的输入端，"SCR 1 ON"为 1。

当 MP1 的风机运行时，"MP1-ASSIGN"为 1，即 MP1 的指配状态为 1。

当 SCR 房中的 PLC 和司钻控制台中的 PLC 之间的通信正常时，"COMM LOSS ALARM"为 0；若通信有故障，"COMM LOSS ALARM"为 1。

以上关系都满足时，"MP1-MODE-2-3-4-ASGN"状态为 1。在程序中，"MP1-

ASSIGN"和"MP1-MODE-2-3-4-ASGN"是相"或"的关系，所以当 MP1 电动机运行时，风机即使断开，"MP1-ASSIGN"为 0，"MP1-MODE-2-3-4-ASGN"的状态还为 1，电动机仍然在运行(见图 15-15)。

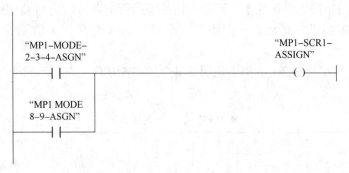

Network 5:MP1-SCR1 Assignment Output

图 15-15　SCR1 指配 MP1 逻辑程序

"MP1-MODE-2-3-4-ASGN"和"MP1-MODE-8-9-ASGN"是相"或"的关系，只要有一个状态为 1，"MP1-SCR1-ASSIGN"输出就为 1，PLC 从数字量输出 DQ 模块的输出端输出信号，信号经固态继电器送到被指配的接触器，使其闭合，SCR1 开始给 MP1 电动机供电。

五、DWA/RT 的指配逻辑关系

当司钻控制台上绞车(DW)和转盘(RT)的正转(FWD)-断开(OFF)-反转(REV)选择开关至 FWD 位置时，将 24V DC 信号送入到 PLC 的数字量输入 DI 模块，PLC 根据程序"DWA/RT-FWD-SW"为 1，则"DW-BLO-ASSIGN"输出为 1；如果选择开关在 REV 位置，同理"DWA/RT-REV-SW"为 1，"DW-BLO-ASSIGN"输出也为 1。于是 PLC 将 115VAC 通过数字量输出 DQ 模块接到 MCC 房中的 DWA/RT 风机的中间继电器 KA，KA 动合触点闭合，通过 HOA 控制器使风机接触器 KM 吸合，风机运转。同时 KM 的辅助动合触点闭合，将 24VDC 信号送入 PLC 的数字量输入 DI 模块，使得"DW-BLO-ON"为 1(见图 15-16)。

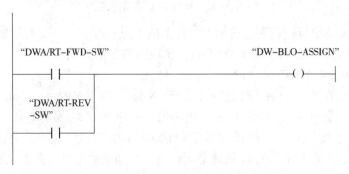

Network 7:Turn on DW Blower

图 15-16　绞车风机启动程序

DWA/RT 的风机运转后，"DW BLO ON"为 1，经过接通延时定时器(S_ODT)，输出"DW-ASSIGN"为 1。逻辑关系为：当风机运转后，经过 5s 的延时，DW 的指配状态为 1(见图 15-17)。

当绞车(DW)和转盘(RT)的方向选择开关在 FWD 位置时，"DWA/RT-FWD-SW"为 1。

当方向选择开关在 REV 位置时，"DWA/RT-REV-SW"为 1。由于两者是相"或"的关系，只要有一个状态为 1，那么就启动接通延时定时器(S_ODT)，经过 1s 的延时，如果 DWA/RT 的风机运转，即"DW BLO ON"为 1，则"DW BLO ON ALARM"为 0，不发出报警信号；如果 DWA/RT 的风机关断，即"DW BLO ON"为 0，则"DW BLO ON ALARM"为 1，发出报警信号（见图 15-18）。

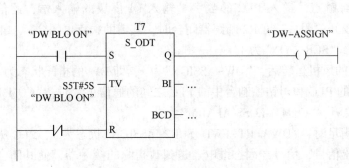

图 15-17 绞车风机状态程序

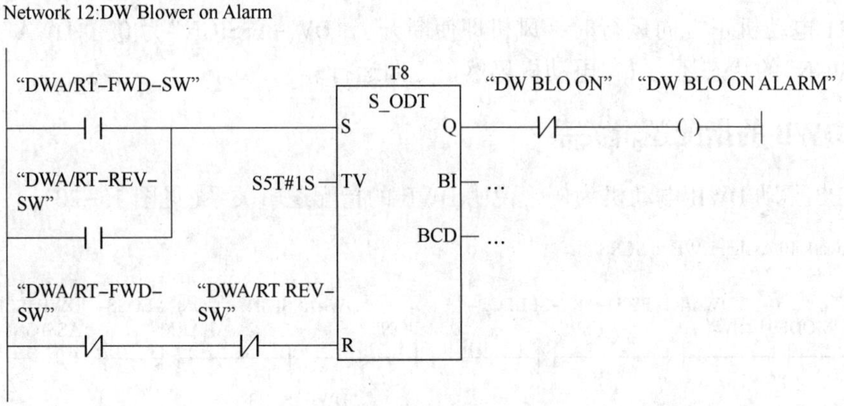

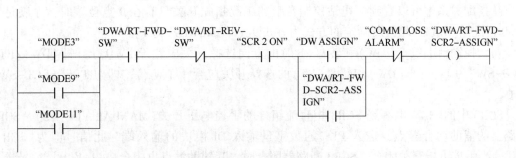

图 15-18 绞车风机报警程序

下面以 SCR2 驱动 DWA/RT 电动机正转为例，说明 DWA/RT 的指配逻辑关系（见图 15-19）。

Network 9:Assign DWA/RT Forward to SCR2

图 15-19 DWA/RT 的指配逻辑程序

从指配关系表中可以看到，司钻控制台上的工况指配开关在 3 点、9 点、11 点中任意一个位置时，均可满足把 DWA/RT 指配给 SCR2，相应所确定的方式为方式 3、方式 9、方式

11，即"MODE3""MODE9""MODE11"为1。

当司钻控制台上绞车(DW)和转盘(RT)的正转(FWD)-断开(OFF)-反转(REV)选择开关至FWD位置时，"DWA/RT-FWD-SW"为1。"DWA/RT-REV-SW"起互锁作用，防止SCR2柜在同一时间既驱动DWA/RT电动机正转，又驱动DWA/RT电动机反转。在这种保护作用下，"DWA/RT-REV-SW"为0，即SCR2没有驱动电动机反转，条件满足。

SCR2中的-14V电源经SCR2柜直流组件的手控电压开关(MANUAL VOOLTS)、SCR2断路器的辅助动合触点，送入PLC的数字量输入DI模块的输入端，此信号即为"SCR 2 ON"。当手控电压开关闭合、SCR2断路器闭合时，其辅助触点也闭合，-14V电压信号送入DI模块的输入端，"SCR 2 ON"为1。

当DWA/RT的风机运转后，"DW-ASSIGN"为1，即DW的指配状态为1。

当SCR房中的PLC和司钻控制台中的PLC之间的通信正常时，"COMM LOSS ALARM"为0；若通信有故障，"COMM LOSS ALARM"为1。

以上关系都满足时，"DWA/RT-FWD-SCR2-ASSIGN"状态为1，PLC从数字量输出DQ模块的输出端输出信号，信号经固态继电器送到被指配的接触器，使其闭合，SCR2柜被指配到DWA/RT电动机，给电动机供电，并且驱动DWA/RT电动机正方向运转。

在程序中，"DW-ASSIGN"和"DWA/RT-FWD-SCR2-ASSIGN"是相"或"的关系，所以当DWA/RT电动机正方向运行时，风机即使断开，"DW-ASSIGN"为0，"DWA/RT-FWD-SCR2-ASSIGN"的状态还为1，电动机仍然正方向运行。

六、DWB 的指配逻辑关系

以SCR3驱动DWB电动机为例，说明DWB的指配逻辑关系(见图15-20)。

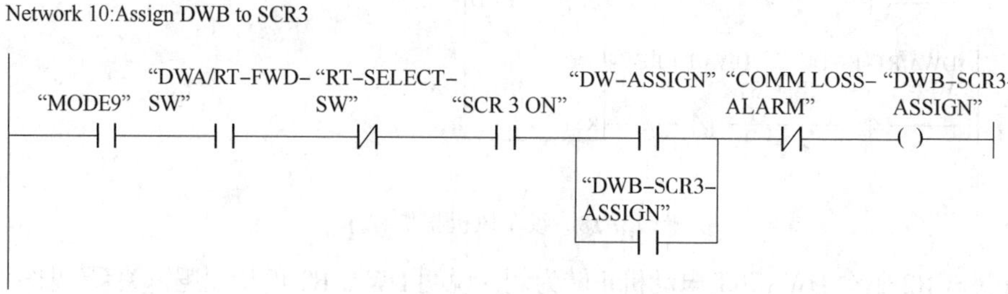

Network 10:Assign DWB to SCR3

图 15-20 DWB 的指配逻辑程序

从指配关系中可以看到，司钻控制台上的工况指配开关只有在9点位置时，才满足把DWB指配给SCR3，相应所确定的方式为方式9，即"MODE9"为1。

司钻控制台上绞车(DW)和转盘(RT)的方向选择开关应置于FWD位，即"DWA/RT-FWD-SW"为1；绞车(DW)和转盘(RT)的选择开关应置于DW位，即"RT-SELECT-SW"为0。

SCR3中的-14V电源经SCR3柜直流组件的手控电压开关(MANUAL VOOLTS)、SCR3断路器的辅助动合触点，送入PLC的数字量输入DI模块的输入端，此信号即为"SCR 3 ON"。当手控电压开关闭合、SCR3断路器闭合时，其辅助触点也闭合，-14V电压信号送入DI模块的输入端，"SCR 3 ON"为1。

当DW的风机运转后，"DW-ASSIGN"为1，即DW的指配状态为1。

当SCR房中的PLC和司钻控制台中的PLC之间的通信正常时，"COMM LOSS ALARM"

为 0；若通信有故障，"COMM LOSS ALARM"为 1。

以上关系都满足时，"DWB-SCR3-ASSIGN"状态为 1，PLC 从数字量输出 DQ 模块的输出端输出信号，信号经固态继电器送到被指配的接触器，使其闭合，SCR3 柜被指配到 DWB 电动机，给电动机供电，并且驱动 DWB 电动机反方向运转。

在程序中，"DW-ASSIGN"和"DWB-SCR3-ASSIGN"是相"或"的关系，所以当 DWB 电动机反方向运行时，风机即使断开，"DW-ASSIGN"为 0，"DWB-SCR3-ASSIGN"的状态还为 1，电动机仍然反方向运行。

七、DWS 的指配逻辑关系

在重载或低速起钻时需要起钻力矩加倍，可将 DWA 电动机和 DWB 电动机串联运行，用 DWS 来表示这种工况。下面以 SCR1 驱动 DWA 电动机和 DWB 电动机为例，说明 DWS 的指配逻辑关系（见图 15-21）。

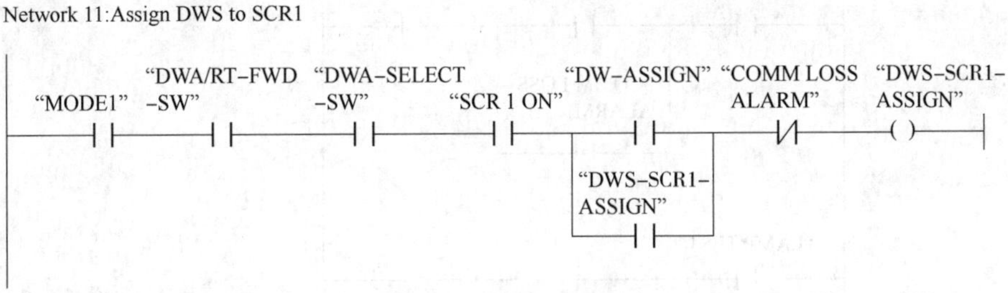

Network 11:Assign DWS to SCR1

图 15-21　DWS 的指配逻辑程序

从指配关系中可以看到，司钻控制台上的工况指配开关只有在 1 点位置时，才满足把 DWS 指配给 SCR1，相应所确定的方式为方式 1，即"MODE1"为 1。

司钻控制台上绞车（DW）和转盘（RT）的方向选择开关应置于 FWD 位，即"DWA/RT-FWD-SW"为 1；绞车（DW）和转盘（RT）的选择开关应置于 DW 位，即"DWA-SELECT-SW"为 1。

SCR1 中的 -14V 电源经 SCR1 柜直流组件的手控电压开关（MANUAL VOOLTS）、SCR1 断路器的辅助动合触点，送入 PLC 的数字量输入 DI 模块的输入端，此信号即为"SCR 1 ON"。当手控电压开关闭合、SCR1 断路器闭合时，其辅助触点也闭合，-14V 电压信号送入 DI 模块的输入端，"SCR 1 ON"为 1。

当 DW 的风机运转后，"DW-ASSIGN"为 1，即 DW 的指配状态为 1。

当 SCR 房中的 PLC 和司钻控制台中的 PLC 之间的通信正常时，"COMM LOSS ALARM"为 0；若通信有故障，"COMM LOSS ALARM"为 1。

以上关系都满足时，"DWS-SCR1-ASSIGN"状态为 1，PLC 从数字量输出 DQ 模块的输出端输出信号，信号经固态继电器送到被指配的接触器，使其闭合，SCR1 柜被指配到 DWA 电动机和 DWB 电动机，给电动机供电，并且驱动 DWA 电动机正方向运转，DWB 电动机反方向运转。

在程序中，"DW-ASSIGN"和"DWS-SCR1-ASSIGN"是相"或"的关系，所以当 DWA 电动机和 DWB 电动机串联运行时，风机即使断开，"DW-ASSIGN"为 0，"DWS-SCR1-ASSIGN"的状态还为 1，DW 电动机仍然串联运行。

八、司钻控制台上指示灯的逻辑关系

以显示发电机 1 运行状态的指示灯的逻辑关系为例来分析，其他指示灯的逻辑关系都类似（见图 15-22）。

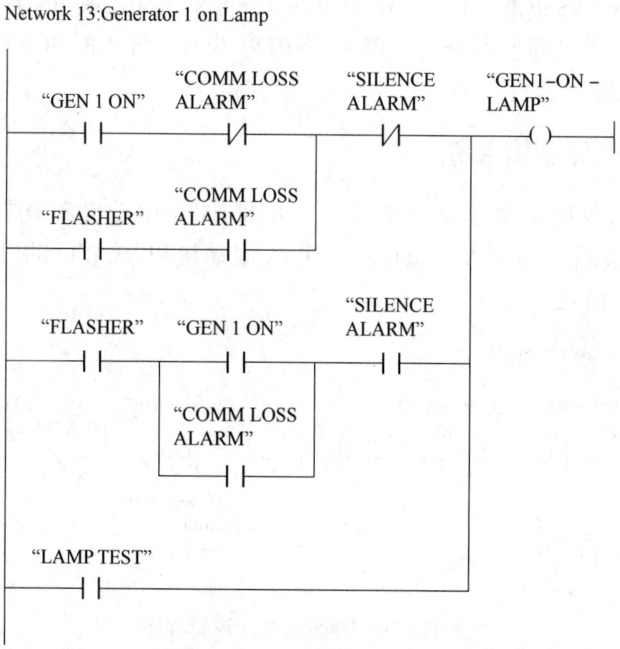

Network 13:Generator 1 on Lamp

图 15-22　发电机 1 运行状态指示灯的逻辑程序

当发电机 1 正常运行，电压和频率都达到额定要求后，闭合 GEN1 断路器，GEN1 上网。GEN1 断路器闭合时，其辅助触点也闭合，120VAC 电压信号送入 DI 模块的输入端，"GEN 1 ON"为 1。

当 SCR 房中的 PLC 和司钻控制台中的 PLC 之间的通信正常时，"COMM LOSS ALARM"为 0；若通信有故障，"COMM LOSS ALARM"为 1。

司钻控制台上的消音按钮用于消除声音报警。正常时"SILENCE ALARM"为 0。

发电机 1 工作正常并且通信也正常时，"GEN1-ON-LAMP"为 1，PLC 通过数字量输出 DQ 模块输出 24VDC 电压信号，接到司钻控制台上的发电机 1 指示灯，使其发光。

"FLASHER"是一个频率为 1Hz 的脉冲信号位。当通信有故障时，"COMM LOSS ALARM"为 1，蜂鸣器将以 1s 为间隔发出短音报警声，同时发电机 1 指示灯也以 1Hz 的频率闪烁。

按下消音按钮，"SILENCE ALARM"为 1，消除声音报警，但是发电机 1 指示灯仍然以 1Hz 的频率闪烁。

"LAMP TEST"是一个所有指示灯的测试位，"LAMP TEST"为 1，所有指示灯发光。

九、蜂鸣器报警的逻辑关系

MP1 风机报警、MP2 风机报警、DW 风机报警、通信故障报警都是相"或"的关系，只要"MP1 BLO ON ALARM"为 1，或"MP2 BLO ON ALARM"为 1，或"DW BLO ON ALARM"为 1，"BLOWER LOSS"输出就为 1，PLC 通过数字量输出 DQ 模块输出 24VDC 电压信号，接到

蜂鸣器上，使其发声报警。"COMM LOSS ALARM"为 1 时，蜂鸣器以 1s 为间隔发出短音报警声（见图 15-23）。

按下消音按钮，"SILENCE ALARM"为 1，"BLOWER LOSS"输出为 0，消除声音报警。

Network 14:Blower Loss Logic

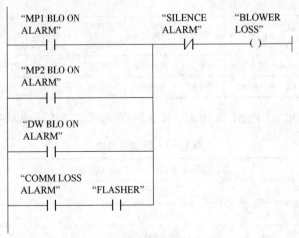

图 15-23　蜂鸣器报警的逻辑程序

十、基于 ABB 变频器的转盘电机控制

对于转盘电机的控制是通过编写功能块 FB101，在 OB1 中调用这个功能块，以此来实现对转盘电机的状态进行采集，并对转盘电机进行相应的控制（见图 15-24）。

图 15-24　FB101 转盘电机控制功能块

对转盘的 ABB 变频器和 PLC 主站之间的连接采用 PROFIBUS-DP 网络，ABB 变频器的 PROFIBUS 通信模块使用 NPBA-12。

使用具有 PPO 类型 5 的 PROFIdrive 通信配置文件进行控制。定义的变频器过程数据如表 15-2 所示。

表 15-2 变频器过程数据

方向	PZD1	PZD2	PZD3	PZD4	PZD5	PZD6	PZD7	PZD8	PZD9	PZD10
输出	控制字	速度给定								
输出地址	PQW 292	PQW 294								
ABB 参数	07.01	23.01								
输入	主状态字	辅助状态字	报警字1	报警代码	故障代码	直流母排电压	电机转速	电机电流	电机扭矩	电机功率
输入地址	PIW 292	PIW 294	PIW 296	PIW 298	PIW 300	PIW 302	PIW 304	PIW 306	PIW 308	PIW 310
ABB 参数	08.01	08.02	09.04	09.35	09.30	01.10	01.01	01.06	01.08	01.09

建立全局数据块 DB50、DB51 和 DB61，用来保存转盘运行的信号和状态，如表 15-3 所示。

表 15-3 转盘数据块

全局数据块 DB50 ACTION ON/OFF		
地址	名称	注释
0.0	RT ONOFF	转盘启停
1.5	RT RESET	转盘复位
全局数据块 DB51 DI Data		
地址	名称	注释
1.5	DI DPSWITCH	通道切换状态
4.2	RT BLOWERPRE SWITCH	转盘风压信号
4.3	RT LOCKOUT	转盘检修信号
4.4	RT OILERPRE SWITH	转盘油压信号
全局数据块 DB61 Common And Middle Status		
地址	名称	注释
0.0	RT RUN	转盘变频器运行
0.1	RT FAULT_Signal	转盘变频器故障

1. 转盘风压信号

转盘风压状态信号由 I9.5 输入，当输入为高电平时，表示有风压信号（DB51. DBX4.2 为 1）。转盘风压状态保存在数据块 DB51. DBX4.2 这个位（见图 15-25）。

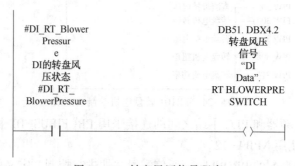

图 15-25 转盘风压信号程序

2. 转盘检修信号

转盘检修开关状态信号由 I9.6 输入，当输入为低电平时表示转盘处于检修状态，当输入为高电平时，表示转盘是正常工作状态(DB51.DBX4.3 为 1)。转盘检修状态保存在数据块 DB51.DBX4.3 这个位(见图 15-26)。

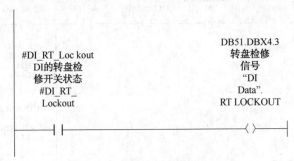

图 15-26　转盘检修信号程序

3. 转盘油压信号

转盘油压状态信号由 I9.7 输入，当输入为高电平时，表示有油压信号(DB51.DBX4.4 为 1)。转盘油压状态保存在数据块 DB51.DBX4.4 这个位(见图 15-27)。

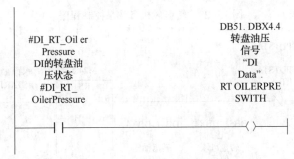

图 15-27　转盘油压信号程序

4. 转盘风机和油泵控制

当通道状态正常、转盘为用户宏 1、转盘没有处于检修状态、转盘变频器无故障时，转盘才能启动。启动命令发出后，转盘启停 DB50.DBX0.0 为 1，输出信号 Q10.0(转盘风机控制)和 Q10.1(转盘油泵控制)为 1，转盘风机和油泵启动。同时"OUTPUT START"为 1，转盘启动命令信号触发。当前面的 5 个条件只要有 1 个不满足时，复位转盘启停信号，即 DB50.DBX0.0 为 0(见图 15-28)。

5. 转盘变频器启动/停止触发

有转盘启动命令(OUTPUT START 为 1)，同时有转盘油压信号(DB51.DBX4.4 为 1)和风压信号(DB51.DBX4.2 为 1)，满足这 3 个条件后，才向变频器发出启动命令(START 为 1)。没有转盘启动命令(OUTPUT START 为 0)，则停止变频器启动命令(START 为 0)(见图 15-29)。

6. 复位转盘启动信号

当转盘启动命令发出后(DB50.DBX0.0 为 1)，如果 20s 后转盘电机未运行(转盘变频器运行状态 DB61.DBX0.0 为 0)，复位转盘启动信号(DB50.DBX0.0 为 0)，如图 15-30 所示。

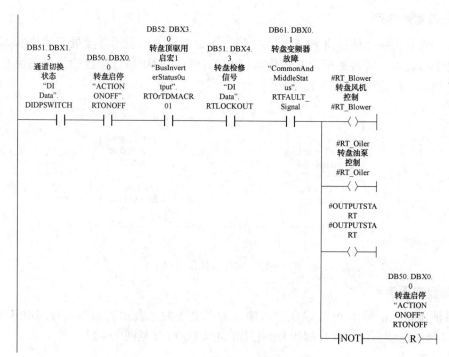

图 15-28　转盘风机和油泵控制程序

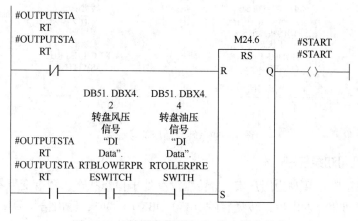

图 15-29　转盘变频器启动/停止触发程序

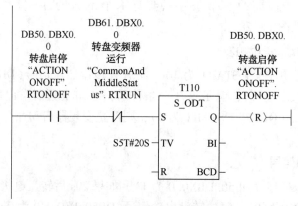

图 15-30　复位转盘启动信号程序

7. 准备命令 1

在第 1 个时间继电器(T24)2s 时间内，输出 16 位准备启动 1 控制命令字#0476h，使变频器处于禁止运行和准备合闸状态。控制字保存在中间变量 State Save Address 里，这是一个 16 位的字变量。ABB 变频器控制字各个位的定义可参考表(见图 15-31)。

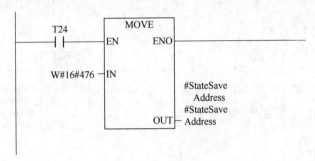

图 15-31　准备命令 1 程序

8. 准备命令 2

在准备命令 1 发出后，在第 2 个时间继电器(T25)2s 时间内，输出 16 位准备启动 2 控制命令字#0477h，使变频器处于准备运行状态。同样，控制字保存在中间变量 State Save Address 里(见图 15-32)。

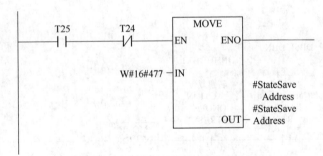

图 15-32　准备命令 2 程序

9. 启动命令

在发出前 2 个准备启动命令后，输出 16 位启动控制命令字#047Fh，启动变频器，使变频器处于运行状态。并且在启动命令停止后(START 为 0)，仍然延时 2s 发出运行命令。同样，控制字保存在中间变量 State Save Address 里(见图 15-33)。

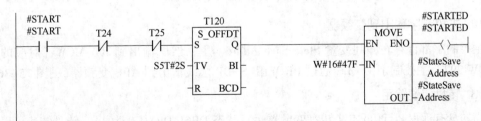

图 15-33　启动命令程序

10. 停止命令

转盘电机停止命令发出后(DB50.DBX0.0 为 0)，延迟 2s 输出 16 位停止控制命令字#

305

0477h，停止变频器，使变频器处于禁止运行状态；也可实现当从 HMI(人机界面)上停止转盘运行后，先使转盘刹车，再停止变频器运行。控制字保存在中间变量 State Save Address 里(见图 15-34)。

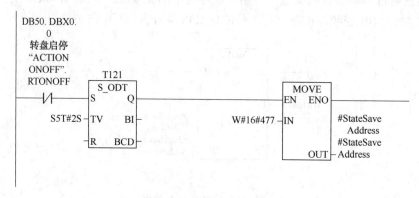

图 15-34　停止命令程序

11. 复位命令

在转盘变频器未运行的情况下(DB61.DBX0.0 为 0)，复位转盘变频器故障，输出 16 位复位控制命令字#04F0h，复位变频器故障。控制字保存在中间变量 State Save Address 里(见图 15-35)。

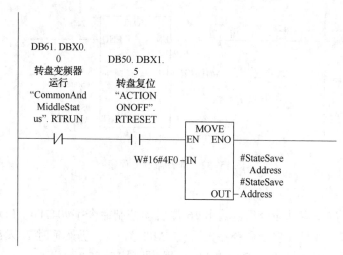

图 15-35　复位命令程序

12. 主控制字输出到变频器

主控制字都保存在中间变量 State Save Address 里，然后输出到 RT_MCW，对应的地址是 PQW 292，主控制字由 PLC 通过 PROFIBUS-DP 总线输出到 ABB 变频器(见图 15-36)。

13. 转盘转速给定

当转盘有远程运行信号时(转盘变频器运行状态 DB61.DBX0.0 为 1)，转盘转速可以由触摸屏 HMI 给定，触摸屏上的转盘转速给定值存储在数据块 DB54.DBD0 里。给定值乘以转盘的传动比得到转盘电机的转速给定，保存在中间变量 SpeedRef 里，单位是 r/min；无转盘运行信号时(转盘变频器运行状态 DB61.DBX0.0 为 0)，转盘转速的给定值回零(见图 15-37)。

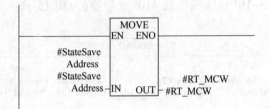

图 15-36　主控制字输出程序

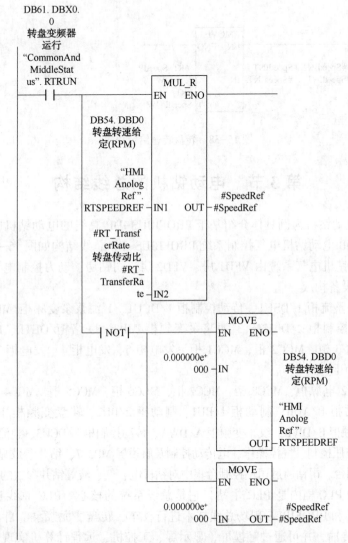

图 15-37　转盘转速给定程序

14. 转盘转速给定到 ABB 变频器

转盘转速给定(保存在 SpeedRef 里)由实数转换为双整数,双整数再转换为整数,输出到转盘变频器的给定中。需要注意的是,13.333333 这个值是给定速度与变频器认可速度之间的转化,由变频器参数 50.01(SPEED SCALING)决定,此参数定义了来自上位机系统的值 1500 与值 20000 相对应的给定速度,单位是 r/min,所以 20000÷1500 = 13.333333。经过换算后,转盘转速给定转换为输出变量 RT_SpeedPQW,对应的地址是 PQW 294。转盘转速给定由 PLC 通过 PROFIBUS-DP 总线输出到 ABB 变频器(见图 15-38)。

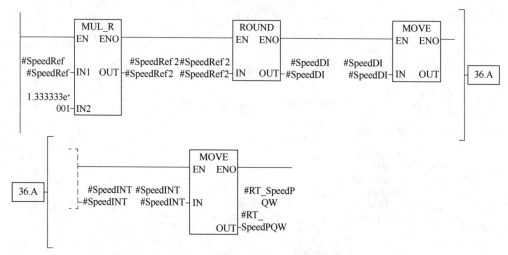

图 15-38　转盘转速给定程序

第 3 节　电动钻机的总线结构

以 ZJ90DB 电动钻机为例具体介绍基于 PROFIBUS-DP 总线的电动钻机电气控制系统的总线结构。ZJ90DB 电动钻机电气控制系统 PROFIBUS-DP 总线结构如图 15-39 所示。

ZJ90DB 电动钻机电气系统由 VFD1 房、VFD2 房、司钻房、动力控制电缆、交流变频电机及其他辅助电设备构成。

VFD1 房包括整流柜 1/DSU1、传动控制柜 1/DCU1、1#泥浆泵变频柜/MP1、2#泥浆泵变频柜/MP2、传动控制柜 2/DCU2、3#泥浆泵变频柜/MP3、联络柜/OETL、PLC 柜、1#电源柜、馈电柜、MCC3 柜、MCC2 柜、MCC1 柜、发电柜 5、发电柜 4、发电柜 3、发电辅助柜、发电柜 2、发电柜 1。

VFD2 房包括 2#电源柜、MCC8 柜、MCC7 柜、MCC6 柜、MCC5 柜、MCC4 柜、自动送钻柜 A/ADA、自动送钻柜 B/ADB、制动柜 1/BU1、制动柜 2/BU2、转盘变频柜/RT、传动控制柜 4/DCU4、绞车变频柜 B/DWB、绞车变频柜 A/DWA、传动控制柜 3/DCU3、整流柜 2/DSU2。

司钻房包括液压控制、气控操作、电传动控制及触摸屏 MP377、钻井参数显示仪等，共同形成一体化司钻控制台。司钻通过司钻控制台集中对钻机电、气、液等钻井参数的控制和显示。

VFD1 房中的 PLC 柜内是 PLC 主站，它是总线系统的核心。PLC 总线控制系统采用西门子 S7-300 PLC 和 PROFIBUS 现场总线技术进行绞车、转盘、泥浆泵、自动送钻变频系统之间的数据快速传输，并可通过触摸屏、显示屏、工控机、远程计算机实现监控、操作、故障报警、变量修改、诊断、存储、记录等功能。可以监控的参数主要有柴油机组运行状态及参数、发电机运行状态及参数、ABB 变频器运行状态及参数、系统操作与运行状态、系统故障与报警信号、误操作信号、MCC 运行状态、游车运行状态、一体化钻井仪表等。通过柜内 PLC、继电器等对信号集中处理及传递后，分散到系统各部分中。PLC 主站采用由两套 S7-300 PLC 和 RS485 中继器组成的冷冗余控制装置，CPU 的型号为 CPU 315-2DP。每套 PLC 都安装 CP343 通信模块，通过连接工业以太网和一体化仪表 OPC 服务器相连。ABB 变频器通过安装 PROFIBUS-DP 适配器模块 RPBA-01，使之成为 PROFIBUS-DP 从站。

308

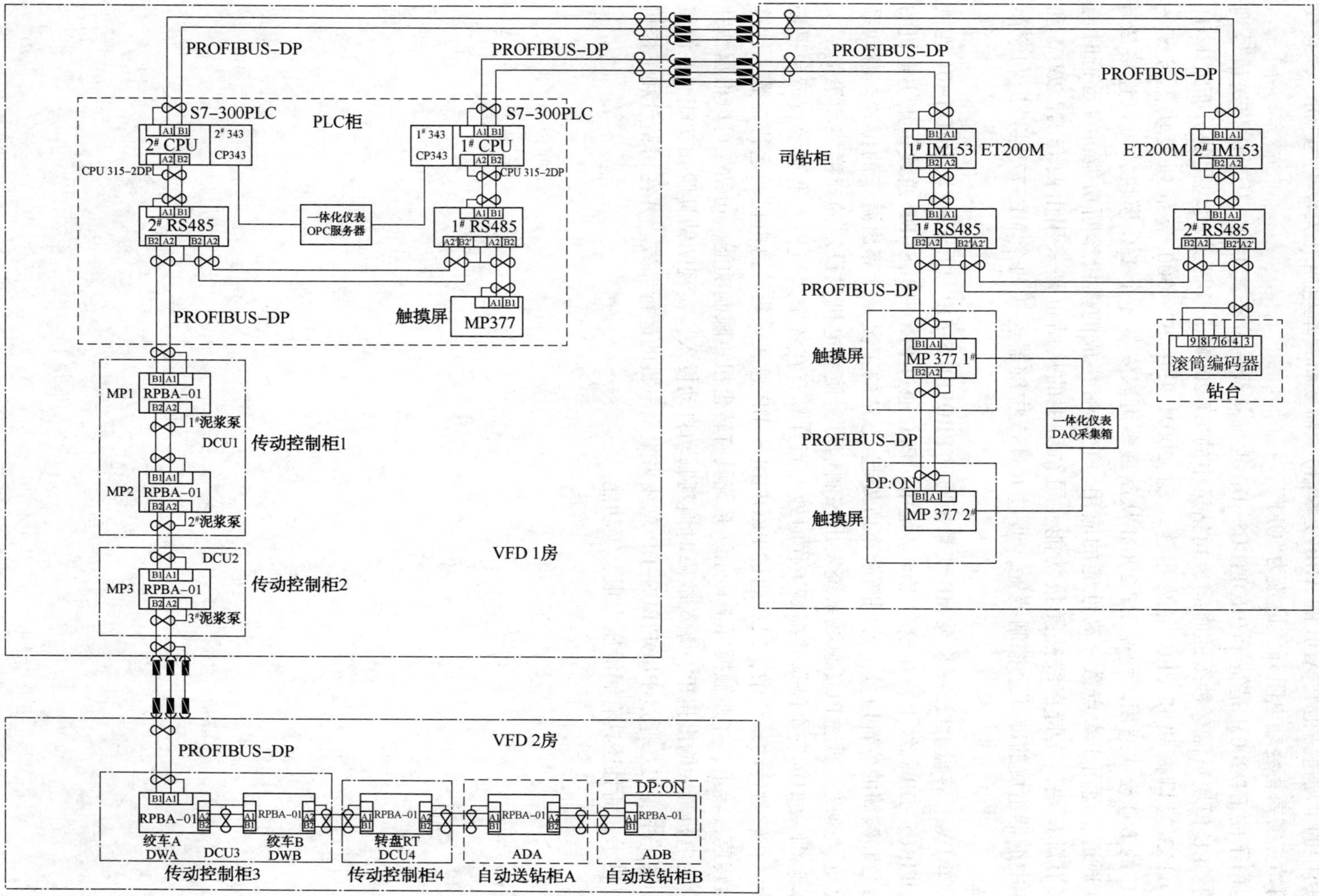

图15-39 ZJ90DB电动钻机电气控制系统PROFIBUS-DP总线结构

PROFIBUS-DP 总线系统的通信电缆采用 PROFIBUS 总线电缆(两芯屏蔽双绞线)。接头为 PROFIBUS 总线连接器,并都带有终端电阻。在总线的终端站点(司钻房的触摸屏和 VFD2 房中的自动送钻柜 B/ADB 的 ABB 变频器),需要将终端电阻开关设置为"ON",总线的中间站点需要将终端电阻开关设置为"OFF"。

西门子的 ET 200M 是基于 PROFIBUS-DP 现场总线的分布式 I/O,从 I/O 传送信号到 PLC 的 CPU 模块只需毫秒级的时间。司钻房中的 ET 200M 是多通道模块化的分布式 I/O,通过 IM153 接口模块和 PLC 主站相连。ET 200M 采用 S7-300 全系列模块,与 S7-300PLC 的 I/O 模块通用。每个 ET 200M 从站最多可以安装 8 个 I/O 模块,可以连接 256 个 I/O 通道,适用于大点数、高性能的应用。它具有集成的模块诊断功能,在运行时可以更换有源模块,支持在线热插拔功能。司钻房中的从站也是采用由两套 ET 200M 和 RS485 中继器组成的冷冗余控制装置,通过 RS485 中继器连接两个 MP377 触摸屏和滚筒编码器。

绞车 DW、转盘 RT、泥浆泵 MP 变频柜通过 PROFIBUS-DP 适配器模块 RPBA-01 连接到 PROFIBUS-DP 总线上。在绞车传动系统中,PLC 通过 PROFIBUS-DP 总线采集主电机的运行参数和滚筒的位置信号,可判断游车所处起/下钻的工况,计算出游车的位置、游动系统的悬重、速度,通过 PLC 总线系统发出控制信号,使主电机以设定的速度驱动滚筒,实现绞车起/下钻时的安全停车并提高工作时效,而且具有在各个人机界面上显示故障和报警的功能。在转盘传动系统中,PLC 通过 PROFIBUS-DP 总线采集转盘电机的运行参数,计算出转盘转速、转矩,并在触摸屏上显示。系统具有转盘扭矩限制功能,司钻工可以根据钻井要求设定电机最大输出扭矩,系统故障时惯刹制动自动投入,实现防钻具脱扣功能。在泥浆泵传动系统中,PLC 通过 PROFIBUS-DP 总线采集泵电机的运行参数,并在司钻台和工控机上予以显示,而且还具有润滑压力报警等功能。

第16章 泥浆循环(控制)系统

泥浆循环系统是钻机的重要组成部分。泥浆循环系统起制备、清洁、调配钻井泥浆的作用,以增强泥浆必需的技术性能。泥浆循环系统主要包括钻井液振动筛、真空除气器、除砂器、除泥器、除砂除泥一体机、液气分离器、搅拌器、砂泵、剪切泵、离心机、电子点火装置、混合漏斗、射流混浆装置、泥浆罐等石油钻井固控设备。泥浆循环系统适用于油井、水井钻探中泥浆循环作业,也广泛应用于石油油气勘探行业、非开挖工程、岩土工程、矿山、冶金、煤炭、水电等行业。

泥浆循环系统电气设备是整个系统的主要组成部分。本章重点介绍泥浆循环系统路线图、泥浆循环控制系统图、泥浆循环系统的电气设备、泥浆循环系统的启动与运转,以及泥浆循环系统的维护等内容。

第1节 泥浆循环系统概述

为了用钻井液及时将井底已破碎的岩屑清除以保证连续钻进,钻机必须配有钻井液增压、输送、液固分离的循环系统。泥浆循环系统还担负着提供高压钻井液、驱动井下涡轮钻具或螺杆钻具带动钻头破碎岩石的任务。循环系统包括泥浆泵、地面管汇、钻井液池和钻井液槽、钻井液净化设备(包括钻井液振动筛、除气器、除砂器、除泥器及离心分离机等)以及调配钻井液设备。在喷射钻井和涡轮钻井中,循环系统还担负着传递动力的任务。泥浆循环系统设备示意图如图16-1所示。

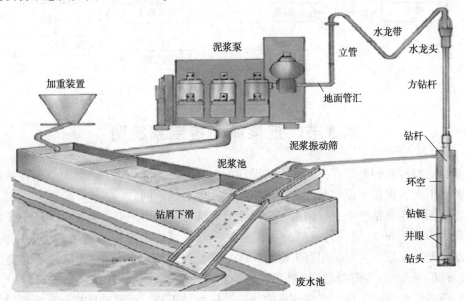

图 16-1 泥浆循环系统设备图

第2节　泥浆循环路线图

根据旋转钻机旋转方式的不同，泥浆循环系统可分为泥浆循环方式正循环钻进和反循环钻进。

正循环钻进是泥浆自供应池由泥浆泵泵出，输入软管送往水龙头上部进口，再注入旋转空心钻杆头部，通过空心钻机一直流到钻头底部排出。旋转中的钻头将泥浆润滑，并将泥浆扩散到整个孔底，与钻渣一起浮向钻孔顶部，从孔顶溢排地面上泥浆槽。

反循环钻进与正循环钻进的差异在于钻进时泥浆不经水龙头直接注入钻孔四周，泥浆下达孔底，经钻头拌和使孔内部浆液均匀达到扩壁，润滑钻头，浮起钻渣。此时，压缩空气不断送入水龙头，通过固定管道直到钻头顶部，依据空气吸泥原理，钻渣被吸入空心钻杆并排入水龙头软管溢出。

根据泥浆所经过的路径不同，泥浆循环系统可分为大循环和小循环两个工艺，其中泥浆系统的小循环流程如图 16-2 所示。

图 16-2　泥浆小循环示意图

泥浆系统的大循环流程如图 16-3 所示。

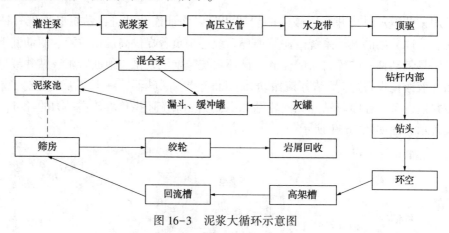

图 16-3　泥浆大循环示意图

第3节　泥浆循环控制系统图

电动钻机型号和种类繁多，但对泥浆循环的工艺要求大同小异，因此泥浆循环系统的电气设备差异不大，仅在于泥浆泵的数量和驱动形式等有所不同。

在泥浆循环控制系统中，控制系统电路图分两部分，其中一部分为泥浆循环系统辅助设备，其动力来源于 MCC 房；另一部分为泥浆泵驱动，其动力直接来源于动力系统的 600V 交流母线。泥浆泵早期主要采用直流驱动(600V 交流经整流得到)，目前已逐步为交流驱动(交直交变频)所取代。泥浆循环控制系统的控制逻辑较为简单，在钻机钻进过程中泥浆泵及其辅助设备需要同时工作。需要注意的是，钻机型号不同，泥浆循环控制系统各设备并非完全自动运行，其启动可能仍需要人工参与，而其运行既可以逐一手动开启，也可以司钻台远程控制（自动模式）。本章第5节以实例形式说明某型号泥浆循环系统启动操作过程。

驱动自动化和井场供配电部分以某 ZJ90DB 为例给出了泥浆循环系统控制主电路图，并给出了系统中各设备运行的控制逻辑。本节以该 ZJ90DB 钻机的泥浆循环系统某一单泥浆泵控制系统电路图为例简单说明其控制过程。泥浆泵控制系统电路接线图如图 16-4 所示。该 ZJ90DB 共有 3 个泥浆泵系统，其余 2 个泥浆泵系统电路接线图与泥浆泵 1 完全一样。

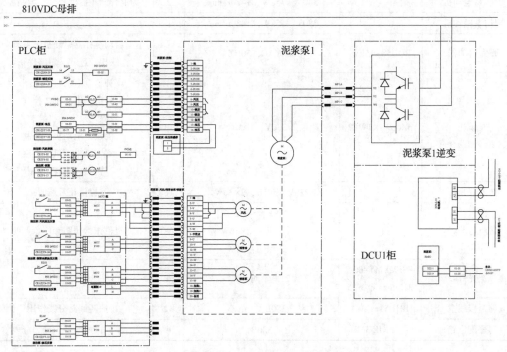

图 16-4 某 ZJ90DB 单泥浆泵控制系统电路接线图

其中，810V 直流母线经过逆变器 DCU 柜逆变为交流电，为泥浆泵提供运行动力，PLC柜为泥浆泵提供运行逻辑并控制泥浆泵电动机的运转。同时，PLC 柜还控制泥浆泵的辅助设备，即风机、润滑泵、喷淋泵等电动机的运转并接收油压等监测反馈信号，以保障泥浆泵的运转及泥浆的正常循环。

第 4 节 泥浆循环系统的主要电气设备

泥浆循环系统电气设备除了泥浆泵之外，还由搅拌器电动机、砂泵电动机、振动筛、除气器、配电箱、灯具、插接件等组成。以四川宏华某 ZJ70DBS 电动钻机为例，泥浆循环系统电气设备明细、数量及主要用途如表 16-1 所示。

表 16-1 ZJ70DBS 泥浆循环系统电气设备明细

名称	型号	技术参数	数量	用途
补给泵电动机	YB2-160M-4W	380V，15kW，1480r/min	2	
振动筛电动机	FLC514-4P	380V，2.2kW×2，1500r/min	4	每台振动筛 2 个电动机
除气泵电动机		380V，75kW，1480r/min	1	往存储罐抽取清洁泥浆

名称	型号	技术参数	数量	用途
离心机		380V，37kW，1480r/min	2	
真空除气器电动机		380V，3.7kW，1500r/min	1	
搅拌器电动机	YB2-160M-4W	380V，15kW，1480r/min	8	为搅拌器提供动力，用于搅拌泥浆（水平叶片搅拌器）
混浆泵电动机		380V，75kW，1480r/min	2	为混合漏斗提供泥浆，配制泥浆
剪切泵电动机		380V，55kW，1480r/min	1	
磁力启动器	BQD58-15kW	380VAC，50HZ	8	启动搅拌器电动机，具有缺相、过载、短路保护
操作柱	BZC53-K1WF2	380V，18A	14	补给泵电动机1控制 补给泵电动机2控制 除气泵电动机控制 混浆泵电动机1控制 混浆泵电动机2控制 剪切泵电动机控制
防爆荧光灯		218V，50Hz，2×36W	18	提供正常照明
防爆应急荧光灯		218V，50Hz 正常照明：2×36W 应急照明：36W	9	提供正常照明和应急照明
泛光灯	SSFMVMY400/218 50 CC M25	218V，400W	6	大区域照明
防爆接线盒	BHD51-G3/4	380B，10A	12	照明回路分线作用
防爆配电箱	BXK53	380B	6	不同区域照明、动力配电

第 5 节　泥浆循环系统的启动与运转

在表 16-1 所描述的泥浆循环系统电气设备中，主要的动力设备包含搅拌器电动机、除气泵电动机、除气器电器设备、混浆泵电动机、剪切泵电动机、离心机、振动筛等。主要的配电设备一般由数个配电箱构成，分别为振动筛、补给罐、吸入罐、中间罐、储备罐、混浆罐等系统提供动力。

本节仍以四川宏华某 ZJ70DBS 电动钻机为例，进行说明。其他型号钻机参阅相关手册，其原理相近。

一、泥浆循环系统电气设备运行前的准备

主要准备工作如下：

（1）钻机中所有安装的电气设备必须为厂家实验合格产品并提供相关实验数据和合格报告。

（2）在操作泥浆循环系统电气设备之前，一般必须熟读的说明书包括：《泥浆循环系统所有电动机使用说明书》《泥浆循环系统所有配电箱使用说明书》《防爆磁力启动器使用说明书》《防爆操作柱使用说明书》《防爆荧光灯使用说明书》《防爆泛光灯使用说明书》，以及其

他泥浆罐上设备使用的说明书。

（3）钻机安装时对泥浆循环系统模块电气设备的安装、调试、运行工作必须由经过专业培训的人员进行。

（4）电动机运行前的准备：

① 根据电动机使用说明中的要求进行检查。

② 检查接地可靠性。

③ 测试电动机绕组的绝缘电阻。

如果绝缘电阻低于标准值，必须对电动机进行加热烘干，达到要求后方能投入运行。

（5）配电箱工作前准备：

① 外壳进行清洗，内部用压力为 0.2MPa 的干空气吹干。

② 检查与图纸的一致性和连线的可靠性。

③ 检查接触器线圈绝缘和触点的黏合状态。

④ 检查电气元件的额定电压。

⑤ 检查配电箱接地电阻，不应大于 40MΩ。

（6）对电缆的检查：

① 检查每条电缆完好性（外皮有无破损、内芯有无断裂），确保连接可靠。

② 检查每条回路电缆截面大小与图纸的一致性。

③ 检验每条电缆截面大小与负荷功率的匹配性。

④ 检查每条电缆标牌与线路、回路的一致性。

⑤ 检查每条电缆走线的正确性（是否放置在规定的位置）。

（7）用电压为 2.5kV 的兆欧表对电压为 1kV 的电力电缆的绝缘进行测量，控制电缆使用电压为 1kV 的兆欧表进行测量。绝缘电阻应该不少于 0.5MΩ。

注意：用兆欧表测量电力电缆绝缘时，电缆终端应该跟两边断开，并做好保护措施。

二、泥浆循环系统的启动与运行

启动前需检查初始状态，确保泥浆循环系统模块所有电气设备的可靠连接，电缆敷设工整可靠，绝缘检测全部合格。MCC 模块主母线通电，抽屉断开。照明柜主电源通电，分断路器断开。断开所有外部配电箱断路器。

然后，为了接通任意泥浆循环系统模块的电气设备，需要接通 MCC 单元中的相应抽屉，此处操作可见 MCC 组件电气设备使用说明书。

1. 振动筛模块电气设备

（1）振动筛。一般需要在相应配电柜中首先接通"泥浆罐动力"电源，然后再接通"振动筛罐动力"电源断路器，此时振动筛电源才会接通。当需要启动哪个振动筛时，操作对应手柄"振动筛"将电源送至振动筛接线盒内，通过振动筛接线盒上的"启动"按钮启动，通过"停止"按钮停止。

（2）补给泵。确保接通 MCC 对应抽屉的前提下，通过补给泵旁边的防爆操作柱，一般通过旋转旋钮到"启动"位置（常开点闭合），启动补给泵；逆时针旋转金属旋钮到"停止"位置（常闭点断开），停止补给泵。

（3）照明设备。需要在配电柜面板上找到"振动筛罐照明"手柄并旋转到"闭合"位置，接通照明电源，即可开启振动筛模块和补给罐模块区域的照明。

2. 中间罐模块电气设备

（1）除气器。确保接通 MCC 对应抽屉的前提下，通过除气器旁边的防爆操作柱，旋转旋钮到"启动"位置(常开点闭合)，启动除气器；旋转旋钮到"停止"位置(常闭点断开)，停止除气器。

（2）离心机。确保接通 MCC 对应抽屉的前提下，通过离心机接线箱上面的"启动"按钮启动，通过"停止"按钮停止。

（3）搅拌器。接通搅拌器磁力启动器电源后，在对应需要启动的搅拌器磁力启动器上面旋转"电源"到"通"为止，接通磁力启动器内部电源；将"控制"旋钮顺时针旋到"启动"位置(常开点闭合)，启动搅拌器；旋转旋钮到"停止"位置(常闭点断开)，可以停止搅拌器。

（4）照明设备。将"中间罐照明"旋钮旋转到"闭合"位置，接通照明电源，即可开启中间罐模块区域的照明。

3. 吸入罐、储备罐模块电气设备

（1）搅拌器。接通搅拌器磁力启动器电源后，在对应需要启动的搅拌器磁力启动器上面旋转"电源"到"通"为止，接通磁力启动器内部电源；将"控制"旋钮旋到"启动"位置(常开点闭合)，启动搅拌器；旋转旋钮到"停止"位置(常闭点断开)，停止搅拌器。

（2）照明设备。要开启吸入罐照明时，需要接通吸入罐照明电源，即可开启吸入罐模块区域的照明；要开启储备罐照明时，需要接通储备罐照明电源，即可开启储备罐模块区域的照明。

4. 混浆罐模块电气设备

（1）搅拌器。接通搅拌器磁力启动器电源后，在对应需要启动的搅拌器磁力启动器上面旋转"电源"到"通"为止，接通磁力启动器内部电源；将"控制"旋钮旋到"启动"位置(常开点闭合)，启动搅拌器；旋转旋钮到"停止"位置(常闭点断开)，停止搅拌器。

（2）混浆泵、剪切泵。确保接通 MCC 对应抽屉的前提下，通过电动机旁边的防爆操作柱，旋转旋钮到"启动"位置(常开点闭合)，启动对应电动机；旋转金属旋钮到"停止"位置(常闭点断开)，停止对应电动机。

（3）照明设备。要开启混浆罐照明时，需要接通混浆罐照明电源，即可开启混浆罐模块区域的照明；要开启混浆撬(料斗区域)照明时，需要接通混浆撬照明电源，即可开启混浆撬(料斗区域)模块区域的照明。

第 6 节　泥浆循环系统的维护

为了保证电气设备可靠顺利工作，必须符合"电力安装技术使用规则"和"电力安装使用时的劳动保护条例"中的要求，必须定期对电气设备进行检查。维护中应该检查运行制度、状态和设备的清洁度。

定期维护和检查次数根据相应产品的使用守则和说明书(包括设备特性、状态、工作条件)来决定。电气设备的维修周期取决于设备种类，但不应少于每 6 个月 1 次。

主要维修期限取决于当地的条件，但是不少于电力安装技术使用规则中的要求。

电动机、断路器、启动电器和其他电气设备的技术维护和修理必须按照设备厂家的使用说明书进行。

配电柜运行时要求进行系统维护，检查和检验期限取决于使用条件。必须保护设备不受污染和机械损害。应该定期试验所有设备，整个柜子检查不少于一年一次。

定期检修工作包括：

(1) 清洗设备外壳和清除元器件上的灰尘。

(2) 检查和加固设备固定点。

(3) 检查和清洗继电器与接触器触点，以免发生损坏和黏结，必要时更换磨损的触点或接触器。

(4) 润滑接触器活动部分的轴承。

(5) 检查配电箱接地电阻和内部电器元件绝缘电阻。

每月检修时应该检查：指示灯和断路器工作是否正常，熔断器状态，通风系统工作是否正常，接地是否可靠，是否存在烧焦气味和异常噪声。

每月检修时应该检查固定螺栓连接状态、电缆外皮完好性和绝缘性、保护设备工作状况，对所有配电箱内的灰尘进行清除。

第17章 顶部驱动钻井

顶部驱动钻井系统 TDS(TOP DRIVE DRILLING SYSTEM)的产生，使得传统的转盘钻井法发生了变革。在钻井作业的能力、效率、安全、风险、井控钻进时间等方面，顶部驱动钻井装置明显优于常规钻井设备。随着钻井自动机技术的不断进步，更先进的整体顶部驱动钻井系统 IDS(INTEGRATED TOP DRIVE DRILLING SYSTEM)日益完善并广泛应用于顶部钻井驱动装置，在海洋和陆地钻机上获得大规模的应用，显示出了极大的优越性。

本章介绍顶部驱动钻井装置的发展历程、组成结构、工作原理和操作过程等。

第1节 顶部驱动钻井装置的发展历程

顶部驱动钻井装置是20世纪80年代问世的新型钻井装备，是集机、电、液及自动控制于一体的高科技综合产品，被石油界誉为近代钻井装备的三大技术成果之一。

一、顶部驱动钻井装置的定义及分类

顶部驱动钻井装置，就是将转盘的功能集成到水龙头上，并附加了部分钻具处理功能的一种装置。它是一套由游车悬持，通过把钻井动力部分由传统的转盘移动到钻机上部的水龙头处，在井架内部空间上部直接旋转钻柱，并沿着固定在井架内部的专用导轨向下送钻，完成以立根为单元的旋转钻进、循环钻井液、倒划眼、上卸扣、下套管和实施井控作业等各种钻井操作的钻井系统。

顶部驱动钻井装置彻底革新了传统的转盘-方钻杆的钻井模式，将钻井动力(交流电动机、直流电动机或液压电动机)从钻台转盘直接引至水龙头处，由顶部直接驱动钻具旋转钻进，不使用转盘和方钻杆。

顶部驱动钻井装置的分类及优缺点见表17-1。

表 17-1 顶部驱动钻井装置的分类及优缺点

顶驱类型	优点	缺点
液压顶驱	较好的钻井特性，钻井成本低，结构紧凑、简单，维护和维修方便；用于机械驱动钻机和电力不稳、不足的电驱动钻机，具有得天独厚的优势	使用后期的维护成本比较高，在温度极高和极低的地区使用时要关注冷却和加热的问题
直流电动顶驱	效率高，可靠性好，控制方便，精度较高，故障查找和故障排除简单	与液压驱动的顶部驱动钻井装置相比，输出扭矩较高，但防爆性能差；与交流变频电驱动的顶部驱动钻井装置相比，体积和重量大，制造成本高，后期维护费用高

顶驱类型	优点	缺点
交流变频永磁 电动机顶驱	电动机体积小，重量轻，换向方便，启动和控制性能好，无须制动装置和运行安全可靠	电动机结构复杂，能量密度大，导致其电动机非回厂而无法维修，整个系统需要复杂的冷却系统
交流变频感应 电动机顶驱	结构简单，扭矩和转速调节范围大，钻井成本低，功率利用率高	低速性能差，电动机本身功率因数较低。矢量控制和直接转矩控制技术的应用克服了低速性能差的问题；通过使用多重化技术，功率因数也得到了较大的提高，已成为当今顶部驱动钻井装置的发展方向

二、顶部驱动钻井装置的发展历程

美国在 1982 年采用顶部驱动钻井装置第一次成功地钻了一口井斜 32°、井深 2981m 的定向井，标志着顶部驱动钻机装置的正式诞生。此后，顶部驱动钻井装置得到了迅猛的发展，全世界陆续已有数千台顶部驱动钻井装置在海上和陆上使用，显示了强劲势头。生产顶部驱动钻井装置的厂商也由当初的美国扩展到挪威、法国、加拿大、英国、中国等多个国家。

1. 国外顶部驱动钻井装置的发展

国外顶部驱动钻井装置的研发历程以美国 NOV（National Oilwell Varco）公司为典型代表。1981 年 12 月，美国 NOV 公司设计出世界上第一代顶部驱动钻井装置，被命名为 TDS-1。由于技术不够完善，该型顶部驱动钻井装置并未投入生产实践。在对 TDS-1 进行升级改造的基础上，NOV 公司很快于 1982 年设计出第二代顶部驱动钻井装置 TDS-2 设计，并成功地钻了一口井斜 32°、井深 2981m 的定向井，标志着顶部驱动钻井装置的工程化，只是由于存在部分机械缺陷，未能正式投产。1983 年，该公司生产了单速（速比 5.33∶1）的 TDS-3 型顶部驱动钻井装置，并由此形成了工业标准，从此改变了世界海洋与陆地钻探油气的方式。至 20 世纪 80 年代末，随着新型高扭矩电动机的问世并被 TDS-3H 型及 TDS-4 型两种顶部驱动钻井装置采用，顶部驱动钻井装置技术日益完善。

20 世纪 90 年代初，NOV 公司相继设计了 TDS-3S 和 TDS-4S 两种型号的顶部驱动钻井装置，装配了该公司最新生产的装配式水龙头，但其驱动系统仍然采用单直流电动机，功率分别为 735kW 和 809kW。随着钻井深度的增加，单直流电动机无法驱动更重的钻柱，于是双电动机驱动的顶部驱动钻井装置应运而生，它具有单速传动（速比 5.33∶1），命名为 TDS-6S 型，用于深井钻机。1991~1992 年，该公司应用了整体式水龙头和游车，于是陆续研制出 TDS-3SB、TDS-4SB、TDS-6SB 等诸型号的顶部驱动钻井装置。

1993 年后，研制的 IDS 型整体式顶部驱动钻井装置，是一种具有单速比（6.00∶1）、紧凑的行星齿轮驱动的更先进的装置，它是真正意义上的整体式顶部驱动钻井装置。由 TDS 发展到 IDS 型，即由顶部驱动钻井装置发展到整体式顶部驱动钻井装置，这在顶部驱动钻井装置的历史上实现了新的飞跃。1994 年开发的 TDS-9SA 型顶部驱动钻井装置，起升能力为 400t，为第一台双交流电动机驱动式。1996 年后，该公司更研制出 500t 的 TDS-11SA 型及轻便的 250t 的 TDS-10SA 型顶部驱动钻井装置。其中尤以 TDS-11SA 型引人注目，它具有低购置成本、轻便、高可靠性及低维护等优越性，其紧凑尺寸使它可用于小型修井机和轻便钻机上。TDS-11SA 型顶部驱动钻井装置是为快速轻便而设计的，结构非常紧凑，采用斜齿轮传动，降低了噪声，并可获得 559r/min 的最高工作转速。值得称道的是，该顶部驱动钻井装置由 2 台交流变频电动机驱动，电动机上没有电刷、电刷齿轮或转换开关，交流电动机内没有产生电弧的装置，同时顶部驱动钻井装置本身带有液压系统，不需要单独的液压装置和液压油管汇，这些新的设计降低了顶部驱动钻井装置的维护和配件费用。

进入 21 世纪以后，美国 NOV 公司将原有产品及最新研究成果归纳为 7 个规格系列，即增加了新型研制的 TDS-11SA 型 AC 变频电驱动顶驱，取消原有的 TDS-3 型、TDS-3S 型、TDS-5 型、TDS-7 型，保留 IDS-1 型、TDS-4H 型/TDS-9S 型等顶驱并采用 AC-SCR-DC 电驱动形式；除 TDS-9SA 和 TDS-11SA 型顶驱采用两个 AC 电动机，其余型号全部采用 1 个电动机形式。美国 NOV 公司目前生产 17 种规格的电驱动顶驱，其中大多数采用 AC-2SCR-2DC 直流电驱动，有 3 种顶驱采用交流变频电驱动单速齿轮传动机构。其中，TDS28 型适用于所有海上钻机和大型陆地钻机，具有良好的钻井性能；TDS210 型适用于中小型陆地钻机、海上平台钻机和自升式平台钻机；TDS-21000 型是专门为深井钻机研制的。其发展历程如图 17-1 所示。

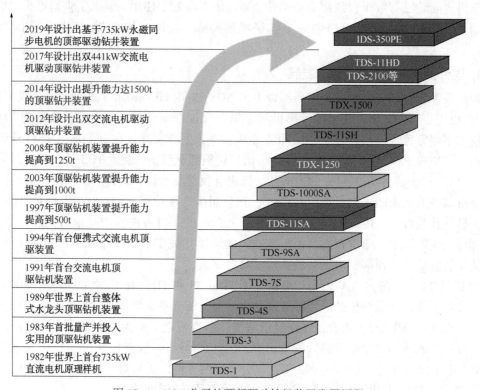

图 17-1　NOV 公司的顶部驱动钻机装置发展历程

挪威 MH（Maritine Hydraulics）公司是继美国之后第二个研制顶部驱动钻井系统的公司，于 1984 年开始研制 DDM-650 型首台顶部驱动钻井装置。此后发展为系列装置，目前主要的型号为 DDM-650 型、DDM-HY-650 型、DDM-HY-500 型、DDM-EL-500 型等多种顶部驱动钻井装置，还有 PTD 系列的轻便式顶部驱动钻井装置，PTD 系列产品的主要特点是采用液压驱动。

此外，加拿大的 Tesco 和 Canring 公司也是顶部驱动钻井装置的主要生产商。Tesco 公司原来只生产 150HMI 型、500HS 型、500HC 型等 3 种规格的液压驱动顶部驱动钻井装置，到

1998 年 1 月共生产 150 多台。由于电驱动顶部驱动钻井装置具有更好的钻井性能和适应性，从 1996 年开始生产 AC 变频电驱动顶部驱动钻井装置，采用美国 Kaman 公司 PA44 型永磁同步电动机。产品销路很好，上市后一年多就售出 9 台。目前，Tesco 公司生产的液压驱动和电驱动顶部驱动钻井装置已经基本形成了 150HMI 型、500HC/HCI 型、650HC/HCI 型、500ECI 型和 650ECI 型等 5 种规格系列。其中，500ECI 型、650ECI 型 AC 变频电驱动顶部驱动钻井装置，均采用美国 Kaman 公司两台 PA44 型永磁同步电动机。其电动机和 AC 变频调速系统由美国 M-1 型坦克电力拖动系统移植而来，属于成熟、先进的军工技术。

加拿大 Canring 公司既生产 AC-SCR-DC 电驱动顶部驱动钻井装置，又生产 AC 变频电驱动顶部驱动钻井装置。其 AC-SCR-DC 产品包含：6027E、8035E、1175E 等规格，为单速传动顶部驱动钻井装置；6027E-2SP、6170E-2SP-HELI、1050E-2SP、1175E-2SP 型等 4 种规格，为双速传动顶部驱动钻井装置。该公司于 1998 年研究开发了第一台额定载荷为 6500kN 的 AC 变频电驱动顶部驱动钻井装置，安装在西非近海一艘深水钻井船上进行钻井。目前形成了 1500kN、2750kN、5000kN、6500kN、7500kN 等 5 种规格 AC 变频电驱动顶部驱动钻井装置系列。

2. 国内顶部驱动钻井装置的发展

我国从 20 世纪 80 年代末开始跟踪这一世界先进技术，以中石油北京石油机械有限公司（原中石油北京石油机械厂，简称北石厂）为典型代表。1993 年，原中国石油天然气总公司制订重点科研计划，由石油勘探开发科学研究院北京石油机械研究所、宝鸡石油机械厂及大港石油管理局等单位联合承担试制顶部驱动钻井装置开发任务，于 1995 年完成样机，并在台架试验中不断改进完善。1997 年 4 月，样机安装在塔里木 60501 钻井队钻机上进行工业试验，钻井深 5649m，垂深 5369m，水平位移 550m，井斜角 70°，宣告了我国 DQ-60D 型顶部驱动钻井装置已研制成功，标志着我国钻机自动化实现了历史性的阶段跨越，我国成为世界上第五个可以制造顶部驱动钻井装置的国家。

根据世界顶驱装置的发展趋势及陆上石油工业钻井工程的特点，1998 年初，石油勘探开发科学研究院与宝鸡石油机械厂、四川石油管理局等单位合作，开始设计研制 6000m 电驱动 DQ-60P 轻便型顶部驱动钻井装置。在保留 DQ-60D 型顶驱装置技术特点和功能的基础上，适当减少了长度和质量，更有利于安装和拆卸。

进入 21 世纪之后，我国的顶部驱动钻井装置迎来了迅速发展，具体历程如图 17-2 所示。

图 17-2　我国顶部驱动钻井装置的简要发展历程

目前，国产的顶部驱动钻井装置生产厂商还有景宏钻采，其主流产品型号有 DQ20B-JH、DQ30B-JH、DQ40B-JH、DQ40BQ-JH、DQ50B-JH、DQ50BQ-JH、DQ70BS-JH、DQ70BQSⅡ-JH、DQ80BS-JH 和 DQ90BS-JH；辽宁天意，其主流产品型号有 DQ40AⅢ-A、

DQ40-LHTY-LA、DQ50Ⅲ-A、DDQ70Ⅲ-A、DQ50Ⅲ-C、DQ90I、DQ20-LHTY-Y；四川宏华，其主流产品型号较多，类型有交流变频（DBS）钻机、直流驱动（SCR）系列钻机、转盘独立驱动（LDB）系列，该公司可以自行设计和制造1000~12000m钻深能力的陆地顶部驱动钻井装置。

我国从20世纪80年代末开始顶驱装置的研究工作，由于起步较晚，目前我国生产的顶驱还不能完全满足海洋和陆地钻井的需要，与国外相比仍有一定距离。

三、顶部驱动钻井装置的特点和发展方向

1. 顶部驱动钻井装置的特点

顶部驱动钻井装置的出现，使得传统的转盘钻井法发生了变革，诞生了顶部驱动钻井方法。同以前的方法相比，顶部驱动钻井装置有一些特定优点。

1）节省接单根时间

利用转盘旋转钻进时，方钻杆一面被转盘推动旋转，一面又可通过转盘上的方补心向下送进。方钻杆长约9m，故方钻杆钻完一根杆长行程后，就需将它取下再接一单根才能继续钻进。而顶部驱动钻井装置不使用方钻杆，不受方钻杆长度约束，也就避免了钻进9m左右接一单根的麻烦。取而代之的是利用立根钻进。这种使用立根钻进的能力大大节省了接单根的时间。可以这样来做一个测算，若钻进1000ft（305m）中每一次连接单根的平均时间为1min（准确地说，从钻头离开井底到开钻之前），那么用立根钻进就可减少2/3的连接时间（在钻头不钻进的情况下的总计时间）。换言之，这相当于可节省约4h的时间用于钻进。单根接成立根一般可以在空闲时，如注水泥候凝或换钻头下钻时进行。对于撬装钻机来说，还可节省将立根卸成单根的时间。

顶部驱动钻井系统与立根排放器联合使用，可以在立根内进行反向扩眼。立根排放器在井架里进行卸扣作业可以使所有钻杆在井架中排立，同时，还能全面控制循环作业和转动作业。除此之外，采用顶部驱动钻井系统进行起下作业，特别是在负压钻井时，允许有少量的自井壁渗漏的天然气积累。而使用单根钻杆卸扣时，在停钻到开钻这段时间内，自井壁渗入的天然气向顶部移动造成井口压力增加，从而使钻井作业停下。只有等到这部分天然气循环出钻井系统，钻井作业才能重新进行。这是采用单根钻柱钻井作业耗费时间的另一原因。

由于大大节约钻井时间，故降低钻井成本在顶部驱动钻井装置使用中已明显表现出来。顶部驱动钻井装置采用立柱钻进，可利用钻机中停时间（如开钻前或候凝时）将钻杆单根配成立柱。按常规钻井接1次单根3~4min，1000m就可节约4~5h。对海上整拖钻机，立柱可用于下一口井钻进。在定向井中，由于采用立柱钻进，减少了每次接单根后重新调整工具面角的时间。顶部驱动钻井装置的电动机为无级调速，可达到与井底导向电动机、随钻测量、高效能钻头的最佳配合，以提高机械转速，准确控制井眼轨迹。在取心钻井中，用立柱钻进省去了许多复杂的操作，提高了取心收获率。国内外大量的实践说明，采用顶部驱动钻井装置可减少钻井时间10%~30%。1995~1997年，大港油田渤海北方钻井公司先后在渤海湾组织了3次快速钻井施工，采用顶部驱动钻井装置大大提高了钻井速度。1995年10月，歧口18-1快速钻井，56d时间完成3口平均井深3561m的生产井，平均建井周期18.82d，比该地区历史水平提高3.3倍；1996年10月，绥中36-1快速钻井，55.6d完成15口平均井深1876m的生产井，平均建井周期3.71d；1997年3月，歧口17-3快速钻井9口，平均井深2435m，平均建井周期7.65d。

2) 倒划眼防止卡钻

由于具有可使用 28m 立根倒划眼的能力，所以该装置可在不增加起钻时间的前提下，顺利地循环和旋转将钻具提出井眼。钻杆上卸扣装置可以在井架中间卸扣，使整个立根排放在井架上。在定向钻井中，它具有的倒划眼起钻能力可以大幅度地减少起钻总时间。

3) 下钻划眼

该装置具有不接方钻杆过砂桥和缩径点的能力。下钻中，接水龙头和方钻杆划眼需要时间做准备工作，而钻井人员往往忽视时间的重要性导致卡钻事故的发生。使用 TDS 下钻时，可在数秒内接好钻柱，然后立即划眼。这样不花费时间，也没有多余的工作要做，从而减少卡钻的危险。

4) 节省定向钻进时间

该装置可以通过 28m 立根循环，相应地减少井下电动机定向钻进时间。

5) 人员安全

钻井人员最需要进行的一项工作是接单根。TDS 可减少接单根次数 2/3，从而大大降低事故发生率。接单根时只需要打背钳。此外，钻杆上卸扣装置总成上的倾斜装置可以使吊环、吊卡向下摆至小鼠洞或向上至二层台指梁，大大减少了作业者工作的危险程度。

6) 井下安全

在起下钻遇阻、遇卡时，管子处理装置可以在任何位置相接，开泵循环，进行立柱划眼作业。采用方钻杆与转盘时，就得卸掉 1~2 个单根，接方钻杆划眼，每次只能划 1 个单根。在大位移井接单根划眼、卡钻、憋泵的危险性较大，特别在上提遇卡、下放遇阻时，很难接方钻杆循环。如果使用顶部驱动钻井装置，很容易在任何位置立即进行循环，大大减少了卡钻等复杂情况。在下套管遇阻时，可迅速接上大小头，边循环边旋转下放，通过遇阻井段。扭矩管及托架总成起扶正作用，保证下套管作业中套管居中。顶部驱动钻井装置内的防喷阀及其执行机构，在发现井涌时可立即执行井控动作，其作用类似于方钻杆旋塞。

7) 设备安全

顶部驱动钻井装置采用电动机旋转上扣，上扣平稳，并可从扭矩表上观察上扣扭矩，避免上扣扭矩过盈或不足。钻井最大扭矩的设定，使钻井中整钻扭矩一旦超过设定范围，电动机会自动停止旋转，待调整钻井参数后再正常钻进，避免设备超负荷长时间运转。这样也达到了用好钻柱和延长钻柱使用寿命的目的。

8) 井探安全

在不稳定井眼中采用 TDS 起钻时，关泵停止循环，同时顶部驱动钻井装置主轴与钻柱分离。在用吊卡提升钻柱的过程中，若发现井下异常，例如出现井喷征兆，需要接泵循环，钻杆上卸扣装置可在井架任何高度将主轴插入钻柱，数秒内遥控完成旋扣和紧扣，恢复循环。双内防喷器可安全控制钻柱内压力。

当在不稳定油井里进行提升作业时，采用顶部驱动系统上扣连接和远距离循环遥控，立根排放器在数秒之内即可实现水龙头中心管的输出端同钻柱在任一位置的快速对接。钻柱防喷阀能够保持对钻柱内部压力的安全控制。

9) 便于维修

钻井电动机清晰可见，因此比单独驱动转盘的电动机更易维修。单独驱动转盘的电动机常常覆盖着泥浆，位于钻台下方看不见。熟练的现场人员在 12h 内就可实现顶部驱动钻井电动机的组装、拆卸。整个系统由安装在司钻面前的控制盘控制，故操作方便、简单、可靠。

10）使用常规水龙头部件

NOV公司顶部驱动钻井装置使用常规的650t水龙头止推轴承和冲管密封盘根。特殊设计后，维修难度没有提高，钻井人员对其亦不陌生。

11）下套管

NOV公司顶部驱动钻井装置具有650t提升能力，可采用常规方法下套管。在套管和主驱动轴之间加入一个转换接头（又称大小头），就可在套管中进行压力循环，无须再接入钢制水龙头旋转接头。套管可以旋转和循环入井，从而减少缩径井段的摩阻力，这样套管就容易通过井径缩小的井眼。

12）取心

能够连续取心钻进28m，取心中间无须接单根。这样可以提高取心收获率，减少起钻次数。与传统的取心作业相比，它的优点是明显的——污染小、质量高。

13）使用灵活

NOV公司顶部驱动钻井装置使钻机具有前所未有的灵活性，可以下入打捞工具、完井工具和其他设备，既可正转又可反转。

14）节约泥浆

在上部内防喷器球阀下面接有泥浆截流阀，截流阀起保留钻井液的作用。常规钻井中，钻井液滞留在方钻杆中，卸扣后溢出漏失，除非花时间手动操作，泥浆截流阀才能止流。

15）便于拆下

NOV公司顶部驱动钻井装置很容易拆下，如果需要的话，不必将它从导轨上移下即可拆下其他设备。电、液、气管线无须拆卸。

16）内部防喷器功能

该装置具有内部防喷器的功能，起钻时如有井喷迹象，可由司钻遥控钻杆上卸扣装置，迅速实现水龙头与钻杆柱的连接，循环钻井液压井，避免事故发生，这是因为水龙头在起钻时不必拆下。

17）其他特点

顶部驱动钻井系统初期采用直流电动机驱动，目前使用的顶部驱动系统已开始使用交流技术，NOV公司生产的TDS-9S型顶部驱动钻井系统由两个350hp的交流钻井电动机驱动，能够产生32500fr·lb的钻井力矩和4700ft·lb的上、卸扣力矩。该系统结构相当紧凑，对现有外井只需稍加改进，即配备具有400t提升能力的顶部驱动钻井系统就能保证在标准的136ft井架里进行安全操作。

除了比直流电动机轻以外，交流电动机没有电刷、刷状齿轮和整流子，因此降低了保养费用。另外，交流电动机里没有放电装置。NOV公司生产的TDS-9S型顶部驱动钻井系统具有船装式液压系统，因而省去了独立的液压动力元件和液压回路，大大降低了附加费用。

当然，采用顶部驱动钻井系统的最大优点是在水平钻井中体现出来的，这向操作者和承包商提出了挑战。由于油井越钻越深，选择合适的方法进行钻井和起下作业变得尤为重要。钻杆进入水平段越深，所受的摩擦力越大，在这种情况下，采用顶部驱动钻井系统进行立根操作的优点变得更加明显，主要表现在能使钻杆尽可能光滑和快速地通过这些横向截面。

作为顶部驱动钻井装置在国内油田应用的情况，现以大港油田的应用对比为例，顶部驱动钻井装置的优越性可见一斑。

大港油田在张巨河滩海地区钻的张17-1井、张19-1井和张18-30井等3口大位移井，其中后 2 口井在同一井场；张 17-1 和张 19-1 井采用转盘钻施工，张 18-30 井采用顶部驱动钻井装置施工。在条件基本相同的情况下，用转盘钻施工的 2 口井平均机械钻速不到 9m/h，且都发生过卡钻事故；而用顶部驱动钻井装置施工的井，平均机械钻速为 17.68m/h，全程没有发生过井下事故。

2. 顶部驱动钻井装置的发展方向

在当今竞争激烈的陆上和海上钻井市场，无论是钻水平井还是钻直井，提高效率和降低单井成本都是作业者最优先考虑的问题。而钻井公司和承包商们主要考虑的是降低设备维护费、购置成本及高机动性和降低单井成本。顶部驱动钻井系统从 1982 年问世以来，世界范围内的使用数字逐年增加，顶部驱动钻井系统也日益得到完善与改进。但各陆上与海上用户在使用过程中，也发现这种新式装备存在一些问题。

1）管理不善停机

顶部驱动钻井装置容易造成钻机停机。据美国 NOV 公司与 Sedco Forex 公司调查发现，在 1995 年前的相当一段时期内，顶部驱动钻井装置电路故障占其停机修理的 42%，而机械故障占其停机修理的 58%。

2）断钻井钢丝绳

以 TDS-3 型顶部驱动钻井系统为例，用它钻 3 口井总重量为 21217kg，其中包括游动滑车和水龙头，这些附加的重量相当于传统的方钻杆——对于转盘系统来说，增加了切断钻井钢丝绳的频率。

3）转水龙带

由于顶部驱动钻井系统和井架工作台的放置位置，水龙带必须放下来后再下套管。虽然顶部驱动钻井系统能很好地控制井喷，但当使用钢丝绳和循环冲洗头进行下套管操作时，取放水龙带会消耗大量时间。

4）裸眼井中钢绳作业

由于在钻杆吊卡和导向喇叭口之间只有 0.9~1.2m 的间隙，故不可能安装一个安全球阀和接头泵，也不可能用上下往复运动的吊卡去锁扣钻杆。同时，这也会带来安全球阀和钢丝绳之间的密封问题，故用一个钢丝绳斜向连接机构来解决钢丝绳工作时的问题，但它却增加了钻井安装拆卸时间。

5）海上作业飓风疏散

一个不利的维护方面就是井架上的钻杆必须在飓风中疏散。如果那些钻杆在下套管时不能事先坐定，则必须将其放下去。用顶部驱动钻井系统下放作业与方钻杆-转盘系统大体上相同。两者之间唯一的差别就是，用方钻杆-转盘系统时，在裸眼井中，其进尺数不会超过 2m 钻杆，而顶部驱动钻井系统在裸眼井中随时都可保持预期的进尺数。举例来说，井架上包括 1219m 套管和 5486m 钻杆，需要 12~14h 才能全部被放下来。

6）其他改进措施

顶部驱动钻井装置在实践中仍有继续改进的必要，其方向为：顶部驱动钻井装置目前还不能实现自动钻进，它只实现了钻机的局部自动化，还没有将司钻从刹把前解放出来。如果能将顶部驱动钻井装置与盘式刹车自动控制钻压、控制动力水龙头转速等参数结合起来，实现司钻盼望的自动送钻等，必将使钻机自动化跃上一个新台阶；顶部驱动钻井装置自身重量大，减小了游动系统的有效起重量，增大了钢绳、轴承等机件的磨损甚至破坏率，因此必然引起其他机件设计、制造、材料等方面的改进。由于使用顶部驱动钻井装置，装置有了重大改变，操作方式中将出现新问题。例如：下套管时水龙带必须先放下来会消耗大量时间；在海洋平台上下套管时若刮起飓风，就必须将它们放下去，需立根疏散时间。因此有必要研制与顶部驱动钻井装置配套的机械手装置。顶部驱动钻井装置要向结构简化、重量减轻、尺寸减小的方向再加以改进，才能满足修井机、轻型钻机改装的要求，才能寻求到更广阔的市场。

第2节　顶部驱动钻井装置的组成结构

尽管不同厂家型号各异，但顶部驱动钻井装置的结构大体相近，不同之处主要在于电动机类型和数量。本节以 TDS-11SA 为例进行分析。TDS-11SA 顶部驱动钻井装置的主要总成及部件包括：①水龙头–钻井电动机总成；②电动机冷却系统；③滑动架和导轨；④管子处理器；⑤平衡系统；⑥液压控制系统；⑦电气控制系统。其结构如图 17-3 所示。

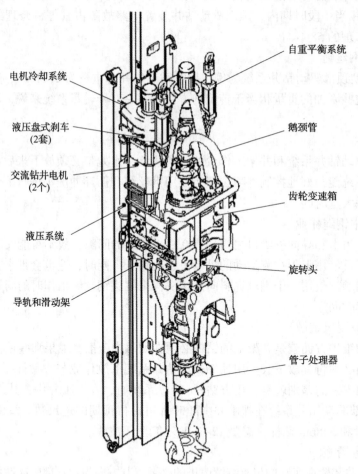

电机冷却系统
液压盘式刹车(2套)
交流钻井电机(2个)
液压系统
导轨和滑动架
自重平衡系统
鹅颈管
齿轮变速箱
旋转头
管子处理器

图 17-3　TDS-11SA 结构示意图

一、水龙头–交流钻井电动机总成

水龙头–钻井电动机总成是顶部驱动钻井装置的主体部件，主要由以下部件组成：钻井电动机和制动器；齿轮传动箱(变速箱)；整体式水龙头。

1. 钻井电动机和制动器

TDS-11SA 有两台 300kW 的交流钻井电动机，对称垂直安装在箱体上的两边，为 TDS-11SA 提供动力。每一个电动机有一个双端输出轴，输出轴下端安装驱动小齿轮，输出轴上端安装盘式刹车轮毂。交流钻井电动机是开放式结构，意味着冷却风可以通过电动机内部。它是专门为顶部驱动所设计的，电动机内部有温度传感器、风道、轴承，以及安装斜齿轮和刹车轮毂的锥度输出轴。

每个电动机顶部安装有一个液压盘式刹车，通过盘式刹车外盖可以很容易检查和维护盘刹。在定向作业中，盘式刹车还可以辅助钻柱定向。制动器由司钻控制台遥控控制。

2. 传动箱和水龙头总成

齿轮传动箱总成把由交流电动机产生的动能传递到钻杆。传动箱和水龙头总成内部是一个单级双减速齿轮系统，从电动机到主轴的减速比为 10.5∶1。

传动箱和水龙头总成的箱体为传动齿轮和轴承提供了一个密封的润滑油池。轴承和齿轮由一个安装在箱体上的油泵强制润滑。一个低速液压电动机驱动油泵，过滤后的润滑油通过主支撑轴承、扶正轴承、小齿轮和复合齿轮轴承及齿轮的齿面连续循环。油热交换是空冷式，传动箱上安装有油位指示器以监视油面高度。

不锈钢制成的提环固定安装在钻机大钩上。提环与箱体之间的装配由铜套接合，可以使用润滑脂润滑。

3. 整体式水龙头总成

整体式水龙头的功能是整个钻井装置功能的集合。水龙头主止推轴承位于大齿圈上方的变速箱内部，上部台阶做于主止推轴承上以支撑钻柱负荷。主轴和鹅颈管之间有一个标准冲管盘根总成，这样就可以使钻柱旋转。冲管盘根总成由电动机罩体支撑并同齿轮箱相连，以支撑水平支撑。合金钢水龙头提环联结在本体上，可以相对于水龙头变速箱做垂直方向的短行程，构成一个整体平衡系统。

二、电动机冷却系统

交流钻井电动机冷却系统为风冷式。TDS-11SA 的电动机冷却系统为离心鼓风机，配备有两台安装在钻井电动机顶部的 3.7kW 的交流电动机。冷却系统经过制动器与电动机的接合面吸进空气，经过刚性气道将空气排送到每台钻井电动机顶部的风口。冷却空气通过开放型电动机内部，最后从底部的百叶窗排出。

三、滑动架和导轨

顶部驱动装置通过安装在箱体上的滑动架沿着导轨上下垂直移动，完成钻井作业。TDS-11SA 通过安装在箱体上的滑动架沿着导轨上下垂直移动。导轨悬挂在天车架上并一直延伸到离钻台 2.1m。导轨与一个安装在井架下部离钻台 3~4.6m 高的扭矩反作用梁连接。

通过导轨平衡由传动箱驱动钻杆时产生的扭矩。导轨由 4 部分组成，须分断安装到天车上。导轨各部分之间通过销子连接，组装时在钻台上每次连接一部分，用 TDS-11SA 提升逐步与安装在天车架上的连接耳板连接。

四、管子处理器

管子处理器为顶部驱动装置提供了提放 28m 长立柱，并用钻井电动机上卸立柱扣的能力。它由以下重要部分组成：①旋转吊环配接器；②背钳总成；③吊环倾斜装置；④内防喷阀；⑤吊卡、吊环和钻杆吊卡等。管子处理器如图17-4所示。

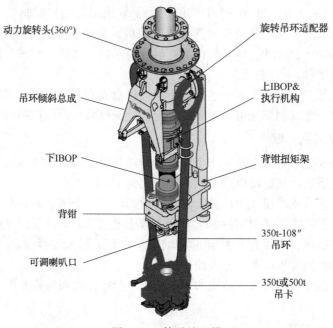

动力旋转头(360°)

旋转吊环适配器

吊环倾斜总成

上IBOP&
执行机构

下IBOP

背钳扭矩架

背钳

350t-108″
吊环

可调喇叭口

350t或500t
吊卡

图 17-4　管子处理器

上卸扣装置可以在井架任意高度卸扣。钻进时，钻杆上卸扣装置固定不动，不妨碍钻柱的起下。钻井电动机通过主轴、内防喷器和保护接头将扭矩传给钻柱，驱动钻柱旋转。当使用钻杆吊卡起下钻时，吊环配接器将提升载荷转移到主轴上。

1. 旋转吊环配接器

旋转吊环配接器在管子处理器的上部，是一个环形装置，在起升或吊环倾斜装置定位、管子处理器围绕钻杆旋转时，保证了液压或气路管汇的连通。同时，旋转吊环配接器也为吊环倾斜装置、扭矩背钳液缸、内防喷阀液缸提供了安装的位置。

旋转吊环配接器内有许多沟槽与钻杆主轴上的径向孔相互对应，允许管子处理器和主轴旋转时液压油路的畅通。主轴上端的径向通道与液压或气路阀板上的每一个孔相连，主轴下端的径向孔由旋转管汇内的密封槽密封，依次与连接管子处理器的各个启动器的管线相对应。

旋转吊环配接器的旋转齿轮上有24个孔，由一个液压驱动电动机驱动，可以任意方向旋转。当旋转到指定位置时，由一个止动装置固定。司钻台上的一个电磁阀控制旋转吊环配接器的液压电动机。

2. 背钳总成

悬挂在旋转吊环配接器上的扭矩作用架支撑着扭矩背钳。它在保护短节的下轴节的底部，由一对钻杆引鞋和夹紧液缸组成，在钻柱与保护短节连接时用于夹紧钻柱接头。背钳本体安装在扭矩作用架上，在钻杆上卸扣时，可以上下移动并平衡上卸扣时产生的扭矩。

3. 双向吊环倾斜装置

双向吊环倾斜装置由液缸活塞杆和通过一套耳板用销子连接的液缸缸体组成。操作司钻台上的开关给液缸加压，伸长活塞杆使吊卡到鼠洞和放下位置。浮动使吊卡回到井口中心位置。液缸装置上的锁销限制吊卡移动到井架工位置，拖动拦绳松开门锁吊卡可以移动到鼠洞位置。

止动装置限制了吊卡只能移动到井架工的位置，而此位置是可调节的。操纵止动装置可以将吊卡移动到小鼠洞的位置。司钻控制台上有一个 3 挡开关操纵吊环倾斜装置。通过两个液缸的换向，吊卡可以朝相反的方向充分延伸，这样就具有钻进到钻台面的能力。

4. 内防喷器(IBOP)

管子处理器中的内防喷器的控制阀是一个球形、全尺寸、内部通的安全阀。在下部的第二个手动阀可以辅助进行井控。两个球阀的直径均为 $6\frac{7}{8}$in。

司钻台上一个电磁阀控制一个液缸和曲柄，可以遥控上部的内防喷器的打开和关闭。一个滑套随着球阀旋转上下移动，驱动轴上球阀每一边的小曲柄。液缸通过一个不能旋转的启动环带动滑套。液缸安装在扭矩反作用架上。

下部特有的防喷阀与上部的球阀类型相同，但是它必须由一个扳手手动打开和关闭。两个球阀在钻杆中且在 TDS-11SA 连接钻杆时可以使用。在卸去扭矩背钳后，使用大钳可以从上防喷器阀上拆去下防喷器阀。

在断开下防喷器阀后起升 TDS-11SA，有足够的空间安装合适的短节和阀件用于井控操作。使用钻井大钳从 TDS-11SA 防喷器阀上拆去下防喷器阀后，下防喷器阀仍与钻杆连接用于井控过程。在系统中，有一个过渡短节连接钻杆到下防喷器阀上。

5. 钻杆吊卡

钻杆吊卡悬挂在安装于旋转吊环配接器上的长孔吊环上。吊环倾斜装置摆动吊卡可以提起钻杆。

五、平衡系统

平衡系统包括两个连接提环和大钩的液缸。当系统启动时，两个液缸支撑了 TDS-11SA 的大部分重量。在上卸扣时，由于支撑了钻杆的大部分重量，从而保护了工具的螺纹不被损坏。

TDS-11SA 的一个特有的性能称为立柱上调，在司钻台上的一个开关可以改变平衡液缸从平衡条件到立柱上调的操作模式。立柱上调的特性使液缸承受上卸扣时钻杆的大部分重量，液缸提升梨形环离开大钩，减少作用在螺纹上的压力，避免其损坏。这两个液缸与一个位于主箱体上的液动-气动蓄能器连接。在钻机安装时，可以用一个手动阀伸长液缸活塞杆。蓄能器充有液体并保持在液压回路中控制面板预先设置的压力。液压阀板控制着到 TDS-11SA 的所有液压压力。

六、液压控制系统

液压系统完全安装于顶驱之上，无须地面设备，如图 17-5 所示。交流电动机为 10hp、1800r/min，驱动液压泵及整个液压系统。液压泵共两台，其中一台为定量泵，驱动润滑系统。另一台为变量泵，驱动钻井主电动机制动器、动力旋转头、遥控内防喷器、管子背钳吊环倾斜和平衡系统。3 个液–气蓄能器也位于顶驱本体上。

液压阀安装在顶驱本体上，装有各种电磁阀、压力阀和流量控制阀。

液压油盛装于一个密封的不锈钢油池内，这样在顶驱移位时不需要将液压油抽空或重新加注。油池固定在两台主电动机之间并装有过滤器和液面计。

液压系统在顶驱的整个系统中属于执行机构，它接受来自顶驱操作人员的指令并大部分通过电信号系统转换。因此，顶驱液压系统的使用请认真阅读相关技术要求说明，并严格按照操作规程进行检测和维护。

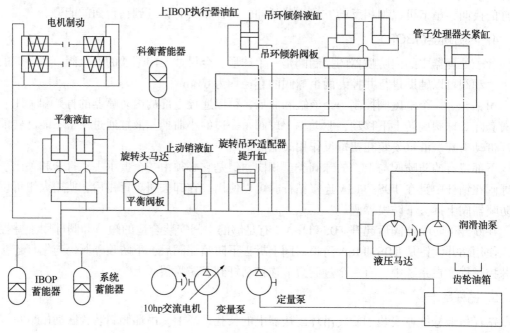

图 17–5　液压控制系统简图

七、电气控制系统

电气控制系统分为以下 3 个主要部分：VARCO 控制台和控制房（简写分别是 VDC 和 VEH）、VARCO 控制系统和变频器。其框图如图 17–6 所示。

1. 控制台

TDS–9S 控制台壳体是用 300 系列不锈钢制成的，配备油密式开关和指示灯，能满足在危险环境下的使用要求。

在司钻控制台上配备有以下仪表：

调速手轮：该手轮类似于可控硅（SCR）系统中的控制手轮，用于调节主电动机转速。

钻井扭矩限制电位计：该电位计同样类似于可控硅系统的电位计，用于设定主电动机输出的钻井扭矩值。

上扣扭矩限制电位计：用于限定最大上扣扭矩。

控制台还包含各种开关和按钮、各种指示灯等。

2. 控制房

在 TDS–11SA 控制房中包括 TDS–11SA 控制系统（简写 VCP）和变频器（VFI）两部分，控制房内主要有空调设备开关、整个控制柜的电源开关，主 PLC 和伺服 PLC 以及电瓶等的电源开关、主变频器(VFI)的空气开关等。

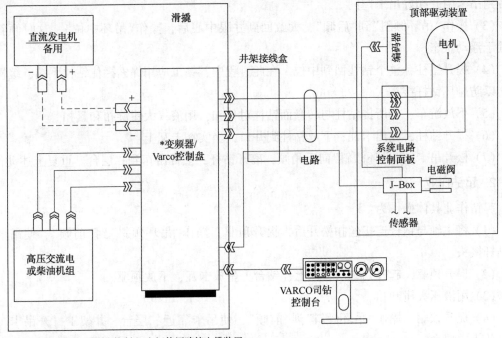

注：井架接线盒和滑撬(控制室)之间使用跨接电缆装置

图 17-6　电气控制系统结构简图

3. VARCO 控制系统(VCP)

VARCO 控制系统包括：① 系统连锁"可编程逻辑控制器(简写为 PLC)"；② 动力旋转头逻辑控制器；③ 断路器；④ 电磁阀和控制台的 24V 直流供电电路；⑤ 油泵和鼓风机电动机启动器；⑥ 220~120V 交流整流器。

4. 变频器(VFI)

用于 TDS-9S 的变频器由整流器和电容柜部分、矢量控制部分、逆变器部分组成，其中整流器部分将三相交流电变为直流电，并将直流电存储在电容器中。

矢量控制部分监测钻井电动机的运行情况，接受司钻控制台的调速手轮和扭矩限制的指令，同时控制整个电力单元的启动。

第 3 节　顶部驱动钻井装置操作过程

一、起下钻作业

起下钻常规的操作方式，需配合管子处理装置，可以大大降低劳动强度，提高效率。

1. 下钻作业

下钻作业具体操作为：

(1) 提升系统将顶驱移动到二层台位置，操作"吊环选择"，将吊环倾斜臂移到井架工指挥所需要的方向。

（2）操作"吊环倾斜"到"前倾"，使吊卡靠近二层台所要下放的钻杆处，井架工将钻杆放置到吊卡中并扣好吊卡门闩。

（3）操作"吊环倾斜"到"后倾"，大致回到井眼中心后，操作"吊环中位"，这时倾斜油缸处于浮动状态。

（4）提升钻柱，整个钻柱回到中位。在此过程中，钻工应用绳索拦住钻柱下端，缓慢释放，以防碰坏钻杆接头。

（5）下放游车，将所提钻柱与转盘面钻柱对号扣，用液气大钳旋扣和紧扣。

（6）提升钻柱，起出卡瓦；下放钻柱到井口，坐实在卡瓦上。

（7）松开吊卡，"吊环倾斜"向后稍倾，离开钻杆；上提游车到二层台。重复上述动作。

2. 起钻作业

起钻作业具体操作为：

（1）将主轴与钻杆连接丝扣松开后，提升顶驱；操作"吊环倾斜"到"前倾"，使吊卡扣入钻杆接头。

（2）提升顶驱，起升到二层台以上；钻台上坐放卡瓦，下放顶驱。

（3）用液压大钳卸扣。

（4）提升顶驱，操作"吊环倾斜"到"前倾"，使吊卡靠近二层台，井架工打开吊卡，将钻杆放入立根盒。

（5）操作"吊环中位"，下放顶驱到钻台上接头处。操作"吊环倾斜"到"前倾"，使吊卡扣住钻杆接头。

（6）重复步骤（2）~（5）。

起下钻过程如遇缩径或键槽，可在井架任一高度用顶驱电动机与钻柱相接，立即建立循环和旋转活动钻具，使钻具通过阻卡点。

二、上扣操作

当下钻完毕时，钻柱下端用液气大钳将钻柱的下接头与井下钻柱对接并拧紧后，需将顶驱与钻柱连接，准备循环泥浆及旋转钻进（钻工将丝扣油涂抹在钻杆母扣上）。

首先检查操作面板各操作按钮是否处在正常位置，液压源是否已启动，查看指示灯指示状态，就绪灯是否常亮。

注意：司钻缓慢下放顶驱时，应注意观察平衡油缸的活塞杆伸出位置，不可将顶驱的全部重量压在钻柱接头上，以防旋扣时损害丝扣。

三、卸扣操作

需要将顶驱与钻杆柱分离时，采用卸扣操作。

四、钻进工况

具体操作为：

（1）将司钻台钻井"转速设定"手轮回零，"旋转方向"开关扳到"停止"位。

（2）操作"电动机选择"开关，选择顶驱系统电动机工作方式（A 电动机、A/B 电动机或 B 电动机）。在上/卸扣时一定要选择 A+B 即两个电动机同时工作状态。在钻井状态下，一般应选择两个电动机同时工作。

（3）在"速度设定"零位且系统未运行时，"旋转方向"开关选择正向旋转（钻井模式时，反向旋转无效）。手轮处于其他状态时，"旋转方向"开关动作无效。

（4）"操作选择"开关选择顶驱系统为"钻井"工作方式。"速度设定"或"旋转方向"处于其他状态时，"操作选择"开关动作无法使系统切换为"钻井"工作方式。

（5）将"钻井扭矩限定"手轮缓慢离开零位，设定为需要的扭矩。

（6）"转速设定"手轮离开零位，驱动系统启动，并按手轮给定转速正向旋转。

（7）在正常钻井工况下，当井下负载扭矩大于钻井扭矩设定值时，会发生堵转现象。顶驱装置提供了两种方法来释放反扭矩：

① "转速设定"手轮与"刹车"开关不动，保证主电动机持续输出扭矩，缓慢减小"钻井扭矩限定"手轮扭矩限定值，使主电动机输出扭矩慢慢减小，钻具缓慢反转，直到手轮给定值为零，钻具反转速度降为零。

② "钻井扭矩限定"手轮不动，"转速设定"手轮回到"零位"，电动机停止输出，系统刹车。"操作模式"开关与"旋转方向"开关位置保持不变，"刹车"开关"松开"，钻具开始缓慢反转。司钻根据反转速度，选择合适时机操作"刹车"开关"制动"，以保证钻具接头不被甩开。重复上述过程，直到钻具反转速度降为零。

由于第 2 种方法取决于刹车的状态和刹车能力，并且受司钻经验影响较大，所以推荐使用第 1 种方法释放反向扭矩。只有在驱动装置不能正常工作时可采用方法②。

注意：释放反向扭矩时存在钻具被甩开的危险，必须严格按照操作规程进行操作；操作中必须严格控制钻具反转速度，防止发生事故。

（8）系统在钻井工作方式需要正常停止时，将"转速设定"手轮回到零位，装置正常降速停车。如果"刹车"开关在"自动"位置，系统降速后自动刹车。

五、接单根钻进

接单根钻进程序如下：

（1）在已钻完井中的单根上坐放卡瓦，停止循环泥浆（可关闭内防喷阀）。

（2）按照卸扣步骤卸扣。

（3）提升顶驱系统，使吊卡离开钻柱接头。

（4）启动吊环倾斜机构，使吊卡摆至鼠洞单根接头处，扣好吊卡。

（5）提单根出鼠洞，收回吊环倾斜机构，使单根移至井口中心。

（6）对好井口钻柱连接扣，下放顶驱，使单根上端进入导向口，与顶驱转换接头对扣。

（7）用顶驱旋扣和紧扣。

（8）提出卡瓦，打开防喷阀，开泵循环泥浆。

六、接立根钻进

接立根钻进是 DQ70BSC 顶驱装置常用的钻井方式。若井架上没有现存的立根，可在钻进期间或空闲时，在小鼠洞内接好立根。为了安全，小鼠洞内的钻柱一定要垂直，以保证在垂直平面内对扣。

接立根钻进程序如下：

（1）在已经钻完的钻杆接头处坐放卡瓦，停止循环泥浆（可关闭内防喷阀）。

（2）按照卸扣步骤卸扣。

（3）提升顶驱系统，使吊卡离开钻杆接头，升至二层台后，启动吊环倾斜机构，使吊环摆至待接的立根处。

（4）井架工将立根扣入吊卡，收回吊环倾斜机构至井口。

（5）钻工将立根插入钻柱母扣。

（6）缓慢下放顶驱，使立根上端插入导向口，与转换接头对扣。

（7）用顶驱旋扣和紧扣。

（8）提出卡瓦，打开防喷阀，开泵循环泥浆，恢复钻进。

七、倒划眼作业

在起钻过程中，钻具遇阻遇卡时，可立即使钻具与顶驱连接起来并循环泥浆，边提钻边划眼，以防止钻杆粘卡和划通键槽。

倒划眼程序如下：

（1）循环和旋转提升钻具，直至提出一个立根。

（2）停止循环泥浆和旋转，坐放卡瓦。

（3）用液压大钳卸开钻台面上的连接扣，用顶驱卸开与之相接的立根上接头丝扣。

（4）提起立根，将立根排放在钻杆盒中。

（5）下放顶驱至钻台面，将倾斜臂后倾，打开吊卡备用。

（6）将顶驱转换接头插入钻柱母扣，用顶驱电动机旋扣和紧扣。

（7）恢复循环泥浆，旋转活动钻具，继续倒划眼。

八、下套管作业

用 DQ70BSC 顶驱装置下套管作业时，需配备 500t、长度在 3.8m 以上的吊环，以留有足够空间安装注水泥头。

可采用常规方法下套管，如有需要也可在套管和顶驱转换接头之间加入一个转换接头，就可在下套管期间进行压力循环，以减少缩径井段的摩阻。由于下套管时，可利用顶驱的倾斜臂抓取套管，且在旋扣时有扶正作用，免于错扣、乱扣现象发生，因而，用顶驱下套管可大大提高作业的速度。

操作步骤如下：

（1）下吊环提起套管，与已入井的套管对接。

（2）操作管子处理机构的倾斜机构和旋转头以调整套管对扣。

（3）按常规方法用液压大钳紧扣。

（4）提起套管柱，打开卡瓦。

（5）下放套管柱，坐好卡瓦。

（6）打开吊卡，倾臂前倾接新套管。

（7）重复上述操作。

九、震击操作

使用震击器会对顶部驱动装置产生一定影响，但由于震击操作的不确定性(随井深、钻柱、中和点以及震击器类型等而变化)，每一口井的情况都不相同，很难评估震击操作对顶驱的影响程度。

注意：在任何情况下，均不应当使用地面震击器，否则会对顶驱装置产生伤害。

每次震击作业后，需要对顶驱进行检查，检查项目包括：

(1) 目视检查整个顶驱是否有损坏的迹象。

(2) 目视检查上部泥浆管线。

(3) 检查全部电缆和软管的连接，有松动的重新连接。

(4) 检查全部外露螺钉螺母连接，有松动的重新连接或者更换。

(5) 检查全部护罩、盖板等是否松动。

第18章 井场供配电

钻井设备中有许多辅助的交流电动机，控制这些电动机的大多数开关装置被集中在一起，按标准规范装配成一个电动机控制中心，称为交流电动机控制中心（MOTOR CONTROL CENTER，简称 MCC）。MCC 模块用于接收来自 VFD 房 600V、50Hz 的电能并转变为 400V、50Hz 的电能或者直接从辅助电动机接收 400V、50Hz 的电能分配给钻机的用电设备，为井场提供照明电源，并集中对井场的钻台、泥浆泵房、泥浆循环罐区、油罐区、压气机房和水罐等区域的交流电动机进行控制。同时，MCC 为钻机主驱动系统提供两路 600V、50Hz 的 12 脉波电源进线。

本章主要介绍交流电动机控制中心的接线图、运行操作、主要电气设备、电动机启动方式以及运行前的检查与试验；同时，针对电气的用电安全，介绍电气接地保护、接零保护系统的概念和方式。

第1节 交流电动机控制中心

井场交流电网 600V 母线除向泥浆泵、绞车和转盘等驱动电动机供电外，还通过降压变压器输出电压为 400V 交流电源，驱动各种交流负载运行，如低压电源、辅助电动机、风扇等用电设备。

一、供配电线路接线图

将 600V 交流电降压为 400V 交流电的变压器称为主变压器，单线图如图 18-1 所示。

图 18-1 中仅给出变压器副边的接线图。除此之外，为了保证井场交流电网不供电时照明和应急等设备正常工作，还设置了辅助发电机。

供电线路通过断路器后，由主变压器将电压降为 400V，再通过电动机控制中心（MCC）输送到各类交流负载。其中，CT1~CT3 电流传感器及 SA2 继电器组构成多路选择电路并连接到 M04 交流电表显示仪上，通过面板旋钮可以测量与显示三相电各相电流。QFO2-YU 为 BC 相线电压欠压保护电路，QT02-0F2 为指示灯显示电路并与 M03 组成 A 相电压测量电路。

辅助发电机电流及电压测量电路与主变压器副边电路接线图一致。除此之外，辅助发电机交流接触器 QF01 还设置了合闸线圈与合闸弹簧驱动电路，其中 QF01（M）与 QF01（YC）分别为交流接触器的合闸弹簧储能用电动操作机构与合闸线圈。

主变压器通常还会选用一种变压器温度控制器的设备，测量并显示三相线圈的温度，可以通过驱动置于变压器内的风机启停来控制变压器线圈温度。该变压器温度控制器还具备超温报警、超温跳闸、故障报警等功能。

一般图 18-1 中所示电路单独组成一个电源柜，电源采用 3 相 4 线、50Hz。主母线采用 2500A 的水平铜母线、1000A 的垂直铜母线。柜子的防护等级为 IP40，柜子能承受 65kA 的短路电流。

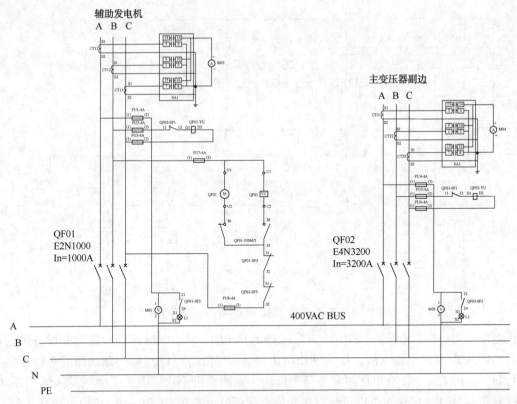

图 18-1　井场供配电电源柜单线图

电动机控制中心的功能和负荷配置由生产厂家根据用户要求设置，依据负荷要求设计选择相应的元器件和线路。现国内生产的交流电动机控制中心由若干柜子组成，称为 MCC 柜。生产厂家都有标准的部件高度和宽度，以使其安装标准化。早期，每个 MCC 柜上都是若干 GCS 或 HOA 型抽屉柜，每个抽屉柜控制一台辅助交流电动机，近年来已逐步被交流接触器与电动机保护控制器组成的模块替代。本节以某 ZJ90DB 型电动钻机为例进行介绍。ZJ90DB型电动钻机的 MCC 部分共分 6 个子柜，其中图 18-1 即为 MCC 部分电源柜，也称为 MCC1柜，其余 5 个子柜为负载柜，共 3 种接线类型。

图 18-2 为某 ZJ90DB 电动钻机的 MCC4 柜交流负荷接线图，该钻机平台共有 6 个 MCC柜。MCC 模块履行了电能控制和分配的功能，同时对钻机用电设备起到保护作用。这种控制方式给设备的运行和维修带来了很多好处和方便。

需要说明的是，不同厂家、不同型号的电动钻机平台，其 MCC 柜数量可能有所不同。图 18-2 所示的接线图包含了该 ZJ90DB 电动钻机 MCC 柜内所有用电设备的电路接线及器件的 3 种类型。各类型不同之处仅在于断路器(CM5)、交流接触器(LC1-D)及电动机控制保护器(CD3U)等器件的规格和型号不同。相应地，3 种接线方式对应着不同的供电方式或不同的电动机启动方式。

该 ZJ90DB 电动钻机 MCC 柜中部分设备仅需要提供电源即可长期运行，不需要频繁启停，为第一种类型电路。这部分采用断路器进行控制或供电即可。除了生活用电外，还包含空压机供电、猫道液压站供电、主柴油发电机电动风扇供电、油罐区供电、水罐区供电、空调供电、组合液压站供电、司钻房供电、井口移动供电、发电机房供电、气源房供电、路径

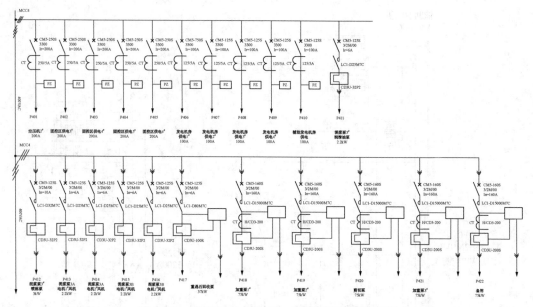

图 18-2　某 ZJ90DB 钻机 MCC4 柜交流负荷分配图

房供电以及离心机供电等，如 P501 固控区供电和 P507 电动倒绳机等。这部分设备采用电流传感器（CT）测量电路电流，接入网络电力仪表（PZ72L）可以对每一条线路的每一相电流进行显示。PZ72L 还带有电压测量与显示模块、脉冲输出模块以及开关量的输入输出模块，同时还带有 RS485 模块，可以进行网络通信。这部分设备在 MCC1～MCC6 柜中均有分布。

　　中等功率并需要进行频繁启停控制的交流电动机启动控制装置由断路器、交流接触器和电动机控制保护器（目前大部分厂家还选用过载继电器）等保护设备组成，为第二种类型电路。这部分设备有泥浆泵的润滑油泵与喷淋泵以及风机电动机、绞车的润滑油泵与风机电动机、顶驱的液压泵与润滑油泵以及冷却风机、转盘的风机电动机与喷淋泵以及制动电阻风机电动机等。这部分设备大多采用自动控制方式启停，例如图 18-2 中的 P412 喷淋泵等。这部分设备在 MCC1～MCC6 柜之中均有分布。

　　还有一部分设备功率较大，并需要手动与自动控制相结合进行启停控制，包含重晶石回收泵、加重泵、剪切泵、供液泵等设备电路，为第三种类型电路。这部分设备电路由断路器、交流接触器和电动机控制保护器等设备组成，同时保留用户接口，以备用户接入手动控制元件，比如按钮开关等随时对设备进行人工控制，例如图 18-2 中的 P420 剪切泵。在柜门面板上布置有选择旋钮，可以在手动与自动控制之间进行转换。这部分设备仅在 MCC4 和 MCC5 柜之中有分布。

二、供配电线路电气设备

　　由上一小节可知，无论何种交流负载，所有线路中均有断路器，不同之处仅在于额定电流等参数。ZJ90DB 电动钻机选用了常熟开关制造有限公司的 CM5-125S、CM5-160S 和 CM5-250S 共 3 种规格的塑料外壳式断路器，具有过载与短路保护功能。

　　在需要进行启停控制的电动机控制回路中，选用了施耐德公司 LC1-D 系列的交流接触器，主要有 LC1-D18M7C、LC1-D25M7C、LC1-D32M7C、LC1-D40AM7C 和 LC1-D15000M7C5 个型号，额定电流范围为 18～150A。此外，专为重晶石回收泵配置了一套 LC1

-D80M7C 交流接触器，但目前重晶石回收设备尚未广泛应用于钻机系统。从图 18-2 中可以看出，在额定电流 40A 以下的电动机驱动电路中，交流接触器和电动机控制保护器分别工作，不进行配合。额定电流为 150A 的交流接触器与电动机控制保护器配合使用，并配备了手动控制接口。需要说明的是，额定电流 80A 以下交流接触器本身带有一对常开常闭辅助触点，如图 18-3 所示；而 LC1-D15000M7C 无辅助触点，因此系统为此另外配置 LADN31 辅助触点模块，该模块具有 3 对常闭和 1 对常开触点（见图 18-4）。此外，额定电流 40A 以下电路还配置了电流传感器对线路电流进行测量。

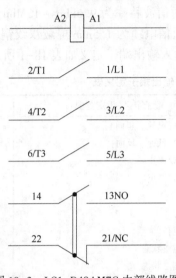

图 18-3　LC1-D40AM7C 内部线路图

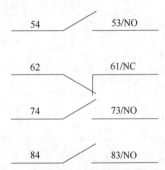

图 18-4　LADN31 辅助触点模块

ZJ90DB 选用常熟开关制造有限公司的 CD3U 电动机控制保护器与断路器、交流接触器组成的模块，就可以替代早期的抽屉柜，使得系统更加简洁，组合与维护都更加方便快捷，成本大幅下降。

CD3U 电动机控制保护器主要有两个型号，即 CD3U-32P * 和 CD3U-200S。其中，CD3U-32P * 有 CD32P1、CD3U-32P2 和 CD3U-32P3，分别对应整定电流范围为 0.8～3.2A、3～12A 和 8～3A。CD3U-200S 整定电流范围为 80～200A。

CD3U 是增强型电动机控制保护器（见图 18-5），具有过载、断相、堵转、接地故障、PTC 过热、tE 时间、阻塞、欠电流、电流不平衡、启动超时、瞬时大电流、反相、每小时起动次数、外部故障、接触器故障保护功能；可选剩余电流、过/欠电压、电压不平衡、过/欠功率、过/欠功率因数等保护功能和模拟量输出、可编程输入输出、通信等附加功能；具有热记忆、自动/手动复位、故障记录/指示、运行信息记录等功能，并可通过输出继电器控制其他电器实现直接启动、电阻降压启动、Y/△

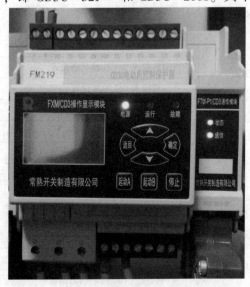

图 18-5　配合 CD3U 的操作面板与通信模块

启动、自耦变压器启动、可逆换向启动、双速启动、低电压重启动、带限位开关启动、软启动控制、正反转软启动等控制功能，适用于要求系统紧凑、功能强大、智能化，能对电动机进行实时监测、精准控制、最佳保护以及基于现场总线的集散管理的场合。具有 32A、63A、100A、200A、450A 五个壳架，电流范围为 0.8~450A，工作电压 AC180V~AC690V。

CD3U 控制保护器也能设为保护模式(仅具有保护功能)或仪表模式(无控制和保护功能，作为仪表功能使用)。

CD3U 带有标准 PROFIBUS 接口，ZJ90DB 选用的 FTM-P1/CD3 PROFIBUS 通信模块具有 DB9 插座(孔)，通信协议为 PROFIBUS-DPV0，通信波特率为 9.6kbps~12Mbps 自适应，通信地址为 1~125，单总线 2 最大模块数量为 32。通信电缆为 1.5mm 屏蔽双绞铜线。该通信模块仅有 PROFIBUS-DP(A)。CD3U 控制保护器输入输出端子定义如表 18-1 所示。

表 18-1 CD3U 控制保护器输入输出端子定义表

功能	端子编号	端子定义(设定范围)	预设值
可编程输入	可编程输入 DI1 事件设置	启动 A(高速、正向) 启动 B(低速、反向) 启动 A/停止 启动 B/停止 停止 紧急停车 故障复位 接触器 1 状态 接触器 2 状态 接触器 3 状态 断路器状态 远程/本地 端子/键盘 外部故障 限位开关 1 状态 限位开关 2 状态 软启动器启动状态 信号采集	停止
	可编程输入 DI1 初始状态设置	常开/常闭	常闭
	可编程输入 DI2 事件设置	同 DI1	启动 A
	可编程输入 DI2 初始状态设置	常开/常闭	常开
	可编程输入 DI3 事件设置	同 DI1	无
	可编程输入 DI3 初始状态设置	常开/常闭	常开
	可编程输入 DI4 事件设置	同 DI1	无
	可编程输入 DI4 初始状态设置	常开/常闭	常开
	可编程输入 DI5 事件设置	同 DI1	无
	可编程输入 DI5 初始状态设置	常开/常闭	常开
	可编程输入 DI6 事件设置	同 DI1	无
	可编程输入 DI6 初始状态设置	常开/常闭	常开

功能	端子编号	端子定义(设定范围)	预设值
可编程输出	可编程输出 R1 事件设置	就绪 运行 停止 跳闸 报警 跳闸或报警 跳断路器 保护模式 启动继电器 R1 启动继电器 R2 启动继电器 R3 备用继电器 设备有电	无
	可编程输出 R1 初始状态设置	常开/常闭	常开
	可编程输出 R2 事件设置	同 R1	无
	可编程输出 R2 初始状态设置	常开/常闭	常开
	可编程输出 R3 事件设置	同 R1	无
	可编程输出 R3 初始状态设置	常开/常闭	常开
	可编程输出 R4 事件设置	同 R1	无
	可编程输出 R4 初始状态设置	常开/常闭	常开

三、MCC 的设备控制

MCC 柜用于为交流负载提供电源，按照一定的逻辑控制电源的开通和关闭，并具备一定的报警和保护功能。由前文可知，MCC 柜内 3 种接线图，第一种电路仅有断路器控制，因此人工手动操作即可，常常是在系统启动之初进行一次，此后长期运行，几乎不再操作直至停机，如 P501 固控区供电。第二种和第三种电路均有交流接触器进行频繁启停，不同之处仅在于是否留有人工手动控制接口及多项选择旋钮，如图 18-2 中 P412 泥浆泵的喷淋泵(以下简称喷淋泵)和 P420 剪切泵。对于带有交流接触器的交流负载设备，其交流接触器控制线圈需要接收来自 MCC 柜外的控制信号，同时还需反馈接触器状态，其接线图如图 18-6所示。图中 MCC 柜与 PLC 柜外部接线原理图也可称为某一路电动机主电路与控制电路原理图。

无手动控制接口的设备以图 18-2 中 P412 喷淋泵为例，此时也不存在多项旋钮。其控制逻辑为：当司钻人员在司钻台按下泥浆泵 2 风机/喷淋泵/润滑泵使能按钮，信号被送入PLC 系统，PLC 将输出一个高电平信号经过端子排 13-05/13-06 使继电器 RL03 的线圈 A1与 A2 端子带电，进而使得 RL03 的主触点 24 与 21 闭合，交流 400V 电网的 C 相(220V)电经过保险丝 FU、PLC 继电器触点(L1 与 L2)、接触器线圈(KM 的 A2 与 A1)后回到 AC400V电网的零线。此时接触器线圈带电，主触点闭合，喷淋泵带电运转，直到 PLC 柜内 PLC 继电器触点(L1 与 L2)断开或 CD3U 保护急停，喷淋泵停止运转。

带手动控制接口的设备以图 18-2 中 P420 剪切泵为例，其控制逻辑为：若多项旋钮选

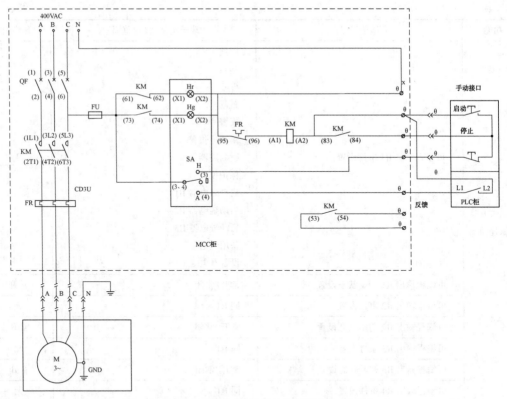

图 18-6　MCC 柜与 PLC 柜外部接线原理图

择开关处于 A(Automatic，自动挡控制首字母缩写)，则控制逻辑与 P412 喷淋泵相同，手动接口不起作用；若多项旋钮选择开关处于 H(Hand，手动挡控制首字母缩写)，PLC 柜内继电器不起作用，当手动按下启动按钮，接触器线圈(KM 的 A2 与 A1)带电，主触点闭合同时触点 83 与 84 闭合，完成自锁，剪切泵电动机上电运转，直到按下手动接口的停止按钮或 CD3U 保护，剪切泵停止运转。

MCC 柜面板上的 Hr 与 Hg 指示电动机(泵)运行状态。

四、MCC 的运行操作

MCC 柜用于控制和保护 AC380V/180V 用电设备，如风机、水泵、照明、生活用电等。一般 MCC 柜上的各抽屉柜都标有中英文名称和参数，当需要使用时，以手动控制或自动控制方式操作相应电路设备(断路器或交流接触器)即可。具体操作规范如下。

1. 启动

启动操作如下：

(1) 为安全起见，将电动机控制中心的所有控制开关都置于断开位置。

(2) 所有断路器处在分闸位置。

(3) 闭合变压器断路器，给 MCC 母线供电。

(4) 将断路器置于接通位置，使单元断路器闭合。

(5) 对 CD3U 进行设置，不同交流负载设置不同的参数。

(6) 启动各交流设备的多项旋钮(HAND OR AUTO)开关，在试验或故障期间，只需就地操作，把多项旋钮开关置于"H"（手动）位，电动机即可启动。在平常情况下，则将多项旋钮开关置于"A"（自动）位，当司钻台上控制泥浆泵通断的开关闭合或控制绞车/转盘正反转的开关闭合时，相应的继电器吸合，使风机电动机控制回路中的动合触头闭合，风机电动机启动。只要按下启动按钮，控制电动机运行的接触器吸合并自锁，电动机直接启动运转，指示灯发光，也可用远控按钮启动。

（7）电动机自动控制。仅有断路器控制的供电线路和部分风机线路上电运行。带有交流接触器的负载线路，接触器线圈控制信号由 PLC 柜根据控制逻辑生成，自动控制负载的启停。

2. 停机

停机操作如下：

（1）断路器分闸，实现手动停机（停止供电）。

（2）对多项旋钮启动器，只需将多项旋钮开关置于"0"（断开）位，风机电动机即断电停转。当有关电动机失去指配开关指配时，风机电动机也停转，同时风机指示灯熄灭。

（3）按下远程控制停止按钮，接触器失电释放，电动机停转。

3. 保护

须注意下述问题：

（1）各组负荷线路中的断路器提供短路保护及过负荷保护，或只提供短路保护，要重新运行，必须再次闭合断路器。

（2）CD3U 电动机控制保护器提供相应保护。比如，当电动机过载时，过大的电流使热继电器动作，将控制线路切断，电动机失电停转。

（3）控制线路本身具有失压保护功能。当电源电压偏低或停电时，接触器失电释放，电动机停转。当电源恢复时，必须经过操作人员重新启动，电动机才能运转。

第 2 节　电动机启动与运转控制

MCC 柜内交流负载除了空调照明等日常用电外，电动机的启动控制有两种，一是直接启动，二是软启动。本节仍以 ZJ90DB 钻机为例分析 MCC 各电动机的启动与运转控制。

一、电动机的直接启动控制

ZJ90DB 钻机针对小功率电动机采用的是全压下直接启动，这些电动机主要为润滑泵、喷淋泵、补给泵等负载的驱动电动机，其功率一般在 2~15kW。电动机控制中心通用的电动机完整启动器装置的基本组成部分包括：①用于故障保护和断开电路的断路器；②控制电动机运行的接触器；③电动机控制保护器或带过载保护的热继电器；④控制回路的熔断器、继电器、按钮和状态指示灯等。

以驱动泥浆 3#喷淋泵的电动机为例，介绍电动机直接启动控制的主电路及控制电路的原理。其主电路接线图参见图 18-2 中电路编号 P412 支路。

泥浆 3#喷淋泵的电动机驱动电路包括断路器 QF（CM5-125S）、接触器 KM（LC1-D32M7C）及电动机控制保护器（CD3U-32P2），均在本章第 1 节"供配电线路电气设备"部分进行了详细介绍。基于 CD3U 的泥浆泵 3#喷淋泵的电动机直接启动接线图如图 18-7 所示，其中通风电动机机壳具有接地保护。

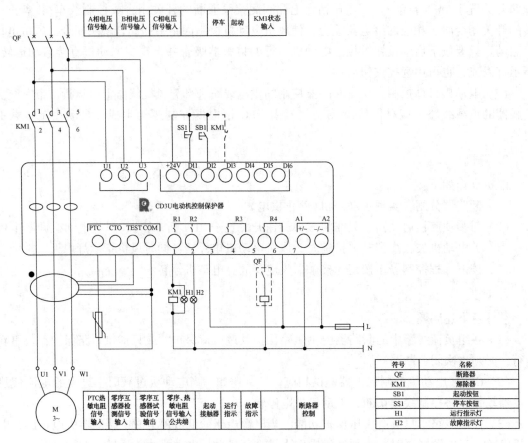

图 18-7　基于 CD3U 的电动机直接启动接线图

泥浆泵 3# 喷淋泵需运行时，首先将断路器 QF 合闸，做好泥浆泵 3# 喷淋泵运行前的通电准备。然后，按以下步骤直接启动泥浆泵 3# 喷淋泵电动机：

（1）若接虚线部分，将可编程输入 DI3 设置为"接触器 1 状态"。

（2）可编程输出 R2 设置为"跳闸"。

（3）断路器控制启用：开启瞬时大电流保护；或者开启接地保护且动作方式设置为"跳断路器"；或者开启接触器故障保护且动作方式设置为"跳断路器"。

此时，通过电路控制 CD3U 电动机控制保护器即可直接驱动泥浆泵 3# 喷淋泵电动机的启动与运转。

二、电动机的软启动控制

交流电动机在启动时都有很大电流，启动电流是其满额定值的 5~8 倍，为保护设备的交流总线，需要限制启动电流。限制交流电动机的启动电流一般采用软启动方法。

大功率电动机，尤其是那些带动负载大而启动慢的电动机，在启动时一定要降压启动以减小对电源的影响，并防止对驱动设备造成过大冲击。ZJ90DB 钻机针对功率大于 35kW 的电动机采用的是基于 CD3U 交流电动机软启动方式进行启动与运转控制，这些电动机包括供液泵（75kW）、灌注泵（75kW）、加重泵（75kW）、剪切泵（75kW）和重晶石回收泵（37kW）等。本小节以 MCC4 柜中的加重泵 1# 为例进行介绍，其主电路接线图参见图 18-2 中电路编号 P418 支路，其线路中电气设备已在前文进行了说明。利用 CD3U 控制保护器组成的加重泵 1# 电动机软启动接线如图 18-8 所示。

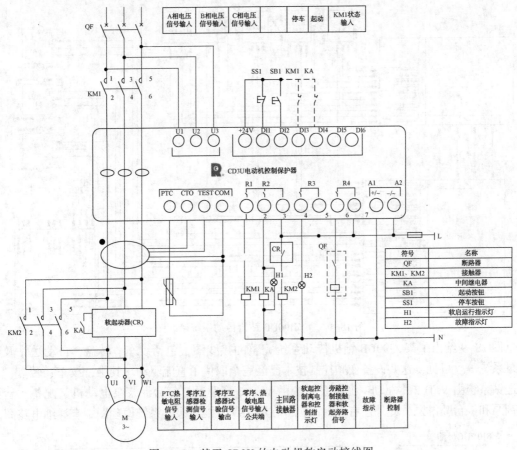

图 18-8　基于 CD3U 的电动机软启动接线图

加重泵 1# 需运行时，首先将断路器 QF 合闸，做好加重泵 1# 运行前的通电准备。然后，按以下步骤启动加重泵 1# 电动机：

（1）连接虚线部分后，将可编程输入 DI3、DI4 分别设置为"接触器 1 状态""软启动信号"。

（2）可编程输出 R3 设置为"跳闸"。

（3）断路器控制启用：开启瞬时大电流保护；或者开启接地保护且动作方式设置为"跳断路器"；或者开启接触器故障保护且动作方式设置为"跳断路器"。

此时，通过电路控制 CD3U 电动机控制保护器即可驱动加重泵 1# 电动机的启动与运转。

需要说明的是，该启动方法在限制启动电流的同时，启动转矩的限制是启动电流减小的平方倍。无法满载启动，适用于空载启动。

三、电动机耦合控制

MCC 柜只控制电动机的启停，不控制电动机的运转状态。比如力矩或转速，这些参数由 PLC 柜进行控制，这在驱动自动化章节中有详细论述。同时，大部分的单一电动机的开启和关闭并非独立进行，而是其他设备联动，需要进行耦合控制。此处以某 ZJ90DB 的泥浆泵 2 系统为例进行介绍，如图 18-9 所示。该型号钻机共 3 台泥浆泵，其接线图与工作原理完全一样，为两台工作泵与一台备用的配置方式。其中，泥浆泵 1 系统位于 MCC1 柜内，泥浆泵 3 系统位于 MCC3 柜内．

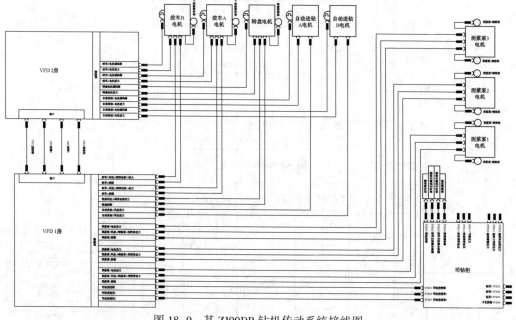

图 18-9　某 ZJ90DB 钻机传动系统接线图

图 18-9 给出了某 ZJ90DB 钻机传动系统完整的接线图，包括绞车、转盘、自动送钻及泥浆泵系统等。可见，这些设备变频控制技术已经完全取代了直流驱动。其中，绞车、转盘、自动送钻系统由 VFD 2 房驱动，泥浆泵系统由 VFD 1 房驱动。每台泥浆泵电动机又配备一台润滑剂泵和一台喷淋泵，此外还有一台风机，在图 18-10 泥浆泵 2 系统原理图中有详细电路图。

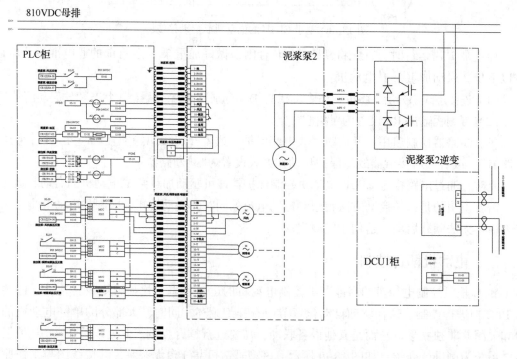

图 18-10　某 ZJ90DB 钻机泥浆泵 2 系统原理图

为了便于理解，图 18-10 中 MCC 柜置于 PLC 柜之中，实际是 VFD 房 1 中独立的柜子，其与 PLC 柜接线图参见图 18-6。泥浆泵 2 系统的 PLC 柜，即为图 18-10 中 VFD1#房中的设备。从原理图可以看出，MCC2 柜与 PLC 柜配合，完成泥浆泵 2 系统中电动机的综合控制或者耦合控制。DV810V 母排为泥浆泵 2 提供能源动力，经过逆变器变成频率可变的交流电，驱动泥浆泵 2 电动机变速运转。其运转速度与力矩等参数由 PLC 柜进行控制，详见驱动系统部分。泥浆泵 2 在 PLC 柜的控制下运转时，MCC 柜接收 PLC 柜的指令，由 P203、P204、P205 分别控制泥浆泵 2 的润滑泵、喷淋泵和风机。PLC 柜同时接收相应回路的反馈信息，其运行逻辑已在前文中有详细分析。因此，润滑泵、喷淋泵和风机的启停是根据泥浆泵的运行状态由 PLC 自动控制的，故属于耦合控制，无须手动接口。

第 3 节　MCC 运行

一、MCC 运行前的检查与试验

具体操作及注意事项如下：

（1）检查柜面油漆有无损坏，柜内是否干燥清洁，抽屉推拉是否灵活轻便，有无卡阻和碰撞现象。

（2）电器元件的操作机构是否灵活，不应有卡涩或操作力过大现象。

（3）主要电器主辅触点的通断应可靠准确。抽屉结构的动静触头的中心线应一致，触头接触应紧密，联锁装置应动作正确，闭锁或解锁均应可靠。

（4）带有抽屉柜的系统，抽屉与柜体的接地触头应接触紧密，当抽屉插入时，抽屉的接地触头应比主触头先接触，拉出时程序相反。各柜体的底部装有专用接地螺栓，与零母排连接。

（5）仪表的刻度整定、互感器的变比及极性正确无误。

（6）熔断器的熔芯规格应符合工程设计要求。

（7）继电器保护的定值及整定应正确，动作可靠。

（8）用 1000 兆欧表测量绝缘电阻，其阻值不得小于 1MΩ。

（9）各母线的连接应良好，绝缘支撑件、安装件及其他附件安装应牢固可靠。

二、MCC 的维护和故障排除

具体操作及注意事项如下：

（1）在维护以前必须切断电源断电器，使 MCC 断电。

（2）擦干净组件和线槽上的灰尘及污物。

（3）若有必要需检查主母线和垂直线间的连接处并紧固。对其他接线端也需做必要的检查和紧固。

（4）检查各导线是否有绝缘损坏或连接不良现象。拔下插接式组件，检查装配情况。

（5）各种断路器经过多次分合，特别是经过短路分合后会使触头局部烧伤，并产生碳类物质，使接触电阻增大。应按断路器的使用说明书进行维护和检修。

（6）经过维护和安装后，必须严格检查各隔室之间、功能单元之间的隔离状况，确保良好的功能分隔性，防止出现故障扩大。

第 4 节　安 全 用 电

一、触电及其预防

人体是导体。当人体接触设备的带电部分时，就有电流流过人体。根据经验，如大于10mA 的交流电或大于 50mA 的直流电流过人体时，就可能危及生命。为了使电流不至于超过上述数值，我国规定安全电压为 36V、24V 和 12V 三种（视场所潮湿程度而定）。电流流过心脏区域，触电伤害最为严重，所以双手触电危险性最大。

若电动机和电器的绝缘损坏（击穿）或绝缘性能不好（漏电）时，其外壳便会带电，如果人体与带电外壳接触，这就相当于单线触电。为了防止这种触电事故的发生，必须采取一定的安全措施。

测电笔是一种测试导线、电器和电气设备是否带电的常用电工工具。如果把测电笔的金属体笔尖与带电物体接触，金属体笔尾与人手接触，那么氖管就会发光。由于测电笔内电阻比人体阻值大得多，因此人并无触电感觉。氖管发光，证明被测的物体带电；如果氖管不发光，就证明被测量的物体不带电。测电笔在每次使用前要在带电的相线上预先测试一下，检查它是否完好。低压测电笔只能在对地电压 250mA 以下使用。

以下诸条是要采取的安全措施：

（1）各种电气设备，尤其是移动式电气设备，应建立经常的和定期的检查制度，如发现故障或不符合有关规定时，应及时处理。

（2）使用各种电气设备时，应严格遵守操作制度。不得将三脚插头擅自改为二脚插头，也不得直接将线头插入插座内用电。

（3）尽量不要带电工作，特别是在危险的场所（如工作地很狭窄，工作地周围有对地电压在 250V 以上的导电体等），禁止带电工作。如果必须带电工作，应采取必要的安全措施（如站在橡胶毡上或穿绝缘橡胶靴，附近的其他导电体或接地处都应用橡胶布遮盖，并需有专人监护等）。

（4）带金属外壳的电气设备外接电源插头一般都用三脚插头，其中有一根为接地线，注意插头的相线、零线应与插座中的相线、零线相一致。插座规定的接法为：面对插座看，上面的接地线，左边的接中线，右边的接相线，并保证插座的地线与接地装置有良好的电气连接。

（5）静电可能引起危害，重则引起爆炸与火灾，轻则使人受到电击，引起严重后果。应当尽量限制静电电荷的产生或积聚，例如：良好的接地；提高空气湿度以加速静电荷的逸散；在形成电荷最严重的地方安装放电针以中和电荷；采用能防止产生静电的生产过程（如减少摩擦、防止液体摇晃、防止灰尘飞扬等）。

（6）有条件时可采用性能可靠的漏电保护器。在电气设备中，保护接地或保护接零是一种很好的安全措施。

二、保护接地和保护接零

1. 接地和接零的保护作用

保护接地就是把电气设备的金属外壳、框架等用接地装置与大地可靠地连接，它适用于电源中性点不接地的低压系统中。如果电气设备的绝缘损坏，使金属导体碰壳，由于接地装置的接地电阻很小，外壳对地电压很小。当人体与外壳接触时，外壳与大地之间形成两条并联支路(见图18-11)，电气设备的接地电阻越小，则通过人体的电流也越小，所以可以防止触电。

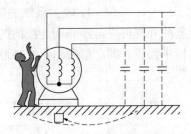

图18-11　人碰电气设备接地的外壳

保护接零就是在电源中性点接地的低压系统中，把电气设备的外壳、框架与中性线或接中干线(三相三线制电路中所敷设的接中干线)相连接。如果电气设备的绝缘损坏而碰壳，构成相线和中线短路回路。由于中性线的电阻很小，所以短路电流很大，导致电路中保护开关动作或使电路中熔断器断开，切断电源，这时外壳不带电，便没有触电的可能。

特别要注意的是，用于保护接零的中性线或专用保护接地线上不得装设熔断器或开关，以保证保护的可靠性。更要指出的是，对同一台变压器或同一段母线供电的低压线路，不宜采用接零、接地两种保护方式，即通常不应对一部分设备采取接零，而对另一部分设备则采取接地保护。否则，当采用接地的设备一旦出故障形成外壳带电时，将使所有采取接零的设备外壳也均带电。一般具有自用配电变压器的用户，都采用接中性线的保护接零方式。

2. 接地和接零形式

(1) TN 系统。TN 电力系统的特点是电源中性点接地，装置的外露可导电部分用保护线与该点连接。按照中性线与保护线的组合情况，TN 系统有以下 3 种形式：

TN-S 系统——整个系统的中性线与保护线是分开的，为三相五线供电系统，见图18-12。

TN-C-S 系统——系统中有一部分中性线与保护线是合一的，为三相四线供电系统(见图18-13)。

TN-C 系统——整个系统的中性线与保护线是合一的(见图18-14)。

在 TN 系统中，各种需接地的电器都采用保护接零方式。

(2) TT 系统。TT 电力系统也是中性点接地系统，装置的外露可导电部分接至电气上与电力系统的接地点无关的接地极，即对用电设备采用保护接零(见图18-15)。

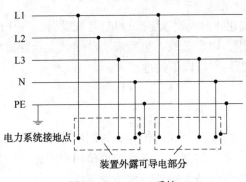

图 18-12　TN-S 系统

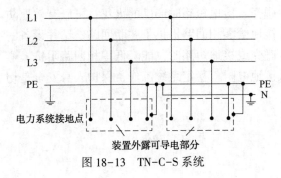

图 18-13　TN-C-S 系统

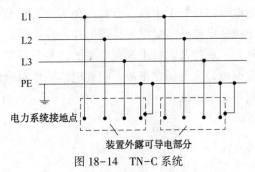

图 18-14　TN-C 系统

（3）IT 系统。IT 电力系统的带电部分与大地间不直接连接，即电源中性点不接地。而装置的外露可导电部分则是接地的（见图 18-16）。IT 系统一般不引出中性线。严禁利用大地做中性线，即严禁采用三线一地、二线一地或一线一地制。

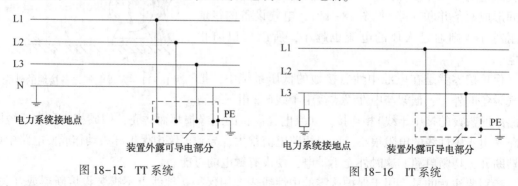

图 18-15　TT 系统　　　　　　　　　　图 18-16　IT 系统

3. 接地装置的安装范围

（1）在保护接零的系统中，电气设备就不可以再接地保护。因为当接地的电气设备绝缘损坏而碰到壳体时，可能由于大地的电阻较大，保护开关或保护熔丝不能断开，于是电源中性点电位升高，致使所有接零的电气设备都带电，反而增加了触电的危险性。

（2）由低压公用电网供电的电气装置，只能采用保护接地，不能采用接零。因为采用了接零措施后，如果电气装置的绝缘损坏，碰到壳体，而形成一相短路，将会引起公用电网供电系统严重的不平衡现象。

（3）装在 2.2m 以上的不导电建筑材料上，须用木梯等才能接触到的电气设备，在干燥与不良导电地面的房屋内的一般电气设备，进户线、电表总线、电度表、总熔丝盒及穿过楼板导线的短段金属保护管，36V 以下的电气设备等，都可以不接地。

接地装置的安装要求请参阅有关规定。

4. 均衡电位接地

电驱动钻机集 PLC、电子、电气技术于一体，以无可争议的优势成为国内外钻机的发展方向，其控制、操作日益完善，但接地保护却没有统一的规范，以致油田使用中因此而引发的事故时有发生。均衡电位接地法是人们对井场电气设备保护的一种接地方法。

均衡电位接地就是把不同用途、不同电压等级设备的接地线连在一起，在系统内形成一个统一的接地网，使接地电阻满足所有设备的最小值，同时加强分流、均压、多点接地等措施均衡电位。由于钻井作业大多数设备工作在有爆炸危险的介质中，均衡电位接地保证了接地电流路径的不中断，有效避免了设备在发生碰壳、接地短路时产生的火花；可以有效地防止接地电位升高对电子线路的冲击；均衡电位接地给零相回路提供了并联回路。钻井设备的外壳、底座及人行道都是金属的，当系统发生碰壳或接地短路时，能降低零相回路阻抗，避免或减轻人身伤亡事故。均衡电位接地对降低接地电阻、稳定系统工作、保护人身安全是切实可行的方法。

附录　电动钻机电气控制系统缩写字母注释

A	Amperes	安培
AC	Air Conditioner	空调机
ALM	Alarm	报警信号
ABS	American Bureau of Shipping	美国船舶局
AAC	Amps Alternating Current	安培(交流)
ADC	Amps Direct Current	安培(直流)
AWG	American Wire Gauge	美国线规
BKD	Blocking Diode	阻塞二极管
BLO	Blower	风机
BR	Brake	制动
C	Capacitor	电容器
CB	Circuit Breaker	断路器
CM	Control Module	控制组件
CP	Cement Pump	水泥泵
COM	Common	公共的
CPC	Cement Pump Console	水泥泵控制台
CPT	Control Power Transforme	控制电源变压器
CT	Current Transforme	电流互感器
C/O	Chain Oiler	链条注油器
℃	Degrees Centigrade	摄氏温度
D	Diode	二极管
DB	Dynamic Brake	能耗制动
DC	Driller's Console	司钻控制台
DIV	Diverter	分流器
DP	Distribution Panel	分配板
DW	Drawworks	绞车
ERC	Engine Room Console	柴油机房控制台
F	Farads	法拉
F	Fuse	熔断器
℉	Degrees Fahrenheit	华氏温度

FL	Field Loss	失磁
FS	Fuse Switch	熔断器开关
FSD	Full Scale Deflection	满刻度偏转
FVR	Full Voltage Reversing	满电压倒向
FVNR	Full Voltage Nonreversing	满电压不可倒向
GEN	Generator	发电机
GND	Ground	接地
H	Henris	亨利
HED	Hall Effect Device	霍尔效应元件
HOA	Hand-Off-Auto	手动-关断-自动
HP	Horsepower	马力
HS	Heat Sink	散热器
HSE	House	房子
HTR	Heater	加热器
HVR	High Voltage Resistor	高压电阻
Hz	Hertz(cycles per second)	赫兹(周期/秒)
IC	Integrated Circuit	集成电路
ID	Inside Diameter	内径
IEEE		电气和电子工程师学会
ISO	Isotater	绝缘体
I/O	Input/Output	输入/输出
C	Contactor	接触器
k	Kilo(10^3)	千(10^3)
kCMIL	Thousand Circular Mils	千圆密耳
kV	Kilovolts	千伏
kV · A	Kilovolt Amperes	千伏安
kVar	Kilovolt-Amperes Reactive	千乏(无功功率)
kW	Kilowatts	千瓦
L	Light	灯
L	Inductor	电感
LS	Level Switch	电平开关
M	Mega	兆(10^6)
M	Meter	表
MCC	Motor Control Center	电动机控制中心
MOV	Metal Oxide Varister	金属氧化物电阻
MP	Mud Pumps	泥浆泵

352

MS	Motor Starter	电动机启动器
MPC	Mud Pumps Console	泥浆泵控制台
m	Milli(10^{-3})	毫(10^{-3})
mA	Milli Amperes	毫安
mH	Milli Henries	毫亨
NEC	National Electrical Code	国家电业标准
NEMA	National Electrical Manufactirers Assoc	电气制造业协会
NTL	Neutral	中性
N/P	Nameplate	铭牌
n	Nano	纳(10^{-12})
nF	Nano Farad	纳法
OD	Outside diameter	外径
OL	Overload Relay	过载继电器
P	Pole	电极
PB	Push Button	按钮
PBSS	Push Button Start/Stop	启动/停止按钮
PC	Printed Circuit	印刷电路
PCB	Printed Circuit Board	印刷电路板
PF	Pico Faral	皮法(10^{-9})
PFC	Power Factor Corrector	功率因数补偿器
PL	Lamp or Pilot Light	灯或指示灯
PLC	Programmable Logic Controller	可编程控制器
PM	Prime Mover	原动机
POT	Potentiometer	电位器
PP	Plug Panel	插头板
PS	Pressure Switch	压力开关
PT	Potential Transfromer	电位变压器
R	Resistor	电阻
REC	Receptacle	插座或电容
RECT	Rectifier	整流器
REF	Reference	给定
RL	Relay	继电器
RT	Rtary Table	转盘
RHCC	Ross Hill Controls Corporation	Ross Hill 控制公司
RTD	Resistive Temperature Detector	电阻式温度仪
SCR	Silicon Controlled Rectifier	晶闸管整流器

SW or S	Switch	开关
SH	Shield	屏蔽
ST	Shunt Trip	分励脱扣
SWGR	Switchgear	开关装置
T or XFMR	Transformer	变压器
TB	Terminal Block	接线板
TD	Time Delay Relay or Top Drive	延时继电器或顶驱
TH	Thruster	推进器
TS	Temperature Switch	温度开关
V	Volts	伏特
VA	Volt Amperes	伏安
VAC	Volts Alternating Current	交流电压
VDC	Voltage Direct Current	直流电压
UPS	Uninterruptible Power Supply	不间断电源
UVR	Undervoltage Release	欠压释放
W	Watts	瓦
WIND	Windlass	绞盘
$X''d$	Sud-Transient Reactance	次暂态电抗
Z	Impedance	阻抗
2S1W	Two Speed One Winding	双速单绕组
2S2W	Two Speed Two Winding	双速双绕组
2WRC	Two Wire Remote Control	双线遥控
3WRC	Three Wire Remote Control	3线遥控
Ω	Ohms of Resistance	欧姆
μ	Micro(10^{-6})	微(10^{-6})
Φ	Phase	相

参 考 文 献

[1] 叶大贵. 新型柴油发电机组[M]. 北京：人民邮电出版社，2005.

[2] 袁任光，林由娟. 柴油发电机组与柴油机实用技术手册[M]. 北京：机械工业出版社，2006.

[3] 杨贵恒，张海呈，张寿珍，等. 柴油发电机组实用技术技能[M]. 北京：化学工业出版社，2013.

[4] 许乃强. 柴油发电机组新技术及应用[M]. 北京：机械工业出版社，2020.

[5] 姚俊琪. 现代柴油发电机组技术[M]. 北京：电子工业出版社，2007.

[6] 刘介才. 工厂供电[M]. 北京：机械工业出版社，2004.

[7] 李海瀛. 海洋石油工程电气技术[M]. 青岛：中国石油大学出版社，1998.

[8] 袁任光，林由娟. 柴油机选用与故障排除[M]. 北京：机械工业出版社，2010.

[9] 傅成昌，傅晓燕. 柴油机构造与使用[M]. 北京：石油工业出版社，2012.

[10] 姚良. 柴油机构造与原理[M]. 西安：西北工业大学出版社，2017.

[11] 克劳斯·莫伦豪尔. 柴油机手册[M]. 北京：机械工业出版社，2017.

[12] 李发海，朱东起. 电机学(第4版)[M]. 北京：科学出版社，2007.

[13] 李岩松. 电力系统自动化[M]. 北京：中国电力出版社，2014.

[14] 李先彬. 电力系统自动化(第5版)[M]. 北京：中国电力出版社，2007.

[15] 韩祯祥. 电力系统分析[M]. 杭州：浙江大学出版社，2019.

[16] 何仰赞，温增银. 电力系统分析(上册)[M]. 武汉：华中科技大学出版社，2002.

[17] 何仰赞，温增银. 电力系统分析(下册)[M]. 武汉：华中科技大学出版社，2002.

[18] 张保会，尹项根. 电力系统继电保护(第2版)[M]. 北京：中国电力出版社，2009.

[19] 张白帆. 低压电器技术精讲[M]. 北京：机械工业出版社，2020.

[20] 孙克军. 图解低压电器选用与维护[M]. 北京：化学工业出版社，2016.

[21] 孟祥卿，蒋华东. 电驱动石油钻机电气技术[M]. 北京：石油工业出版社，2015.

[22] 刘介才. 供配电技术(第4版)[M]. 北京：机械工业出版社，2017.

[23] 王兆安，刘进军. 电力电子技术(第5版)[M]. 北京：机械工业出版社，2019.

[24] 阮毅，杨影，陈伯时. 电力拖动自动控制系统-运动控制系统(第5版)[M]. 北京：机械工业出版社，2016.

[25] 陈伯时，陈敏逊. 交流调速系统(第3版)[M]. 北京：机械工业出版社，2013.

[26] 王斌锐，李璟等. 运动控制系统[M]. 北京：清华大学出版社. 2020.

[27] 廖常初. S7-300/400 PLC应用技术(第4版)[M]. 北京：机械工业出版社，2019.

[28] 廖常初. S7-1200/1500 PLC应用技术[M]. 北京：机械工业出版社，2019.

[29] 阳宪惠. 工业数据通信与控制网络[M]. 北京：清华大学出版社，2003.

[30] 崔坚. 西门子工业网络通信指南[M]. 北京：机械工业出版社，2005.

[31] 刘广华. 顶部驱动钻井装置操作维护图解手册[M]. 北京：石油工业出版社，2010.

[32] 曹孟州. 供配电设备运行、维护与检修(第2版)[M]. 北京：中国电力出版社，2017.

[33] 单文培，邱玉林. 供配电技术手册[M]. 北京：中国电力出版社，2017.

[34] 范强. 钻井机械概论[M]. 北京：石油工业出版社，2018.

[35] 王敏. 国内石油钻机自动化技术现状与建议[J]. 石化技术，2018，25(02)：227.

[36] 于兴军，宋志刚，魏培静，张润松，曹振兴，李庆福，樊勇利. 国内石油钻机自动化技术现状与建议[J]. 石油机械，2014，42(11)：25-29.

[37] 刘宇，张兴莲，聂永晋. 浅谈国内石油钻机自动化技术现状及建议[J]. 中国设备工程，2019(14)：192-193.

[38] 齐思远. 石油钻机自动化技术研究[J]. 石化技术，2016，23(07)：76.

[39] 崔成. 石油钻机自动化技术现状与建议[J]. 科学技术创新，2020(08)：177-178.

[40] 魏培静，王定亚，肖磊，等．我国石油钻机控制技术现状与后续发展思考[J]．石油机械，2018，46（06）：1-6.

[41] 杨中兴，王德余，王基龙．石油钻机自动化技术的研究[J]．中国设备工程，2021(12)：225-226.

[42] 刘登，陈元欣，马超．浅析石油钻机中的新技术及应用[J]．中国设备工程，2021(20)：177-178.

[43] 杨欢，赵振方，卢孝林，等．陆地石油钻机现状分析与发展趋势预测[J]．石化技术，2019，26(09)：145-146.

[44] 王定亚，孙娟，张茄新，等．陆地石油钻井装备技术现状及发展方向探讨[J]．石油机械，2021，49（01）：47-52.

[45] 栾苏，梁春平，于兴军，等．现代先进技术在石油钻机中的应用及展望[J]．石油机械，2014，42（11）：1-5.

[46] 商保刚，王旭，王吉建，等．变频钻机电气控制系统发展研究[J]．中国石油和化工标准与质量，2019，39(22)：153-154.

[47] 于兴军，景佐军，智庆杰，等．自动化钻机向智能化发展的关键技术分析[J]．石油矿场机械，2020，49(05)：1-7.

[48] 杨双业，张鹏飞，王飞，等．新型自动化技术在钻机及钻井中的应用展望[J]．石油机械，2019，47（05）：9-16.

[49] 张奇志，康杰．基于总线控制的钻机柴油发电机组监控[J]．电子世界，2012(07)：63-66.

[50] 张奇志，何素素，韩振华．钻进参数优化研究综述[J]．石油化工应用，2015，34(02)：8-12.

[51] 张奇志，闫宏亮，李琳．电动钻机柴油发电机组选配的计算方法[J]．石油机械，2010，38(09)：16-18.

[52] 叶强．柴油发电机设计选型工程实例分析[J]．四川建材，2007，（01）：20-23.

[53] 郭东．民用建筑柴油发电机组功率定额选择[J]．建筑电气，2020，39(07)：59-63.

[54] 王琳基，朱凌晶，王苏潭，等．进口柴油发电机组带特殊负载频率和有功功率的振荡及其解决方法[J]．移动电源与车辆，2004，（02）：28-30.

[55] 党存禄，张伟，刘媛．电动钻机动力系统功率均衡模糊控制器的设计[J]．电气自动化，2008，30（06）：31-33.

[56] 王维俊，毛龙波，等．静音柴油发电机组并列运行有功功率分配控制研究[J]．微电机，2010，43（03）：68-69.

[57] 王铭钢，张德智，赵慧恩．Woodward数字电子调速器在240系列柴油发电机组的应用[J]．内燃机与动力装置，2015，32(01)：65-69.

[58] 郑真福．大功率柴油发电机组并机运行稳定性技术研究[J]．通信电源技术，2016，33(06)：67-68.

[59] 陈红梅，何俊美．柴油机电控技术的发展与应用研究[J]．内燃机与配件，2021，（15）：211-212.

[60] 林祥．燃气发电机组并网无功调节建模及仿真研究[J]．国网技术学院学报，2019，22(03)：15-18.

[61] 郭立雄．发电机励磁调节器并网信号分析及改进[J]．电工技术，2018，（23）：123-124.

[62] 范晓明．同步发电机励磁控制系统的应用研究[J]．电工技术，2018，（20）：70-71.

[63] 刘政．钻机柴油发电机组自动并网控制系统设计[J]．电气传动自动化，2017，39(06)：40-44.

[64] 李名扬．电力系统的无功功率特性及其平衡与电压稳定性[J]．电工技术，2017，（06）：12-14.

[65] 侯忠奎，石建龙，黄铝文．石油电驱动钻机有功和无功平衡问题探讨[J]．电气传动自动化，2004，（04）：17-18.

[66] 温进超，李宝强．基于PID控制方法的电子调速器在柴油机上的应用[J]．广东造船，2013，32(06)：44-46.

[67] 陈如恒．电动钻机的工作理论基础(一)——系列专题之七[J]．石油矿场机械，2005(03)：1-10.

[68] 陈如恒．破除旧观念创造新钻机(一)[J]．石油矿场机械，2008(03)：1-5.

[69] 仇晨，薛程．电动钻机PLC通讯系统常见故障及处理方法[J]．化工管理，2014(24)：170.

[70] 吴德庆，刘鑫．双PLC系统在交流变频全电动钻机中运用与研究[J]．科技资讯，2014，12(05)：15.

[71] 马强. 交流变频电动机及其控制系统在石油钻井中的应用[J]. 中国石油和化工标准与质量, 2013, 34(02)：142.

[72] 罗辉, 郑雪坤, 陈鹤, 等. 电动钻机 PLC 通讯故障及解决方案[J]. 中国石油和化工标准与质量, 2013, 33(17)：84.

[73] 陈建, 董云飞, 廖文青. 电动钻机气控系统集成化和自动化改进设计[J]. 石油矿场机械, 2010, 39 (10)：51-54.

[74] 魏培静, 于兴军, 刘向军, 等. idriller 石油钻机集成控制系统研制概要[J]. 石油矿场机械, 2016, 45 (11)：88-93.

[75] 杨双业, 于兴军, 张鹏飞, 等. 钻机司钻集成控制系统技术现状及发展建议[J]. 石油机械, 2017, 45(09)：1-7.

[76] 秦如雷, 王林清, 陈浩文, 等. 钻井液连续循环钻井技术及自动化装备设计[J]. 钻探工程, 2021, (06)：63-67.

[77] 薛奎. 钻井泥浆泵冷循环系统优化改进[J]. 中国石油和化工标准与质量, 2020(03)：33-34.

[78] 冯景浦, 陈云, 马柯峰. TD2000/1200 顶驱钻机电控系统设计[J]. 煤矿机械, 2021(08)：18-21.

[79] 孙永明. 试论顶驱钻井作业对提高钻井生产的有效性[J]. 石化技术, 2018(11)：111+82.

[80] 张军巧, 孙明寰, 庞辉仙. 浅谈顶驱技术的标准化和有形化[J]. 石油工业技术监督, 2020, (06)：30-32.

[81] 沈怀浦, 何磊, 黄洪波, 等. 适用于大深度地质钻探和油气地热钻井的双动力电顶驱系统设计[J]. 探矿工程(岩土钻掘工程), 2020(04)：31-39.

[82] 高旭东. 石油钻井顶驱设备的使用及维护[J]. 云南化工, 2018(01)：242.

[83] 郭星嘉. 顶部驱动钻井装置在陆地石油钻机上的应用[J]. 中国石油和化工标准与质量, 2019(04)：152-153.

[84] 屈璟, 任峰. 钻井装备顶部驱动的先进控制技术[J]. 石化技术, 2016(10)：147-148.

[85] 王永江. 国产顶部驱动钻井装置发展趋势[J]. 中国设备工程, 2017(15)：210-211.

[86] 刘启超. 顶驱钻井装置动力驱动系统研究[J]. 石化技术, 2016(07)：169+187.

[87] 张天生. 钻机顶部驱动控制方法[J]. 电气传动, 2016(04)：91-96.

[88] 贾柳. 典型顶部驱动钻井装置的结构与功能探究[J]. 化工管理, 2015(32)：22.

[89] 顾海宁. 顶部驱动技术在现代钻井中的应用[J]. 中国新技术新产品, 2013(07)：9

[90] 冯琦, 郭永岐, 桑峰军. 典型顶部驱动钻井装置结构与功能分析[J]. 石油矿场机械, 2013(09)：90 -93.

[91] 曲波. 石油钻机井场标准化电路及照明系统设计[J]. 科技与企业, 2010(09)：88-89.

[92] 钱海. 柴油发电机组全数字控制系统硬件设计[D]. 兰州：兰州理工大学, 2004.

[93] 孙宇. 柴油发电机组全数字控制系统软件设计[D]. 兰州：兰州理工大学, 2004.

[94] 王鹏伟. 电动钻机发电机组数字控制系统的研究[D]. 西安：西安石油大学, 2010.

[95] 余安. 基于 PLC 的船舶双柴油主机遥控模拟装置的设计与实现[D]. 大连：大连海事大学, 2013.

[96] 杨红永. 准瞬间无扰动双电源自动切换装置柴油发电机组综合控制系统[D]. 天津：河北工业大学, 2007.